国家科学技术学术著作出版基金资助出版

肉制品加工新技术

孔保华 陈 倩 刘 骞 主编

科学出版社

北京

内 容 简 介

本书系统概述肉制品加工新技术,力求反映现代的肉制品加工新技术。全书分为 3 篇,共 21 章,主要包括人造肉及功能肉制品的开发、肉制品加工新技术及原理、肉制品保藏新技术及原理。本书内容丰富,理论结合实际,系统介绍国内外功能肉制品的开发及肉制品加工领域的研究热点、研究成果和加工新技术。

本书适合各大专院校食品专业的研究人员、教师及研究生阅读。此外,还可供食品生产企业及相关的企业技术人员学习参考。

图书在版编目(CIP)数据

肉制品加工新技术 / 孔保华,陈倩,刘骞主编. —北京:科学出版社,2023.7

ISBN 978-7-03-075898-9

Ⅰ. ①肉⋯ Ⅱ. ①孔⋯ ②陈⋯ ③刘⋯ Ⅲ. ①肉制品-食品加工 Ⅳ. ①TS251.5

中国国家版本馆 CIP 数据核字(2023)第 109795 号

责任编辑:贾 超 孙静惠 / 责任校对:杜子昂
责任印制:赵 博 / 封面设计:东方人华

科学出版社 出版
北京东黄城根北街 16 号
邮政编码:100717
http://www.sciencep.com
北京中石油彩色印刷有限责任公司印刷
科学出版社发行 各地新华书店经销
*

2023 年 7 月第 一 版　开本:787×1092　1/16
2025 年 8 月第二次印刷　印张:17
字数:340 000
定价:118.00 元
(如有印装质量问题,我社负责调换)

前　　言

我国是肉类生产和消费大国。目前我国肉类科技无论是在企业技术创新，还是在基础科学攻关、引进技术消化吸收与创新、科技成果推广应用等方面都取得了长足发展。肉类产业集中度不断提高，肉制品深加工比重逐年上升，肉食品安全得到有效保障。但与发达国家相比，我国在新技术、新工艺、新设备方面相对薄弱，有着大量的新技术需要引进和创新；有着众多的原材料需要处理和加工；有着广阔的市场等待发展和开拓。随着人民生活水平的提高，肉及肉制品的消费数量和质量也不断提高。

为增加我国肉制品加工业的科技投入，努力提高我国肉制品加工业的科技水平，增加行业的新技术、新工艺、新方法及新产品，缩短与发达国家在加工技术水平上的差距，我们编写了本书，旨在提高我国肉及肉制品品质及安全特性，并结合作者在此领域30多年的实践和科研成果，较为系统地阐述目前国内外肉制品加工行业的发展现状和新技术及新成果。本书主要突出在"新"上，读者通过阅读本书可以了解肉制品加工及检测方面的发展状态。本书具有很高的出版价值，尤其对于各大专院校从事畜产品加工专业的研究人员、教师及研究生有着很强的指导作用。

在编写过程中，我们尽可能采用最新研究结果及资料，尽量增加相关内容的先进性与前瞻性，但由于肉及肉制品品质和质量控制技术正处于快速发展与完善过程中，相关的新技术也在不断涌现，有些内容难免会出现相对陈旧的现象。本书在编写过程中得到了科学出版社的大力支持和国家科学技术学术著作出版基金的资助，在此表示衷心的感谢。此外，感谢韩格博士、张潮博士在统稿和校稿过程中做出的大量工作。最后，由于编者水平有限，书中难免会存在一些不当之处，恳请读者在使用过程中给我们提出宝贵的意见和建议。

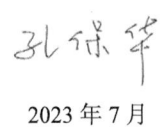

孔保华

2023年7月

目　　录

第0章　概论 ··· 1
0.1　国内外肉制品行业的发展现状和趋势 ··· 1
0.2　肉类工业的研究热点 ·· 3

第一篇　人造肉及功能肉制品的开发

第1章　人造肉的研究进展与挑战 ·· 9
1.1　人造肉的历史沿革 ··· 9
1.2　人造肉的潜在价值 ·· 10
1.2.1　健康、营养和安全 ··· 10
1.2.2　动物福利 ·· 11
1.2.3　环保可持续 ··· 11
1.3　人造肉的生产技术及其挑战 ··· 12
1.3.1　细胞培养肉的生产技术及其挑战 ··· 12
1.3.2　植物蛋白肉的生产技术及挑战 ·· 16
参考文献 ·· 18

第2章　脂肪替代物在低脂乳化肉糜类制品中的应用 ······························· 22
2.1　以蛋白质为基质的脂肪替代物 ·· 22
2.1.1　乳清蛋白在低脂乳化肉糜类制品中的应用 ·································· 23
2.1.2　大豆蛋白在低脂乳化肉糜类制品中的应用 ·································· 23
2.1.3　胶原蛋白在低脂乳化肉糜类制品中的应用 ·································· 24
2.1.4　微粒化蛋白在低脂乳化肉糜类制品中的应用 ······························· 25
2.2　以碳水化合物为基质的脂肪替代物 ·· 25
2.2.1　淀粉基质脂肪替代物在低脂乳化肉糜类制品中的应用 ··················· 25
2.2.2　其他碳水化合物基质脂肪替代物在低脂乳化肉糜类制品中的应用 ····· 27
2.3　以植物油预乳状液为基质的脂肪替代物 ·· 29
2.4　以油凝胶为基质的脂肪替代物 ·· 29
2.4.1　乙基纤维素 ··· 30
2.4.2　天然可食性植物蜡 ··· 30
2.4.3　单甘油酯 ·· 31

2.5 结论与展望 ··· 31
参考文献 ··· 31
第3章 甘油二酯的制备、代谢机理及其在功能性肉制品中的应用 ··· 36
3.1 甘油二酯的特性 ·· 36
3.2 甘油二酯的制备 ·· 37
3.2.1 化学合成法 ··· 37
3.2.2 生物酶催化法 ·· 37
3.2.3 超声波辅助酶法 ··· 38
3.3 分子蒸馏技术在甘油二酯纯化中的应用 ························· 39
3.3.1 分子蒸馏技术的基本原理 ···································· 39
3.3.2 影响分子蒸馏效率的因素 ···································· 40
3.4 甘油二酯的代谢机理 ··· 42
3.4.1 DAG 与降血脂相关的代谢 ·································· 42
3.4.2 DAG 与控制体重相关的代谢 ······························· 43
3.4.3 DAG 与减少体脂相关的代谢 ······························· 44
3.5 甘油二酯在功能性肉制品中的应用前景 ························· 44
参考文献 ··· 45
第4章 肉制品中亚硝酸盐替代物的研究进展 ·························· 49
4.1 亚硝酸盐的作用和危害 ·· 49
4.1.1 亚硝酸盐作用 ·· 49
4.1.2 亚硝酸盐的危害 ··· 52
4.2 肉制品中亚硝酸盐替代物研究 ····································· 53
4.2.1 发色类替代物 ·· 53
4.2.2 抑菌类替代物 ·· 55
4.2.3 阻断亚硝胺形成替代物 ·· 55
参考文献 ··· 56
第5章 低钠盐技术及其在肉制品中的应用 ····························· 58
5.1 食盐概述 ··· 58
5.1.1 食盐的生理作用 ··· 59
5.1.2 食盐在肉制品加工中的作用 ································· 59
5.1.3 过量摄入食盐对人体的危害 ································· 60
5.2 低钠盐肉制品的研究进展 ··· 60
5.2.1 降低肉制品中食盐的添加量 ································· 61
5.2.2 改变食盐的物理形态 ··· 62
5.2.3 采用高压技术处理肉制品 ···································· 62

5.2.4　采用替代物代替肉制品中的食盐 ……………………………………… 62
　5.3　结论与展望 ………………………………………………………………………… 64
　参考文献 …………………………………………………………………………………… 65
第6章　超高压技术在低盐肉制品中应用进展 ……………………………………………… 68
　6.1　低盐肉制品概述 …………………………………………………………………… 68
　6.2　超高压技术对低盐肉制品品质改良的研究 ……………………………………… 69
　　6.2.1　超高压技术对低盐肉制品保水性的影响 …………………………………… 69
　　6.2.2　超高压技术对低盐肉制品蒸煮损失的影响 ………………………………… 70
　　6.2.3　超高压技术对低盐肉制品咸味的影响 ……………………………………… 70
　　6.2.4　超高压技术对低盐肉制品颜色的影响 ……………………………………… 71
　　6.2.5　超高压技术对低盐肉制品微生物安全性的影响 …………………………… 71
　6.3　超高压技术对低盐肉制品的降盐机制的研究 …………………………………… 72
　　6.3.1　提高肌肉蛋白质的溶解性 …………………………………………………… 72
　　6.3.2　改善肌肉蛋白质的凝胶性 …………………………………………………… 73
　　6.3.3　增强肉制品的咸味感知 ……………………………………………………… 74
　　6.3.4　影响肉制品的颜色 …………………………………………………………… 74
　　6.3.5　抑制肉制品中微生物生长 …………………………………………………… 75
　6.4　结论与展望 ………………………………………………………………………… 76
　参考文献 …………………………………………………………………………………… 76

第二篇　肉制品加工新技术及原理

第7章　肉的冷冻及冷冻加工新技术 ………………………………………………………… 83
　7.1　肉的冷冻 …………………………………………………………………………… 84
　　7.1.1　肉的冷冻过程 ………………………………………………………………… 84
　　7.1.2　冷冻速度对肉品质的影响 …………………………………………………… 85
　　7.1.3　冰晶及其对肉的影响 ………………………………………………………… 86
　7.2　食品冷冻加工技术 ………………………………………………………………… 88
　　7.2.1　传统冷冻加工技术 …………………………………………………………… 88
　　7.2.2　冷冻新技术 …………………………………………………………………… 90
　参考文献 …………………………………………………………………………………… 94
第8章　超声辅助冷冻技术作用机理及在食品中的应用 …………………………………… 96
　8.1　食品冷冻概述 ……………………………………………………………………… 96
　8.2　超声辅助冷冻技术的基本原理 …………………………………………………… 97
　　8.2.1　UAF技术 ……………………………………………………………………… 97

8.2.2　超声波对初次成核的影响 ………………………………………… 98
　　8.2.3　超声波对二次成核的影响 ………………………………………… 99
　　8.2.4　超声波对晶体生长的影响 ………………………………………… 99
8.3　超声辅助技术对冷冻食品品质的影响及应用 ……………………………… 100
　　8.3.1　超声波在冷冻过程中对冷冻食品品质的影响 …………………… 100
　　8.3.2　超声波在解冻过程中对冷冻食品品质的影响 …………………… 102
　　8.3.3　超声波在监测结晶过程中的应用 ………………………………… 102
8.4　超声辅助食品冷冻工艺 ……………………………………………………… 103
8.5　结论与展望 …………………………………………………………………… 104
参考文献 ……………………………………………………………………………… 104

第 9 章　高静压加工对肉及肉制品脂肪氧化的影响 ……………………………… 108
9.1　高静压应用简介 ……………………………………………………………… 108
9.2　脂肪及胆固醇的氧化 ………………………………………………………… 109
　　9.2.1　脂肪的氧化 …………………………………………………………… 109
　　9.2.2　胆固醇的自动氧化 …………………………………………………… 110
9.3　高静压处理对脂肪氧化的影响 ……………………………………………… 110
　　9.3.1　初级和次级脂肪氧化产物 …………………………………………… 111
　　9.3.2　胆固醇氧化产物 ……………………………………………………… 112
9.4　结论与展望 …………………………………………………………………… 113
参考文献 ……………………………………………………………………………… 113

第 10 章　功率超声波技术对肉品品质及加工特性的影响 ……………………… 116
10.1　功率超声波简介 …………………………………………………………… 116
10.2　功率超声波技术在肉品加工过程中的应用 ……………………………… 117
　　10.2.1　功率超声波技术对肉品品质的影响 ……………………………… 117
　　10.2.2　功率超声波技术对肉制品工艺性能的影响 ……………………… 118
10.3　功率超声波技术在肉品加工中产生的负面影响 ………………………… 121
10.4　结论与展望 ………………………………………………………………… 122
参考文献 ……………………………………………………………………………… 122

第 11 章　高压电场技术在食品加工中的应用研究进展 ………………………… 125
11.1　高压电场技术概述 ………………………………………………………… 125
11.2　高压电场对食品组分的影响 ……………………………………………… 126
　　11.2.1　对蛋白质的影响 …………………………………………………… 126
　　11.2.2　对脂质的影响 ……………………………………………………… 127
　　11.2.3　对其他成分的影响 ………………………………………………… 127
11.3　高压电场技术在食品加工中的应用研究 ………………………………… 127

11.3.1　食品杀菌 127
   11.3.2　食品物料干燥 128
   11.3.3　辅助食品冷冻 129
   11.3.4　辅助食品解冻 130
   11.3.5　辅助提取生物活性物质 131
   11.3.6　其他方面应用 131
  参考文献 131

第12章　基于超声辅助低共熔溶剂萃取技术及在食品工业中的应用 134
 12.1　超声辅助低共熔溶剂萃取技术概述 134
   12.1.1　低共熔溶剂概述 134
   12.1.2　超声辅助低共熔溶剂萃取技术原理 136
   12.1.3　萃取方式 137
 12.2　影响因素 138
   12.2.1　超声波参数对 UAE-DES 的影响 138
   12.2.2　DES 性质对萃取过程的影响 139
 12.3　超声辅助低共熔溶剂在萃取食品中活性成分中的应用 140
   12.3.1　酚类化合物 140
   12.3.2　黄酮类化合物 141
   12.3.3　多糖 142
   12.3.4　蛋白质 142
 12.4　超声辅助低共熔溶剂萃取法在食品分析检测方面的应用 143
   12.4.1　农药残留检测 143
   12.4.2　合成色素剂量检测 143
 12.5　结论与展望 144
  参考文献 144

第13章　基于肉类原料的3D打印技术 148
 13.1　食品3D打印机 149
 13.2　肉类原料在3D打印技术中的应用 150
   13.2.1　肉糜的3D打印工艺 151
   13.2.2　培养肉的3D打印工艺 154
   13.2.3　影响肉类3D打印工艺的关键参数 156
   13.2.4　肉类3D打印的后处理 157
 13.3　3D打印肉的发展前景及趋势 157
   13.3.1　多喷头的打印 157
   13.3.2　个性化的打印 158

13.3.3 肉类加工废弃物的再利用 158
13.3.4 3D 打印肉与其他打印技术的结合 158
13.4 4D、5D 打印技术 159
13.5 结论与展望 159
参考文献 160

第 14 章 动物蛋白质可食性涂膜降低深度油炸食品油脂含量的机理和研究进展 164
14.1 深度油炸食品减油方式与可食性涂膜简介 164
14.2 多糖及植物蛋白质基可食性涂膜的应用 165
    14.2.1 多糖 165
    14.2.2 植物蛋白质 167
14.3 动物蛋白质可食性涂膜 167
    14.3.1 动物蛋白质可食性涂膜的优势 167
    14.3.2 动物蛋白质复合可食性涂膜 168
14.4 动物蛋白质可食性涂膜抑制深度油炸食品吸油的机理 169
    14.4.1 深度油炸食品油脂吸收的机理 169
    14.4.2 动物蛋白质可食性涂膜抑制油脂吸收的机理 170
参考文献 172

第 15 章 美拉德反应及其产物在递送生物活性物质方面的应用 176
15.1 美拉德反应概述 177
15.2 美拉德反应共价复合物的功能性质 178
    15.2.1 乳化性 178
    15.2.2 凝胶性 178
    15.2.3 抗氧化活性 179
15.3 基于美拉德反应的递送系统类型 179
    15.3.1 乳状液 179
    15.3.2 纳米粒子 180
    15.3.3 纳米凝胶 181
    15.3.4 微胶囊 181
15.4 递送体系与人体胃肠道的相互作用 182
    15.4.1 口腔 183
    15.4.2 胃 183
    15.4.3 小肠 184
15.5 结论与展望 184
参考文献 185

第16章　植物源抗冻蛋白作用机制及其在食品中的应用 ·················· 189
16.1　植物源 AFPs 的概述 ·················· 189
16.1.1　抗冻蛋白的来源 ·················· 189
16.1.2　抗冻蛋白的特性 ·················· 190
16.2　抗冻蛋白的作用机制 ·················· 190
16.2.1　热动力学作用原理 ·················· 191
16.2.2　氢键结合作用 ·················· 193
16.3　植物源 AFPs 的分离纯化方法 ·················· 196
16.3.1　渗透离心法 ·················· 196
16.3.2　冰特异性吸附分离法 ·················· 196
16.3.3　浊点萃取法 ·················· 197
16.4　植物源 AFPs 在食品领域的应用 ·················· 197
16.4.1　在冰激凌中的应用 ·················· 197
16.4.2　在冷冻面团中的应用 ·················· 198
16.4.3　在新鲜水果中的应用 ·················· 199
16.5　结论与展望 ·················· 199
参考文献 ·················· 200

第三篇　肉制品保藏新技术及原理

第17章　超高压对肉制品中微生物及品质的影响 ·················· 205
17.1　引言 ·················· 205
17.2　超高压对肉及肉制品中微生物的影响 ·················· 206
17.3　超高压对肉品品质的影响 ·················· 206
17.3.1　超高压对肉品氧化性的影响 ·················· 206
17.3.2　超高压对肉品颜色的影响 ·················· 207
17.3.3　超高压对肉品嫩度的影响 ·················· 208
17.3.4　超高压对肌肉蛋白凝胶性的影响 ·················· 208
17.4　超高压技术的未来发展 ·················· 209
参考文献 ·················· 210

第18章　低温等离子体技术在肉品保藏及加工中的应用研究进展 ·················· 213
18.1　低温等离子体 ·················· 213
18.1.1　低温等离子体的产生方式 ·················· 214
18.1.2　影响低温等离子体工作效率的因素 ·················· 214
18.2　低温等离子体技术在肉品保藏及加工中的应用 ·················· 215

18.2.1　低温等离子体技术对肉品中微生物的抑制作用 ················ 215
　　18.2.2　低温等离子体技术在肉制品中替代亚硝酸盐的应用 ·········· 219
　　18.2.3　低温等离子体技术对肉品脂肪氧化的影响 ···················· 221
　18.3　结论与展望 ·· 221
　参考文献 ·· 222
第19章　抗氧化包装中活性成分的抗氧化作用及其在食品中的应用 ···· 226
　19.1　影响抗氧化包装阻氧性的因素 ································· 226
　　19.1.1　包装基体 ··· 227
　　19.1.2　抗氧化活性剂 ··· 227
　　19.1.3　包装条件 ··· 228
　19.2　抗氧化活性剂的种类及应用 ····································· 229
　　19.2.1　释放型抗氧化包装 ··· 229
　　19.2.2　吸收型抗氧化包装 ··· 231
　19.3　结论与展望 ·· 234
　参考文献 ·· 234
第20章　细菌群体感应猝灭及其在食品防腐保鲜中的应用 ············ 238
　20.1　群体感应的机制 ··· 238
　　20.1.1　革兰氏阳性菌的双组分 QS 群体感应系统 ················ 239
　　20.1.2　革兰氏阴性菌的 LuxI/LuxR QS 系统 ····················· 240
　　20.1.3　革兰氏阳性菌及阴性菌共同采用的 LuxS/AI-2 QS 系统 ···· 240
　20.2　群体感应猝灭的机制 ·· 241
　　20.2.1　QS 抑制剂 ··· 241
　　20.2.2　猝灭酶 ·· 242
　20.3　群体感应猝灭在食品防腐保鲜方面的应用 ···················· 243
　　20.3.1　乳及乳制品 ·· 243
　　20.3.2　畜禽肉 ·· 244
　　20.3.3　水产品 ·· 244
　　20.3.4　果蔬腐败 ··· 244
　20.4　结论与展望 ·· 245
　参考文献 ·· 245
第21章　生物保护菌及其在肉制品中的应用 ···························· 249
　21.1　生物保护菌简介 ··· 250
　　21.1.1　生物保护菌概念 ·· 250
　　21.1.2　生物保护菌的作用途径 ···································· 250
　21.2　生物保护菌代谢产物细菌素的定义及分类 ···················· 251

21.3 生物保护菌在肉制品中的应用 …………………………………………… 251
　21.3.1 在肉灌制品中的应用 ……………………………………………… 251
　21.3.2 在冷鲜肉中的应用 ………………………………………………… 252
　21.3.3 在火腿中的应用 …………………………………………………… 252
　21.3.4 在牛、羊肉制品中的应用 ………………………………………… 253
　21.3.5 在禽肉制品中的应用 ……………………………………………… 253
21.4 结论与展望 ……………………………………………………………… 254
参考文献 ………………………………………………………………………… 254

第 0 章 概　　论

0.1　国内外肉制品行业的发展现状和趋势

民以食为天。肉制品因其营养美味的特点，已经成为人们日常膳食中的重要组成。中国是发展中大国，高速发展的经济和人们生活水平的日益提升，为肉制品行业提供了发展优势和发展空间，肉制品加工业也正在飞速发展。我国是肉及肉制品的生产大国和消费大国，2022 年全年畜禽肉产量 9227 万 t，比上年增长 3.8%。其中：猪肉产量 5541 万 t，增长 4.3%；牛肉产量 718 万 t，增长 3.0%；羊肉产量 525 万 t，增长 1.4%；禽肉产量 2443 万 t，增长 2.6%。近 10 年我国肉类总产量约占世界总产量的 1/4，其生产和消费量影响着世界的肉品结构和供给平衡。从国内市场产量来看，据统计，2021 年我国肉类食品产量达到 8990 万 t，同比增长 16.03%，恢复至新冠疫情前水平。从产量结构来看，我国肉类食品中猪肉产量占比超过 50%。据国家统计局数据统计，2021 年猪肉产量占整体肉类比重 58.9%，产量为 5296 万 t。虽然我国肉类产量大，但是其中肉制品的生产量依然偏低，肉制品所占比例低也是国内肉类生产的一大短板。同时，肉制品行业新的发展形势也对企业的食品安全控制体系提出了新的要求，这些都是肉制品加工行业面临的机遇和挑战。

目前，国际上对肉制品分类主要是以产品加工过程中的加热温度作为分类依据，可分为高温肉制品和低温肉制品两类。多数西式肉制品都是低温肉制品，特点是营养便捷，我国传统中式肉制品则更加偏重口感和风味。随着全球经济的快速发展，我国食品产业在注重原有产品特色的同时也需要适应市场经济的发展，和国际食品产业接轨，学习先进的肉制品加工技术和理论知识。欧美发达国家在肉类加工行业具有以下优势。

（1）加工技术、设备等方面具有较强的优势，在肉制品精深加工及副产物综合利用方面率先使用了非热力杀菌、血液提取纯化活性物质等技术。

（2）肉制品加工过程高度自动化和信息化，拥有先进的屠宰、分级、动物胴体检测系统，可以实现在生产加工过程中实时远程在线调控，检测肉及肉制品的加工情况，肉制品加工工业化程度较高。

（3）肉及肉制品生产标准体系完善，发达国家的肉制品相关的标准法规和产品标准体系都较为全面，拥有完善的产品追踪体系。

（4）功能性肉制品的开发，低盐、低脂等具有调节机体功能的功能性肉制品的研发程度较高。

（5）畜牧业发达，畜牧养殖业规模大，高度集中，养殖技术先进，病害预防措施较完善，产业抗风险能力较强。

进入21世纪后，我国肉类加工行业也发生了较大的变革，在产品创新和产业提升方面都进入了新的发展阶段。我国大规模引进了国际领先的肉类屠宰和肉制品加工生产线，学习并建立了国际标准的生产、安全管理体系，大力推广冷却肉及低温肉制品的生产加工，在肉制品加工技术、加工设备、安全管理体系等方面不断学习国际先进的加工技术和工业化成果，改造了我国传统肉类工业，缩小了与发达国家的距离；在加工技术、品牌建设、产品种类等方面都实现了突破性的创新，推动了我国肉类工业的发展和进步；在传统肉制品工业化生产，加大低温肉制品和功能性肉制品生产比值，实现产品品牌化等方面都进入了全新的发展阶段。肉类工业的发展现状与趋势主要体现在以下几个方面。

（1）特色传统中式肉制品生产加工的工业化。我国肉类制品主要包含中式肉制品（以金华火腿、广式腊肠、传统酱卤制品等为主）和西式肉制品（培根类、火腿类等具有我国产品特色的西式肉制品）两大类。传统中式肉制品具有较浓重的地域特色，是我国珍贵的文化遗产，但传统加工方法耗时长、产品质量不稳定、产量较低等都制约了中式肉制品的工业化大规模生产。近年来中式肉制品在生产加工过程中学习了西式肉制品的加工技术，对传统中式肉制品的生产加工、储藏保鲜等方面都进行了改革，引进了腌制、滚揉、煮制、冷却、储藏等西式肉制品的加工技术，既保证了产品质量的标准性，又提高了产量。

（2）我国肉制品加工业从冷冻肉发展到热鲜肉，再发展到冷却肉，其中便捷的即食肉制品和速冻肉类食品发展迅速，已经成为国内肉制品加工企业的新经济支柱。同时西式肉制品的产量也有大幅度提升。目前，许多肉类食品加工企业已经开始广泛使用杀菌防腐处理以及干燥成熟等现代高新技术，多种类的低温肉制品以及保健肉制品也已经被开发出来，并且占有一定市场份额。随着城市生活节奏的加快，对即食肉制品的需求量逐年增加，远超过了我国现有的肉制品生产量，为达到供需平衡，我国肉制品加工企业也在不断增多、快速发展。在肉制品出口方面，虽然我国肉制品对外贸易占总贸易额比重不大，但是也在呈逐年增加的趋势。

（3）目前，我国的肉制品加工业已经逐渐形成集收购畜牧、屠宰加工、肉类制品的加工、肉制品的卫生检验、肉制品的冷冻储藏、肉制品的冷冻运输以及肉制品的批发零售于一体，同时普及城乡各个企业的一套完整的功能配套技术体系。肉制品的加工设备以及冷藏技术等都在不断地朝着标准化、机械化、自动化的方向发展，成功研制出打毛机、剥皮机、胴体分割机以及悬挂运输机等屠宰的使用机械。同时也正致力于一些高新技术的研究和应用，如使用多针头的盐水注射加快腌制的技术、渗透压干燥的技术、冷冻干燥的技术以及微波干燥的技术等。

（4）肉与肉制品标准体系的建立。民以食为天，食以安为先。质量安全的重要性不言而喻。因此，我国肉类行业不断引进先进的管理和质量控制手段，缩小与国际先进水平间的差距。为确保产品的质量和安全，肉类行业广泛引用国际先进的 ISO9001、ISO14001、HACCP 等管理体系，并实施认证。同时建立了相应的肉与肉制品标准体系，主要包括强制性标准体系和推荐性标准体系两部分。强制性标准体系包括基础标准、原料及产品标准、卫生要求标准和检验方法标准 4 个子体系，是保障肉与肉制品安全的核心体系。推荐性标准体系包括过程控制标准、产品标准和检验方法标准 3 个子体系，在整个标准体系中占主体地位，保障了肉与肉制品的质量。随着国家对食品安全的重视，我国肉与肉制品标准体系的建设取得了良好的成果。

经过长期的发展，我国肉类工业发展迅速，但也存在着一些亟待解决的问题，如行业集中度不高，企业整体规模较小且分散。产业化经营水平不高、分散的小规模生猪饲养模式与肉类的大市场不相适应，肉类的生产呈现周期性的大波动，影响产业的发展；精深加工产品少，产品附加值低，资源浪费。肉类产业的熟肉制品深加工仅占总产量的 10%左右，冷鲜肉的比例不到猪肉产量的 10%。全国统一、开放、竞争、有序的大市场还远没有形成，影响行业的发展和整合；行业标准体系覆盖不全面，标准交叉重复、执行混乱，部分标准更新缓慢等，这些问题都需要我们去研究和关注。

0.2 肉类工业的研究热点

1. 肉制品加工新技术

肉制品加工技术的研究主要集中在两个方面，一是提高肉制品的加工品质，实现肉制品加工的自动化；二是采用绿色、健康的技术手段延长肉制品的储藏期。肉制品中富含脂肪，脂肪可以提供肉制品所需的风味和口感。食盐（主要成分是 NaCl）作为肉制品必需的添加物质，其含量也较高，在加工过程中可以起到溶解蛋白、稳定脂肪乳化体系的作用。然而，较高的脂肪含量和食盐添加量对于人类健康是不利的。因此，如何在保证肉制品品质的前提下，降低产品中的脂肪和食盐含量是现在的研究热点，许多研究通过采用高静压或超高压处理等技术来实现这一目标。许多肉制品加工新技术的应用降低了加工过程对产品品质的影响，如采用功率超声波技术可以提高肉制品的嫩度；超声波辅助冷冻技术可以细化冰晶尺寸，改善速冻食品的品质；低温等离子体作为一种新兴的非热能技术可以抑制肉制品中微生物的生长繁殖。

肉制品在生产加工过程中，因为加工工艺以及肉类品质本身的问题，不能完全利用碎肉或者剔骨肉等，利用重组技术则可以将这些低成本的小块碎肉整合起来，不仅可以节约加工原料，降低肉制品的加工成本，同时也可以提高肉制品的附加值以及加工率。目前主要是应用一些黏合剂，如海藻酸钙、转谷氨酰胺酶、纤维蛋白原、食用胶等，在肉制品中形成三维网状结构，阻止肉制品中的风味、营养及水分的流失。同时，黏合剂也可以作为重组肉制品中水分和脂肪的乳化剂，提高肉制品的品质。

添加化学防腐剂和高温杀菌等手段是肉制品加工过程中常用的保藏技术，会对产品的品质和风味产生一定影响。通过一些新的肉制品加工技术则可以较好地解决这些问题，如超高压杀菌、高压脉冲电场杀菌等非热杀菌技术可以最大程度地保持食品的色香味和营养成分。发酵肉制品需要经过微生物发酵，储藏不当会使微生物菌群发生变化，影响产品的品质，缩短产品货架期，而生物保护菌的使用不仅可以有效地抑制杂菌的生长，其天然、安全、无害的优点也更加受到消费者的欢迎。

2. 肉制品保藏新技术

肉及肉制品中含有极其丰富的营养物质，这也促使其易于在加工、储藏、运输以及销售过程中受到微生物的污染，发生腐败变质。肉品腐败问题是制约我国肉品产业发展的一个重要因素。近年来，针对肉制品腐败变质的解决办法主要有两种：灭菌以及抗氧化。超高压技术和冷等离子体技术是目前比较热门的非热杀菌技术，可以在不影响肉类风味和营养成分的前提下，杀死肉及肉制品中的细菌等微生物，最终达到肉品的灭菌保藏和加工的目的。另外，生物保护菌作为一种天然防腐剂应用到肉制品防腐中的研究也是一个热点。向肉品体系中接种生物保护菌或其代谢产物（细菌素），它们可以抑制肉品致病菌及腐败菌的生长或者和有害微生物进行竞争生长，进而有效地延长食品的货架期，起到防腐保鲜的作用。此外，抗氧化活性包装是一种具有脱氧功能的活性包装，不仅对包装外部氧气起到惰性屏障的作用，还可以利用包装基体中的抗氧化活性剂(抗氧化剂和氧气清除剂)吸收和清除包装内部氧气，降低肉品因氧化造成的腐败变质。抗氧化包装技术的使用在防止肉品氧化腐败的同时，避免了直接添加抗氧化剂带来的安全隐患。

3. 功能肉制品的开发研究

功能性食品的开发是目前的研究热点，人们也更愿意选择天然、健康、绿色的功能性食品，通过膳食调整提高自身的健康水平。同时，功能性食品附加值较高，因此功能肉制品的开发既可以满足消费者的需要，又可以提高肉类行业的经济效益。目前，功能肉制品的开发研究主要集中在低脂、低盐、低热量、低胆固醇肉制品、富含膳食纤维的肉制品及发酵肉制品的开发，其不仅能够调节机体的生理功能，同时也具有一定的感官功能和营养功能，能够满足一些特殊消费人群的需求，因此市场的需求量也比较庞大。低脂肉制品的开发主要是集中在脂肪替代物的研究，如蛋白质基质和碳水化合物基质脂肪替代物等；同时也有研究通过功率超声预处理酶法技术催化猪油甘油降解制备甘油二酯（diacylglycerol, DAG），因为富含甘油二酯的油脂消化吸收率、生物利用率与富含甘油三酯（TAG）的油脂相似，但甘油二酯具有降低空腹血脂、抑制餐后血脂升高、减轻体重、减少体脂积聚等多种生理功能；发酵肉制品中加入了特定的微生物，可以降解饱和脂肪酸和大分子蛋白质，产生对人体有益的小分子物质，同时还能消除肉中不利于健康的饱和脂肪酸和胆固醇等成分。

第一篇

人造肉及功能肉制品的开发

第1章 人造肉的研究进展与挑战

1.1 人造肉的历史沿革

20世纪50年代，荷兰科学家Willem Van Eelen提出了利用组织培养来生产体外肉的观点。但直到1999年，他的理论观点才被授予干细胞概念的专利，与此同时，细胞的体外培养才开始兴起[1]。2002年，Benjaminson等[2]在培养皿中培养普通金鱼的肌肉组织，旨在探索用于长期太空飞行或空间站作业人员的培养动物肌肉蛋白的可能性。在研究中获得的培养的肌肉组织，先经清洗和浸泡在带有香料的橄榄油中，并覆盖上面包屑，然后进行油炸。最后，感官评价小组对这些经过处理的肌肉组织进行评价，认为该产品可以作为食品。美国南卡罗来纳医科大学的研究人员于2011年从火鸡中提取成肌细胞，并将细胞培养于牛血清营养液中，得到了条形的火鸡肉[3]。荷兰科学家马克·鲍斯特于2012年推出了世界首例人造培养肉[4]。紧接着，2013年世界上第一个人造肉汉堡也随之问世，汉堡里有5oz（1oz≈28g）的汉堡肉饼，是用实验室培育的牛肉制成的，虽然单个造价超过33万美元，但这项技术的成功引起了各界人士的关注[5]。2019年3月，日本著名的食品企业日清食品控股公司宣布，与东京大学合作，通过人工培育牛肌肉细胞成功制成约1cm³的肌肉组织。2019年11月，我国南京农业大学的周光宏教授团队使用猪肌肉干细胞培养20天后，获得了中国第一块细胞培养肉（5 g），并首次分离得到了高纯度的猪肌肉干细胞和牛肌肉干细胞，突破了培养肉研究难以获得高纯度单一细胞群的瓶颈，还创立了猪和牛肌肉干细胞体外培养干性维持方法，初步解决了传代过程中细胞增殖和分化能力衰减的难题[6]。

植物性肉类蛋白肉是另一种为替代传统肉类而开发的具有肉品食用特性的仿肉制品[7]。在我国博大精深的历史文化中，传统的植物性肉类替代品早已存在，如菌菇、豆腐、豆豉和面筋等[8]。在这之后出现了其他的植物性肉类替代品，但直到20世纪中后期，食品技术（如生物聚合纺丝和挤压）才真正开始在这一领域发展起来。今天用于制造植物性肉类替代品的许多现代技术，包括生物聚合物纺丝和挤压，分别在1947年和1954年获得了第一项专利。植物性肉类替代品中使用的主要蛋白质成分在发展过程中也发生了很大的变化，豆腐（一种豆制品）的历史可以追溯到公元965年，小麦蛋白的历史可以追溯到1301年，腐竹（一种豆制品）的历史可以追溯到1587年，豆豉（一种豆制品）的历史可以追溯到

1815 年，其他的添加成分如坚果、谷物和豆类等可以追溯到 1895 年。目前，用于植物性肉类替代品中的植物蛋白的主要来源仍然是大豆和小麦蛋白面筋，而其他蛋白来源，如豆类（豌豆、扁豆、羽扇豆角、鹰嘴豆等）和真菌（真菌蛋白、酵母和蘑菇）也被使用[9,10]。并且随着产品供应和可获得性的快速增长，肉类类似物市场正在进行全球扩张，欧洲和北美的肉类模拟产品消费者已经从仅仅是素食消费者扩大到现在包括吃肉和爱吃肉的消费者。根据 Mordor Intelligence 的数据，肉类类似物市场预计在 2019~2024 年以 7.9%的复合年增长率增长，其中增长最快的市场是亚太地区，最大的市场是欧洲，到 2025 年，全球植物性肉类产业预计将达到 212.3 亿美元。由于植物性肉类替代品的发展前景较为广阔，目前许多公司都参与到了植物性肉类替代品的研发与生产当中，其中美国 Impossible Foods 和 Memphis Meats 公司已经生产出人造肉制品（牛肉汉堡），并获得了 2.6 亿美元的投资，实现了在美国及我国香港、澳门等地的店面销售[11]。

1.2 人造肉的潜在价值

传统的肉类生产中，往往会产生一些疾病，如与营养相关的疾病、食源性疾病等，对消费者的健康造成了一定的威胁[12]。传统的畜牧业大约占用 70%的农业用地，产生 18%的温室气体，其中有 37%的温室气体与反刍动物产生的甲烷相关[13]。人造肉的生产对环境具有积极的作用，不仅能够降低环境污染并减少水资源和土地资源的消耗，还能够减少动物的痛苦，并能为消费者提供更加健康、安全和营养的肉类制品[14]。

1.2.1 健康、营养和安全

与传统肉类生产系统相比，人造肉生产更加健康、营养和安全。从营养和健康角度看，植物蛋白肉主要从两个方面影响人体的营养和健康。一方面是植物蛋白肉中的植物蛋白质含量通常高达 30%[15]，而这些植物蛋白对人体健康具有众多的好处，如能帮助解决由肥胖引起的代谢功能障碍[16]和心脑血管疾病[17]，并具有抗癌、抗炎活性和免疫活性[18]，还能改善 2 型糖尿病的临床指标[19]。另一方面则是植物蛋白具有高饱腹感效应，有助于肥胖人群的减肥和正常人群维持体重的平衡[20]。细胞培养肉通过三个方面影响人体的营养和健康。第一，控制培养基的组成或者添加某些对人体健康具有有益作用的因子，如某些类型的维生素，从而影响肉的风味和脂肪酸组成，增强细胞培养肉对人体健康方面的作用[21]。第二，可与其他类型的细胞共培养来进一步提高细胞培养肉的品质，如与脂肪细胞共培养，可以增加培养肉中的脂肪含量。第三，可在培养细胞之后通过补充脂肪来控制脂肪含量和控制饱和脂肪酸与多不饱和脂肪酸（PUFAs）的比例[2]。从安全角度来看，传统肉类生产的过程中往往存在动物疾病、流行病和抗生素滥用的风险。但细胞培养肉由于严格的质量控制和良好的制造规范，可以使得这些食源性疾病，如沙门氏菌、弯曲杆菌和大肠杆菌导致的疾病的患病风险降低以及使暴露于与传统肉类相关的杀虫剂、砷、二噁英和激素的风险的发生率显著降低[22]。此外，细胞培养肉中可以使用安全和中等浓度的防腐剂，如苯甲酸钠，使肉类免受微生物的污染[23]。

1.2.2 动物福利

在肉类生产中，动物福利引起了人们的广泛关注，人们普遍认为应该减少动物的痛苦，而不同形式的人造肉能够解决这个问题。植物性肉类能够极大地减少满足全球肉类/蛋白质需求所需的动物数量，从而通过减少饲养的动物数量来增加动物福利[24]。对于细胞培养肉，一方面可通过从活的动物体上取细胞，并在含有蘑菇提取物而不是动物血清的培养基中培养细胞，从而完全避免了动物死亡[14]。另一方面，细胞培养肉生产系统将减少动物的使用，从理论上讲，一个农场的动物生产出来的肉类可以满足全世界消费者对于肉类的需求。此外，如果让10个干细胞连续分裂分化2个月，则可以生产出50000 t肉。在各种细胞中，培养胚胎干细胞将是最理想的选择，因为这些细胞几乎具有无限的自我更新能力。从理论上讲，一个胚胎干细胞细胞系生产的肉类就足以供给全世界的消费者[25]。一些关注动物福利的人员通常也非常赞成细胞培养肉的生产，因为他们认为培养肉的体系中没有神经系统，所以不会感觉到疼痛，这有助于增加动物福利[26]。

1.2.3 环保可持续

传统肉类生产是导致全球环境恶化的主要因素之一。目前，畜牧业生产使用了全球30%的无冰陆地和8%的淡水，同时产生了18%的温室气体，这一数字超过了全球运输业。畜牧业生产也是导致森林、野生动物栖息地退化和水体富营养化的主要因素之一，在全球范围内，与畜牧业生产有关的温室气体排放，其34%来源于森林砍伐，25%来源于反刍动物肠道发酵产生的甲烷，31%的排放与粪便的处理有关[27]。因此，越来越多的消费者开始寻求可持续和对环境友好的食品和生产方法[28]。细胞培养肉是减少肉类生产对环境产生负面影响的方法之一，能够减少碳的排放和能量需求。与传统肉类生产相比，细胞培养肉能利用在生产过程中提供的所有的营养和能量,而不会因为自身的新陈代谢和形成不能食用的结构(如骨骼或神经组织)而损失[29]。此外,与传统的肉类生产系统相比,细胞培养肉生产系统能够减少80%以上的土地资源的使用,这是因为细胞培养肉的设施可以垂直建造,从而占用了更少的土地面积。由此,生产者可以将生产中心建立在消费者居住的城市或其附近,这将进一步降低运输成本[23]。此外,根据一些研究人员的报道,细胞培养肉生产系统还可以减少90%以上的温室气体的排放,80%以上的水资源的使用[30]。Tuomisto和Mattos[31]的研究表明,与传统肉类生产系统相比,细胞培养肉消耗的能量可以减少7%~45%,温室气体排放减少78%~96%,土地使用量减少99%,用水量减少82%~96%。牛津大学的一项研究结果表明,如果科学家在蓝藻水解物培养物中培养肌肉细胞,与传统肉类生产系统相比,能耗将减少35%~60%,温室气体排放量减少80%~95%,土地使用减少98%[25]。Mattick等[32]的研究结果也表明,与传统畜牧业相比,细胞培养肉需要更少的农业和土地投入。生产植物蛋白肉也是减少肉类生产对环境的负面影响的方法之一。几项环境研究表明,植物蛋白肉对环境的影响低于传统的肉类生产系统[33]。研究发现植物蛋白肉具有与鸡肉和牛肉同等的营养价值,并能降低对环境的影响,如气候变化、土地利用、水资源利用和化石燃料枯竭等。此外,还有研究发现大豆和谷蛋白肉类类似物的生产比鸡肉、实验室培养的和以霉菌蛋白为基础的肉类替代品更环保[27],而豌豆肉类替代物对环境的影响低于猪肉[34]。

1.3 人造肉的生产技术及其挑战

1.3.1 细胞培养肉的生产技术及其挑战

细胞培养肉的技术灵感主要源于再生医学,即使用患者自己的细胞重建恶化的肌肉组织。细胞培养肉的生产则是从动物身上提取干细胞,然后使其增殖分化成肌细胞,之后肌细胞会发生融合形成肌管,最终形成肌肉纤维。目前,细胞培养肉的生产技术主要可分为支架技术、组织工程技术和器官打印技术[3]。

1. 细胞培养肉的生产技术

1)支架技术

支架技术是指从牛、羊、猪等动物体中分离胚胎成肌细胞或成年骨骼肌卫星细胞,使其附着在支架(如胶原网络或微载体珠)上,然后将其置于静止或旋转的生物反应器中的培养基上培养,经几周或几个月的分裂和再分裂过程,让这些细胞生长融合形成肌管,之后通过引入各种环境因子,使肌管分化为肌纤维,这些肌纤维随后可以作为肉类进行烹调和食用[35]。目前有两个使用细胞培养生产肉类的详细提案，Vladimir 建议使用生物反应器，让细胞与胶原球一起生长，以提供成肌细胞附着和分化的支架，而 Van 则建议使用胶原网络，并及时更换培养液使其能渗透胶原网络[12]。一旦分化成肌纤维，胶原和肌肉细胞的混合物就可以被用作肉类食用，但它们必须达到一定的厚度后才能进行食品化的加工[3]。目前，该技术只能用来生产柔软致密的无骨肉类，不能生产像牛排那样高度结构化的肉类。

2）组织工程技术

组织工程技术是指通过自我重组或者增殖已知的体外的肌肉组织，生产出高度结构化的肉类[26]。Benjaminson 等[2]将金鱼组织切片，切碎并离心成细胞颗粒，然后将它们放入装有营养培养基的培养皿中，培养 7 天。以胎牛血清为营养培养基，外植体生长了大约 14%，以冬菇提取液为营养培养基，外植体的生长超过了 13%。当外植体被置于含有分离的鲫属骨骼肌细胞的培养液中时，外植体表面积在一周内增长了 79%。一周后，生成了像新鲜鱼片的组织，然后将其煮熟并腌制，最后进行油炸，经感官评定后，发现它的外观和气味很好，可以食用[2]。然而，由于外植体不能进行血液循环，不能使其进行连续生长。因为如果细胞与提供营养的培养基之间的距离超过 0.5 mm，细胞就会坏死[36,37]，所以有研究者建议将营养物质灌注到可食用的多孔聚合物的分支网络中，然后让成肌细胞和其他类型的细胞附着在该网络上，以此经过增殖来形成完整的肌肉组织。目前，已经有研究者提出了一种使用人造毛细管来生产细胞培养肉的组织工程技术[38]。此外，通过共同培养肌细胞和成纤维细胞，已成功地培养出一些小的肌肉样器官，这些器官可以自发收缩或通过电刺激收缩，但由于缺乏营养，这些器官的直径最多只有 1 mm，这可能是细胞培养肉生产系统需要克服的最大问题[39]。

3）器官打印技术

目前，使用组织工程技术生产细胞培养肉还有各种问题，如无法形成大理石纹或其他与味道相关的肉类元素，器官打印技术为解决这些问题提供了可能性。器官打印与普通打印技术的原理一样，即使用喷墨打印机来打印文档的技术。研究人员使用含有单个细胞或细胞球的溶液，并将这些细胞混合物喷洒到充当打印纸的凝胶上，而这种"纸"可以通过简单的加热技术移除或者自动降解。理论上，活细胞可被层层喷洒来生产出所需的任何形状或结构，形成这些三维结构后，细胞还可融合形成更大的结构，如环和管或片。研究人员认为，通过打印生产整个器官具有可行性，形成的器官不仅具有器官的基本细胞结构，还具有血管，可为整个产品进行血液供应。在这个过程中，还可以添加脂肪以形成大理石纹，从而改善产品的风味和质构特性。从理论上讲，器官打印产生的片状和管状结构可用于生产任何类型的器官或组织[14]。

2. 细胞培养肉的挑战

目前,细胞培养肉技术仍处于初级阶段,最大的挑战是如何更深入地了解干细胞及其向肌肉细胞分化的生物学过程,如何实现大规模的生产,同时在大型反应器中保持所有单个细胞周围条件的恒定,如何在细胞生长和分化形成培养肉后,将其完整地且不受损害地从支架中释放出来,同时还能保持大型反应器中的清洁和无菌状态,如何制定细胞培养肉的管理规范,为消费者提供安全健康的肉制品[21]。在细胞培养肉类商业化生产之前,以下这些挑战必须解决。

1) 细胞分离增殖

第一个挑战是让细胞进行大规模分离增殖。肌肉干细胞又称肌卫星细胞,是肌肉组织中的专能干细胞。肌肉干细胞易于分离培养和肌源性分化特性使其成为良好的培养肉种子细胞。由于肌肉组织中存在着至少十几种不同类型的细胞,包括成纤维细胞、内皮细胞、血液细胞等,因此如何分离获取畜禽动物高纯度肌肉干细胞成为一大难题[40]。此外,肌肉、脂肪和其他细胞的共培养以生产出复杂的肌肉组织仍然是一个需要面对的挑战。例如,可通过脂肪和肌肉细胞之间不同基因和酶相互作用产生牛肉大理石花纹[41]。此外,由于需要经过大量的增殖以增加细胞数量,细胞的遗传不稳定性成为生产细胞培养肉的一个技术挑战。例如,在细胞的增殖过程中可能会产生癌细胞,虽然这些癌细胞可能对人体是无害的,因为它们在后期的加工过程中会死亡,还能在人体的胃和肠道中被消化。但是,对于消费者来说,这是一个敏感的问题,应该对这种现象进行研究,以确保在细胞增殖过程中不会出现健康问题。

2) 培养基

第二个挑战是调整培养基中各种成分因子的比例,以提高细胞的生长率。多种营养物质(碳水化合物、氨基酸、脂质、维生素等)、生长因子(转化生长因子-β、成纤维细胞生长因子、胰岛素样生长因子)和激素(胰岛素、甲状腺激素和/或生长激素)是培养细胞并使其增殖和分化所必需的。干细胞传统上是在含有某些营养素和胎牛或新生小牛血清的培养基中培养的,这些血清的确切组成尚不清楚。因此,为了保证细胞培养肉的安全性,有必要在工业上规模化生产对人体安全的培养基,即要保证培养基是无菌的,而且成分是已知的。目前研究者正在开发无血清或从细菌提取物或酵母细胞、真菌或微藻制备的合成培养基[42]。此外,由于生产细胞培养肉所需的营养素、生长因子和激素必须由化学工业制备,在制备过程会产生废物污染环境,这一问题有必要在未来进行进一步的研究[42]。

3) 支架系统

第三个挑战是寻找一种生物材料充当支架,让细胞能够相互融合、连接以形成肌肉组织。因为在自然状态下的动物肌肉细胞为附着生长,并嵌入到相应组织中，所以为了模拟体内环境，体外肌肉细胞培养需要利用合适的支架体系进行黏附支撑生长，辅助形成细胞组织纹理及微观结构，维持肌肉组织三维结构[43]。现有的支架因其形状、组成和特性分成不同类型，其中最为理想的支架系统应该具有相对较大的比表面积以用于细胞依附生长，可灵活地收缩扩张，模拟体内环境的细胞黏附等因素，并且易于与培养组织分离[44]。研究者利用胶原蛋白构建的球状支架系统，可以增加细胞组织培养的附着位点，同时有效维持组织形成过程中的外部形态[3]。Lam 等[45]利用微型波浪表面的支架进行细胞组织培养，实现了表面肌肉细胞的天然波形排列，其具有天然肉的纹理特性。凝胶或支架系统可为新生组织附着位点。此外，生物材料的安全也应该得到保证，以确保消费的健康安全。

4）生物反应器

第四个挑战是设计一个大容量的生物反应器，在允许细胞分化的最佳条件下正确培养细胞，从而实现细胞培养肉的大规模生产。到目前为止，第一个人造汉堡所使用的技术是基于二维细胞培养。传统的二维培养因较低的表面积体积比，不能对培养条件进行实时监测，传代过程烦琐等一系列不足而不能用于细胞的扩大培养。目前正在研究高效、大规模生产干细胞的生物反应器：它们基于微载体悬浮培养、固定化培养或者聚集体悬浮培养等方法[46]。肌肉干细胞由于贴壁培养以及分化过程中需要细胞融合的生物学特性，选择微载体悬浮培养是目前较为可行的培养方法。微载体细胞培养就是使细胞在微载体表面附着生长，同时通过持续搅动使微载体始终保持悬浮状态，其兼具悬浮培养和贴壁培养的优点[47]。

5）监督管理

细胞培养肉的生产包括从家畜中获取干细胞，并将这些细胞进行培养。因此，现有的监管框架并不能很好地应用于细胞培养肉。2018 年，美国食品药品监督管理局（FDA）和美国农业部（USDA）食品安全检查局（FSIS）宣布，他们将制定细胞培养肉联合监管框架，该框架将确保细胞培养肉的安全性并使用准确的标签定义它。国内一些学者也在积极研究培养肉的生产过程，探讨培养肉安全性评价和监管办法[48]。培养肉的食品安全风险主要来自生产过程中的化学安全、生物安全和营养安全。对于化学安全，主要是生产过程中的化合物成分、支架材料、模具材料以及加工辅料等，这些材料对于细胞的增殖、分化以及产品加工等过程非常重要，然而许多材料还没有食品安全使用史[19,48]。生物安全一方面是细胞在分离、增殖和分化过程中发生基因突变，对人体健康具有潜在危害作用。另一方面，采用基因编辑等手段进行种子细胞改造时，容易引入高风险的生物外源物质，因此更要对细胞的功能和食用特性进行致敏性、毒性等安全性评价[49]。此外，需要考虑培养肉与普通肉在组成成分、加工后成分变化以及食用后的消化吸收情况，评估培养肉的摄入标准与营养价值。未来应针对相应的化学、生物和营养安全，建立培养肉产业链条中各产品的安全性评价指标，构建培养肉营养评价模型，制定培养肉暴露膳食摄入标准，为培养肉的市场推广提供安全性政策、法规保障[19,48]。

1.3.2 植物蛋白肉的生产技术及挑战

1. 植物蛋白肉的生产技术

1）挤压

挤压是将植物性材料转化为纤维产品的最常用的技术，可分为低水分挤压和高水分挤压两类。在低水分挤压中，面粉或浓缩物被机械地加工成质地较好的植物蛋白，这些蛋白质是干燥的、略微膨胀的状态，之后要对它们进行润湿。在高水分挤压中，生产的纤维产品的水分含量超过50%。蛋白质通过加热、水合和机械变形在桶内塑化/熔化。当这种蛋白质"融化"流入模具时，它会通过（不均匀的）层流作用排列在一起，并被冷却以防止膨胀。高水分挤压工艺在20世纪80年代和90年代得到了广泛的研究。Mitchell和Areas提出了"悬浮模型"来从机械上解释挤出组织[50]。根据该模型，生物聚合物熔体形成两相：均相连续相和分散的不溶性相。不溶的分散相要么是在高温下在桶中加工过程中形成的，要么是在加工之前就已经存在于原材料中了。原料/配料能否挤出取决于可溶性组分与不溶性组分的比例，太多的不溶性组分会干扰蛋白质的交联，导致产物不均一。尽管挤压加工已经被广泛研究多年，但对挤压产品的过程和设计的控制仍然主要基于经验知识[51]。虽然挤压是一种相对耗能较高的技术，但它是生产肉类类似物应用最广泛的技术。

2）剪切单元技术

虽然现在人们认为挤压技术是一种有效的生产植物蛋白肉的方法，但是对于它的生产工艺还没有明确的定义，所以大概在十年前人们又提出了一种定义明确的剪切流动变形的技术来生产纤维产品。这种剪切装置（剪切单元）的设计灵感来源于流变仪的设计[52]，它的密集剪切可应用于锥中锥形或库埃特几何形状的形成。用这种技术制成的植物蛋白肉的最终结构取决于添加成分和加工条件。植物蛋白肉通常是用酪蛋白酸钙和几种植物蛋白混合物获得的，如浓缩大豆蛋白、大豆分离蛋白（SPI）-小麦麸质（WG）和SPI-果胶[52]。用酪蛋白酸钙制备的结构在纳米尺度上表现出各向异性，而以植物为基础材料制备的结构在微米尺度上具有各向异性。剪切单元技术在实验室实验中取得了一定的成功[53,54]。

3）纺丝技术

目前，用于生产植物蛋白肉的纺丝技术主要包括湿纺和电纺[55]。在湿纺的情况下，黏性聚合物溶液经过喷丝板被喷出，从而产生拉伸并具有一定排列形式的纤维。然后，这些纤维在盐、酸或碱的凝固浴中凝固，在这个过程还需将盐、酸或碱洗涤下去，从而产生了大量的废液。因此，静电纺丝技术成为一种理想的选择。在这个过程中，高压施加在聚合物溶液上，产生大量的具有高纵横比的纳米纤维。对于蛋白质或蛋白质与其他聚合物的混合物的静电纺丝，所制备的溶液需要满足几个要求，如高溶解度、黏度、导电性、表面张力和组分的缠绕能力。如果所有条件都满足，聚合物溶液会形成泰勒锥，同时它会被静电吸引到金属收集器上，形成线或原纤维的纺丝[56]。静电纺丝技术的另一种形式是电喷镀技术，在电喷镀过程中，聚合物溶液从喷嘴喷出，不形成泰勒锥体。蛋白质的静电纺丝是可行的，但它要求蛋白质必须能很好地溶解，还能形成随机的卷曲构象[57]。一般来说，具有复杂的二级和三级结构的蛋白质是很难进行静电纺丝的。球形蛋白，如大豆中所含的蛋白质，在纺丝过程中因彼此之间的相互作用太少而不会缠绕在一起[55]，在生物医学领域，它们通常通过使用聚乙烯醇（PVA）或聚氧乙烯（PEO）等载体进行静电纺丝。在这种情况下，不需要额外的溶剂来稀释水溶液中的大豆蛋白，并由于 PVA 或 PEO 的存在而能够进行静电纺丝[58]。然而，这些成分不能用于食品应用。对于其他的植物性蛋白，如玉米醇溶蛋白，可在 70%乙醇中溶解后进行纺丝[55,59]。然而，许多纺丝形成的纤维可溶于水，但它们可通过与几种食品级试剂（包括酚类化合物或转谷氨酰胺酶）进行交联[60]，从而降低它们的溶解度。小麦面筋蛋白已经单独或者与聚合物结合进行了静电纺丝[61]。然而，为了生产出植物蛋白肉，需要进行新的研究，让纤维有多种排列方式，以生产出更加多样化的食品[55]。

2. 植物蛋白肉的挑战

植物蛋白肉的最终目的是生产一种与传统肉制品具有相似的物理特性（外观、质地、味道、气味等）的肉类。研究表明，使用以植物为基础的配料，如大豆和其他豆类，结合挤压、剪切和纺丝等技术，可以生产出具有类似肉类的结构。尽管这些成分可以提高产品的营养价值，但由于氧化等原因，产品会产生异味[62]，因此，在生产植物蛋白肉的过程中用合适的方法降低异味的生成将是一个挑战。此外，由于肉类的风味物质包含 1000 多种水溶性和脂肪衍生成分，确切地模拟肉类风味是一个相当大的挑战[63]。除了需要改善风味外，产品的外观也很重要。烹调时的颜色变化主要与美拉德反应等反应有关，同时还有利于烘烤和肉类香味等独特风味的形成。然而，Impact Foods 的一种新产品，类似于血色的汉堡，它的着色剂主要是从含有血红素的多肽中获得的，这种多肽也可以作为香气前体[64]。因此，研究能够改变肉制品的色泽的化合物和香气前体物质，将有助于改善肉制品特有的外观和风味。除了这些特征之外，滋味对肉制品也很重要。目前，肉制品的多汁性受限于产品的额外水合作用、脂肪的加入和甜菜根汁等提取物的添加。因此，需要研究用新的方法来添加水、脂肪和调味料，以改善目前植物蛋白肉的滋味。

此外，在营养方面的挑战是如何生产出像肉类这样具有高营养价值的产品。植物蛋白中的氨基酸和微量元素含量较低，这使得生产出具有与肉类营养价值相似的产品变得更加具有挑战性。目前，市场上的植物蛋白肉要么含有鸡蛋和牛奶蛋白等成分，要么属于素食产品类别，在素食产品中往往要添加铁等微量元素。添加的成分要么是化学合成的，要么是通过许多加工步骤从自然资源中获得的，这引起了有环保意识的消费者的重视。

除产品的营养价值、价格和感官外，食品标签（如碳足迹和原产地、健康声明等）的使用也会影响消费者的行为[65]。研究表明，如果一种产品能够满足消费者多方面的需求，消费者就会更频繁地购买它。因此，研究者可对植物蛋白肉的配方进行调整，以满足消费者一系列的需求。植物蛋白肉富含多种蛋白质成分并具有较高的营养价值，并且它们来源不同，所以对消费者的健康可能具有更加多样化的益处。此外，植物蛋白肉也可以定制化生产，能够定向地去除消费者不想要的成分。例如，消费者倾向于购买低脂肪含量的肉制品[66]，而植物蛋白肉可以很好地满足消费者在此方面的需求。另外，植物蛋白肉可以使用标签，如碳足迹标签，以体现产品在可持续性方面的优势，而这些标签在目前的肉类行业中未能得到广泛应用[67]。

参 考 文 献

[1] Bhat Z F, Kumar S, Fayaz H. *In vitro* meat production: challenges and benefits over conventional meat production[J]. Journal of Integrative Agriculture, 2015, 14(2): 241-248

[2] Benjaminson M A, Gilchriest J A, Lorenz M. *In vitro* edible muscle protein production system (MPPS): stage 1, fish[J]. Acta Astronautica, 2002, 51(12): 879-889

[3] van der Weele C, Driessen C. Emerging profiles for cultured meat; ethics through and as design[J]. Animals, 2013, 3(3), 647-662

[4] Bryant C, Barnett J. Consumer acceptance of cultured meat: a systematic review[J]. Meat Science, 2018, 143: 8-17

[5] 张斌, 屠康. 传统肉类替代品——人造肉的研究进展[J]. 食品工业科技, 2020, 41(9): 327-333

[6] 赵鑫锐, 王志新, 邓宇, 等. 人造肉生产技术相关专利分析[J]. 食品与发酵工业, 2020, 46(5): 299-305

[7] Kamani M H, Meera M S, Bhaskar N, et al. Partial and total replacement of meat by plant-based proteins in chicken sausage: evaluation of mechanical, physico-chemical and sensory characteristics[J]. Journal of Food Science and Technology, 2019, 56(5): 2660-2669

[8] 时玉强, 鲁绪强, 马军, 等. 大豆蛋白在传统豆制品中的应用[J]. 中国油脂, 2017, 42(3): 155-157

[9] Hoek A C, Luning P A, Weijzen P, et al. Replacement of meat by meat substitutes. A survey on person- and product-related factors in consumer acceptance[J]. Appetite, 2011, 56(3): 662-673

[10] Bohrer B M. An investigation of the formulation and nutritional composition of modern meat analogue products[J].

Food Science and Human Wellness, 2019, 8(4): 320-329

[11] Goldstein B, Moses R, Sammons N, et al. Potential to curb the environmental burdens of American beef consumption using a novel plant-based beef substitute[J]. Plos One, 2017, 12(12): 1-17

[12] Bhat Z F, Hina B. Animal-free meat biofabrication[J]. American Journal of Food Technology, 2011, 6(6): 441-459.

[13] Bonny S P F, Gardner G E, Pethick D W, et al. What is artificial meat and what does it mean for the future of the meat industry?[J]. Journal of Integrative Agriculture, 2015, 14(2): 255-263

[14] Hopkins P D, Dacey A. Vegetarian meat: could technology save animals and satisfy meat eaters?[J]. Journal of Agricultural and Environmental Ethics, 2008, 21(6): 579-596

[15] Alexander P, Brown C, Arneth A, et al. Could consumption of insects, cultured meat or imitation meat reduce global agricultural land use?[J]. Global Food Security, 2017, 15: 22-32

[16] Wanezaki S, Tachibana N, Nagata M, et al. Soy β-conglycinin improves obesity-induced metabolic abnormalities in a rat model of nonalcoholic fatty liver disease[J]. Obesity Research and Clinical Practice, 2015, 9(2): 168-174

[17] Craig W J. Nutrition concerns and health effects of vegetarian diets[J]. Nutrition in Clinical Practice, 2010, 25(6): 613-620

[18] Nakata T, Kyoui D, Takahashi H, et al. Inhibitory effects of soybean oligosaccharides and water-soluble soybean fibre on formation of putrefactive compounds from soy protein by gut microbiota[J]. International Journal of Biological Macromolecules, 2017, 97: 173-180

[19] Stephens N, Silvio L D, Dunsford I, et al. Bringing cultured meat to market: technical, socio-political, and regulatory challenges in cellular agriculture[J]. Trends in Food Science and Technology, 2018, 78: 155-166

[20] Kristensen M D, Bendsen N T, Christensen S M, et al. Meals based on vegetable protein sources (beans and peas) are more satiating than meals based on animal protein sources (veal and pork)—a randomized cross-over meal test study[J]. Food and Nutrition Research, 2016, 60: 1-9

[21] Bhat Z F, Fayaz H. Prospectus of cultured meat-advancing meat alternatives[J]. Journal of Food Science and Technology, 2011, 48(2): 125-140

[22] Korhonen H. Technology options for new nutritional concepts[J]. International Journal of Dairy Technology, 2002, 55(2): 79-88

[23] Datar I, Betti M. Possibilities for an *in vitro* meat production system[J]. Innovative Food Science and Emerging Technologies, 2010, 11(1): 13-22

[24] Tziva M, Negro S O, Kalfagianni A, et al. Understanding the protein transition: the rise of plant-based meat substitutes[J]. Environmental Innovation and Societal Transitions, 2020, 35: 217-231

[25] Bartholet J. Inside the meat lab[J]. Scientific American, 2011, 305: 65-69

[26] Stephens N. *In vitro* meat: zombies on the menu?[J]. Scripted, 2010, 7: 394-401

[27] Smetana S, Mathys A, Knoch A, et al. Meat alternatives: life cycle assessment of most known meat substitutes[J]. International Journal of Life Cycle Assessment, 2015, 20(9): 1254-1267

[28] Dagevos H, Voordouw J. Sustainability and meat consumption: is reduction realistic?[J]. Sustainability: Science, Practice, and Policy, 2013, 9(2): 60-69

[29] Alexander R. *In vitro* meat: a vehicle for the ethical rescaling of the factory farming industry and *in vivo* testing or an intractable enterprise?[J]. Intersect: the Stanford Journal of Science, Technology and Society, 2011, 4: 42-47

[30] Schneider Z. *In vitro* meat: space travel, cannibalism, and federal regulation[J]. Houston Law Review, 2013, 50: 991-1024

[31] Tuomisto H L, Mattos M J T D. Environmental impacts of cultured meat production[J]. Environmental Science and

Technology, 2011, 45(14): 6117-6123

[32] Mattick C S, Landis A E, Allenby B R, et al. Anticipatory life cycle analysis of *in vitro* biomass cultivation for cultured meat production in the United States[J]. Environmental Science and Technology, 2015, 49(19): 11941-11949

[33] Davis J, Sonesson U, Baumgartner D U, et al. Environmental impact of four meals with different protein sources: case studies in Spain and Sweden[J]. Food Research International, 2010, 43(7): 1874-1884

[34] Zhu X Q, Ierland E C V. Protein chains and environmental pressures: a comparison of pork and novel protein foods[J]. Environmental Sciences, 2004, 1(3): 254-276

[35] Kosnik P E, Dennis R G, Vandenburgh H H. Tissue engineering skeletal muscle[M]//Guilak F, Butler D L, Goldstein S A, et al.Functional Tissue Engineering. New York: Springer, 2003

[36] Dennis R G, Kosnik P E. Excitability and isometric contractile properties of mammalian skeletal muscle constructs engineered *in vitro*[J]. In Vitro Cellular and Developmental Biology-Animal, 2000, 36(5): 327-335

[37] Wolfson W. Raising the steaks[J]. New Scientist, 2002, 176: 60-63

[38] Zandonella C. Tissue engineering: the beat goes on[J]. Nature, 2003, 421(6926): 884-886

[39] Kosnik P E, Faulkner J A, Dennis R G. Functional development of engineered skeletal muscle from adult and neonatal rats[J]. Tissue Engineering, 2001, 7(5): 573-584

[40] Kadim I T, Mahgoub O, Baqir S, et al. Cultured meat from muscle stem cells: a review of challenges and prospects[J]. Journal of Integrative Agriculture, 2015, 14(2): 222-233

[41] Bonnet M, Faulconnier Y, Leroux C, et al. Glucose-6-phosphate dehydrogenase and leptin are related to marbling differences among Limousin and Angus or Japanese Black × Angus steers[J]. Journal of Animal Science, 2007, 85: 2882-2894

[42] Hocquette J F, Mainsant P, Daudin J D, et al. Will meat be produced *in vitro* in the future?[J]. INRA Productions Animales, 2013, 26(4): 363-374

[43] Sakar M S, Neal D, Boudou T, et al. Formation and optogenetic control of engineered 3D skeletal muscle bioactuators[J]. Lab on a Chip, 2012, 12(23): 4976-4985

[44] Bian W N, Bursac N. Engineered skeletal muscle tissue networks with controllable architecture[J]. Biomaterials, 2009, 30(7): 1401-1412

[45] Lam M T, Sim S, Zhu X Y, et al. The effect of continuous wavy micropatterns on silicone substrates on the alignment of skeletal muscle myoblasts and myotubes[J]. Biomaterials, 2006, 27(24): 4340-4347

[46] Moritz M S M, Verbruggen S E L, Post M J. Alternatives for large-scale production of cultured beef: a review[J]. Journal of Integrative Agriculture, 2015, 14(2): 208-216

[47] Badenes S M, Fernandes-Platzgummer A, Rodrigues C A V, et al. Stem Cell Manufacturing[M]. Boston: Elsevier, 2017: 77-104

[48] 王廷玮, 周景文, 赵鑫锐, 等. 培养肉风险防范与安全管理规范[J]. 食品与发酵工业, 2019, 45(11): 254-258

[49] Mohorčich J, Reese J. Cell-cultured meat: lessons from GMO adoption and resistance[J]. Appetite, 2019, 143: 104408

[50] Mitchell J R, Areas J. Structural changes in biopolymers during extrusion[M]//Kokini J L, Ho C T, Karwe M.Food Extrusion Science and Technology. New York: Marcel Dekker,1992, 1: 345-360

[51] Emin M A, Schuchmann H P. A mechanistic approach to analyze extrusion processing of biopolymers by numerical, rheological, and optical methods[J]. Trends in Food Science and Technology, 2017, 60: 88-95

[52] Manski J M, Goot A J V D, Boom R M. Formation of fibrous materials from dense calcium caseinate dispersions[J]. Biomacromolecules, 2007, 8(4): 1271-1279

[53] Krintiras G A, Göbel J, Bouwman W G, et al. On characterization of anisotropic plant protein structures[J]. Food and Function, 2014, 5(12): 3233-3240

[54] Einde R M V D, Bolsius A, Soest J J G V, et al. The effect of thermomechanical treatment on starch breakdown and the consequences for process design[J]. Carbohydrate Polymers, 2004, 55(1): 57-63

[55] Nieuwland M, Geerdink P, Brier P, et al. Reprint of "food-grade electrospinning of proteins"[J]. Innovative Food Science and Emerging Technologies, 2014, 24: 138-144

[56] Schiffman J D, Schauer C L. A review: electrospinning of biopolymer nanofibers and their applications[J]. Polymer Reviews, 2008, 48: 317-352

[57] Bhardwaj N, Kundu S C. Electrospinning: a fascinating fiber fabrication technique[J]. Biotechnology Advances, 2010, 28: 325-347

[58] Cho D, Nnadi O, Netravali A, et al. Electrospun hybrid soy protein/PVA fibers[J]. Macromolecular Materials and Engineering, 2010, 295: 763-773

[59] Miyoshi T, Toyohara K, Minematsu H. Preparation of ultrafine fibrous zein membranes via electrospinning[J]. Polymer International, 2005, 54: 1187-1190

[60] Chambi H, Grosso C. Edible films produced with gelatin and casein cross-linked with transglutaminase[J]. Food Research International, 2006, 39: 458-466

[61] Castro-Enríquez D D, Rodríguez-Félix F, Ramírez-Wong B, et al. Preparation, characterization and release of urea from wheat gluten electrospun membranes[J]. Materials (Basel), 2012, 5: 2903-2916

[62] Rackis J J, Sessa D J, Honig D H. Flavor problems of vegetable food proteins[J]. Journal of the American Oil Chemists' Society, 1979, 56: 262-271

[63] Claeys E, Smet S D, Balcaen A, et al. Quantification of fresh meat peptides by SDS-PAGE in relation to ageing time and taste intensity[J]. Meat Science, 2004, 67: 281-288

[64] Rachel F, Christopher D S, O'Reilly B P. Secretion of heme-containing polypeptides: EP3722431A1[P]. 2020

[65] Boztuğ Y, Juhl H J, Elshiewy O, et al. Consumer response to monochrome Guideline Daily Amount nutrition labels[J]. Food Policy, 2015, 53: 1-8

[66] Koistinen L, Pouta E, Heikkilä J, et al. The impact of fat content, production methods and carbon footprint information on consumer preferences for minced meat[J]. Food Quality and Preference, 2013, 29: 126-136

[67] Apostolidis C, McLeay F. Should we stop meating like this? Reducing meat consumption through substitution[J]. Food Policy, 2016, 65: 74-89

第 2 章 脂肪替代物在低脂乳化肉糜类制品中的应用

随着人们生活水平和肉类食品消费观念的提高，消费者出于对自身健康的关心，对肉类制品的品质要求也越来越高。乳化肉糜类制品由于加工过程中蛋白质适度变性，因而肉质结实，富有弹性，且最大限度地保持其原有营养成分和固有风味，深受消费者青睐[1]。另外，在肉类工业中使用的动物脂肪一般以固态形式的"背膘"为主，这些动物脂肪颗粒的直径在 1~100 μm，镶嵌在肉糜中的脂肪颗粒能够起到降低蒸煮损失、改善产品硬度、提高产品多汁性以及提供良好风味等多种功能[2]。然而，传统的乳化肉糜类制品中的动物脂肪含量一般都在 10%~30%，而且以饱和脂肪酸为主，这些饱和脂肪酸的摄入可能会对消费者的健康造成潜在的威胁[3]。因此，这就需要一个理想的动物脂肪替代方案来降低乳化肉糜类制品中的饱和脂肪酸含量，同时不会对产品的加工品质、功能性质和货架期等方面产生负面影响。

脂肪替代物通常是以蛋白质、碳水化合物等大分子为基质，经物理方法处理，以乳状液体系的物理特性模拟脂肪口感滑润的一类脂肪替代物质。脂肪替代物通常分为以下几大类：以蛋白质为基质的替代物；以碳水化合物为基质的替代物；以脂肪为基质的替代物。脂肪替代物应用于低脂肉制品中可以降低肉制品中的脂肪含量、提高肉制品的持水性、改善肉制品的品质以及降低原料成本[4]。因此，本章主要针对不同类型脂肪替代物对低脂乳化肉糜类制品的产品质量的影响等方面进行总结，旨在为将来我国低脂肉糜类制品的研究提供参考和依据。

2.1 以蛋白质为基质的脂肪替代物

以蛋白质为基质的脂肪替代物是一种以蛋白质为原料经物理或化学方法制成的具有浓厚紧凑的质地及连续性的物质。蛋白质原料来源主要包括乳清蛋白、大豆蛋白、胶原蛋白和微粒化蛋白[5]。在一定条件如加热、pH 和加酶条件下，蛋白质分子容易发生变性，分子中的疏水性基团暴露在外面，使其具有类似于脂肪的疏水性质。蛋白质在加热的同时伴以高速剪切，蛋白质分子变成细微颗粒，与水相互作用后，不再具有粗糙感，可模拟油脂润滑的感官特性；蛋白质容易与一些风味物质发生作用，延缓风味物质的释放，使得蛋白质食品中一些成分发生变化[6]。

但是蛋白质基质脂肪替代物会掩盖食品的某些风味，而且热稳定性比较差，蛋白质热凝固硬化，丧失滑腻口感，同时发生美拉德反应影响外观，将其应用在高温和油炸食品体系中会使其失去模拟脂肪的特性，所以其只能够应用在油/水型的乳化体系中。以蛋白质为基质的脂肪替代物主要应用在冰激凌、乳制品、色拉调味料、冷冻甜点心、人造奶油以及肉制品中[7]。

2.1.1 乳清蛋白在低脂乳化肉糜类制品中的应用

乳清蛋白以球蛋白的形式存在于乳中，约占总蛋白的 20%，具有凝胶性、乳化性、起泡性等特点[8]。在溶液中乳清蛋白的疏水基被卷曲分子包埋，亲水基暴露在表面，不但增加了蛋白质的水溶性，而且产生良好的表面活性及乳化稳定性。在乳状液中乳清蛋白分散到水包油乳状液的表面，疏水部分分散到油相，亲水部分扩散到水相，降低了表面张力，增加了乳化液的稳定性[9]。因此乳清蛋白可以很好地和脂肪、蛋白质和水分相互作用，增强肌肉基质的水分，提高肉制品的产率。实验证明，乳清蛋白的用量为4%时，可将粉类肉产品的脂肪降低一半。若将其添加到肉制品中，可以增加制品的保水性，从而降低成本，减少收缩[10]。

Serdaroğlu[11]研究发现添加乳清蛋白可以改善肉丸的性质。添加乳清蛋白对肉丸中蛋白质与脂肪含量以及感官没有影响，但是乳清蛋白与脂肪的含量会影响肉丸的持油性。Hsu 和 Sun[12]研究比较了 10 种非肉类蛋白质替代猪脂肪应用于低脂乳化肉丸的生产。结果表明，添加乳清浓缩蛋白比添加其他蛋白质更易使肉丸有较大的蒸煮损失和较高的水分含量。Hale 等[13]将乳清蛋白与玉米淀粉水解、重构后制成脂肪模拟物，添加至馅饼中，发现添加脂肪模拟物不仅提高了出品率，并且提高了产品的总体可接受性。

2.1.2 大豆蛋白在低脂乳化肉糜类制品中的应用

大豆蛋白有大豆粉、浓缩大豆蛋白、大豆分离蛋白和组织蛋白四种。实验表明，高脂乳化型香肠容易出油，需要加入乳化剂或者具有保水保油功能的辅料来控制其在加热过程中的油析出现象[14]。由于大豆蛋白与水形成一种分散液体，这种分散液体在一定条件下形成的凝胶具有类似脂肪的润滑性、保湿性、乳化性以及其他质构特性，可用于肉制品中来改善其口感[15]。然而，大豆蛋白具有明显的豆腥味，从而影响肉制品的风味，限制了其在肉品中的应用[16]。近几年来，随着脱腥技术的开发和改进，大豆蛋白越来越多地应用在低脂肉制品加工中。除此以外,大豆蛋白具有高蛋白、低脂肪、低胆固醇等特点,具有制备优质脂肪替代物的巨大潜力。

大豆蛋白在低脂肉制品中的应用比较广泛。Ulu[17]研究发现添加大豆蛋白可以增加肉制品中蛋白质的含量,同时在储藏过程中肉制品不易变质。这是由于大豆蛋白中的抗氧化酚类物质能够起到抑制脂肪氧化的作用,因此大豆蛋白不仅可以作为脂肪替代物,而且能延长肉制品的货架期。Ahmad 等[18]研究发现大豆蛋白加入到低脂牛肉乳化香肠中能明显改善产品的质构、多汁性和色泽。Cengiz 和 Gokoglu[19]研究发现将柑橘纤维和大豆蛋白浓缩物以 2%的比例加入法兰克福(Frankfurters)香肠中,香肠的能量和胆固醇下降,有效地提高了香肠在肥胖以及高胆固醇人群中的接受程度。Angor 和 Al-Abdullah[20]发现将组织化大豆蛋白与卡拉胶、磷酸三钠的混合物添加到牛肉馅饼中,大大改善了制品的风味。可见,对于大豆蛋白这种特殊的物质,要经过更多的加工处理,并与其他成分进行结合利用,才能避免单独使用大豆蛋白时给产品感官方面带来的负面影响。

2.1.3 胶原蛋白在低脂乳化肉糜类制品中的应用

胶原蛋白是从猪皮中提取的一种白色纤维状、质地柔软的多糖蛋白,其含有少量半乳糖和葡萄糖。胶原蛋白在加热条件下水解可形成明胶模拟脂肪的润滑性,且由于其较好的结合水的能力及与肉品蛋白的兼容性,常常被添加到香肠等肉类制品及肉糜制品中作为脂肪替代品。添加 10%~15%的胶原蛋白能够明显增强产品的弹性和切片性,赋予产品良好的口感和咀嚼性[21]。然而胶原蛋白中必需氨基酸的缺乏往往限制了其在食品中作为脂肪替代品的替代量,使得胶原蛋白常以复合体系作为脂肪替代品进行应用。

目前,Choe 等[22]将猪皮和小麦纤维混合物作为脂肪替代品添入法兰克福香肠中,高含量的猪皮和小麦纤维混合物形成了更稳定的乳状肉,并提高了其硬度、黏合度、咀嚼性等,在色度、风味、多汁性等方面差异不显著,可见猪皮和小麦纤维混合物的添加明显改善了低脂肉制品的质量特性。Campbell 等[23]将 7%或 10%的胶原蛋白加入到低脂斩拌牛肉饼中,研究发现与对照组相比,添加组并没有感觉到结缔组织颗粒感,并且产品具有多汁性。Graves 等[24]将 2%的胶原蛋白和 8%的水分混合后加入到低脂牛肉饼中,其质构和感官品质显著优于含 18%脂肪的产品。Chavez 等[25]研究发现,将不同比例的胶原蛋白添加到牛肉饼中可以显著增加产品的多汁性,但同时会降低产品风味、质构和整体可接受性。另外,胶原蛋白由于保水性强的优势,加入产品中可以降低黏聚性,抑制脂肪氧化,对蒸煮损失没有不利影响,但是风味下降。

2.1.4 微粒化蛋白在低脂乳化肉糜类制品中的应用

微粒化蛋白是通过加热蛋白,使其凝固为胶体结构,同时采用高剪切力而形成的一种直径较小的蛋白微粒。一般热凝固蛋白形成大颗粒胶体,呈现粗糙、砂样的质构,产生粗糙口感。因此在微粒化过程中使用高剪切力使凝固蛋白变成直径为 0.1~2.0 μm 的球形颗粒。蛋白质微粒合适的大小、形状对于产生类似于脂肪的口感是必不可少的。微粒化蛋白基质脂肪替代物将产生与脂肪一样的口感,不但使风味物质能缓缓地被感知,而且有助于掩盖一些存在于脂肪食品中的苦味。

2.2 以碳水化合物为基质的脂肪替代物

肉制品工业中有很多可利用的脂肪模拟系统,每一种都显示了各具不同功能特性的优势。碳水化合物用于食品中替代部分脂肪的应用已经有很多年的历史了。以碳水化合物为基质的脂肪替代物是由重复的单糖(葡萄糖、半乳糖)及其衍生物组成的多聚体。其可改善水相的结构特性,产生奶油状润滑的黏稠度,从而模拟脂肪的口感特性。这是由于这些物质能够形成凝胶,并且其高保水性可以增加水相的黏度。除聚糊精外,所有的碳水化合物为基质的脂肪替代物都能被完全消化。值得注意的是,这类脂肪替代物并不是 1∶1 完全替代脂肪,而是结合一定数量的水分,大幅度降低肉制品中的脂肪含量,然而在风味、口感和状态方面与脂肪相似[26]。目前应用比较多的以碳水化合物为基质的脂肪替代物有以淀粉为基质的脂肪替代物和以其他碳水化合物为基质的脂肪替代物。

2.2.1 淀粉基质脂肪替代物在低脂乳化肉糜类制品中的应用

淀粉是被公认为最安全、最可靠的一类脂肪替代物,具有很好的应用前景。淀粉以玉米、木薯、山芋、小麦、大米、马铃薯、高粱等淀粉质作为原料,经酸/酶水解、氧化、糊精化、交联进行改性,形成双螺旋结构且相互缠绕形成具有三维网状结构的凝胶。凝胶的网状结构可截留水分子,被截留水分具有一定流动性,可提供奶油样的润滑性和增加食品的黏稠性,因此可模拟出脂肪的感官特性。这类脂肪替代物还具有涂抹性,呈现脂肪假塑性,其味道在口腔中停滞时间与脂肪在口腔中停滞时间相同。淀粉基质脂肪替代物一般用于色拉调味料、人造奶油、果酱、夹心酱、焙烤食品、香肠肉馅,不太适用于低水分的食品,如饼干等。

1. 麦芽糊精

麦芽糊精是淀粉基质脂肪替代物的常用原料。麦芽糊精主要是通过玉米淀粉、马铃薯淀粉或者燕麦淀粉经酸或者酶水解而成的一种多糖。粉末状的麦芽糊精具有较好的流动性，且易溶于水，增稠性、胶黏性好，味道不甜或者甜味极弱。还原糖（以葡萄糖计）占糖浆干物质的百分比（DE）值较低的麦芽糊精可形成凝胶，具有与脂肪相似的性质，最适宜作脂肪替代品。麦芽糊精 DE 值在 2~6 之间可用于制备脂肪替代物，DE 值大于 6 的麦芽糊精很难形成凝胶。研究发现 DE 值为 5，五糖及五糖以上的经玉米淀粉水解而成的麦芽糊精能产生类似脂肪的感官特性，可作为低脂食品中的部分替代品[27]。在肉制品中用麦芽糊精替代脂肪可以提高产品的乳化性，降低蒸煮损失率。

麦芽糊精添加在火腿和香肠等肉制品中，可体现出其胶黏性和增稠性强的特点，赋予产品细腻、口味浓郁的特点，且产品易包装成型，可延长产品的保质期。Crehan 等[28]研究了麦芽糊精作为脂肪替代品在低脂法兰克福香肠中的应用，结果表明，添加麦芽糊精的法兰克福香肠（脂肪含量 12%）与常规高脂法兰克福香肠（脂肪含量 30%）有着相似的感官特性和相同的市场接受率。目前，木薯淀粉经酸水解得到的 N-oil（美国国立淀粉与化学公司）和燕麦淀粉酶水解得到的 Oatrim（美国农业研究中心）已经进行商业化生产，并已经是国外比较成熟的麦芽糊精脂肪替代物。

2. 改性淀粉

改性淀粉通过将玉米、小麦、燕麦淀粉等进行部分酸或酶水解，降低淀粉的交联程度而改变其颗粒结构形成。改性淀粉具有价格便宜、使用方便、易于被消费者接受的优点。而且淀粉可以结合肉制品中的水分，因此在低脂肉制品中加入改性淀粉，可以保持肉制品多汁性和嫩度的优势，并且还能降低肉制品的蒸煮损失。美国已经在低脂牛肉饼和猪肉饼中加入改性淀粉，而且在生鲜猪肉香肠中也加入改性淀粉。荷兰 Avebe 公司生产的 PaselliSA-2 就是一种酶改性马铃薯淀粉，其浓缩水溶液在适当的条件下可以形成滑腻类似油脂的质构和口感。使用 25%的水溶液所含的能量相当于被取代脂肪能量的 10%~15%。

Sandoval-Castilla 等[29]研究发现木薯淀粉制备的法兰克福香肠与传统全脂法兰克福香肠的口感相似，具有同样的消费者可接受性。用脂肪替代物代替法兰克福香肠中的猪肉脂肪从科学的角度看是完全可能的。邓丽和芮汉明[30]研究了变性淀粉在鸡肉糜中的应用情况。测定结果显示，变性淀粉具有较好的乳化性和保水性，而且制得的产品软硬适中，弹性较好，适用于鸡肉糜制品脂肪的替代。Luo 和 Xu[31]将木薯淀粉进行醚化后用 α-淀粉酶进行水解制得酶变性羟甲基淀粉，按 10%和 20%

比例作为脂肪替代物添加到香肠中，制得的香肠具有良好的持水性、乳化稳定性，口感较好，且降低了食物的热量。Limberger 等[32]的研究表明挤压和磷酸化变性大米淀粉作为脂肪替代物应用到香肠中可使香肠具有良好的口感和质构特性。

2.2.2 其他碳水化合物基质脂肪替代物在低脂乳化肉糜类制品中的应用

1. 胶质

胶质是一种高相对分子质量的碳水化合物，可以提高黏度，常用作增稠剂、稳定剂和胶凝剂。在食品中用作脂肪替代物的胶质主要包括卡拉胶、果胶、魔芋胶、瓜尔豆胶、角豆荚胶、阿拉伯胶。卡拉胶是目前低脂肪肉制品工业中使用最普遍的一种脂肪代替品，将其添加到肉制品中，可以明显改善肉制品的硬度、咀嚼性和胶黏性，赋予产品多汁多肉的口感，有助于释放肉香，减少蒸煮损耗，还能改善制品的整体质构[33]。Slendid 是果胶的一种产品，其胶粒与脂肪球大小相似，且柔软富有弹性，还能使食品产生类似脂肪融化的现象[34]。魔芋胶添加到肉糜中，由于具有较强的吸水能力，可以增加肉糜的吸水量和降低蛋白质的溶解度。另外，葡甘聚糖具有极强的黏性，可形成聚糖网络，也可以改善肉糜的质构，使其富有弹性。但是魔芋本身具有一种特殊的腥味，添加过多会影响制品的气味，所以要严格控制添加量。加入食用胶体之后，通常高脂肉制品的二次加热损失率会低于低脂肉制品。

Candogan 和 Kolsarici[35]将 20%的果胶添加到低脂法兰克福香肠中，发现其加工性能更加优异，具有乳化稳定性，香肠硬度下降。Namir 等[36]将番茄渣中的纤维果胶应用于低脂牛肉汉堡中，发现添加番茄纤维果胶不仅可以降低生产成本，而且不影响产品的功能和感官性质，还能起到降低脂肪含量的作用。Ayadi 等[37]研究卡拉胶对香肠的影响发现，卡拉胶作为脂肪替代物能够有效降低香肠的乳化性，增加其持水能力、硬度和黏结性。

2. 纤维素型拟脂物

纤维素型拟脂物一般以植物纤维为主，包括微晶纤维素、羧甲基纤维素钠、纤维素胶、甲基纤维素、改性植物胶、羟基多元醇甲基纤维素和糖类胶。微晶纤维素在含水体系模拟脂肪，可以改善质构、口感、稠度，且能增加黏度、光泽、不透明度。纤维素型拟脂物经过物理或者化学方式等进行处理，加入肉制品中可使烹调损失减少以及肉的乳化能力提高[38]。

García 等[39]对谷物纤维的脂肪替代性进行了研究，结果表明 1.5%谷物（小麦、燕麦）纤维能够获得与传统高脂产品相同的质构特点，感官评价接近于高脂产品。

早在 1999 年 Grigelmo-Miguel 等[40]研究发现膳食纤维模拟物对肉制品胶原蛋白等无影响，膳食纤维含量较高会导致产品 pH 下降，肉制品的质构及感官变化在模拟量较高时影响明显。Galanakis 等[41]利用胡萝卜膳食纤维制作脂肪模拟物并将其应用于发酵肉肠中，发现当胡萝卜纤维添加量高于 3%时会对香肠质构（硬度、多汁性）有明显影响，且会加快脂肪分解的速度，12%纤维添加量有助于游离脂肪酸的释放，得到更好的脂肪替代的效果。

3. 葡聚糖

葡聚糖又称右旋糖酐，是由葡萄糖为单位形成的同型多糖，主要由 D-葡萄吡喃糖以 α-1→6 键连接，支链点以 1→2、1→3、1→4 连接，存在于某些微生物在生长过程中分泌的黏液中。葡聚糖可用作膨胀剂、配方助剂、保湿剂、组织生成剂。但葡聚糖有致轻微腹泻的副作用，因此含 15 g 以上葡聚糖的食品必须标明："敏感人群可能会因过量食用本品而导致轻微腹泻。"[42]

王淼和陈玉添[43]研究发现用酵母葡聚糖替代火腿中的脂肪，4%的添加量能改善火腿品质，避免黏度过高的问题，但添加量高于 4%会使火腿的弹脆性下降。Piñero 等[44]研究了燕麦 β-葡聚糖替代 20%牛肉饼脂肪的效果，添加葡聚糖能增强牛肉饼的多汁性，但其整体感官性质有所下降。Esteller 等[45]利用葡聚糖替代汉堡包中的硬化油脂可以起到很好的降低热量的效果。添加的葡聚糖在低热量产品中能起到很好的作用，同时也可以同其他添加剂独立或结合在一起使用。

4. 复合型脂肪替代物

添加脂肪模拟物的最终目的是达到与脂肪本身完全一样的质构和风味特征，这是除合成脂肪外的任何一种单一的脂肪替代物都无法实现的。复合型脂肪替代物是由不同基质来源物按照一定比例结合在一起协同发挥脂肪替代作用的混合物。常见的组成物包括植物蛋白、植物胶、植物油脂、改性淀粉、膳食纤维等。

大多数研究提出使用混合原料，用水合胶体作为主要原料[46]。复合胶体类脂肪替代品在肉糜制品中可以部分替代脂肪。Fortier[47]报道把 Kappa-卡拉胶、Lamda-卡拉胶、瓜尔胶、黄原胶和刺槐豆胶等添加到肉制品中可以产生良好的替代效果。张慧旻等[48]研究了海藻酸钠和结冷胶作为脂肪替代物对低脂肉糜产品的蒸煮损失、保水性和硬度等方面的影响，复配后，结冷胶在低浓度（0.25%）时可协同海藻酸钠显著降低凝胶蒸煮损失，同时有效调控凝胶硬度。同时，复合型脂肪替代物的作用效果也与其本身的物性有关。一些研究将蛋白质与胶体进行复配，作为脂肪替代物代替脂肪。宗瑜等[49]用分离蛋白、复配亲水胶等研制新型低脂白羽鸡肉丸发现，适量添加复配胶可以起到胶连、粘接原料颗粒的作用，提高制品的硬度，但是加入过量复配胶时不能很好地达到上述效果，这可能是由于其本身的物性影响原料固有物性的表现。除此之外，研究者采用植物油、鱼油等优质油脂复合其他组分物质可以优化香肠中脂肪的质量及结构，可显著降低产品胆固醇及饱和脂肪酸含量，提高不饱和脂肪酸比例，在产品中取得了明显的效果[50-53]。

2.3 以植物油预乳状液为基质的脂肪替代物

早在20世纪70年代或80年代，由于肉糜类制品中较高的脂肪含量容易引发各种疾病（如心脑血管疾病和肥胖），用具有健康和营养功能的植物油脂取代部分脂肪的想法孕育而生。但是，植物油脂的高流动性需要很高的剪切速率和均质压力才能使其表面覆盖上均匀的蛋白膜，然而肉类工业生产中的斩拌工艺远远达不到要求。因此，在肉制品生产中简单地添加植物油脂无法获得良好的和稳定的肉糜乳化体系，最终会导致产品析水、析油问题更加严重[54]。为了解决这个问题，很多学者进行了相关研究，发现最好的办法就是用其他乳化剂将植物油脂预乳化，然后将这个预乳化体系加入到瘦肉糜中进行斩拌，最终获得良好的产品。植物油预乳化技术提高了脂肪的结合能力，使其能够在蛋白质基质中保持稳定的状态，减少了油脂在肉制品加工、储存和销售环节的损失[55]。除此之外，水包油型乳状液可以提高油脂在散装油中的氧化稳定性，可以通过添加抗氧化剂等达到抑制脂质氧化的目的[56]，而且水包油型乳状液容易均匀分散在肉制品体系中，使得肉制品体系比较稳定。

目前，植物油预乳状液已经被广泛应用于各类肉制品中。Asuming-Bediako等[57]利用大豆蛋白乳化菜籽油获得的预乳化体系能够在英式香肠（UK-style sausages）的生产中部分替代猪脂肪，而且极大地降低了制品中饱和脂肪酸的含量，并且对香肠的食用品质（颜色、风味、货架期等）基本没有影响。Poyato等[56]在瘦肉糜中加入亚麻籽油预乳化体系以后，生产出来的博洛尼亚香肠能够最大限度地降低油脂析出，而且在感官方面与脂肪含量为16%的香肠没有任何区别。Beriain等[58]将酪蛋白预乳化的橄榄油加入到西班牙辣肠（Pamplona-style）中，其感官品质基本没有任何影响。Herrero等[59]用乳化后的橄榄油替代法兰克福香肠中的脂肪，得到的低脂香肠拥有更好的质构特性。

2.4 以油凝胶为基质的脂肪替代物

固态脂肪或者硬质脂肪（通常指动物脂肪）能够赋予食品良好的风味、口感及质地，在不同种类食品加工中起到举足轻重的作用。然而，这些固态脂肪中含有大量的饱和脂肪酸,长期摄入会增加消费者患有肥胖和心血管疾病的风险[60]。因此,利用富含多不饱和脂肪酸的植物油制备固体结构化油脂(即油凝胶)替代固态脂肪成为近年来研究的热点之一。油凝胶是指在植物油中加入凝胶剂,通过结晶或者分子自组装模式使其转变成一种弹性的半固体状态的稠厚物质,从而失去其本身所具有的流动性。油凝胶具有与固态或者半固态油脂相似的黏弹性、低饱和脂肪酸含量等优点。

油凝胶的常见制备方法是将凝胶剂(脂肪醇、植物甾醇、甾醇酯、生物蜡、山梨糖酯、乙基纤维素、单甘油酯等)添加在液态植物油中,经过加热、搅拌溶解、冷却等过程,凝胶剂分子以氢键力、静电力等弱相互作用自组装或结晶的方式形成一维聚集体,这些聚集体再相互缠结成一个三维的网络结构,使油脂分子陷落其中,整个体系呈现凝胶化状态[61]。但是,大部分凝胶剂是被公认为禁止添加到食品中的,或者形成的油凝胶不能满足食品特定性质的需求,从而限制了其在食品工业中的广泛应用。到目前为止,在食品加工中最具应用潜力的是由乙基纤维素、天然可食性植物蜡以及单甘油酯所形成的油凝胶[62]。

2.4.1 乙基纤维素

乙基纤维素(ethylcellulose,EC)是一种半晶状的纤维素聚合物的衍生体,具有纤维素的骨架,同时带有大量的乙氧基[63]。EC是目前已知的唯一能够形成油凝胶的食品级高分子聚合物,且其价格非常低廉。但是,应用EC制备油凝胶时必须事先将植物油加热到130~140℃,而高温工艺会引起油脂大量氧化,极大地限制了其后期在食品中的应用[64]。另外,Gravelle等[65]研究发现,EC基质的油凝胶由于后期必须要进行高速剪切才能获得其半固态的凝胶状结构,因此限制了其模拟固态脂肪的能力。

2.4.2 天然可食性植物蜡

以天然可食性植物蜡(主要包括米糠蜡、向日葵蜡、巴西棕榈蜡、小烛树蜡、蜂蜡、果蜡和虫胶蜡等)为基质的油凝胶已经被美国食品药品监督管理局认定为是一种可以在食品加工中安全使用的脂肪替代物[60]。植物蜡中含有大量的不同碳链长度的蜡酯、游离脂肪酸、脂肪醇和碳氢化合物,通过改善工艺参数就能够改变植物蜡的成核与结晶速率,从而为不同的食品制备出不同性状的油凝胶[66]。但是,高昂的价格以及在植物油中较低的溶解性,限制了以植物蜡为基质的油凝胶在食品工业中的应用[67]。

2.4.3 单甘油酯

由于单甘油酯具有疏水性的尾部和亲水性的头部,其作为乳化剂在食品加工中已经被广泛应用。归因于这种特殊结构,在油包水体系中,饱和的单甘油酯能够通过分子自组装与水形成具有双分子层的三维网状立体结构[68],而且单甘油酯能够通过既可以形成片晶结构又可以形成连续网状结构的相反的双分子层来达到制备固体结构化油脂的目的[69]。此外,由于单甘油酯低廉的价格,以及良好的应用效果,其成为制备食品级油凝胶的最佳选择。然而,以单甘油酯制备的油凝胶在长时间放置过程中会发生晶型转变和容易出油等问题[70]。但是,如果单甘油酯与其他凝胶剂(如 EC、植物蜡或者植物甾醇等)结合使用,则会明显抑制上述问题的发生,同时还可以提高整体油凝胶的黏弹性[71,72]。

由于油凝胶在一定程度上能够模拟出固态脂肪的特性,其已经作为一种潜在的动物脂肪替代品,在烘焙糕点、曲奇饼干、奶油芝士、巧克力等食品中进行应用[73-76],且获得了良好的效果。然而,关于油凝胶在乳化肉糜类制品加工中的文献甚少。只有 Panagiotopoulou 等[77]在瘦肉糜中加入植物甾醇与葵花籽油制备的油凝胶以后,生产出来的法兰克福香肠在质构方面与脂肪含量为 20%的香肠没有任何区别,但是产品的油脂流失率较高,而且消费者总体可接受性较低。另外,Barbut 等[78]研究发现,与使用猪脂肪加工的早餐肠相比,EC 与菜籽油制备的油凝胶会导致产品弹性和多汁性降低,同时产品的亮度也有所降低,而且最终产品的氧化稳定性并不是很理想。

2.5 结论与展望

近年来,由于人们健康保健意识的提高,低脂肉制品越来越受到消费者的欢迎。低脂肉制品不但在改善人群健康方面有重要意义,而且高脂食品低脂化将是食品发展不可逆的趋势。因此脂肪替代品在食品中的应用越来越广泛。脂肪替代品虽然能够达到预期的感官指标,但是在风味以及相互作用机理方面仍然存在一定的缺陷。因此,在以后的研究中应着重改善食品质构和风味,探寻更加优质健康的脂肪替代物。

参 考 文 献

[1] 汪张贵, 闫利萍, 彭增起, 等. 脂肪剪切乳化和蛋白基质对肉糜乳化稳定性的重要作用[J]. 食品工业科技, 2011, 8: 466-469

[2] Álvarez D, Castillo M, Payne F A, et al. A novel fiber optic sensor to monitor beef meat emulsion stability using visible light scattering[J]. Meat Science, 2009, 81: 456-466

[3] Houston D K, Ding J, Lee J S, et al. Dietary fat and cholesterol and risk of cardiovascular disease in older adults: the health ABC study[J]. Nutrition, Metabolism and Cardiovascular Diseases, 2011, 21: 430-437

[4] Brewer M S. Reducing the fat content in ground beef without sacrificing quality: a review[J]. Meat Science, 2012, 91(4): 385-395

[5] Akoh C C. Fat replacers[J]. Food Technology, 1998, 52(3): 47-53

[6] Weiss J, Gibis M, Schuh V, et al. Advances in ingredient and processing systems for meat and meat products[J]. Meat Science, 2010, 86(1): 196-213

[7] Yasumatsu K, Sawada K, Moritaka S, et al. Whipping and emulsifying properties of soybean products[J]. Agricultural and Biological Chemistry, 1972, 36(5): 719-727

[8] 韩雪, 孙冰. 乳清蛋白的功能特性及应用[J]. 中国乳品工业, 2003, 31(3): 28-30

[9] 蔡春光. 玉米淀粉制备脂肪模拟物的研究[D]. 哈尔滨: 东北农业大学, 2001

[10] 刘文君. 乳清蛋白在肉类加工中的新应用[J]. 肉类工业, 2005, (5): 10-11

[11] Serdaroğlu M. Improving low fat meatball characteristics by adding whey powder[J]. Meat Science, 2006, 72(1): 155-163

[12] Hsu S Y, Sun L Y. Comparisons on 10 non-meat protein fat substitutes for low-fat Kung-wans[J]. Journal of Food Engineering, 2006, 74(1): 47-53

[13] Hale A B, Carpenter C E, Walsh M K. Instrumental and consumer evaluation of beef patties extended with extrusion-textured whey proteins[J]. Journal of Food Science, 2002, 67(3): 1267-1270

[14] 刘孝沾, 吕广英, 李丹. 大豆蛋白在肉制品加工中应用[J]. 肉类工业, 2017, (4): 54-56

[15] Liao F H, Shieh M J, Yang S C, et al. Effectiveness of a soy-based compared with a traditional low-calorie diet on weight loss and lipid levels in overweight adults[J]. Nutrition, 2007, 23(7): 551-556

[16] 李威娜, 徐松滨. 降低肉类食品脂肪含量的方法及效果[J]. 黑龙江畜牧兽医, 2008, (2): 110

[17] Ulu H. Effect of wheat flour, whey protein concentrate and soya protein isolate on oxidative processes and textural properties of cooked meatballs[J]. Food Chemisty, 2004, 87(4): 523-529

[18] Ahmad S, Rizawi J A, Srivastava P K. Effect of soy protein isolate incorporation on quality characteristics and shelf-life of buffalo meat emulsion sausage[J]. Journal of Food Science and Technology, 2010, 47(3): 290-294

[19] Cengiz E, Gokoglu N. Changes in energy and cholesterol contents of frankfurter-type sausages with fat reduction and fat replacer addition[J]. Food Chemistry, 2005, 91(3): 443-447

[20] Angor M M, Al-Abdullah B M. Attributes of low-fat beef burgers made from formulations aimed at enhancing product quality[J]. Journal of Muscle Foods, 2010, 21(2): 317-326

[21] 李玉美, 卢蓉蓉, 许时婴. 蛋白质为基质的脂肪替代品研究现状及其应用[J]. 中国乳品工业, 2005, 33(8): 34-37

[22] Choe J H, Kim H Y, Lee J M, et al. Quality of frankfurter-type sausages with added pig skin and wheat fiber mixture as fat replacers[J]. Meat Science, 2013, 93(4): 849-854

[23] Campbell R E, Hunt M C, Kropf D H, et al. Low-fat ground beef from desinewed shanks with reincorporation of processed sinew[J]. Journal of Food Science, 1996, 61(6): 1285-1288

[24] Graves L, Delmore R, Mandigo R, et al. Utilization of collagen fibers in low-fat ground beef patties[J]. National Agriculture Library Beef Cattle Report, 1994, 61: 60-61

[25] Chavez J, Henrickson R L, Rao B R. Collagen as a hamburger extender[J]. Journal of Food Quality, 1985, 8(4): 265-272

[26] Keeton J T. Non-meat ingredients for low/no fat processed meats[J]. Reciprocal Meat Conference Proceedings, 1996, 49: 23-31

[27] Anonymous. Fat subsititute update[J]. Food Technology, 1997, 44(3): 92-97

[28] Crehan C M, Hughes E, Troy D J, et al. Effects of fat level and maltodextrin on the functional properties of frankfurters formulated with 5, 12 and 30% fat[J]. Meat Science, 2000, 55: 463-469

[29] Sandoval-Castilla O, Lobato-Calleros C, Aguirre-Mandujano E, et al. Microstructure and texture of yogurt as influenced by fat replacers[J]. International Dairy Journal, 2004, 14(2): 151-159

[30] 邓丽, 芮汉明. 几种变性淀粉性能的测定及其在鸡肉糜中的应用研究[J]. 现代食品科技, 2004, 21(1): 31-33

[31] Luo Z G, Xu Z Y. Characteristics and application of enzyme-modified carboxymethyl starch in sausages[J]. LWT-Food Science and Technology, 2011, 44: 1993-1998

[32] Limberger V M, Brum F B, Patias L D, et al. Modified broken rice starch as fat substitute in sausages[J]. Ciência e Tecnologia de Alimentos, 2011, 31(3): 789-792

[33] Kumar M, Sharma B D. The storage stability and textural, physico-chemical and sensory quality of low-fat ground pork patties with Carrageenan as fat replacer[J]. International Journal of Food Science and Technology, 2004, 39(1): 31-42

[34] González E M, Ancos B D, Cano M P. Preservation of raspberry fruits by freezing: physical, physico-chemical and sensory aspects[J]. European Food Research and Technology, 2002, 215(6): 497-503

[35] Candogan K, Kolsarici N. The effects of carrageenan and pectin on some quality characteristics of low-fat beef frankfurters[J]. Meat Science, 2003, 64(2): 199-206

[36] Namir M, Siliha H, Ramadan M F. Fiber pectin from tomato pomace: characteristics, functional properties and application in low-fat beef burger[J]. Journal of Food Measurement and Characterization, 2015, 9(3): 1-8

[37] Ayadi M A, Kechaou A, Makni I, et al. Influence of carrageenan addition on turkey meat sausages properties[J]. Journal of Food Engineering, 2009, 93: 278-283

[38] Ancos B D, González E M, Cano M P. Ellagic acid, vitamin C, and total phenolic contents and radical scavenging capacity affected by freezing and frozen storage in raspberry fruit[J]. Journal of Agricultural and Food Chemistry, 2000, 48(10): 4565-4570

[39] García M L, Dominguez R, Galvez M D, et al. Utilization of cereal and fruit fibres in low fat dry fermented sausages[J]. Meat Science, 2002, 60: 227-236

[40] Grigelmo-Miguel N, Abadías-Serós M I, Martín-Belloso O. Characterisation of low-fat high-dietary fibre frankfurters[J]. Meat Science, 1999, 52: 247-256

[41] Galanakis C M, Tornberg E, Gekas V. Dietary fiber suspensions from olive mill wastewater as potential fat replacements in meatballs[J]. LWT-Food Science and Technology, 2010, 43: 1018-1025

[42] Staley A E. New starch-based fat replacer[J]. Food Engineering, 1991, 8: 26-32

[43] 王淼, 陈玉添. 酵母葡聚糖在肉制品中的应用研究[J]. 食品与机械, 2001, (2): 32-33

[44] Piñero M P, Parra K, Huerta-Leidenz N, et al. Effect of oat's soluble fibre (β-glucan) as a fat replacer on physical, chemical, microbiological and sensory properties of low-fat beef patties[J]. Meat Science, 2008, 80(3): 675-680

[45] Esteller M S, Lima A C O D, Lannes S C D S. Color measurement in hamburger buns with fat and sugar replacers[J]. LWT-Food Science and Technology, 2006, 39(2): 184-187

[46] Skrede G. Comparison of various types of starch when used in meat sausages[J]. Meat Science, 1989, 25: 21-36

[47] Fortier N E. Low-fat foods non-digestible fat containing β-carotene[J]. Trends in Food Science & Technology, 1997, 8(8): 281-281

[48] 张慧旻, 陈从贵, 聂兴龙. 结冷胶与海藻酸钠对低脂猪肉凝胶改性的影响[J]. 食品科学, 2007, 28(10): 80-83

[49] 宗瑜, 汪少芸, 赵立娜, 等. 利用生物技术研制低脂白羽鸡肉丸[J]. 中国食品学报, 2010, 10(5): 189-195

[50] Choi Y S, Park K S, Kim H W, et al. Quality characteristics of reduced-fat frankfurters with pork fat replaced by sunflower seed oils and dietary fiber extracted from *makgeolli* lees[J]. Meat Science, 2013, 93(3): 652-658

[51] Salcedo-Sandoval L, Cofrades S, Pérez C R C, et al. Healthier oils stabilized in konjac matrix as fat replacers in n-3 PUFA enriched frankfurters[J]. Meat Science, 2013, 93(3): 757-766

[52] Triki M, Herrero A M, Rodríguez-Salas L, et al. Chilled storage characteristics of low-fat, n-3 PUFA-enriched dry fermented sausage reformulated with a healthy oil combination stabilized in a konjac matrix[J]. Food Control, 2013, 31(1): 158-165

[53] Choi Y S, Choi J H, Han D J, et al. Effects of replacing pork back fat with vegetable oils and rice bran fiber on the quality of reduced-fat frankfurters[J]. Meat Science, 2010, 84(3): 557-563

[54] Bloukas J G, Paneras E D, Fournitzis G C. Effect of replacing pork backfat with olive oil on processing and quality characteristics of fermented sausages[J]. Meat Science, 1997, 45(2): 133-144

[55] Furlán L T R, Padilla A P, Campderrós M E. Development of reduced fat minced meats using inulin and bovine plasma proteins as fat replacers[J]. Meat Science, 2014, 96(2): 762-768

[56] Poyato C, Ansorena D, Berasategi I, et al. Optimization of a gelled emulsion intended to supply ω-3 fatty acids into meat products by means of response surface methodology[J]. Meat Science, 2014, 98(4): 615-621

[57] Asuming-Bediako N, Jaspal M H, Hallett K, et al. Effects of replacing pork backfat with emulsified vegetable oil on fatty acid composition and quality of UK-style sausages[J]. Meat Science, 2014, 96: 187-194

[58] Beriain M J, Gómez I, Petri E, et al. The effects of olive oil emulsified alginate on the physico-chemical, sensory, microbial, and fatty acid profiles of low-salt, inulin-enriched sausages[J]. Meat Science, 2011, 88: 189-197

[59] Herrero A M, Carmona P, Pintndo T, et al. Lipid and protein structure analysis of frankfurters formulated with olive oil-in-water emulsion as animal fat replacer[J]. Food Chemisty, 2012, 135: 133-139

[60] Wang F C, Gravelle A J, Blake A I, et al. Novel *trans* fat replacement strategies[J]. Current Opinion in Food Science, 2016, 7: 27-34

[61] Singh A, Auzanneau F I, Rogers M A. Advances in edible oleogel technologies—a decade in review[J]. Food Research International, 2017, 97: 307-317

[62] Patel A R, Dewettinck K. Edible oil structuring: an overview and recent updates[J]. Food and Function, 2016, 7: 20-29

[63] Davidovich-Pinhas M, Barbut S, Marangoni A G. The gelation of oil using ethyl cellulose[J]. Carbohydrate Polymers, 2015, 117: 869-878

[64] Davidovich-Pinhas M, Barbut S, Marangoni A G. Physical structure and thermal behavior of ethylcellulose[J]. Cellulose, 2014, 21: 3243-3255

[65] Gravelle A J, Barbut S, Quinton M, et al. Towards the development of a predictive model of the formulation-dependent mechanical behaviour of edible oil-based ethylcellulose oleogels[J]. Journal of Food Engineering, 2014, 143: 114-122

[66] Blake A I, Co E D, Marangoni A G. Structure and physical properties of plant wax crystal networks and their relationship to oil binding capacity[J]. Journal of the American Oil Chemists' Society, 2014, 91: 885-903

[67] Chopin-Doroteo M, Morales-Rueda J A, Dibildox-Alvarado E, et al. The effect of shearing in the thermo-mechanical properties of candelilla wax and candelilla wax-tripalmitin organogels[J]. Food Biophysics, 2011, 6: 359-376

[68] Co E D, Marangoni A G. Organogels: an alternative edible oil-structuring method[J]. Journal of the American Oil Chemists' Society, 2012, 89: 749-780

[69] Valoppi F, Calligaris S, Barba L, et al. Influence of oil type on formation, structure, thermal, and physical properties

of monoglyceride-based organogel[J]. European Journal of Lipid Science and Technology, 2016, 119(2): 1-10

[70] López-Martínez A, Morales-Rueda J A, Dibildox-Alvarado E, et al. Comparing the crystallization and rheological behavior of organogels developed by pure and commercial monoglycerides in vegetable oil[J]. Food Research International, 2014, 64: 946-957

[71] Lopez-Martínez A, Charó-Alonso M A, Marangoni A G, et al. Monoglyceride organogels developed in vegetable oil with and without ethylcellulose[J]. Food Research International, 2015, 72: 37-46

[72] Sintang M D B, Danthine S, Brown A, et al. Phytosterols-induced viscoelasticity of oleogels prepared by using monoglycerides[J]. Food Research International, 2017, 100: 832-840

[73] Bemer H L, Limbaugh M, Cramer E D, et al. Vegetable organogels incorporation in cream cheese products[J]. Food Research International, 2016, 85: 67-75

[74] Hwang H S, Singh M, Lee S. Properties of cookies made with natural wax-vegetable oil organogels[J]. Journal of Food Science, 2016, 81(5): C1045-C1054

[75] Patel A R, Rajarethinem P S, Grędowska A, et al. Edible applications of shellac oleogels: spreads, chocolate paste and cakes[J]. Food and Function, 2014, 5: 645-652

[76] Jang A, Bae W, Hwang H S, et al. Evaluation of canola oil oleogels with candelilla wax as an alternative to shortening in baked goods[J]. Food Chemistry, 2015, 187: 525-529

[77] Panagiotopoulou E, Moschakis T, Katsanidis E. Sunflower oil organogels and organogel-in-water emulsions (part II): implementation in frankfurter sausages[J]. LWT-Food Science and Technology, 2016, 73: 351-356

[78] Barbut S, Wood J, Marangoni A. Quality effects of using organogels in breakfast sausage[J]. Meat Science, 2016, 122: 84-89

第 3 章　甘油二酯的制备、代谢机理及其在功能性肉制品中的应用

甘油二酯（diacylglycerol，DAG）是由甘油中的两个羟基与脂肪酸酯化后的产物，是一种存在于各种天然可食用油脂中的微量成分[1]，作为一种新型健康油脂，其具有与甘油三酯不同的消化和代谢方式。它包括 1,2（2,3）-DAG 和 1,3-DAG 两种同分异构体。动物和人体模型试验已经表明，尽管 DAG 与甘油三酯的消化率和能量值相似，但它能够降低餐后血脂水平[2]，减轻体重和减少内脏脂肪的积累[3]，因此 DAG 是一种健康油脂。DAG 被公认为是一种预防肥胖和一些与生活方式有关的疾病的功能性油脂[4]。美国食品药品监督管理局审查认定 DAG 油为安全食品成分。1999 年，日本将 DAG 油作为促进健康的烹调油加以生产。2005 年，DAG 烹调油在美国市场被推广[5]。此外，DAG 因具有安全、健康、良好的表面性质和加工适应性，而被用作多功能添加剂广泛地应用于食品、医药和化妆品等行业[6]。本章主要对 DAG 的特性、制备、代谢机理及分子蒸馏技术在其纯化中的应用进行综述，并进一步综述 DAG 在功能性肉制品中的应用前景。

3.1　甘油二酯的特性

甘油二酯属于天然食用油的成分，含量甚微，不同的原料来源，其含量不同，但一般都不到 10%，它在热、酸和碱的环境下，会发生酰基转移，使 1,2-DAG 和 1,3-DAG 的比例在 3∶7～4∶6 发生变化。1,3-DAG 的分子结构呈 V 型，而 1,2-DAG 呈发夹形排布，这种结构的差异使 1,3-DAG 的热稳定性优于 1,2-DAG[7]，同时，两种异构体分子的结构使甘油二酯具有的同质多晶现象不同于甘油三酯，1,2-DAG 没有 β 型，只有 α 和 β′ 两种晶型，而 1,3-DAG 只有 β 和 β′ 两种晶型，而没有 α 型。甘油二酯是食用油在消化过程中的中间产物，它的极性比甘油三酯强，容易被乳化而利于消化，与甘油三酯一样，人体食用后是安全的。甘油二酯分子结构上的疏水性脂肪酸使其具有较强的亲脂特性，而分子结构上的亲水基团使其又具有亲水性，这种既亲油又亲水的特性决定了甘油二酯是一种较好的乳化剂，具有广阔的应用前景。

3.2 甘油二酯的制备

目前合成甘油二酯的方法根据催化剂不同，主要有化学合成法和生物酶催化法[8]。

3.2.1 化学合成法

化学合成法是生产甘油二酯的传统方法，也是工业上生产甘油二酯的主要方法，其中研究最多的是甘油解法和直接酯化法，工业上普遍采用的是前者。

化学合成法通常在碱性催化剂和惰性气体的保护下，并大多需要高温处理，一般在 220~260℃的高温条件下进行。Yang 等[9]研究了黄油甘油解制备甘油二酯，以黄油为原料，NaOH 作催化剂，结果表明在甘油的添加量为 16%（W/W），NaOH 添加量为 0.1%（W/W），200℃和氮气保护的条件下，甘油解反应 2 h 后，产物中的甘油二酯含量达到 40.3%，再经短程分子蒸馏纯化，甘油二酯的含量为 80%。Moquin 等[10]研究了 CO_2 超临界体系中菜籽油甘油解制备甘油二酯，以菜籽油为原料，245℃、10 MPa 压力下进行反应，甘油三酯能够高效转化，产物中甘油一酯的含量为 84%，而甘油二酯的含量仅为 15%，甘油二酯的得率较低。虽然化学合成法是一种传统的制备甘油二酯的方法，在工业生产上应用较多，但由于反应条件苛刻，大多需要高温处理，成本较高，副产物多，产品感官品质较差，且容易对环境造成污染等因素，化学合成法的应用受到了一定的限制。

3.2.2 生物酶催化法

生物酶催化法是目前研究最多的制备甘油二酯的方法，这种方法主要采用脂肪酶作催化剂。生物酶催化法主要包括直接酯化法、油脂水解法和甘油解法等，其中甘油解法是目前工业上应用比较多的方法。

直接酯化法是脂肪酸和甘油在脂肪酶催化下合成 DAG。孟祥河等[11]研究了无溶剂体系中，脂肪酶 Lipozyme RMIM 催化甘油和亚油酸发生酯化反应合成 1,3-DAG，考察了温度、底物摩尔比对酯化反应的初速率、转化率和产物组成的影响，并对反应条件进行优化，在 60℃，亚油酸与甘油摩尔比 2∶1，0.01 MPa 真空脱水的条件下，反应 8 h，再经分子蒸馏纯化，得到的产品中 DAG 可达 90%，其中 1,3-DAG 产率可达 84.25%。此研究还对脱水对转化率的影响进行了研究，发现当采用真空脱水时，反应 24 h 后，转化率可达 90.98%，因此在合成 1,3-DAG 的反应中除去生成的水分是十分必要的。

油脂水解法是将油脂水解生成脂肪酸和甘油的过程,是制取甘油二酯最简单的途径。吴克刚等[12]研究了脂肪酶催化花生油部分水解制备甘油二酯,考察了加酶量、反应温度、反应时间及水量对制备甘油二酯产量的影响。在酶添加量 20 U/g、水添加量 15%（W/W）、反应温度 40℃的优化条件下,水解 2.5 h 后,甘油二酯的含量可达 57.84%。

甘油解法是通过甘油和油脂在催化剂的作用下发生醇解反应合成甘油二酯,生产过程简单,副产物少,是合成甘油二酯的有效途径[13]。甘油解法是生产甘油二酯的比较经济的方法,是目前工业上采用比较多的方法。王卫飞等[14]研究了无溶剂体系中,固定化脂肪酶 Lipozyme RMIM 催化菜籽油甘油解制备甘油二酯,在菜籽油与甘油摩尔比为 1∶1,酶添加量为 5%（W/W）,反应温度 60℃的优化条件下,甘油解反应 8 h 后,产物中的甘油二酯含量达到 57.5%,并比较了采用甘油预吸附的方式和采用游离甘油的方式进行甘油解反应对 Lipozyme RMIM 的操作稳定性的影响,研究发现采用甘油预吸附的方式进行甘油解反应,固定酶的半衰期可达 22 次,而直接添加游离甘油的甘油解反应,固定化酶的半衰期仅有 10 次,这说明甘油预吸附的方式能够减少酶活力的损失,提高了酶的重复利用性。

生物酶催化法具有反应条件温和、能耗低、对环境污染少、副反应少、所得产品色泽和风味较好等优点,但生物酶法反应速率慢,一般需 10 h 或更长的时间才能反应完全[15]。

3.2.3 超声波辅助酶法

超声波对酶催化反应的影响是利用超声波传递的能量来产生新的化学反应产物或提高反应的速率和强化反应效果。超声波对酶催化反应的影响是主要通过机械传质作用、加热作用和空化作用这三种作用来影响体系中的传质和分子扩散[16]。适当的超声辅助不仅能够降低传质阻力[17],增加酶与底物的接触概率,而且能够使蛋白质（酶）的构象发生改变,使其构象更加合理[18],从而提高反应速率与产率。除此之外,超声技术还具有效率高、易获得、价格低廉、不污染环境等优点,因此,将超声技术应用于酶催化反应中具有较好的应用前景。近年来,国外有人研究利用超声波辅助酶法制备甘油二酯。Babicz 等[19]在无溶剂体系中,利用 Lipozyme TLIM 催化大豆油部分水解生产甘油二酯,在 55℃,加酶量 1%（W/W）,搅拌速度 700 r/min,没有超声辅助的条件下反应 6 h,产量为 33%；而采用超声辅助的条件下只需反应 1.5 h,甘油二酯产量就可达 40%,而这说明超声作用能使反应在较短的时间内获得更高的产量。Gonçalves 等[20]研究了超声辅助酶催化棕榈油水解,并考察了温度（30～55℃）、酶的添加量（油质量的 1%～2%）、机械搅拌（300～700 r/min）和反应时间对水解反应的影响。研究表明固定化酶 PSIM 和 TLIM 在

30℃，300 r/min 的条件下，反应 1.5 h 的水解效果最好，甘油二酯的产量分别为 34% 和 39%。因此，在温和的条件下进行超声辅助，能够在较短的反应时间内获得较高的甘油二酯产量。但是国内关于超声波辅助酶法制备甘油二酯的报道还比较少。

3.3 分子蒸馏技术在甘油二酯纯化中的应用

在甘油二酯的纯化过程中，分子蒸馏技术是最为常用的纯化技术之一。分子蒸馏又称短程蒸馏，是一种新型的、特殊的分离纯化技术，它不同于普通蒸馏需依靠沸点的差别进行分离，而是在极低的压力和远低于沸点的温度下，利用不同物质的分子运动平均自由程的不同来达到分离的目的[21]，是一种温和的分离、纯化复杂物质和热敏性物质的蒸馏方法[22]。这种方法具有蒸馏温度低、受热时间短、分离程度高、无污染、应用范围广等特点，特别适合于分离纯化高沸点、热敏性和易氧化的天然产物[23, 24]，在食品、化工、保健品和医药等行业都有广泛的应用[10]。

3.3.1 分子蒸馏技术的基本原理

分子蒸馏技术是一种高真空条件下的特殊的液-液分离技术，主要是利用高真空条件，液体混合物受热后会有分子从蒸发面逸出，由于轻、重分子的平均自由程不同[25]，轻分子的平均自由程大于重分子的，即轻、重分子逸出后所走的距离不同。这时，若蒸发面和冷凝面间的距离大于重分子的平均自由程，而不大于轻分子的平均自由程，则轻分子会通过逸出，到达冷凝面而被捕获；重分子因无法到达冷凝面而返回并被收集，从而实现混合物分离、纯化的目的。分子蒸馏原理如图 3.1 所示[26]。

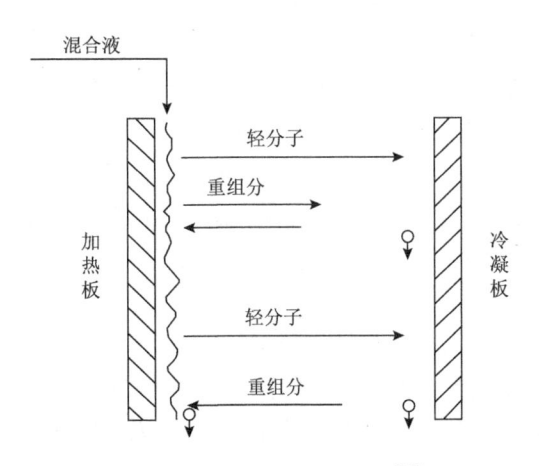

图 3.1 分子蒸馏的原理图[26]

3.3.2 影响分子蒸馏效率的因素

分子蒸馏技术是一种有效的分离甘油酯混合物的技术，分离效率主要与分子蒸馏装置的级数、物料组成和分子蒸馏操作参数有关。

1. 分子蒸馏装置级数

通过分子蒸馏技术对合成的甘油二酯粗品进行纯化，可以得到高纯度的甘油二酯产品，不同蒸馏级数对纯化效果的影响不同，两级分子蒸馏的纯化效果好于单级分子蒸馏。Yeoh 等[27]比较了单级分子蒸馏和两级分子蒸馏对酶法催化棕榈油甘油解合成的甘油二酯的纯化的影响。结果发现，经单级分子蒸馏后产品中的甘油二酯纯度低于 80.0%，脂肪酸含量低于 0.1%。这可能是由于混合物中大多数脂肪酸的蒸发温度集中于 230~250℃。而两级分子蒸馏，尤其是压力为 0.1 Pa 时，第一级分子蒸馏的蒸发面温度为 250℃，可除去其中的甘油三酯，使得甘油二酯的纯度可达 54.4%；第二级分子蒸馏的蒸发面温度为 180℃，可除去甘油单酯和游离脂肪酸，经第二级分子蒸馏后的产物中甘油二酯的含量可达 89.9%，脂肪酸含量低于 0.1%。研究结果表明，两级分子蒸馏对甘油二酯的纯化效果明显好于单级分子蒸馏。

目前，关于甘油二酯纯化的研究大多采用的是两级分子蒸馏技术。Wang 等[4]和 Wang 等[28]均采用了两级分子蒸馏法对酶催化大豆油合成的甘油二酯进行纯化。前者采用第一级分子蒸馏的蒸发面温度 110℃，进料速率 3 g/min，蒸馏压力 10 Pa，冷凝面温度 40℃，刮膜电机转速 250 r/min，该条件下可除去甘油和残留溶剂；第二级分子蒸馏的进料速率 2 g/min，蒸馏压力 1 Pa，冷却水温度 40℃，刮膜电机转速 250 r/min，蒸发面温度 180℃，在该条件下纯化甘油解反应产生的甘油二酯，经两级分子蒸馏可以将产物中甘油二酯产量由 49.8%提高到 97.9%。后者采用的条件是在蒸馏压力 1 Pa，滚筒转速 300 r/min，冷凝面温度 40℃，蒸发面温度 130℃，进料速率 0.5 L/h，进料温度 80℃的条件下除去游离脂肪酸。含有甘油二酯和甘油三酯的重相在相同的参数下再经分子蒸馏可除去残留的游离脂肪酸。经分子蒸馏可以将产物中甘油二酯含量由 42.6%提高到 70.0%。Yang 等[9]也采用两级分子蒸馏技术对化学法甘油解乳脂制备的甘油二酯进行纯化。先通过三个连续的 150℃下的蒸馏除去甘油一酯，再在 210℃温度下蒸馏除去甘油三酯。经分子蒸馏产物中甘油二酯产量可达到 80.0%以上。

此外，由于甘油三酯和甘油二酯的蒸气压差异非常小，采用两级分子蒸馏只能实现对甘油二酯的纯化，获得含有高纯度甘油二酯的产品，但无法实现对甘油二酯的分离，以获得甘油二酯单品。Fregolente 等[29]采用两级分子蒸馏技术对酶催化甘油解合成的甘油一酯和甘油二酯进行纯化。第一级分子蒸馏是在 100～150℃下进行预蒸馏,以除去甘油和游离脂肪酸;第二级分子蒸馏是在蒸发面温度为 250℃,进料速率为 10 mL/min 的条件下进行,此时甘油一酯的纯度为 80.0%,在残留蒸气中回收富含甘油二酯(>53%)且未水解的甘油三酯。综上所述,在甘油二酯的纯化中,与一级分子蒸馏相比,两级分子蒸馏能够更加显著地提高蒸馏产物中甘油二酯的纯度,但无法将甘油二酯分离出来。

2. 物料组成和分子蒸馏操作参数

甘油酯混合物由不同的组分组成,如游离脂肪酸、甘油一酯、甘油二酯和甘油三酯。因此,对于不同组分的分离需要在不同的温度下进行,如游离脂肪酸需要在较低的温度(130～140℃)下实现分离[30],甘油一酯需要在较高的温度(160～180℃)下实现分离,而甘油二酯和甘油三酯则需要在更高的温度(>200℃)下才能实现分离[31]。由于物料不同,分子蒸馏条件,如进料速率、蒸发面温度和刮板转速等对甘油二酯的纯化效果也不同。因此,不同研究人员针对不同物料需使用的蒸馏条件进行了优化。

Lin 和 Yoo[32]采用分子蒸馏技术对酶催化合成的甘油二酯进行脱酸和纯化。以含有 6.5%的甘油二酯的精炼棕榈油为原料,分别考察了操作温度(220～250℃)和进料速度(500 g/h 和 1000 g/h)对纯化效果的影响,结果表明操作温度为 250℃,进料速度为 1000 g/h 时,残留油中含有 5%的甘油二酯,甘油二酯不能完全被除去;而当进料速度为 500 g/h 时,残留油中只有 2.8%的甘油二酯,这表明较低的流速利于甘油二酯纯化。此外,原料经过较高的操作温度,即 250℃分子蒸馏,产品中甘油二酯含量可达 68.0%。朱振雷等[33]对分子蒸馏技术纯化甘油二酯的工艺条件进行了优化,在操作压力 0.1 Pa 的条件下考察了进料速率(1 mL/min, 2 mL/min, 3 mL/min, 4 mL/min 和 5 mL/min)、蒸发面温度(160℃, 165℃, 170℃, 175℃和 180℃)和刮板转速(200 r/min, 250 r/min, 300 r/min, 350 r/min 和 400 r/min)对纯化效果的影响,并经正交实验确定最佳工艺条件为第一级分子蒸馏进料速率 2 mL/min、蒸发面温度 170℃、刮板转速 300 r/min,经一级分子蒸馏可除去游离脂肪酸和甘油一酯,此时甘油二酯纯度为 72.5%;第二级分子蒸馏是在进料速率 2 mL/min、蒸发面温度 210℃、刮板转速 300 r/min 的条件下进行,可除去甘油三酯,经二级分子蒸馏产品中的甘油二酯可达 92.3%。Zheng 等[34]采用两级分子蒸馏技术对两步酶催化反应合成的甘油二酯混合物进行纯化,在进料温度为 60℃,进料流速为 1.5 mL/min,冷凝器温度为 40℃,压力为 10 Pa,刮板转速为 250 r/min 的条件下,研究了第一级分子蒸馏蒸发面的温度(110℃, 120℃, 130℃, 140℃和 150℃)和第二级分子蒸馏蒸发面的温度

（130℃，140℃，150℃，160℃和170℃）对纯化效果的影响，结果表明在 10 Pa 压力下，第一级分子蒸馏的蒸发面温度只需 130℃就能除去上层液中的甘油一酯，而第二级分子蒸馏需要170℃，经分子蒸馏可以将产物中的甘油二酯由49.9%提高到98.0%。

虽然分子蒸馏技术能够较好地对甘油二酯进行纯化，但在分子蒸馏过程中1,2-DAG 的酰基会发生迁移，自发地由 sn-2 位向 sn-3 位转移，形成 1,3-DAG 同分异构体。Wang 等[32]采用两级分子蒸馏对酶催化大豆油部分水解合成的甘油二酯进行纯化。第一级分子蒸馏在蒸发面温度 150℃下进行，可除去非极性上层的游离脂肪酸，获得纯度为 42.6%甘油二酯的大豆油；第二级分子蒸馏是在蒸发面温度超过 220℃下进行的，经分子蒸馏后产物中的甘油二酯可达 80.0%。此外，在第二级分子蒸馏过程中还能够观察到酰基从 1,2-DAG 迁移到 1,3-DAG。另外，Compton 等[35]研究了分子蒸馏技术对植物油 1,2-DAG 纯化的影响，在 2.7～3.3 Pa 的压力下，进料速率恒定为 1725 r/min，研究转子温度对蒸馏操作和生成物残渣的物理性质的影响，并在 120℃，140℃，160℃，200℃和 240℃的转子温度下对馏出物进行研究。研究发现，220℃下分子蒸馏虽然除去了 77.0%的脂肪酸丙酯，但同时也引起酰基发生了显著的迁移。

3.4 甘油二酯的代谢机理

DAG 具有独特的结构和代谢特点，通过调节动物体瘦素水平、脂肪酸的 β-氧化，以及与脂代谢相关的酶基因的表达，使其可预防体内脂肪堆积、改善空腹和餐后的血脂水平，在预防肥胖、高血脂、脂肪肝、糖尿病等慢性疾病方面起到积极的作用。研究者利用动物和人体模型试验对 DAG 的作用原理和方式进行了研究和分析，主要包括与降血脂相关的代谢及控制体重与减少体脂相关的代谢。

3.4.1 DAG 与降血脂相关的代谢

Watanabe 等[36]研究发现动物机体摄入 DAG 与 TAG 后，经脂肪酶水解均产生单甘酯和游离脂肪酸。然而，DAG 经小肠代谢后产生 1-单甘酯或 3-单甘酯，而 TAG 水解产生 2-单甘酯。2-单甘酯与游离脂肪酸在小肠上皮细胞内通过单酰基甘油酰基转移酶和二酰基甘油酰基转移酶重新合成 TAG，此 TAG 被胆固醇、磷脂和蛋白质组成的膜包起来形成乳糜微粒进入淋巴循环，再经胸导管进入血液。而 1-（或 3-）单甘酯对 TAG 合成过程中需要的关键酶单酰基甘油酰基转移酶和二酰基甘油酰基转移酶的亲和力较差，在小肠上皮细胞内，难以再合成 TAG，直接经门静脉进入肝脏，随后经 β-氧化途径分解为水和二氧化碳，释放一定的能量，很少在体内储存。因此摄入 DAG 后，无论是餐后还是空腹血液中的 TAG 均能明显降低。DAG 和 TAG 的吸收代谢过程如图 3.2 所示。

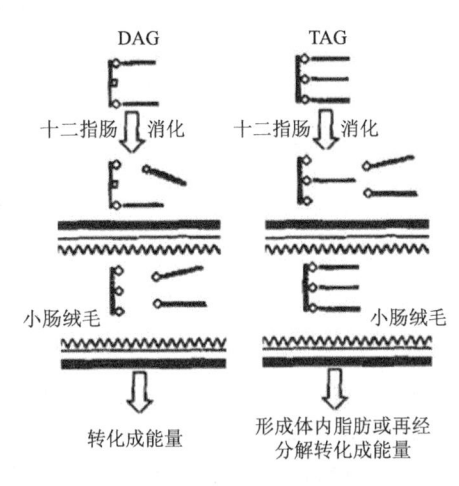

图 3.2 DAG 和 TAG 的吸收代谢过程[37]

DAG 与 TAG 在人体内的代谢与在动物体内的代谢相似。Taguchi 等[38]发现人体 DAG 单次剂量摄入高于 20 g，能明显减少血清 TAG 升高。Tada 等[39]研究发现，以脂肪酸组成相同的 TAG 为对照组，DAG 单次剂量摄入 55 g，餐后 2 h 和 4 h 均能显著减少血清 TAG 的增加，并且明显降低脂蛋白残留胆固醇水平。Yamamoto 等[40]对日本 2 型糖尿病患者进行了研究，这些患者的 TAG 均大于 150 mg/dL，患者每天摄入 10 g DAG，3 个月后空腹血清 TAG 明显减少。同时在研究过程中发现，饮食 DAG 后糖化血红蛋白减少，进而说明其对血糖也有很好的控制作用。

3.4.2 DAG 与控制体重相关的代谢

动物试验和人体试验均表明，长期摄入 DAG 能够控制体重增加，并具有减少内脏脂肪堆积等生理作用[36,41]。Murase 等[42]以 C57BL/6J 小鼠为对象，建立了人类肥胖和 2 型糖尿病的动物模型，研究发现，饲喂动物甘油二酯含量高的油脂，可抑制因饮食诱导的肥胖。Nagao 等[43]对健康的日本人进行了研究，发现每日摄入一定量的 DAG，当其提供的能量是总能量的 5%时，4 个月后体重和体脂会明显减少。Maki 等[3]对美国的肥胖患者进行了研究，试验发现每天摄入 DAG，其能量占总能量的 15%，6 个月后体重和体脂也会明显减少。这些研究结果表明，摄入 DAG 后不论是什么样的人群均有相似的变化发生。

控制体重增加的机理可能源于与机体能量代谢有关的瘦素激素。Murase 等[44]研究了对照组、TAG 受试组与 DAG 受试组的瘦素水平，试验发现 TAG 组受试动物的瘦素水平明显高于对照组，这可能是由于高脂饮食导致瘦素水平急剧上升，由此会引起瘦素抵抗。而 DAG 组瘦素水平与对照组没有明显的差异，但较 TAG 组明显降低。因此，DAG 对受试动物的体脂聚集能起到抑制作用，从而起到控制体重的作用。研究者对肥胖鼠 C57BL/6J 的研究发现，DAG 组小肠的 β-氧化高于 TAG 组，但在肝内没有明显的变化[44]，说明控制体重的其中一个机理可能是刺激小肠的脂肪代谢。

3.4.3 DAG 与减少体脂相关的代谢

Nagao 等[43]每天给 38 个健康人的膳食中加入 10 g DAG，具有相同脂肪酸组成的 TAG 的膳食组作对照，16 周后发现甘油二酯膳食组能够抑制内脏、皮下和肝脏脂肪的积累。Murata 等[45]通过大鼠试验发现，喂食 DAG 两周后，血和肝脏的 TAG 水平均较对照组低，同时，肝脏中与脂肪酸氧化有关的酶活性升高，而相应的与脂肪酸合成有关的酶活性降低，即肝脏和小肠中的 β-氧化增加，从而减少了脂肪积聚。Murase 等[42]通过 C57BL/6J 小鼠试验发现，DAG 组小鼠肝脏中脂酰辅酶 A 氧化酶（acyl-CoA oxidase，ACO）mRNA 的表达明显增加，与 ACO 活性一致，小肠的脂肪酸 β-氧化、脂代谢相关酶和蛋白质的基因表达也增加，包括中链脂酰辅酶 A 脱氢酶（MCAD）的类脂代谢、肝脏脂肪酸结合蛋白、脂肪酸转运体和小肠中解偶联蛋白-2（UCP-2）。肝脏中酶活性的这些变化会降低肝中的 TAG 含量和血清胆固醇。而 β-氧化和 mRNA 表达在大鼠和小鼠中的发生部位不同，大鼠在肝脏中进行，而小鼠却在小肠中进行。

综上所述，改善血脂水平的可能机理是 DAG 的分子结构和体内代谢特征，控制体重增加和减少体脂的可能机制是控制瘦素水平、脂肪酸 β-氧化的增加和与脂代谢相关的基因表达的变化。

3.5 甘油二酯在功能性肉制品中的应用前景

随着 DAG 代谢机理的进一步深入以及在临床试验研究中的应用，将 DAG 开发成具有治疗相关疾病功能的营养素制剂和作为饮食辅助治疗相关疾病有着广阔的应用前景。肉制品中添加一定量的脂肪会赋予产品特殊的风味、优良的质地和感官特性[46]。然而，肉制品中加入的动物脂肪含有较多的饱和脂肪酸，会引起心脏病、高血压、动脉硬化等疾病[47]。因此，如何在饮食中降低动物脂肪的摄入已经成为人们关注的焦点。近些年，研究者多集中在用植物油替代动物脂肪开发低脂肪、高营养的新型肉制品。

Yılmaz 等[48]在添加葵花籽油的法兰克福香肠的研究中发现，香肠没有因葵花籽油的添加而产生不良的风味。Martin 等[49]在猪肝乳化香肠中加入共轭亚油酸和橄榄油替代部分动物脂肪，结果发现该产品在冷藏过程中，能提高脂质的抗氧化性能。Ambrosiadis 等[50]在牛肉香肠中加入大豆油、葵花油、玉米油和棕榈油替代20%的动物脂肪，发现产品的口感能够满足人们的需求。吴满刚[51]发现，花生油形成的蛋白质-脂肪复合凝胶的硬度和弹性都较猪油的好，但两种脂肪制备的凝胶保水性没有差异。Mora-Gallego 等[52]和 Miklos 等[53]分别用甘油二酯替代动物脂肪制备发酵香肠和肉糜，结果表明发酵香肠具有优良的感官品质，肉糜具有良好的弹性，而且出油现象也大大降低。

参 考 文 献

[1] Eom T K, Kong C S, Byug H G, et al. Lipase catalytic synthesis of diacylglycerol from tuna oil and its anti-obesity effect in C57BL/6J mice[J]. Process Biochemistry, 2010, 45(5): 738-743

[2] Taguchi H, Nagao T, Watanabe H, et al. Energy value and digestibility of dietary oil containing mainly 1,3-diacylglycerol are similar to those of triacylglycerol[J]. Lipids, 2001, 36(4): 379-382

[3] Maki K C, Davidson M H, Tsushima R, et al. Consumption of diacylglycerol oil as part of a reduced-energy diet enhances loss of body weight and fat in comparison with consumption of a triacylglycerol control oil[J]. American Journal of Clinical Nutrition, 2002, 76: 1230-1236

[4] Wang W F, Li T, Ning Z X, et al. Production of extremely pure diacylglycerol from soybean oil by lipase-catalyzed glycerolysis[J]. Enzyme and Microbial Technology, 2011, 49: 192-196

[5] Kristensen J B, Xu X, Mu H. Process optimization using response surface design and pilot plant production of dietary diacylglycerols by lipase-catalyzed glycerolysis[J]. Journal of Agricultural and Food Chemistry, 2005, 53: 7059-7066

[6] Fureby A M, Tian L, Adlercreutz P, et al. Preparation of diglycerides by lipase-catalyzed alcoholysis of triglycerides[J]. Enzyme and Microbial Technology, 1997, 20(3): 198-206

[7] Takano H, Itabashi Y. Molecular species analysis of l,3-diacylglycerols in edible oil by HPLC/ESI-MS[J]. Bunseki Kagaku, 2002, 51(6): 437-442

[8] 刘宁, 汪勇, 赵强忠, 等. 结构脂的构效关系及酶法制备的研究进展[J]. 食品工业科技, 2012, 33(10): 382-384

[9] Yang T K, Zhang H, Mu H L, et al. Diacylglycerols from butterfat: production by glycerolysis and short-path distillation and analysis of physical properties[J]. Journal of the American Oil Chemists' Society, 2004, 81(10): 979-987

[10] Moquin P H L, Temelli F, Sovová H, et al. Kinetic modeling of glycerolysis-hydrolysis of canola oil in supercritical carbon dioxide media using equilibrium data[J]. Journal of Supercritical Fluids, 2006, 37(3): 417-424

[11] 孟祥河, 潘秋月, 邹冬芽, 等. 无溶剂体系中酶催化亚油酸、甘油生产 1,3-甘油二酯工艺的研究[J]. 中国油脂,

2004, 29(2): 47-50

[12] 吴克刚, 孙敏甜, 柴向华. 酶法制备花生油甘油二酯研究[J]. 粮食与油脂, 2012, 8: 16-19

[13] Noureddini H, Harkey D W, Gutsman M R. A continuous process for the glycerolysis of soybean oil[J]. Journal of the American Oil Chemists' Society, 2004, 81(2): 203-207

[14] 王卫飞, 宁正祥, 徐扬, 等. 酶法甘油解制备甘油二酯的研究[J]. 中国油脂, 2012, 37(5): 31-34

[15] 张超, 胡蒋宁, 范亚苇, 等. 响应面法优化酶催化紫苏籽油合成富含 α-亚麻酸甘油二酯的工艺条件[J]. 中国农业科学, 2011, 44(5): 1006-1014

[16] Sanderaon B. Applied sonochemistry: the use of power ultrasound in chemistry and processing[J]. Journal of Chemical Technology and Biotechnology, 2004, 2(79): 207-208

[17] Vulfson E N, Sarney D B, Law B A. Enhancement of subtilisin-catalysed interesterification in organic solvents by ultrasound irradiation[J]. Enzyme Microbial Technology, 1991, 13(2): 123-126

[18] Gębicka L, Gębicki J L. The effect of ultrasound on heme enzymes in aqueous solution[J]. Journal of Enzyme Inhibition, 1997, 12(2): 133-141

[19] Babicz I, Leite S G F, Souza R O M A D, et al. Lipase-catalyzed diacylglycerol production under sonochemical irradiation[J]. Ultrasonics Sonochemistry, 2010, 17(1): 4-6

[20] Gonçalves K M, Sutili F K, Leite S G F, et al. Palm oil hydrolysis catalyzed by lipases under ultrasound irradiation-the use of experimental design as a tool for variables evaluation[J]. Ultrasonics Sonochemistry, 2012, 19: 232-236

[21] Batistella C B, Moraes E B, Maciel F R, et al. Molecular distillation: rigorous modeling and simulation for recovering vitamin E from vegetal oils[J]. Applied Biochemistry and Biotechnology, 2002, 98-100(1-9): 1187-1206

[22] Martinello M, Hecker G, Pramparo M D C. Grape seed oil deacidification by molecular distillation: analysis of operative variables influence using the response surface methodology[J]. Journal of Food Engineering, 2007, 81: 60-64

[23] James D, Millan M, William S, et al. Molecular distillation[J]. Twenty-Seventh Symposium on Biotechnology for Fuels and Chemicals, 2006, 10: 1066-1076

[24] Chen F, Cai T Y, Zhao G H, et al. Optimizing conditions for the purification of crude octacosanol extract from rice bran wax by molecular distillation analyzed using response surface methodology[J]. Journal of Food Engineering, 2005, 70: 47-53

[25] 冯武文, 杨村, 于宏奇. 分子蒸馏技术与日用化工(Ⅰ)——分子蒸馏技术的原理及特点[J]. 日用化学工业, 2002, 32(5): 74-76

[26] 王磊, 袁芳, 高彦祥. 分子蒸馏技术及其在食品工业中的应用[J]. 安徽农业科学, 2013, 41(14): 6477-6479

[27] Yeoh C M, Phuah E T, Tang T K, et al. Molecular distillation and characterization of diacylglycerol-enriched palm olein[J]. European Journal of Lipid Science and Technology, 2014, 116(12): 1654-1663

[28] Wang Y, Zhao M M, Ou S Y, et al. Preparation of a diacylglycerol-enriched soybean oil by phosphalipase A1 catalyzed hydrolysis[J]. Journal of Molecular Catalysis B: Enzymatic, 2009, 56(2-3): 165-172

[29] Fregolente P B L, Pinto G M F, Wolf-Maciel M R, et al. Monoglyceride and diglyceride production through lipase-catalyzed glycerolysis and molecular distillation[J]. Applied Biochemistry and Biotechnology, 2010, 160: 1879-1887

[30] Zhu Q S, Li T, Wang Y H, et al. A two-stage enzymatic process for synthesis of extremely pure high oleic glycerol monooleate[J]. Enzyme and Microbial Technology, 2011, 48: 143-147

[31] Wang Y, Zhao M M, Song K K, et al. Separation of diacylglycerols from enzymatically hydrolyzed soybean oil by molecular distillation[J]. Separation and Purification Technology, 2010, 75: 114-120

[32] Lin S W, Yoo C K. Short-path distillation of palm olein and characterization of products[J]. European Journal of Lipid Science and Technology, 2009, 111(2): 142-147

[33] 朱振雷, 操丽丽, 姜绍通, 等. 分子蒸馏技术纯化甘油二酯工艺优化及产品分析[J]. 食品科学, 2014, 35(20): 43-47

[34] Zheng P Y, Xu Y, Wang W F, et al. Production of diacylglycerol-mixture of regioisomers with high purity by two-step enzymatic reactions combined with molecular distillation[J]. Journal of the American Oil Chemists' Society, 2014, 91: 251-259

[35] Compton D L, Laszlo J A, Eller F J, et al. Purification of 1,2-diacylglycerols from vegetable oils: comparison of molecular distillation and liquid CO_2 extraction[J]. Industrial Crops and Products, 2008, 28(2): 113-121

[36] Watanabe H, Onizawa K, Taguchi H, et al. Nutritional characterization of diacylglycerols in rats[J]. Journal of Japan Oil Chemists Society, 1997, 46(3): 301-307

[37] 谢林云. 磷脂酶 A1 催化水解大豆油制备甘油二酯的研究[D]. 广州: 暨南大学, 2008

[38] Taguchi H, Watanabe H, Onizawa K, et al. Double-blind controlled study on the effects of dietary diacylglycerol on postprandial serum and chylomicron triacylglycerol responses in healthy humans[J]. Journal of the American College of Nutrition, 2000, 19(6): 789-796

[39] Tada N, Watanabe H, Matsuo N, et al. Dynamics of postprandial remnant-like lipoprotein particles in serum after loading of diacylglycerols[J]. Clinica Chimica Acta, 2001, 311(2): 109-117

[40] Yamamoto K, Asakawa H, Tokunaga K, et al. Long-term ingestion of dietary diacylglycerol lowers serum triacylglycerol in type II diabetic patients with hypertriglyceridemia[J]. The Journal of Nutrition, 2001, 131(12): 3204-3207

[41] Kamphuis M M J W, Mela D J, Westerterp-Plantenga M S. Diacylglycerols affect substrate oxidation and appetite in humans[J]. American Journal of Clinical Nutrition, 2003, 77(5): 1133-1139

[42] Murase T, Mizuno T, Omachi T, et al. Dietary diacylglycerol suppresses high fat and high sucrose diet-induced body fat accumulation in C57BL/6J mice[J]. Journal of Lipid Research, 2001, 42(3): 372-378

[43] Nagao T, Watanabe H, Goto N, et al. Dietary diacylglycerol suppresses accumulation of body fat compared to triacylglycerol in men in a double-blind controlled trial[J]. Journal of Nutrition, 2000, 130(4): 792-797

[44] Murase T, Aoki M, Wakisaka T, et al. Anti-obesity effect of dietary diacylglycerol in C57BL/6J mice: dietary diacylglycerol stimulates intestinal lipid metabolism[J]. Journal of Lipid Research, 2002, 43(4): 1312-1319

[45] Murata M, Ide T, Hara K. Reciprocal responses to dietary diacylglycerol of hepatic enzymes of fatty acid synthesis and oxidation in the rat[J]. British Journal of Nutrition, 1997, 77(1): 107-121

[46] Pietrasik Z, Duda Z. Effect of fat content and soy protein/carrageenan mix on the quality characteristics of comminuted, scalded sausages[J]. Meat Science, 2000, 56(2): 181-188

[47] 周玲, 周萍. 亲水胶体对低脂肉糜加热稳定性的影响[J]. 肉类工业, 2008, 6: 12-14

[48] Yılmaz İ, Şimşek O, Işıklı M. Fatty acid composition and quality characteristics of low-fat cooked sausages made with beef and chicken meat, tomato juice and sunflower oil[J]. Meat Science, 2002, 62(2): 253-258

[49] Martin D, Ruiz J, Kivikari R, et al. Partial replacement of pork fat by conjugated linoleic acid and/or olive oil in liver pâtés: effect on physicochemical characteristics and oxidative stability[J]. Meat Science, 2008, 80(2): 496-504

[50] Ambrosiadis J, Vareltzis K P, Georgakis S A. Physical, chemical and sensory characteristics of cooked meat emulsion

style products containing vegetable oils[J]. International Journal of Food Science and Technology, 1996, 31(2): 189-194

[51] 吴满刚. 脂肪和淀粉对肌原纤维蛋白凝胶性能的影响机理[D]. 无锡: 江南大学, 2010

[52] Mora-Gallego H, Serra X, Guàrdia M D, et al. Effect of the type of fat on the physicochemical, instrumental and sensory characteristics of reduced fat non-acid fermented sausages[J]. Meat Science, 2013, 93(3): 668-674

[53] Miklos R, Xu X, Lametsch R. Application of pork fat diacylglycerols in meat emulsions[J]. Meat Science, 2011, 87(3): 202-205

第4章 肉制品中亚硝酸盐替代物的研究进展

4.1 亚硝酸盐的作用和危害

肉类腌制是向原料肉中加入亚硝酸盐、食盐、其他成分（如抗坏血酸、三磷酸盐或多聚磷酸盐等）和各种调味料，再经过一系列物理操作工序的过程[1]，可能包括绞碎、混合、滚揉、烟熏和加热等。肉中含有大量的复杂化合物，它们可与腌制剂发生各种作用。亚硝酸钠是目前肉品腌制的关键组分。肉制品中使用亚硝酸盐的起源已无法追溯，但可以确定的是，在人们明确亚硝酸盐的作用之前，人们向肉中添加食盐和硝酸盐以达到防腐的目的已经是几个世纪之前的事情了[2]。19世纪末20世纪初，肉类腌制技术变得更加科学。随着涉及腌肉色泽形成的基础化学知识和微生物硝化作用知识的逐步发展，人们逐渐开始研究亚硝酸盐在腌制中的作用机制。1923年1月19日，美国农业部动物工业局允许在肉制品加工过程中直接添加亚硝酸盐。

4.1.1 亚硝酸盐作用

亚硝酸盐在腌制肉中的作用主要体现在呈色、抑菌、抗氧化和风味等方面。

1. 呈色作用

颜色是衡量肉和肉制品质量的重要标准之一。肉的颜色取决于含有血红素基团的两种化合物：血红蛋白和肌红蛋白。肌红蛋白为肉自身的色素蛋白，肉色的深浅与其含量多少有关。血红蛋白存在于血液中，对肉颜色的影响要视放血情况而定。放血良好的肉，肌肉中肌红蛋白色素占80%～90%，比血红蛋白丰富得多。因此，肉的颜色主要取决于肌红蛋白的含量及其所处的状态。肉的物理特性如保水性和质构特性也会影响肉的颜色，但影响程度较小。其他色素成分如肌肉中的细胞色素类也会对肉的颜色起到一定作用。肌红蛋白分子由一个血红素和一个珠蛋白分子组成，其分子质量约为17000 Da。血红素部分由四个吡咯环组成的卟啉环和围在中间的铁原子配位组成[3]。铁原子以还原（亚铁，Fe^{2+}）和氧化（高铁，Fe^{3+}）两种形式存在。肌红蛋白在肌肉中有多种存在形式，在基态肌红蛋白（myoglobin，Mb）中，卟啉环部分与邻近蛋白质的氨基酸（如组氨酸）以配体结合的方式存在。基态肌红蛋白（卟啉环中为 Fe^{2+}）并不结合任何亚基，而会与水分子结合。在氧气存在的条件下，1 分子肌红蛋白可以与 1 分子的氧分子结合，形成氧合肌红蛋白（oxymyoglobin，MbO_2），从而变成亮红色。此时，铁仍以二价铁离子（Fe^{2+}）存在。但氧气和其他氧化剂会将二价铁氧化为三价铁。最终形成的高铁肌红蛋白（metmyoglobin，Met-Mb）为棕色。一般基态肌红蛋白、氧合肌红蛋白和高铁肌红蛋白在肉中同时存在。

硝酸盐或亚硝酸盐之所以能在腌肉中起呈色作用，是因为它们能在酸性条件下形成亚硝酸。肉中的酸性环境主要由乳酸造成：在肌肉中由于血液循环停止，供氧不足，细胞无氧呼吸产生乳酸。亚硝酸不稳定，在还原性物质存在时，发生歧化反应，转化生成一氧化氮（NO），而有糖存在时，这一反应会加快。一氧化氮和肌红蛋白反应，经过两步，最终生成亚硝基肌红蛋白（nitrosylmyoglobin，NO-Mb）。而热变性会使其转化为一氧化氮亚铁血色原（dinitorsyferrohemochrome，DNFH），即为稳定的粉红色素，具体反应过程如下[4]。

$$NaNO_2 + CH_2CHOHCOOH \longrightarrow HNO_2 + CH_2CHOHCOONa$$

$$3HNO_2 \longrightarrow HNO_3 + 2NO + H_2O$$

$$NO + Mb \longrightarrow NO\text{-}Met\text{-}Mb$$

$$NO\text{-}Met\text{-}Mb \longrightarrow NO\text{-}Mb$$

$$NO\text{-}Mb + 热 + 烟熏 \longrightarrow NO\text{-}血色原（Fe^{2+}）$$

2. 抑菌作用

很多研究人员对亚硝酸盐在腌制肉中的安全作用进行了广泛研究，主要是针对亚硝酸盐对肉毒梭状芽孢杆菌（C. botulinum）生长和产毒的抑制作用[5,6]。这种微生物有两种存在形式，即活体状态和芽孢状态。其芽孢对如热、化学试剂或辐射这些可以轻易破坏活体细胞的刺激，有很强的耐受性。肉毒梭状芽孢杆菌在有氧条件下并不生长，属于严格厌氧菌。其活体细胞可产生一种不耐热蛋白神经毒素——肉毒素。因此，如果一种食品对肉毒梭状芽孢杆菌芽孢的生长没有很好的抑制性，条件适合其生长，便会有大量的肉毒菌细胞生长，随之有毒的肉毒素会释放到食物中。食用含有肉毒素的食物后，这种毒素会通过小肠进入整个循环系统。肉毒梭状芽孢杆菌之所以如此引人注意，是因为其产生的肉毒素毒性极强，容易致命。人类的最小口服致死量为 5×10^{-9}～5×10^{-8} g，也就是说，1 g 毒素经稀释后可以杀死 2000 万～2 亿人[7]。尽管该毒素毒性极强，但商业肉制品肉毒杆菌中毒事件罕见报道,这正是由于亚硝酸盐的使用,抑制了肉毒梭状芽孢杆菌的生长和产毒。其抑菌作用机理尚不明确,目前研究大概包括抑制 Fe-S 蛋白和能量代谢,抑制其他蛋白,抑制 DNA 和基因表达以及抑制细胞壁和细胞膜等四方面的假说[8]。

此外,亚硝酸盐对一些小型细菌如单增李斯特菌、产气荚膜梭菌和大肠杆菌等也有抑制作用。亚硝酸盐的抑菌机制尚不是很确定,前人推测的抑菌机理主要有以下几点[9]。

(1) 加热过程中亚硝酸盐和肉中的一些化学成分反应,生成一种能抑制芽孢生长的物质。

(2) 亚硝酸盐可以作为氧化剂或还原剂和细菌中的酶、辅酶、核酸或细胞膜等发生反应,影响细菌的正常代谢。

(3) 亚硝酸盐可以与细胞中的铁结合,破坏细菌正常代谢和呼吸。

(4) 亚硝酸盐可同硫化物形成硫代硝基化合物,破坏细菌代谢和物质传递。

3. 风味作用和抗氧化作用

亚硝酸盐对腌制肉的风味非常重要。肉的风味包括滋味、气味和质地,是原料肉和肉制品的重要品质之一。肉的风味化学成分极为复杂。

尽管亚硝酸盐与腌肉风味联系紧密,但与腌肉特征风味形成相关的机制至今尚未阐明。亚硝酸盐通过防止脂肪氧化使得肉品具有氧化稳定性。表面上看,这种作用与腌肉风味的形成有关。除去脂肪氧化产品中的特定物质,各种腌肉的味道都类似。Ramarathnam 等[10,11]通过气相色谱和光谱测定技术,分离并确定了大量腌制和未经腌制的猪肉、牛肉和鸡肉中的挥发性化合物,发现腌制肉风味浓缩物的色谱图要远远简单于未经腌制肉。这证实了前人的假设,腌肉的特征风味存在于所有的未腌制和煮制肉风味中,但被脂肪氧化带来的特征风味所掩盖。

亚硝酸盐也延缓了煮制肉和腌制肉中过热味的生成。Sampaio 等[12]的研究表明,在煮制牛肉中,通过添加 200 mg/kg 的亚硝酸盐,就可除去过热味,添加 50 mg/kg,就可抑制过热味的产生。

亚硝酸盐并不是唯一可赋予肉氧化稳定性的物质。在延缓脂肪氧化方面,亚硝酸盐替代物的研究,也找到了很多分离物和抗氧化剂。同时人们发现,加入三磷酸钠和抗坏血酸钠时,观察到二者抗氧化的协同作用。同时,若再加入少量的酚类抗氧化剂,如特丁基对苯二酚(TBHQ)或丁基羟基茴香醚(BHA),效果会更好[13];而由三磷酸钠、抗坏血酸钠和 TBHQ 或 BHA 混合腌制的肉与亚硝酸盐腌制肉风味并无显著不同。

4.1.2 亚硝酸盐的危害

腌肉中使用硝酸盐或亚硝酸盐引发的安全问题归纳起来应该有自身化学毒性、在食品中或食用后生成致癌物，以及生殖和发育毒性这几个方面。在现行腌制肉中允许使用的硝酸盐或亚硝酸盐水平下，不会出现上述问题[14]。但因为亚硝酸盐作为潜在有毒物质，而且也发生过很多将其误作其他成分用于食品或饮料中的事件，其添加浓度足以引发中毒症状，所以应控制好肉制品中亚硝酸盐的使用限量，避免中毒风险。

1. 自身毒性

人体亚硝酸钠中毒剂量为 0.3~0.5 g，致死量为 2~3 g。肌红蛋白有储存氧气的功能，而血红蛋白有运输氧气的作用。血红素中心为 Fe^{2+} 的血红蛋白具有行驶至全身组织运送氧气和输出 CO_2 的功能。当机体摄入过量 $NaNO_2$ 后，由于 $NaNO_2$ 具有氧化能力，血红蛋白的 Fe^{2+} 被氧化成 Fe^{3+}，使基态血红蛋白（Hb）变成高铁血红蛋白（Met-Hb）。高铁血红蛋白无携氧能力，造成机体组织缺氧，引起呼吸困难、血压下降、昏迷、抽搐等症状，严重者会因呼吸衰竭而死亡。

2. 潜在毒性

亚硝酸盐的潜在毒性主要体现在其与胺类物质反应，生成 N-亚硝基化合物。自从 1956 年 Magee 和 Barnes[15] 首次报道了 N-二甲基亚硝胺的毒性和致癌性以后，N-亚硝基化合物受到了极大的关注，在所试验的 300 多种 N-亚硝基化合物中，高达 86% 的 N-亚硝胺和 91% 的 N-亚硝酰胺在动物试验中表现出了致癌活性[16]。

亚硝胺的生成需要以下条件[17]。

（1）必须有胺存在。在鲜肉中存在极少量的胺。它们是肌酸、肌酸酐和一些游离氨基酸（如脯氨酸、羟脯氨酸）和一些其他氨基酸的脱羧产物。在肉老化和发酵期间，会形成更多的胺。

（2）只有仲胺可形成稳定的亚硝胺。伯胺反应后会立即分解为乙醇和氮气。叔胺不能发生反应。肉中的大多数胺都是由 α-氨基酸衍生的伯胺。

（3）足够低的 pH 以生成 NO^+ 或有金属离子参与产生 NO^+。

除了胺外，酰胺类物质也可与亚硝酸盐或其衍生物发生反应，生成亚硝胺。人们对它们在肉制品中的存在及其浓度了解得并不多[17]。值得注意的是，用于包装肉制品的弹性橡胶网制品中也可能含有亚硝胺，这可能会污染如煮制火腿的可食用部分[18]。

4.2 肉制品中亚硝酸盐替代物研究

亚硝酸盐由于在腌制肉中呈色、安全、风味形成和抗氧化方面的重要作用，因此在腌制过程中必不可少；而其潜在的致癌性，迫使人们不得不寻找部分或完全替代亚硝酸盐的物质。目前亚硝酸盐替代物研究较多，且部分成果已应用于实践或生产。这些物质主要包括发色类替代物：各种天然或人工合成色素、组氨酸等；抑菌类替代物：主要是各种防腐剂，包括天然和合成防腐剂两种；阻断亚硝胺形成的替代物，主要是抗坏血酸和生育酚。至今，尚未发现一种物质或途径可同时替代亚硝酸盐两种以上的功能。而各种替代亚硝酸盐腌制体系，将上述物质混配，也大多只能起到呈色和适度替代亚硝酸盐的作用，并不可完全取代亚硝酸盐。

4.2.1 发色类替代物

替代肉制品中亚硝酸盐进行呈色作用的亚硝酸盐替代物研究较多，且部分成果已应用于实践或生产[19]，主要包括红曲红色素、番茄汁、甜菜红、胭脂树红和亚硝基血红蛋白等。

目前，研究最多且已用于实际生产的是红曲红色素。红曲红色素在我国有上千年的使用历史，至今已有大量关于其在香肠、腊肉和火腿中部分替代亚硝酸盐进行呈色的研究。齐晓辉和王大为[20]研究了一种水溶性红曲红色素对减量亚硝酸钠腌制的试验香肠颜色形成和保持的影响，结果表明：红曲红色素的耐光性大大超过肉中存在的亚硝基色素，添加 300 mg/kg 红曲红色素可明显增强正常亚硝酸钠用量（100 mg/kg）下产品腌肉色的强度和对光照的稳定性。王柏琴等[21]对使用红曲红色素作发酵香肠的发色剂进行了研究，发现添加 1.6 g/kg 红曲红色素为着色剂生产的发酵香肠颜色接近于 150 mg/kg 亚硝酸钠腌制生产的发酵香肠，且制得的香肠在 4℃条件下储存，一月内颜色保持不变。王也等[22]研究了红曲红色素在腊肉中代替亚硝酸钠发色作用的应用效果，结果显示红曲红色素可以以注射的形式添加到腊肉中，添加量为肉重的 0.001%。从色泽、水分含量、质构角度分析，均能达到类似亚硝酸钠的水平，腊肉无硝发色剂的尝试基本是可行的。郑立红等[23]对红曲红、高粱红、辣椒红 3 种天然色素在腊肉中的应用进行了研究，以色泽以及 4℃储藏条件下色泽的变化作为评价指标，发现用红曲红着色的腊肉色泽最受欢迎，在冷藏及室温储藏下，其红色稳定性均显著高于高粱红和辣椒红着色的腊肉。李开雄等[24]研究了亚硝酸钠和红曲米色素混合添加对火腿颜色的影响。结果表明，用红曲米色素不但可以使制品的红度值提高，而且可以大大降低亚硝酸钠的用量，制品更安全，色泽更令人满意。我国现有众多肉品企业，如双汇、旺润等均添加了红曲红色素[25]。哈肉联红肠等食品中也将红曲红色素与亚硝酸盐混合使用。

红曲红色素一向被认为是安全的，但自从法国学者在红曲霉的培养物中检测出一种对人体有害的真菌毒素——橘霉素后[26]，引发了人们对其安全性的探讨。橘霉素对人体肾脏危害很大，因此，降低橘霉素含量成了天然食用红曲红色素研究及应用领域极为重要的课题，但目前国际上还没有从根本上解决这一难题[25]。因此，未来红曲红色素的使用可能也将面临挑战。

Deda等[27]将番茄汁添加到法兰克福（Frankfurters）香肠中，研究其着色效果。当番茄汁浓度达到12%（可溶性固体物含量为12%）时，香肠的红色泽显著增强，而此时亚硝酸盐的添加量由150 mg/kg降低到了100 mg/kg，且在整个储存期间番茄汁的加入没有对法兰克福香肠的品质特性产生任何负面的影响。最终得到的产品不仅含有番茄红素，而且其亚硝酸盐含量只相当于普通香肠的2/3。Zarringhalami和Sahari[28]为减少香肠在加工过程中亚硝酸盐的使用量，添加不同量的胭脂树红以替代香肠中的亚硝酸盐进行呈色作用，并在后期储存过程中，对所得样品的颜色特征、微生物污染情况和感官特征进行了定量研究和比较。结果表明，胭脂树红可替代高达60%的亚硝酸盐进行呈色作用，且与对照组相比，其微生物生长情况和感官品质差别并不显著。

合成色素方面，有许多由血红蛋白参与呈色的色素研究，其中以亚硝基血红蛋白研究最为深入。亚硝基血红蛋白是畜禽血液中的血红蛋白在一定条件下与来源于亚硝酸盐（或一氧化氮）的亚硝基进行合成反应的产物。应用时，亚硝基血红蛋白在一定的条件下分解，缓慢地释放NO，并与肌红蛋白结合，生成亚硝基肌红蛋白，从而起到呈色作用[29]。以亚硝基血红蛋白代替亚硝酸盐作为发色剂，不仅大大降低了亚硝基残留，解决亚硝酸盐超标问题，而且能增加肉制品中蛋白质和铁的含量，改善肉制品的营养性能[30]。国内外众多学者对亚硝基血红蛋白的合成及应用进行了深入的研究，李盛华等[31]以猪血为原料，对亚硝基血红蛋白的合成进行了研究，并对合成工艺参数进行了优化；施春权和孔保华[32]将猪血亚硝基血红蛋白添加到哈尔滨红肠中，研究了不同添加量对产品质量的影响。由于亚硝基血红蛋白稳定性较差，容易发生氧化反应[33]，Li等[34]成功制备了糖基化亚硝基血红蛋白，并对其光照稳定性进行了研究；张红涛等[35]以新鲜猪血红蛋白为原料，制备合成糖基化亚硝基血红蛋白，并对其制备条件进行优化，同时考察了合成色素在肉糜中的呈色效果。

4.2.2 抑菌类替代物

目前，研究应用于替代亚硝酸盐的抑菌物质主要有山梨酸盐、乳酸链球菌素（nisin）、次磷酸钠、酚类抗氧化剂和延胡索酸酯类等。

美国国家科学院/国家研究理事会（NAS/NRC）报告指出，山梨酸钾可部分替代亚硝酸盐。人们对二者混合使用进行了广泛研究，得出其具有抑菌功能的结论。此后，Shahidi[36]向肉中添加 2600 mg/kg 的山梨酸钾，结果表明其对肉毒梭状芽孢杆菌的抑制效果相当于添加了 156 mg/kg 亚硝酸盐。Al-Shuibi 和 Al-Abdullah[37]将山梨酸钠应用到意大利肉肠 Mortadella 中，得出单独使用山梨酸钠会导致 Mortadella 感官不可接受且硫代巴比妥酸（TBA）值增大，而山梨酸钠和亚硝酸钠联合使用则产品风味、颜色、总体接受性与亚硝酸钠单独使用类似，且具有较低 TBA 值的结论。

王柏琴等[38]对乳酸链球菌素的抗肉毒作用与亚硝酸钠进行了对比，结果表明乳酸链球菌素具有一定的抑制肉毒梭状芽孢杆菌的能力。向肉中添加乳酸链球菌素，其抑制肉毒梭状芽孢杆菌的效果比使用亚硝酸盐效果更好；但在冷却条件下，乳酸链球菌素使用量降低到一定程度时，则不能抑制肉毒梭状芽孢杆菌的生长[39]。

据报道，单独使用 3 g/kg 次磷酸钠或 1 g/kg 次磷酸钠与 40 mg/kg 亚硝酸钠混合使用，在腊肉中至少可获得和常规使用亚硝酸钠相同的抗肉毒梭状芽孢杆菌活性的效果。此外，有几种酚类抗氧化剂也具有较好的抑菌效果，最有效的是丁基羟基茴香醚（BHA），使用量为 50 mg/kg 时即能抑制肉毒梭状芽孢杆菌的生长。其他酚类化合物如二丁基羟甲苯（BHT）、特丁基对苯二酚（HBHQ）和没食子酸丙酯（PG）的抑菌效果则较差[39]。因酚类抗氧化剂主要存在于食品中的脂相内，所以其抑菌活性较弱，应用也受到了限制。延胡索酸甲酯和延胡索酸乙酯以 1250～2500 mg/kg 的量使用时，对肉毒梭状芽孢杆菌的抑制作用和使用 120 mg/kg 亚硝酸盐一样[36]，但接下来的研究指出延胡索酸酯类会带来风味问题。

此外，人们还利用辐射、添加乳酸菌和相应的碳水化合物以降低 pH 等途径，尝试替代亚硝酸盐的抑菌作用。

4.2.3 阻断亚硝胺形成替代物

研究表明，抗坏血酸是抑制亚硝胺形成的绝佳物质，唯一的缺陷就是其脂溶性很低。而 α-生育酚可以阻断亚硝胺的形成，并能溶于脂肪中。实际上，使用 550 mg/kg 抗坏血酸盐和相同浓度的生育酚的混合剂对抑制腊肉中亚硝胺的形成很有效，经测定，它们不会干扰亚硝酸盐的抗肉毒活性；此外，生姜、大蒜也有一定的抑制亚硝胺形成的作用，抑制率达 98%以上，从而有很好的防癌作用[39]。

参 考 文 献

[1] Zhao J, Xiong Y L. Nitrite-cured color and phosphate-mediated water binding of pork muscle proteins as affected by calcium in the curing solution[J]. Journal of Food Science, 2012, 77(7): C811-C817

[2] Sullivan G A, Sebranek J G. Nitrosylation of myoglobin and nitrosation of cysteine by nitrite in a model system simulating meat curing[J]. Journal of Agricultural and Food Chemistry, 2012, 60(7): 1748-1754

[3] Mancini R A, Hunt M C. Current research in meat color[J]. Meat Science, 2005, 71(1): 100-121

[4] 孔保华, 马俪珍. 肉品科学与技术[M]. 北京: 中国轻工业出版社, 2003

[5] Cui H Y, Gabriel A A, Nakano H. Antimicrobial efficacies of plant extracts and sodium nitrite against *Clostridium botulinum*[J]. Food Control, 2010, 21(7): 1030-1036

[6] Armenteros M, Aristoy M C, Toldrá F. Evolution of nitrate and nitrite during the processing of dry-cured ham with partial replacement of NaCl by other chloride salts[J]. Meat Science, 2012, 91(3): 378-381

[7] Defigueiredo M P, Splittstoesser D F. Food Microbiology: Public Health and Spoilage Aspects[M]. Westport: AVI Publishing, 1976

[8] 董庆利, 屠康. 腌制肉中亚硝酸盐抑菌机理的研究进展[J]. 现代生物医学进展, 2006, 6(3): 48-52

[9] Pegg R B, Shahidi F. Nitrite curing of meat: the *N*-nitrosamine problem and nitrite alternatives[M]. Waltham: Wiley-Blackwell Inc., 2008

[10] Ramarathnam N, Rubin L J, Diosady L L. Studies on meat flavor. 1. Qualitative and quantitative differences in uncured and cured pork[J]. Journal of Agricultural and Food Chemistry, 1991, 39(2): 344-350

[11] Ramarathnam N, Rubin L J, Diosady L L. Studies on meat flavor. 2. A quantitative investigation of the volatile carbonyls and hydrocarbons in uncured and cured beef and chicken[J]. Journal of Agricultural and Food Chemistry, 1991, 39(10): 1839-1847

[12] Sampaio G R, Saldanha T, Soares R A M, et al. Effect of natural antioxidant combinations on lipid oxidation in cooked chicken meat during refrigerated storage[J]. Food Chemistry, 2012, 135: 1383-1390

[13] Zhong Y, Shahidi F. Lipophilised epigallocatechin gallate (EGCG) derivatives and their antioxidant potential in food and biological systems[J]. Food Chemistry, 2012, 131(1): 22-30

[14] Sebranek J G, Bacus J N. Cured meat products without direct addition of nitrate or nitrite: what are the issues?[J]. Meat Science, 2007, 77(1): 136-147

[15] Magee P N, Barnes J M. The production of malignant primary hepatic tumours in the rat by feeding dimethylnitrosamine[J]. British Journal of Cancer, 1956, 10(1): 114-122

[16] 魏法山, 徐幸莲, 周光宏. 腌肉制品中 *N*-亚硝基化合物的研究进展[J]. 肉类研究, 2008, (3): 8-12

[17] Honikel K O. The use and control of nitrate and nitrite for the processing of meat products[J]. Meat Science, 2008, 78(1): 68-76

[18] Fiddler W, Pensabene J W, Gates R A, et al. Nitrosamine formation in processed hams as related to reformulated elastic rubber netting[J]. Journal of Food Science, 2010, 63(2): 276-278

[19] 王健, 丁晓雯, 龙悦, 等. 亚硝酸盐新型替代物番茄红素的研究进展[J]. 食品科学, 2012, 33(3): 282-285

[20] 齐晓辉, 王大为. 一种水溶性红曲红色素对减量亚硝酸钠腌制的实验香肠颜色形成和保持的影响[J]. 中国食品添加剂, 1994, 2: 23-26

[21] 王柏琴, 杨洁彬, 刘克. 红曲色素在发酵香肠中代替亚硝酸盐发色的应用[J]. 食品与发酵工业, 1995, 3: 60-61

[22] 王也, 胡长利, 崔建云. 红曲红色素替代亚硝酸钠作为腊肉中着色剂的研究[J]. 中国国家农产品加工信息,

2006, 2: 26-30
- [23] 郑立红, 任发政, 刘绍军, 等. 低硝腊肉天然着色剂的筛选[J]. 农业工程学报, 2006, 22(8): 270-272
- [24] 李开雄, 王秀华, 杨文侠, 等. 驴肉火腿的试制与质量控制[J]. 肉类研究, 2000, 3: 28-30, 7
- [25] 李玉珍, 肖怀秋, 兰立新, 等. 红曲替代亚硝酸盐在肉制品呈色中的应用[J]. 中国食品添加剂, 2008, 3: 119-124
- [26] Blanc P J, Loret M O, Goma G. Production of citrinin by various species of *Monascus*[J]. Biotechnology Letters, 1995, 17(3): 291-294
- [27] Deda M S, Bloukas J G, Fista G A. Effect of tomato paste and nitrite level on processing and quality characteristics of frankfurters[J]. Meat Science, 2007, 76(3): 501-508
- [28] Zarringhalami S, Sahari M A, Hamidi-Esfehani Z. Partial replacement of nitrite by annatto as a colour additive in sausage[J]. Meat Science, 2009, 81(1): 281-284
- [29] Shahidi F, Pegg R B. Nitrite-free meat curing systems: update and review[J]. Food Chemistry, 1992, 43(3): 185-191
- [30] 李翔, 夏杨毅, 侯大军, 等. 亚硝基血红蛋白合成影响因素的探讨[J]. 食品科学, 2009, 30(8): 36-41
- [31] 李盛华, 王成忠, 于功明. 猪血亚硝基血红蛋白的合成研究[J]. 中国酿造, 2008, 20: 41-43
- [32] 施春权, 孔保华. 由猪血液制备的亚硝基血红蛋白对红肠品质影响的研究[J]. 食品科学, 2009, 30(1): 80-85
- [33] 邢绍平, 孔保华, 施春权, 等. 含蔗糖的亚硝基血红蛋白色素稳定性研究[J]. 东北农业大学学报, 2009, 40(4): 88-94
- [34] Li P J, Kong B H, Zhang H T, et al. Preparation of glycosylated nitrosohemoglobin by Maillard reaction and its stability under fluorescent light at 20 ℃[J]. Advanced Materials Research, 2012, 550-553: 1094-1098
- [35] 张红涛, 李沛军, 孔保华, 等. 糖化亚硝基血红蛋白制备工艺的优化及在肉糜中的应用[J]. 食品科技, 2012, 37(12): 94-97
- [36] Shahidi F. Developing alternative meat-curing systems[J]. Trends in Food Science and Technology, 1991, 2: 219-222
- [37] Al-Shuibi A M, Al-Abdullah B M. Substitution of nitrite by sorbate and the effect on properties of mortadella[J]. Meat Science, 2002, 62(4): 473-478
- [38] 王柏琴, 杨洁彬, 刘克. 红曲色素、乳酸链球菌素、山梨酸钾对肉毒梭状芽孢杆菌的抑制研究[J]. 食品与发酵工业, 1995, 6: 29-32, 28
- [39] 刘登勇, 周光宏, 徐幸莲. 肉制品中亚硝酸盐替代物的讨论[J]. 肉类工业, 2004, 12: 17-21

第 5 章 低钠盐技术及其在肉制品中的应用

食盐是肉制品加工过程中非常重要的添加剂，一方面它可以赋予肉制品咸味，刺激味觉细胞使人产生食欲，另一方面其可降低肉制品的水分活度，从而抑制微生物的繁殖，减缓肉制品腐败变质的速度，因此在肉制品的加工生产中大量使用[1]。食盐在调味的同时还具有改善肉制品的加工特性，增加肌纤维蛋白溶解的作用；另外其还具有控制肉制品发酵过程中微生物和酶的活性的功能，而微生物的繁殖与酶的活性对风味物质的形成具有极其重要的影响[2,3]。随着人们生活水平的提高，肉类加工制品已经成为消费者日常餐桌上的必备食品，也成为广大消费者的食盐摄入主要来源之一。研究表明目前消费者食盐摄入总量的25%来自肉制品[4,5]，同时目前众多的研究结果表明人体摄入较高食盐含量的食品会增加患心脑血管系统疾病的风险，危害人体健康[6]。作为食盐主要摄入来源之一的肉制产品应该顺应消费者对健康、均衡饮食的要求，转变高盐的非健康食品的形象，不断树立低盐、健康的产品新形象。

"民以食为天，食以安为先"，食品安全与广大消费者身体健康息息相关，同时也关系到社会稳定和经济健康发展。我国政府对消费者食品安全问题给予了高度重视，紧跟世界科研最新动向出版《中国居民膳食指南（2022）》和《中国居民平衡膳食宝塔（2022）》。提出 8 条核心推荐，分别为食物多样，合理搭配；吃动平衡，健康体重；多吃蔬果、奶类、全谷、大豆；适量吃鱼、禽、蛋、瘦肉；少盐少油，控糖限酒；规律进餐，足量饮水；会烹会选，会看标签；公筷分餐，杜绝浪费。其中"少盐少油"就明确规定了居民每日摄入盐的上限为 6 g，过量摄入食盐危害健康[7]。生活中常见的高盐食品有干腌制品、罐制品及烟熏类食品，这些食品深受消费者喜爱，市场占有量大，但与此同时又存在含盐量高、致癌物质多的问题，因此低盐、健康的肉制品将会满足广大消费者的消费需求，其蕴藏的发展前景十分广阔。

5.1 食 盐 概 述

"在器皿中煮卤"即为"盐"。《说文解字》中提及的盐是经过煮制形成的一种物质，早在黄帝时期诸夙沙就以海水煮卤，熬煎制盐，当时制得的盐有青、黄、白、黑、紫五种颜色。我国制盐的历史可追溯到神农氏（炎帝）与黄帝的时期。

当今，按照来源划分，食盐主要有海盐、井盐、矿盐、湖盐、土盐等，无论来源出处，食盐的主要成分都是氯化钠（NaCl），是我们日常生活必备的调味品。另外食盐中还含有钡盐、氯化物、镁、铅、砷、锌、硫酸盐等杂质，这些物质中有些物质含量过高会引起中毒，如氟；有些会影响食盐的风味，如镁、钙含量过多可使盐带苦味。因此为保证食盐的安全性，我国规定井盐和矿盐的 NaCl≥95%，钡含量<20 mg/kg[8]。

5.1.1 食盐的生理作用

食盐中的主要成分 NaCl 在人体中可电离成 Na^+ 和 Cl^-，而 Na^+ 和 Cl^- 是人体所必需的基本元素离子，是人体新陈代谢不可或缺的重要物质。对维持血液的渗透压和酸碱平衡、神经肌肉的兴奋性以及其他正常的生理功能有着极其重要的作用。

（1）细胞外液渗透压主要通过 Na^+ 和 Cl^- 来调节，Na^+ 占胞外的阳离子总量的 90%以上，Cl^- 占胞外的阴离子总量的 70%左右。所以，NaCl 对人体渗透压的稳定有至关重要的作用，并且还对人体内水的流向有重要影响。

（2）由 Na^+ 和 HCO_3^- 形成的 $NaHCO_3$，在血液中起到缓冲作用。Cl^- 和 HCO_3^- 在人体血浆和血红细胞之间存在着一种平衡。这种平衡机制使血红细胞中渗出 HCO_3^- 时，Cl^- 可以进入血红细胞中以维持电性的平衡，反之亦同。

（3）人体胃液是一种强酸类物质，其 pH 为 0.9~1.5，它的主要成分有胃蛋白酶、盐酸和黏液。胃液中的主要酸性物质盐酸是由胃腺壁细胞分泌的，细胞壁的主要作用是将 HCO_3^- 输入血液，将 H^+ 释放至胃液，为使电性保持平衡，血液中的 Cl^- 会进入胃液，从而生成盐酸。总的来说，Na^+ 能调节人体血液流量的大小、保持血压稳定、参与神经脉冲信号的传递，是肌肉收缩必不可少的物质，而 Cl^- 可调节人体细胞与周围水分的渗透压，促进人体消化吸收，其与 Na^+ 共同保持血液的酸碱平衡[9]。

5.1.2 食盐在肉制品加工中的作用

中国古人最常使用盐和梅，《尚书》称"若作和羹，尔惟盐梅"，由此可见食盐从古至今都是人们每餐必需的最重要的调味品。在肉制品的生产加工过程中，食盐承担着调味和性质改良的主要作用。食盐是肉制品中常用的腌制剂，动物肌肉间含有大量的水不溶性蛋白，加入 2%的食盐，可增强肌原纤维蛋白的溶解性，溶出的蛋白质可以包裹住肉中的脂肪，起到乳化的作用，另外可使肉的持水能力及肌肉蛋白间的黏聚性得到提高和增强,从而提高产品的质地[9-12]。它还可以刺激人体的味觉神经,使人感觉到咸味及肉制品的厚实感和适口性,从而提高人的食欲[13,14];同时它可以提升加工类肉制品的风味,增加肉制品的可塑性和口感[15]。但是在肉制品中食盐又会受到脂肪和蛋白质相对含量的影响,随着二者相对含量的变化,其产生的咸味也会增高或降低,蛋白质对咸味感知的影响作用要明显大于脂肪[16-18]。此外,它也能够降低产品的水分活度,抑制病原微生物的生长[19,20],在发酵肉制品成熟过程中它可以通过控制微生物繁殖生长和酶促反应来影响肉制品的风味[21,22]。

5.1.3　过量摄入食盐对人体的危害

干腌肉制品往往有较高的食盐含量,而随着人体摄入食盐量的增加,人体血液渗透压会增高,加速人体血液循环,并导致口干舌燥、饮水量增加,进一步导致血容量增大而加重了心脏负担。长期的高钠饮食会对身体健康造成不利影响,尤其是提高心血管疾病的患病率,对于心血管等疾病和心肾功能不全的患者,高钠饮食会导致病情加重,情况严重时会出现腹水、全身浮肿、心力衰竭及肾炎等症状[23]。研究表明钙量流失以及骨质疏松也可能是长期的高钠饮食造成的。人体内多余的Na^+需要通过尿液排出以维持体内离子平衡,而Na^+排出体外会伴随着相应Ca^{2+}的流失。更有研究显示可能是由于Na^+的增加导致甲状旁腺素分泌增多,激活了腺苷酸环化酶,加速骨骼钙质溶解,并诱发人体产生骨质疏松。此外,胃溃疡甚至萎缩性胃炎的病因也可能是由高钠饮食引起胃黏膜受损。人体皮肤也会因过量地摄入食盐而加速衰老产生皱纹[24,25]。因此,高盐饮食已经成为破坏人类健康的重要原因之一。

5.2　低钠盐肉制品的研究进展

干腌肉制品中食盐含量较高,广大消费者对低盐干腌肉制品的需求日渐强烈,国内外关于低钠盐产品开发及技术的研究越来越多,主要运用的方法集中在以下几个方面。

（1）直接降低肉制品中食盐的添加量。

（2）将食盐的替代物按比例添加到食盐中制成低钠盐,这些替代物主要有钾盐,如氯化钾（KCl）和乳酸钾;氯盐,如氯化钙（$CaCl_2$）和氯化镁（$MgCl_2$）及其他盐类如乳酸钙等。

（3）采用咸味肽和风味提升物质部分替代食盐,在保证肉制品的咸味和特殊风味前提下降低食盐的含量。

(4) 食盐的部分功能的协同作用，主要有利用中药材和乙醇与食盐的协同作用来降低食盐的用量。

(5) 改变食盐的物理形态以增强咸味，从而降低使用量。

5.2.1 降低肉制品中食盐的添加量

起初，英国食品安全局和盐与健康世界行动等组织积极倡导逐步降低消费者食盐摄入量的方法，既保证食物口感，又逐步降低消费者食盐的摄入量，使消费者渐渐改变原有的食盐摄入习惯或者适应低水平的咸度，从而保证消费者的身体健康[26]。在肉制品工业化生产的大环境下，通过直接降低食盐的添加量来生产低盐肉制品无疑是最简单便捷又节约成本的方法了。但是由此而来的一系列肉制品加工问题，如肉制品中水分含量及分布的变化、肉制品储藏期缩短、特征风味的损失和质构品质下降，已经成为亟待解决的问题。

早在 20 世纪末，就有研究发现随着熟制香肠中食盐添加量的降低，香肠的传统风味会产生不良的变化[27]。在之后的研究中，Żochowska-Kujawska[28]和 Lobo 等[29]通过直接降低干腌肉制品中食盐添加量的方法研究肉制品品质的变化，发现食盐添加量降低会导致干腌肉制品质构品质发生改变，肉制品硬度升高。此外，McDonnell 等[30]和 Sikes 等[31]分别研究了直接降低食盐添加量对肉制品水分分布变化、水分含量及持水能力的影响，采用低场核磁研究肉制品中水分分布情况时发现，低盐肉制品中水分分布情况明显受食盐添加量的影响，且食盐在一定程度上会导致肌肉组织内部结构发生显著变化，食盐浓度为 2%（W/W）时香肠持水力显著提升。

目前，我国对于直接降低肉制品中食盐添加量对产品品质造成影响的研究也逐步同国外研究方向接轨。在对肉制品中水分分布的研究中，李龙祥等[32]发现随着食盐添加量的增加，肉制品中水分横向弛豫时间 T_{2b}、T_{21} 和 T_{22} 逐渐变短，不易流动水逐渐增多且自由水逐渐减少，肉制品的保水性增强。吴亮亮等[33]也发现在滩羊肉中增加食盐添加量，肉中水分横向弛豫时间逐渐变短，伴随自由水的减少，不易流动水增多。陈佳新等[34]在梯度递减食盐添加量的哈尔滨风干肠中也发现了相同水分分布的变化。在研究肉制品质构变化方面，王春彦等[35]通过不同食盐添加量和蒸煮温度对猪肉糜品质影响的研究，发现猪肉糜的蒸煮得率和硬度、弹性、内聚性均随食盐添加量的增加显著升高。孟祥忍等[36]发现鸡肉的剪切力值与食盐添加量呈正相关，且食盐添加量在一定范围内可增加蛋白结合能力，提高鸡肉的质构特性。此外，还有研究显示肉制品的颜色和储藏期也会受到食盐添加量的变化的影响[37,38]。

5.2.2 改变食盐的物理形态

食盐所产生的咸味与其本身的密度、比表面积及颗粒的大小有关。一般食盐在口中溶解以后形成 Na^+ 和 Cl^-，刺激人的味觉细胞才会使人感知到咸味。因此，食盐溶解速度会影响人们对咸味的感知，一般溶解速度越快，咸味刺激作用效果越明显。研究表明，薄片状食盐比颗粒状更易溶解，在肉制品中应用后能够提升肉制品得率及蛋白质溶解度，并能改善产品的感官特性[39]。但是，由于颗粒越小溶解的速度就越快，颗粒大小对食盐所产生的咸味也有显著的影响，且食盐在肉制品中溶解速度与状态是关键，加之片状食盐生产成本较高且易板结，所以将食盐制成片状在肉制品中应用是否能减少食盐使用量并保证肉制品品质还有待进一步的研究[40]。

5.2.3 采用高压技术处理肉制品

在肉制品中采用超高压技术可以增加肌原纤维断裂，提高蛋白质溶解性，有利于蛋白质的空间结构发生变化和相互交联。经过超高压处理后的肉制品达到的凝胶状态与添加食盐所达到的品质状态相近，因此这种处理技术在一定程度上可以替代部分食盐[41]。Sikes 等[42]研究超高压处理对传统西式香肠的品质影响，发现采用 200 MPa（2 min）处理牛肉糜，可以降低 1%食盐添加量，并且在此基础上香肠持水性和蒸煮损失都不受影响。郑海波等[43]通过研究高压和食盐添加量对鸡肉肠品质特性变化的影响，发现降低食盐添加量会使鸡肉肠的质构特性及保水性降低，但同时采用高压处理能够减少低盐处理对鸡肉肠品质产生的不良影响。同样，郭添玥[44]也发现采用 600 MPa 超高压处理鸡肉产品，随着食盐添加量的增加，肉制品的亮度、凝胶保水性及质构特性等品质特性都得到相应的改善。高压处理后添加 1%食盐能够形成孔径较小且结构细腻的凝胶，综合其他指标考虑，最终食盐添加量可以降低至 1.2%。但是，在工业生产中采用高压法成本较高且设备质量需求较高，使其应用前景受限。

5.2.4 采用替代物代替肉制品中的食盐

因为 KCl 和 $CaCl_2$ 等氯盐的化学性质与食盐十分相似且具有咸味，所以肉制品加工业常用部分氯盐来代替肉制品中的食盐来降低产品中的食盐含量。这些氯盐不但能降低肉制品中食盐的含量，而且能够起到很好的抑制腐败微生物的作用[45]。干腌肉制品中最常使用的食盐的替代物是 KCl 和 $CaCl_2$，同时这两种盐也是目前为止低钠盐中最常采用的替代物，但是目前的许多研究都表明大量添加这类氯盐来替代食盐会使肉制品产生令人厌恶的苦涩味,并且对肉制品的质构特性具有不良影响,破坏肉制品的品质[46]。此外,镁盐、铵盐、乳酸钾、乳酸钙等非钠盐及咸味肽等可以成为食盐的替代物。

1. 一种或多种食盐的替代物复配的方法

目前,采用不同比例的一种或多种食盐的替代物复配的方法已经成为研究的主要方向。在国外,20 世纪 80 年代就有学者研究了采用 KCl 和 MgCl$_2$ 降低生肉糜或熟肉糜中食盐的添加量对其储藏期品质变化的影响,发现等离子强度下两种替代盐完全替代食盐会对肉糜造成不良影响,KCl 会加速生肉糜的腐败速度,而 MgCl$_2$ 会同时加速两种肉糜的腐败速度[47]。随着研究的不断深入,发现采用部分替代而非完全替代的方法降低肉制品中食盐的添加量更有利于肉制品的品质质量。Gou 等[48]通过研究发现,采用 30%～40% KCl 单独替代食盐,发酵香肠中的产品风味和其他感官指标与非替代组相比没有显著差别,但当替代比例达到 30% 时产品就会出现轻微苦涩味。Corral 等[49]发现发酵香肠中采用 16% KCl 替代部分食盐不会改变其特有的风味,且可以进行工业生产,对香肠的总体品质不会产生影响。Santos 等[50]研究采用 50% CaCl$_2$ 替代发酵香肠中的食盐,发现香肠在储藏过程中的硬度和总游离氨基酸的释放增加,肌浆蛋白的降解减少。同单独添加食盐的香肠相比,其黏弹特性和稳定性基本一致。

在国外采用复配盐来替代食盐从而降低肉制品中食盐的含量已经得到广泛的研究。Horita 等[51]研究低盐法生产法兰克福香肠,发现用 12.5% KCl 和 12.5% CaCl$_2$ 与食盐复配来降低食盐添加量的方法与单独添加食盐组的各项理化指标及感官评价无显著差异。但是,采用复配盐的方法也会带来负面的效果。研究表明,当 KCl 的替代比例高于 40% 时,发酵肠的风味和口感都会降低[52]。Armenteros 等[53]选用不同比例的 KCl、MgCl$_2$、CaCl$_2$ 部分替代西班牙干腌火腿中的食盐,发现二价钙盐和镁盐会导致火腿产生不良风味,降低其口感。此外,Alino 等[54]采用 KCl、CaCl$_2$ 和 MgCl$_2$ 部分替代传统工艺火腿中的食盐,发现 KCl、CaCl$_2$ 和 MgCl$_2$ 会对火腿的水分活度产生显著影响。随着三种替代盐量的增加,火腿水分活度降低速度减慢,且盐的渗透速度也相应减慢,腌制时间大大增加。

目前,采用复配盐来降低肉制品中食盐的添加量的方法也是国内研究学者的主攻方向。陈琛[55]在研究低钠复合盐对风鸭食用品质的影响中发现 KCl、CaCl$_2$ 和乳酸钙分别替代 10%、15% 和 25%(摩尔浓度)的食盐,对产品风味影响较小,替代量最适合。王路[56]研究了复合盐对艾草猪肉脯品质特性及脂肪氧化的影响,发现 NaCl、CaCl$_2$、KCl 与乳酸钙之间对产品的亮度值、硬度值及韧性存在显著的交互影响作用,但为保证肉脯原有的特性品质,各替代盐替代比例都不能超过 40%。余健和郇延军[57]通过研究低钠复配盐对干腌咸肉品质的影响,发现采用 55%

食盐、30% KCl、15%乳酸钾腌制 72 h 时，肉干的硬度显著下降，质构特性明显改善，与传统工艺相比食盐添加量降低了45%。与国外研究结果相同的是，随着替代盐比例的增加，产品的特殊风味及感官特性就会遭到破坏。

2. 风味增强剂

为抑制食盐的替代盐所带来的风味及感官品质方面的缺陷，风味增强剂渐渐引起了人们的注意。风味提升物质主要作用于人体口腔和咽喉中的味觉感受细胞，通过刺激这些感受细胞来提升低钠盐的咸度[58]，或起到屏蔽其他盐替代食盐后产生的金属味和苦味的一类物质[59]。Bastianello 等发现用 KCl 替代 50%食盐制作的发酵香肠有明显的苦味和金属味，添加风味增强剂 0.03%赖氨酸（L-Lys）、0.075%牛磺酸、0.03%肌苷酸二钠（IMP）、0.03%鸟苷酸二钠（GMP），或 1% L-Lys、0.03% IMP、0.03% GMP 后，发现香肠的金属味和苦味大大降低了，几乎消失[60,61]。王仕钰和张立彦[62]研究发现几种有机酸味剂，如柠檬酸、L-苹果酸、琥珀酸及富马酸等具有增咸和掩盖作用，添加这些酸后低钠盐的金属味和苦味明显减弱，而添加 1.6% L-苹果酸的复配盐溶液综合口感良好。

3. 咸味肽

咸味肽是一种能够呈咸味的肽，在食品中能够起到提鲜促咸的作用，这一发现可以应用于解决低钠盐问题，为人们提供了一种新的思路和方法。20 世纪 80 年代，Tada 等[63]在合成杀菌/渗透性促进蛋白的 N 端类似物的过程中偶然发现了一种肽类物质，这种物质具有咸味，因此被称为咸味肽。在后续的实验中，他通过替换反应，又发现了几种具有咸味的二肽。其实在自然界中多数单个 L-型氨基酸及其盐呈现甜味或苦味，只有少数具有酸味或鲜味[64]。D-型氨基酸多呈现咸味[65]。Seki 等[66]研究发现 pH 具有影响多肽溶液的咸味的特性，食盐与荧光减除剂（Orn-β-Ala）具有咸味协同作用。Nakamura 等[67]合成了具有咸味的 L-型鸟氨酰牛磺酸-盐酸，该物质合成过程中并无 Na^+ 存在且合成方法简便，是一类可以替代食盐产生咸味的新物质。但是因为咸味肽类食盐替代物质合成费用昂贵、利润低，且不适用于工业化生产，所以至今采用咸味肽来替代食盐并不为企业认可，发展前景小。

5.3 结论与展望

近年来，随着我国肉制品消费水平的不断提高，在食品健康、食品安全的大背景下，低钠盐肉制品领域逐渐成为肉制品科研领域的研究热点。但直到目前，有关低钠盐肉制品的研究依然集中在食盐部分替代的比例优化上，其替代物也主要集中在少数几种的氯化盐。高压技术、改变食盐物理形态技术及咸味肽技术的成本较高，难以工业化生产，在低钠盐肉制品的研究方向上如何进行突破已经成为亟待解决的问题。随着消费者对健康的关注，低钠盐的健康的肉制品必将成为未来肉制品发展的趋势。相信通过科研工作者的不断努力，在不久的未来一定能满足消费者对健康肉制品的需求。

参 考 文 献

[1] 韩格, 秦泽宇, 张欢, 等. 超高压技术对低盐肉制品降盐机制及品质改良的研究进展[J]. 食品科学, 2019, 40(13): 312-319

[2] Santos B A D, Campagnol P C B, Fagundes M B, et al. Generation of volatile compounds in Brazilian low-sodium dry fermented sausages containing blends of NaCl, KCl, and CaCl$_2$ during processing and storage[J]. Food Research International, 2015, 74: 306-314

[3] 张平. 食盐用量对四川腊肉加工及贮藏过程中品质变化的影响[D]. 雅安: 四川农业大学, 2014

[4] He F J, MacGregor G A. Reducing population salt intake worldwide: from evidence to implementation[J]. Progress in Cardiovascular Diseases, 2010, 52(5): 363-382

[5] Verma A K, Banerjee R. Low-sodium meat products: retaining salty taste for sweet health[J]. Critical Reviews in Food Science and Nutrition, 2012, 52(1-3): 72-84

[6] Guàrdia M D, Guerrero L, Gelabert J, et al. Sensory characterisation and consumer acceptability of small calibre fermented sausages with 50% substitution of NaCl by mixtures of KCl and potassium lactate[J]. Meat Science, 2008, 80(4): 1225-1230

[7] 中国营养学会. 中国居民膳食指南[M]. 北京: 人民卫生出版社, 2016: 60-62

[8] 王放, 王显伦. 食品营养保健原理及技术[M]. 北京: 中国轻工业出版社, 1997: 54-57

[9] 陈勇, 陈俊. 浅析食盐的健康摄入[J]. 中国井矿盐, 2010, 41(1): 44-45

[10] 齐鹏辉, 陈倩, 逄晓云, 等. 氯化钾部分替代氯化钠对猪肉肌原纤维蛋白凝胶特性的影响[J]. 食品研究与开发, 2017, 38(13): 18-23

[11] 郭秀云, 张雅玮, 彭增起. 食盐减控研究进展[J]. 食品科学, 2012, 33(21): 374-378

[12] 孟嘉珺, 许树荣, 邓莎, 等. 食盐腌制对鸡肉品质,肌原纤维蛋白结构和功能特性的影响[J]. 食品工业科技, 2022, 43(24): 45-53

[13] Chandrashekar J, Kuhn C, Oka Y, et al. The cells and peripheral representation of sodium taste in mice[J]. Nature, 2010, 464: 297-301

[14] 袁凤林. 食盐的作用与副作用(一)[J]. 中国食品, 1988, 7: 4-5

[15] 詹昌玲. 复合食盐对鸭肉干品质的影响[D]. 合肥: 合肥工业大学, 2010

[16] Matulis R J, Mckeith F K, Sutherland J W, et al. Sensory characteristics of frankfurters as affected by fat, salt, and pH[J]. Journal of Food Science, 1995, 60(1): 42-47

[17] Ruusunen M, Särkkä-Tirkkonen M, Puolanne E. Saltiness of coarsely ground cooked ham with reduced salt content[J]. Agricultural and Food Science in Finland, 2001, 10(1): 27-32

[18] Ruusunen M, Vainionpää J, Lyly M, et al. Reducing the sodium content in meat products: the effect of the formulation in low-sodium ground meat patties[J]. Meat Science, 2005, 69(1): 53-60

[19] 谢主兰, 雷晓凌, 何晓丽, 等. 食盐添加量对低盐虾酱品质特征的影响[J]. 食品工业科技, 2012, 33(9): 116-119

[20] 黄梅香, 张建林, 王海滨. 降低食盐添加量对火腿肠的感官、质构及保水特性的影响[J]. 食品科学, 2011, 32(7): 125-128

[21] 汤兴宇, 王浩东, 吴念, 等. 食盐对传统发酵肉成熟过程中微生物菌群、理化性质及盐溶性蛋白特性的影响[J]. 肉类研究, 2020, 34(10): 1-7
[22] Ruusunen M, Puolanne E. Reducing sodium intake from meat products[J]. Meat Science, 2005, 70(3): 531-541
[23] 廖帆. 非钠代用盐的开发、口感改良及应用研究[D]. 广州: 华南理工大学, 2013
[24] 彭霞, 杨明. 饮食中食盐摄入量对健康的影响[J]. 辽宁中医学院学报, 1999, 1(2): 142-143
[25] 王春华, 李佩华. 盐和糖——损害人体健康的"白色毒药"[J]. 东方食疗与保健, 2007, 11: 8-9
[26] Bertino M, Beauchamp G K, Engelman K. Long-term reduction in dietary sodium alters the taste of salt[J]. The American Journal of Clinical Nutrition, 1982, 36(6): 1134-1144
[27] Ruusunen M, Särkkä-Tirkkonen M, Puolanne E. The effect of salt reduction on taste pleasantness in cooked 'bologna-type' sausages[J]. Journal of Sensory Studies, 1999, 14(2): 263-270
[28] Żochowska-Kujawska J. Effects of fibre type and structure of longissimus lumborum (Ll), biceps femoris (Bf) and semimembranosus (Sm) deer muscles salting with different NaCl addition on proteolysis index and texture of dry-cured meats[J]. Meat Science, 2016, 121: 390-396
[29] Lobo F, Ventanas S, Morcuende D, et al. Underlying chemical mechanisms of the contradictory effects of NaCl reduction on the redox-state of meat proteins in fermented sausages[J]. LWT-Food Science and Technology, 2016, 69: 110-116
[30] McDonnell C K, Allen P, Duggan E, et al. The effect of salt and fibre direction on water dynamics, distribution and mobility in pork muscle: a low field NMR study[J]. Meat Science, 2013, 95(1): 51-58
[31] Sikes A L, Tobin A B, Tume R K. Use of high pressure to reduce cook loss and improve texture of low-salt beef sausage batters[J]. Innovative Food Science and Emerging Technologies, 2009, 10: 405-412
[32] 李龙祥, 赵欣欣, 夏秀芳, 等. 食盐对调理重组牛肉制品品质及水分分布特性的影响[J]. 食品科学, 2017, 38(19): 143-148
[33] 吴亮亮, 罗瑞明, 孔丰, 等. 食盐添加量对滩羊肉蒸煮损失、嫩度及水分分布的影响[J]. 食品工业科技, 2016, 37(2): 322-325
[34] 陈佳新, 陈倩, 孔保华. 食盐添加量对哈尔滨风干肠理化特性的影响[J]. 食品科学, 2018, 39(12): 85-92
[35] 王春彦, 康壮丽, 马汉军, 等. 不同食盐添加量和蒸煮温度对猪肉糜品质的影响[J]. 食品与发酵工业, 2018, 44(3): 194-198
[36] 孟祥忍, 王恒鹏, 杨章平. 食盐添加量对鸡肉糜热性质及流变性的影响[J]. 中国家禽, 2015, 37(16): 39-43
[37] 张秋会, 李苗云, 柳艳霞, 等. 食盐含量对熏煮鸡肉香肠的品质特性的影响[J]. 内蒙古农业大学学报(自然科学版), 2017, 38(2): 62-68
[38] 邵颖, 王小红, 吴文锦, 等. 食盐添加量对预制鲈鱼冷藏保鲜及热加工特性的影响[J]. 农业工程学报, 2016, 32(12): 280-286
[39] Desmond E. Reducing salt: a challenge for the meat industry[J]. Meat Science, 2006, 74(1): 188-196
[40] Petracci M, Bianchi M, Mudalal S, et al. Functional ingredients for poultry meat products[J]. Trends in Food Science and Technology, 2013, 33(1): 27-39
[41] O'flynn C C, Cruz-Romero M C, Troy D J, et al. The application of high-pressure treatment in the reduction of phosphate levels in breakfast sausages[J]. Meat Science, 2014, 96(1): 633-639
[42] Sikes A L, Tobin A B, Tume R K. Use of high pressure to reduce cook loss and improve texture of low-salt beef sausage batters[J]. Innovative Food Science and Emerging Technologies, 2009, 10(4): 405-412
[43] 郑海波, 朱金鹏, 李先保, 等. 高压和食盐对鸡肉肠品质特性的影响[J]. 食品科学, 2018, 39(21): 109-115
[44] 郭添玥. 氯化钠和三聚磷酸钠对超高压鸡肉制品凝胶特性的影响[D]. 南京: 南京农业大学, 2015
[45] Kilcast D, Angus F, Kilcast D, et al. Reducing salt in foods: practical strategies[J]. Reducing Salt in Foods Practical

Strategies, 2007, (4): 381-383

[46] Wu H Z, Zhang Y Y, Long M, et al. Proteolysis and sensory properties of dry-cured bacon as affected by the partial substitution of sodium chloride with potassium chloride[J]. Meat Science, 2014, 96(3): 1325-1331

[47] Rhee K S, Smith G C, Terrell R N. Effect of reduction and replacement of sodium chloride on rancidity development in raw and cooked ground pork[J]. Journal of Food Protection, 1983, 46(7): 578-581

[48] Gou P, Guerrero L, Gelabert J, et al. Potassium chloride, potassium lactate and glycine as sodium chloride substitutes in fermented sausages and in dry-cured pork loin[J]. Meat Science, 1996, 42(1): 37-48

[49] Corral S, Salvador A, Flores M. Salt reduction in slow fermented sausages affects the generation of aroma active compounds[J]. Meat Science, 2013, 93(3): 776-785

[50] Santos B A D, Campagnol P C B, Cavalcanti R N, et al. Impact of sodium chloride replacement by salt substitutes on the proteolysis and rheological properties of dry fermented sausages[J]. Journal of Food Engineering, 2015, 151: 16-24

[51] Horita C N, Messias V C, Morgano M A, et al. Textural, microstructural and sensory properties of reduced sodium frankfurter sausages containing mechanically deboned poultry meat and blends of chloride salts[J]. Food Research International, 2014, 66: 29-35

[52] Campagnol P C B, Santos B A D, Wagner R, et al. The effect of yeast extract addition on quality of fermented sausages at low NaCl content[J]. Meat Science, 2011, 87(3): 290-298

[53] Armenteros M, Aristoy M C, Barat J M, et al. Biochemical and sensory changes in dry-cured ham salted with partial replacements of NaCl by other chloride salts[J]. Meat Science, 2012, 90(2): 361-367

[54] Alino M, Grau R, Fuentes A, et al. Influence of low-sodium mixtures of salts on thepost-salting stage of dry-dured ham progress[J]. Journal of Food Engineering, 2010, 99(2): 198-205

[55] 陈琛. 低钠复合盐对风鸭食用品质的影响[D]. 南京: 南京农业大学, 2013

[56] 王路. 复合盐对艾草猪肉脯品质特性及脂肪氧化的影响[D]. 合肥: 合肥工业大学, 2013

[57] 余健, 邹延军. 低钠复合腌制剂对干腌咸肉品质的影响[J]. 食品工业科技, 2018, 39(7): 197-201, 236

[58] Brandsma I. Reducing sodium aeuropean perspective[J]. Food Technology, 2006, 60(3): 25-29

[59] Pasin G, O'mahony M, York G, et al. Replacement of sodium chloride by modified potassium chloride (cocrystalized disodium-5'-inosinate and disodium-5'-guanylate with potassium chloride) in fresh pork sausages: acceptability testing using signal detection measures[J]. Journal of Food Science, 1989, 54(3): 553-555

[60] Campagnol P C B, Santos B A D, Terra N N, et al. Lysine, disodium guanylate and disodium inosinate as flavor enhancers in low-sodium fermented sausages[J]. Meat Science, 2012, 91(3): 334-338

[61] Campagnol P C B, Santos B A D, Morgano M A, et al. Application of lysine, taurine, disodium inosinate and disodium guanylate in fermented cooked sausages with 50% replacement of NaCl by KCl[J]. Meat Science, 2011, 87(3): 239-243

[62] 王仕钰, 张立彦. 有机酸味剂对低钠盐增咸作用的研究[J]. 食品工业科技, 2012, 33(6): 370-373

[63] Tada M, Shinoda I, Okai H. L-ornithyltaurine, a new salty peptide[J]. Journal of Agricultural and Food Chemistry, 1984, 32(5): 992-996

[64] 武彦文, 欧阳杰. 氨基酸和肽在食品中的呈味作用[J]. 中国调味品, 2001, (1): 21-24

[65] 张雅玮, 郭秀云, 彭增起. 食盐替代物研究进展[J]. 肉类研究, 2011, 25(2): 36-38

[66] Seki T, Kawasaki Y, Tamura M, et al. Further study on the salty peptide ornithyl-β-alanine. Some effects of pH and additive ions on the saltiness[J]. Journal of Agricultural and Food Chemistry, 1990, 38(1): 25-29

[67] Nakamura K, Kuramitu R, Kataokas S, et al. Convenient synthesis of L-ornithyltaurine·HCl and the effect on saltiness in a food material[J]. Journal of Agricultural and Food Chemistry, 1996, 44(9): 2481-2485

第 6 章　超高压技术在低盐肉制品中应用进展

几千年来，食盐（主要成分为氯化钠）一直被用作肉制品必备的添加成分，是影响肉制品品质、感官特性以及保质期的关键因素。然而，大量的流行病学调查已经证实，钠盐摄入量过多会导致血压升高，增加患心血管疾病的风险[1]。中国营养学会发布的一份报告显示，我国实际人均钠盐摄取量为 10.5 g/天，远远高于世界卫生组织（WHO）和《中国居民膳食指南（2022）》所规定的 5~6 g 的每日推荐摄入量。肉和肉类产品约提供每日食盐摄入总量的 16%~25%，肉制品中含盐量对人们食盐的摄入总量有较大的影响。我国传统肉制品普遍盐含量过高，特别是在腌制肉制品中[2]。例如，传统干腌火腿的含盐量在 6%~12%之间，远远高于欧洲国家的干腌火腿[3]。高含盐量很大程度上限制了我国传统肉制品的消费和食用。因此降低肉制品中的盐含量成为消费者和肉类工业共同关注的新问题。然而，贸然降低钠盐添加量或使用盐替代品会对肉制品风味和品质产生不良影响。这促使肉类工业寻找可靠的新技术来降低加工肉制品中盐的含量。

超高压（ultra high pressure，UHP）作为一种新型的非热能加工技术，凭借其独特的优势在肉品微生物灭活、酶的改性、肉品品质改善以及快速冷冻/解冻等方面发挥着重要作用[4-7]。超高压处理食品过程中不会发生共价键断裂，因此化学变化很小，保留了食物原有的色泽、风味、质构和营养成分[8]。在美国和加拿大，超高压技术已被批准用于即食肉制品的低温消毒，成为肉类加工过程中热杀菌的有效替代方法[9]。近年来，随着超高压技术的迅速发展，其在开发更具有健康益处的肉制品领域上显示出了巨大潜力。据报道超高压技术的使用能够减少肉制品中食盐的使用量，改善低盐肉制品的品质，有利于健康低盐肉制品的开发[10]，因此受到国内外研究学者的高度重视。然而关于超高压处理技术对肉制品减盐作用的综述并不多见，因此本章以此为题材，详细论述了超高压技术降低肉制品中食盐使用量的作用机制，并从改善低盐肉制品保水性、蒸煮损失、咸味、颜色以及微生物安全性五个方面，综述近 10 年超高压技术在低盐肉制品品质改良中的应用研究进展。

6.1　低盐肉制品概述

食盐作为肉制品常用的添加成分，在肉制品中不仅具有提供特有的咸味、色泽的作用，还通过增加盐溶性蛋白的溶解性和凝胶特性，提高肉制品的保水能力、降低蒸煮损失，改善凝胶质构。此外，NaCl还可以通过降低水分活度，抑制肉制品在储藏过程中的微生物生长[11-13]。由于食盐在肉制品中具有多重功能，给低盐肉制品及食盐替代物的开发提出很大的技术挑战，因此亟需找到有效的替代方法来生产高品质的低盐肉制品。

减少肉制品中盐含量的主要策略是使用钠盐替代品[14]，目前正在研究使用钙、钾、镁、多肽、氨基酸和磷酸盐等部分替代钠盐，并已将其应用于干腌火腿和其他肉制品中[15-18]。然而，可用于减少肉制品中盐含量的替代品非常有限，并且这些替代品的加入可能会对感官和其他品质特征产生负面影响[19]。另外，随着人们对清洁标签（clean label）产品的兴趣越来越大，需要探究是否可以在不添加任何替代品的情况下减少肉制品的盐的使用量。鉴于此，研究者致力于研究开发新的加工技术，现有的研究结果已显示，超高压技术可以起到与食盐类似的作用方式，作用于肌原纤维蛋白（myofibrillar protein，MP），改善肌肉蛋白质的功能特性[20,21]，提高盐的分配效率[22]，抑制微生物的活性[23]，并进一步提高肉制品的保水性，降低蒸煮损失，改善咸味以及延长货架期。因此可以结合超高压处理技术，减少肉制品中钠盐的使用量，为更健康且高质量的低盐肉制品的开发提供可能。

6.2 超高压技术对低盐肉制品品质改良的研究

总的来说，食盐在肉制品中具有提高保水性、降低蒸煮损失、改善感官以及延长货架期等作用。因此，任何涉及肉制品减盐的策略，都应对其感官品质、理化特性和微生物安全性进行彻底的分析。近年来，超高压处理被认为是减少肉制品中食盐使用量的一种有效的方法。超高压技术的应用改善了低盐肉制品的质量，包括产品的持水能力和咸味等品质，并对微生物有很好的抑制作用。因此，超高压技术的应用为高品质的低盐肉制品的开发提供了方向。

6.2.1 超高压技术对低盐肉制品保水性的影响

肉制品保水性对其食用品质有很大的影响，是肉制品评定时的重要指标。近年来，一些研究探讨了超高压处理在提高低盐肉制品保水能力方面的积极作用。Tintchev等[24]研究发现，与对照组相比，超高压处理会降低低盐法兰克福香肠的水分损失，其中压力在600 MPa下时差异显著。这表明超高压处理可以提高低盐香肠的保水性。此外，Zhang等[25]利用低场核磁共振技术研究了不同超高压强度处理对鸡胸肉中水分分布的影响。随着超高压强度的增加，T_{2b} 的比例从 0.44%增加到 1.21%，这表明经过超高压处理的鸡胸肉中结合水比例增加。T_{21} 的比例从 82.32%增加到 92.13%，T_{22} 的比例从 17.24%降至 6.67%，这表明更多的游离水随着超高压强度的增加转移为结合水或不易流动水，使鸡胸肉的保水性提高。Yang 等[26]利用超高压处理低盐乳化型香肠也得到了类似的结论。也有一些研究报道了超高压处理对肉保水性的负面影响，Kim 等[27]观察到在 400～500 MPa 的高压处理下，牛半腱肌的持水量减少 8%～12%，Marcos 等[28]认为导致肉的保水性降低的主要原因是超高压处理诱导了肌浆蛋白变性和沉淀。Sikes 等[29]研究了超高压处理对盐含量为 0%、0.5%、1.0%和 2%肉糜保水性的影响，结果表明，在超高压处理下，含有 1%的低盐肉糜的保水性显著提高，但并不能提高不含盐的肉糜的保水性。所以肉制品中保水性的变化可能是钠盐与超高压处理协同作用的结果。

6.2.2 超高压技术对低盐肉制品蒸煮损失的影响

盐在肉制品中可提取肌肉中的蛋白质，增加肉与水的结合力，因此一般肉制品中盐含量降低会使蒸煮损失增加，导致较低的产量和感官品质，进一步影响产品的市场价值和消费者的可接受性水平[30]。研究者研究了盐的含量和超高压处理对肉制品蒸煮损失的影响，指出超高压技术的应用可以减少食盐的使用量，同时保持了更好的质量特性。Crehan 等[31]研究发现，与对照相比，低盐法兰克福香肠在 150 MPa 超高压处理下，蒸煮损失显著降低，并最终增加了产品的烹饪产率。O'Flynn 等[32]报道，在未经超高压处理的情况下，将早餐香肠的盐含量从 2.5%降低到 0.5%，导致烹饪损失增加了 15.78%～21.51%，而在 5 min、150 MPa 高压处理后，可以减少低盐早餐香肠的烹饪损失，同时作者建议，在不影响香肠传统的感官和品质特性的情况下，高压处理可以将早餐香肠的盐含量降低至 1.5%。上述研究表明，超高压处理技术显著减少了低盐肉制品的蒸煮损失。

6.2.3 超高压技术对低盐肉制品咸味的影响

咸味是腌制肉制品最重要的味觉指标之一。研究显示，超高压处理可以改善低盐肉制品的风味品质并提高咸味。Fulladosa 等[33]研究了超高压处理对低盐干燥火腿感官特性的影响。结果发现，尽管 NaCl 含量不受加压影响，但经过 600 MPa 的超高压处理，干燥火腿中的咸味显著增加，除此之外，其鲜味和甜味风味也得到了显著的提升。这与 Clariana 等[34]和 Patterson 等[35]报道的结果一致，他们发现，经过 600 MPa 高压处理的干腌火腿的咸味高于未经高压处理组。因此，超高压技术可以在一定程度上减少肉制品中食盐的使用量。

6.2.4 超高压技术对低盐肉制品颜色的影响

食盐在肉制品中具有稳定颜色的作用，降低食盐添加量，会导致肉制品色泽改变。近年来，超高压处理对低盐肉制品颜色的影响已有所研究。马汉军等[36]研究了室温下不同高压（200 MPa、400 MPa、600 MPa 和 800 MPa）处理对碎牛肉颜色的影响，实验表明，随着高压程度的上升，L^* 值增加、a^* 值降低、b^* 值维持不变，肌肉逐渐失去红色变为棕色。Ha 等[37]也得到了类似的结论。O'Flynn 等[32]将早餐香肠中食盐水平从初始的 2.5% 降低至 1.5% 以下时，实验结果显示，未经高压处理组的 L^* 值显著降低、a^* 值显著增加、b^* 值无明显变化，而 150 MPa 的高压处理使低盐肉制品的 L^* 值上升、a^* 值降低，肉逐渐失去红色，变为棕色。此外，冷雪娇等[38]研究发现，不大于 150 MPa 的高压处理对肉色影响较小。这些研究表明，超高压处理对低盐肉制品颜色没有明显的改善作用，甚至会对肉制品颜色产生不良影响。

6.2.5 超高压技术对低盐肉制品微生物安全性的影响

由于食盐的抑菌特性，当肉制品中的盐含量减少时，其安全性和保质期可能会受到影响。相关研究报道，超高压处理可以在室温下灭活肉品中的致病微生物，延长肉品的货架期，并减少高温处理引起的对热敏肉类产品成分的损害。超高压已广泛应用于改善包装前/后即食肉制品的微生物安全性和货架期，并成功抑制了大肠杆菌 O157:H7、沙门氏菌、单核细胞增生李斯特菌等有害病原体的生长，以及各种肉类产品中如酵母、假单胞菌、乳酸菌（LAB）等腐败微生物的生长[39-41]。最近的一些研究集中调查了超高压处理对不同低盐肉制品中各种腐败和病原微生物的灭活作用（表 6.1）。这些研究揭示了超高压技术在低盐肉类产品中对于微生物抑制的重要性，同时为货架期稳定的低盐肉制品的开发提供了有效的途径。

表 6.1 超高压处理对不同低盐肉制品微生物的抑制作用

低盐肉制品	工艺参数和储藏条件	抑菌效果	参考文献
猪肉 （1.5% NaCl）	350 MPa、20℃、 6 min、6 天	好氧嗜温细菌总数降低到检测限以下，LAB 降低到检测限以下，肠杆菌科降低 5～6 lg（cfu/g）	[42]
干腌火腿 （2.8% NaCl）	600 MPa、13℃、 5 min、112 天	单增李斯特菌降低到检测限以下，沙门氏菌降低到检测限以下，LAB 降低 3.2 lg（cfu/g）	[43]
腌制牛肉 （1% NaCl）	450 MPa、5 min、16 天	屎肠球菌降低 2～3 lg（cfu/g）， 无害李斯特菌降低 4～5 lg（cfu/g）	[44]
火鸡胸肉 （1.8% NaCl）	600 MPa、17℃、 3 min、182 天	单增李斯特菌降低 3.85～4.35 lg（cfu/g）	[45]

续表

低盐肉制品	工艺参数和储藏条件	抑菌效果	参考文献
重组火腿 （1.5% NaCl）	600 MPa、10℃、 6 min、45 天	好氧嗜温细菌总数降低 1.79 lg（cfu/g）， LAB 降低 1.71 lg（cfu/g）	[46]
火鸡胸肉火腿 （1.4% NaCl）	600 MPa、25℃、 2 min、60 天	LAB 降低 1.96 lg（cfu/g），嗜冷菌降低 2.56 lg（cfu/g），无害李斯特菌降低 0.72 lg（cfu/g）	[47]

然而，不同微生物对压力的敏感性不同，其中革兰氏阴性菌最为敏感，而细菌孢子是最具有抗性的。孢子对压力的高抵抗性一直是该技术在冷藏食品中应用的限制因素。近年来，高压和高温的智能结合已经演变为食品中微生物完全抑制的一个重要研究方向。一些研究证明，在低温或中等温度下耐压的细菌孢子可通过食品的高温辅助压力处理完全失活[48]。Ramaswamy 等[49]利用 827 MPa 超高压和 75℃的高温对梭状芽孢杆菌 PA 3679 的孢子进行灭活，结果表明，超高压处理与高温相结合能够抑制大于 5.5 lg（cfu/g）数量的梭状芽孢杆菌 PA 3679 孢子，并且具有比热处理更高的效率。由此可见，高温辅助压力处理对细菌孢子的抑制具有显著的效果。

6.3 超高压技术对低盐肉制品的降盐机制的研究

6.3.1 提高肌肉蛋白质的溶解性

肉中的主要蛋白质 MP 是盐溶性蛋白质，可以溶于一定离子强度的盐溶液中。食盐的使用量少，达不到一定的离子强度，则会降低其溶解性。近年来，超高压处理技术在改善肌肉蛋白质功能特性方面发挥着重要的作用，高压通过改变肌原纤维的结构成分来增加 MP 的溶解性。Marcos 和 Mullen[50]研究发现肌肉在 20℃条件下，经 0.1~200 MPa 高压处理后，MP 溶解度随着压力的增大而逐渐增大，这可能是因为肌肉蛋白质的适度变性，使亲水基团暴露，导致溶解度上升。Shao 等[51]对高压处理红沼泽小龙虾中提取的 MP 进行了聚丙烯酰胺凝胶电泳分析（图 6.1），研究发现，在 28℃条件下，与未经高压处理的对照组相比，红色沼泽小龙虾在 100 MPa 下处理时几乎所有 MP 的条带强度都显示明显增加。据推测，低水平（100 MPa）的高压处理引起肌原纤维膨胀，最终导致其结构断裂并分解成短丝。溶剂对这些较小的改性结构可及性的增加导致肌球蛋白、肌动蛋白和一些其他蛋白质的溶解性增加。随着压力增加到 300 MPa 以上，MP 的主要谱带强度下降并逐渐消失，说明过高的超高压处理可能导致蛋白质进一步变性和展开，或在更高的压力下与其他蛋白质形成蛋白质多聚体，造成蛋白质溶解度降低。这些研究表明，一定压力范围内的超高压处理可以促进肌球蛋白、肌动蛋白以及其他蛋白质增溶，进而实现了不再完全依赖食盐便可提高 MP 的溶解性。

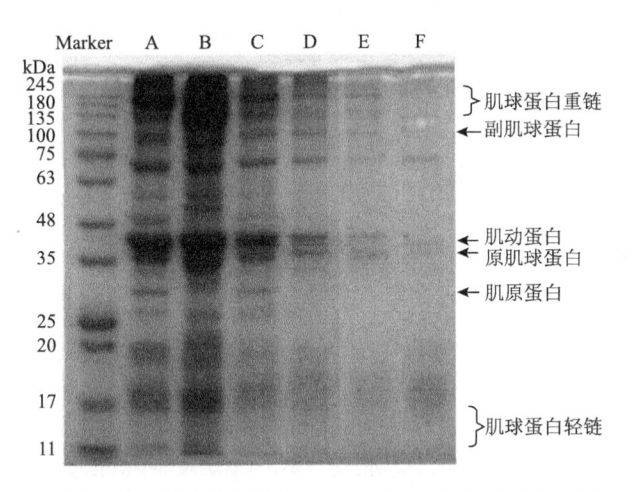

图 6.1　超高压处理对肌原纤维蛋白聚丙烯酰胺凝胶电泳条带的影响[51]
A，未经处理（对照）；B，C，D，E 和 F：分别用 100MPa，200MPa，300MPa，400MPa 和 500 MPa 处理

6.3.2　改善肌肉蛋白质的凝胶性

在肌肉蛋白中肌球蛋白对凝胶起着重要作用，肌球蛋白分子的头部区域对超高压处理使用的压力十分敏感[52]。肌球蛋白在 50 MPa 时开始展开，压力超过 200 MPa 时，疏水性基团和埋藏的巯基暴露是肌球蛋白聚集体形成的先决条件。展开的蛋白相互聚集交联形成不溶性大分子凝胶体。这种凝胶基体能保持大量的水分，进而有助于低盐肉制品保水能力的提高和质构的改善[53,54]。Zhang 等[55]利用扫描电子显微镜观察凝胶的微观结构，如图 6.2 所示，在 28℃条件下，未加压处理的 MP 的凝胶网络杂乱不规则且具有较小的致密性，经过 100 MPa 处理，随着蛋白质之间的相互聚集，样品的凝胶网络表现出规则且致密的丝状结构，当进一步增加到 200 MPa 时，MP 凝胶网络更加致密和均匀，呈现典型的"蜂窝"状结构。这种凝胶网络结构有益于增强凝胶强度，另外可以束缚和保留更多的水分，从而使凝胶保水性增强。正如 Gudbjornsdottir 等[56]所报道的，肌原纤维之间的有效空间随着压力的增加而增加。但当达到 300 MPa 甚至更高时，凝胶网络孔径越来越大且不均匀。这时的凝胶网络对水分的束缚变弱，凝胶保水性降低且凝胶强度降低。由此可知，200 MPa 高压处理对 MP 凝胶保水性和凝胶硬度有显著的增强作用。

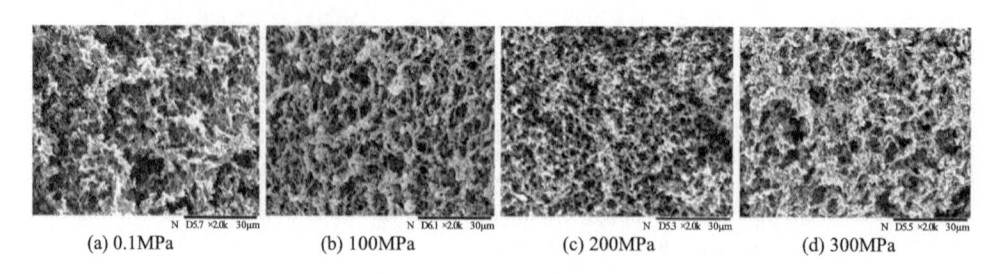

图 6.2　超高压处理对肌原纤维蛋白凝胶微观结构的影响（扫描电镜图，2000 倍）[55]

6.3.3　增强肉制品的咸味感知

超高压处理可以增加肉制品的咸味感，而这种咸味的增加并不是因为高压处理影响了盐的含量，很多研究表明，超高压处理的肉制品咸味增加是一种感官问题[57]。高压处理可以代替钠盐改善肌肉蛋白质的功能性质，因此 Na$^+$ 与蛋白质之间的相互作用减弱，使一部分与蛋白质紧密结合的 Na$^+$ 得到释放、被味觉系统感知，进而使得咸味感增强[34]。Picouet 等[22]从分子角度和超微结构解释了这种咸味增加的现象，他们在 20℃ 条件下，利用 ^{23}Na 核磁共振弛豫值来确定钠的迁移率，用透射电子显微镜分析了 600 MPa 下干燥火腿的肌肉组织的超微结构的变化。实验表明，超高压处理促使与蛋白质紧密结合的 Na$^+$ 相对减少，一小部分 Na$^+$ 从蛋白质结构中释放出来。通过透射电镜观察到在 600 MPa 高压下肌原纤维超微结构变为更无序的状态。蛋白质核心的疏水性膨胀以及通过破坏其三级结构而形成熔球态，最终导致与蛋白质紧密结合的 Na$^+$ 的释放[58]。因此，少量的 Na$^+$ 被"释放"到干腌火腿的水相中，从而增加产品中"游离" Na$^+$ 的总量，使得咸味感觉更明显。基于这种自然增加咸味的原理，超高压技术作为低盐肉制品降盐的新方法是非常有吸引力的。

6.3.4　影响肉制品的颜色

肉的颜色与氧合肌红蛋白（鲜红色）、肌红蛋白（紫红色）和高铁肌红蛋白（棕色）三种蛋白的比例有关。肉颜色的稳定性是由肌红蛋白中铁离子的价态和与 O_2 结合的位置所决定的。压力在一定条件下会诱导肉颜色的变化。由于肌原纤维蛋白的变性，加压导致肉表面的亮度增加。变性蛋白质更容易聚集促进肉表面的颜色变化，从而增加反射光的量，这表现为使肉的表面颜色亮度增加。超高压处理后肉的红度值的减少归因于肌红蛋白变性、血红素置换或释放以及鲜红色的氧合肌红蛋白（Fe^{2+}）氧化成棕色的高铁肌红蛋白（Fe^{3+}）[30]。总之，压力引起的颜色变化是由于肌红蛋白分子的改变和肌肉结构的变化。

6.3.5 抑制肉制品中微生物生长

食盐的另外一个主要作用就是对微生物生长有一定的抑制作用，而超高压处理对微生物生长也有很好的抑制作用。图 6.3 为超高压处理对微生物细胞的结构和生物成分的影响，图中每个小图的左边是未经过高压处理试样中微生物细胞内蛋白质的状态，而右边是经过高压处理的状态。超高压对微生物的抑制作用是通过多靶标的方式，包括引起微生物细胞膜相变、细胞壁破裂、核糖体亚基解离、蛋白质修饰（如变性和凝胶的形成），以及酶的激活和失活[35]。因此，超高压引起的细胞死亡是细胞不同部位损伤共同作用的结果[59]。当施加高压时，分子体积的变化会引起一系列化学反应和物理过程。这种体积的压缩对抑制微生物有明显的效果[60]。细胞膜是对压力最敏感的细胞成分，被认为是超高压处理引起微生物死亡的主要靶点。因此，微生物死亡的主要原因是高压处理破坏了细胞膜的渗透性和完整性，引起细胞形态改变，从而引起细胞壁破裂，最终导致细胞质泄漏，造成细胞死亡[61]。然而细胞膜的损坏并不足以解释高压处理的抑菌机制，进一步研究发现，随着压力增加，膜结合的蛋白质变性展开，膜脂质通过改变其构象和堆积方式来适应体积的压缩，导致细胞膜磷脂双分子层流动性降低，进而影响细胞膜的功能[62,63]。另外，蛋白质，特别是蛋白质多聚体是细胞中最具压力敏感性的生物大分子，与脂质类似，通过改变其构象适应压缩时的体积变化，最终导致蛋白质折叠结构丧失，蛋白质多聚体解离为蛋白质单体[64]。蛋白质变性和关键酶失活在一定程度上导致了微生物失活[65]。研究报道，将压力增加至 300 MPa 或更高时，可能会引起酶的不可逆变性，使负责合成 ATP 和调节细胞内 pH 的 F0F1-ATP 酶失活，

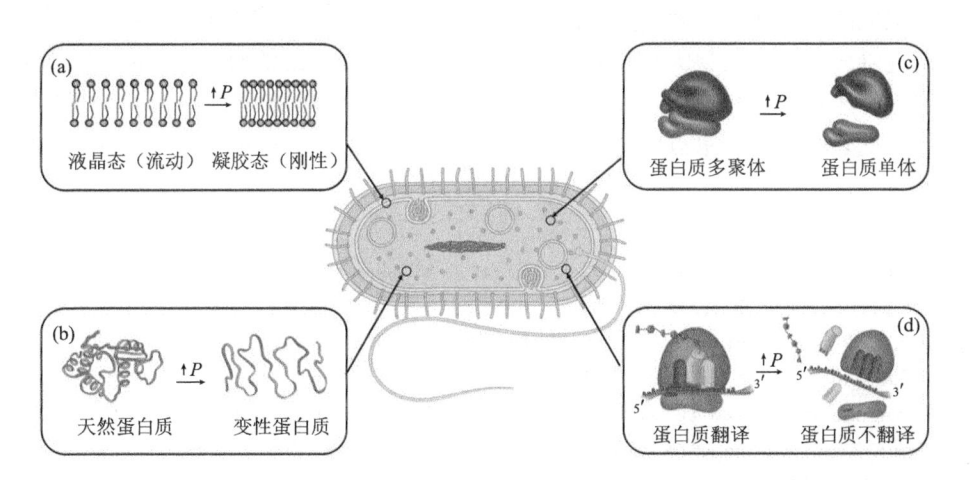

图 6.3 超高压处理对微生物细胞的结构和生物成分的影响
(a) 膜磷脂；(b) 蛋白质结构；(c) 蛋白质多聚体和蛋白质单体；(d) 核糖体上的蛋白质翻译

并从细胞膜上脱落，导致 ATP 合成不足以及细胞内 pH 失衡，最终导致微生物破损或死亡[66]。高压处理微生物失活的另一个重要的靶点是核糖体，通常，超高压引起微生物核糖体中的亚基解离，限制细胞活力，并抑制微生物蛋白质合成来降低细胞蛋白质的含量，最终导致细胞死亡[67]。

6.4 结论与展望

随着人们生活质量的提高，消费者越来越注重食品的安全、营养和健康问题。超高压处理作为一种新型的非热能加工技术，在加工食品过程中不会造成共价键断裂，化学变化很小，因此保留了食物原有的色泽、风味、质量和营养成分。此外，超高压技术可有效降低肉制品中盐的使用量，在无其他替代物条件下最大程度改善了肉的保水性、蒸煮损失、咸味和微生物安全性等品质，符合消费者对安全、健康肉类产品的需求，更符合当前清洁标签产品的要求，该技术和产品的市场前景广阔。与此同时，该技术在低盐肉制品研发中也存在着一些局限性。首先，大多数超高压加工食品需要在冷藏条件下储存和运输，以保持其感官品质，并且可能需要无菌包装条件，导致生产成本增加。其次，超高压加工中使用的包装必须具有至少 15%的可压缩性，因此只有塑料类包装材料才适用于超高压加工食品。最后，超高压处理是根据待处理产品的类型、操作条件的差异而分批进行的，不能将其应用于高速生产线。因此，制造商和研究机构应共同评估超高压处理食品的生产条件，以实现低成本、快速生产。

我国是世界上肉制品生产和消费第一大国，超高压技术在低盐制品研发方面具有极大的发展前景，为新产品的开发提供了新思路。但该技术的应用仍处于基础研究阶段，尚未实现大规模的产业化和商品化。在今后的研究中，除了应继续开展超高压技术在食盐的其他功能性方面的替代作用以及降低超高压负面效应方面的研究之外，还应重点研制和开发针对肉制品降盐的专用型超高压设备。

参 考 文 献

[1] Aburto N J, Ziolkovska A, Hooper L, et al. Effect of lower sodium intake on health: systematic review and meta-analyses[J]. BMJ, 2013, 346(14): 1-20

[2] 张露. 低钠干腌猪肉制品加工技术研究[D]. 南京: 南京农业大学, 2014

[3] 郭秀云, 张雅玮, 彭增起. 食盐减控研究进展[J]. 食品科学, 2012, 33(21): 374-378

[4] Botsaris G, Taki A. Effect of high-pressure processing on the microbial quality throughout the shelf life of vacuum-packed sliced ham and frankfurters[J]. Journal of Food Processing and Preservation, 2015, 39(6): 840-845

[5] Guyon C, Vessel V L, Meynier A, et al. Modifications of protein-related compounds of beef minced meat treated by high pressure[J]. Meat Science, 2018, 142: 32-37

[6] Morton J D, Pearson R G, Lee H Y Y, et al. High pressure processing improves the tenderness and quality of

hot-boned beef[J]. Meat Science, 2017, 133: 69-74

[7] Choi M J, Min S G, Hong G P. Effects of pressure-shift freezing conditions on the quality characteristics and histological changes of pork[J]. LWT-Food Science and Technology, 2016, 67(5): 194-199

[8] Huang H W, Lung H M, Yang B B, et al. Responses of microorganisms to high hydrostatic pressure processing[J]. Food Control, 2014, 40: 250-259

[9] Pottier L, Villamonte G, Lamballerie M D. Applications of high pressure for healthier foods[J]. Current Opinion in Food Science, 2017, 16: 21-27

[10] Hygreeva D, Pandey M C. Novel approaches in improving the quality and safety aspects of processed meat products through high pressure processing technology—a review[J]. Trends in Food Science and Technology, 2016, 54: 175-185

[11] Shao J H, Deng Y M, Jia N, et al. Low-field NMR determination of water distribution in meat batters with NaCl and polyphosphate addition[J]. Food Chemistry, 2016, 200: 308-314

[12] Lobo F, Ventanas S, Morcuende D, et al. Underlying chemical mechanisms of the contradictory effects of NaCl reduction on the redox-state of meat proteins in fermented sausages[J]. LWT-Food Science and Technology, 2016, 69: 110-116

[13] Pingen S, Sudhaus N, Becker A, et al. High pressure as an alternative processing step for ham production[J]. Meat Science, 2016, 118: 22-27

[14] Delgado-Pando G, Fischer E, Allen P, et al. Salt content and minimum acceptable levels in whole-muscle cured meat products[J]. Meat Science, 2018, 139:179-186

[15] 魏朝贵, 吴菊清, 邵俊花, 等. KCl 和 $MgCl_2$ 部分替代 NaCl 对猪肉肌原纤维蛋白乳化凝胶特性的影响[J]. 食品科学, 2014, 35(5): 89-95

[16] Zhang Y W, Wu J J, Jamali M A, et al. Heat-induced gel properties of porcine myosin in a sodium chloride solution containing L-lysine and L-histidine[J]. LWT-Food Science and Technology, 2017, 85: 16-21

[17] Horita C N, Morgano M A, Celeghini R M S, et al. Physico-chemical and sensory properties of reduced-fat mortadella prepared with blends of calcium, magnesium and potassium chloride as partial substitutes for sodium chloride[J]. Meat Science, 2011, 89(4): 426-433

[18] 聂晓开, 邓绍林, 周光宏, 等. 复合磷酸盐、谷氨酰胺转氨酶、大豆分离蛋白对新型鸭肉火腿保水特性和感官品质的影响[J]. 食品科学, 2016, 37(1): 50-55

[19] Doyle M E, Glass K A. Sodium reduction and its effect on food safety, food quality, and human health[J]. Comprehensive Reviews in Food Science and Food Safety, 2010, 9(1): 44-56

[20] Omana D A, Plastow G, Betti M. Effect of different ingredients on color and oxidative characteristics of high pressure processed chicken breast meat with special emphasis on use of β-glucan as a partial salt replacer[J]. Innovative Food Science and Emerging Technologies, 2011, 12(3): 244-254

[21] Martínez M A, Velazquez G, Cando D, et al. Effects of high pressure processing on protein fractions of blue crab (*Callinectes sapidus*) meat[J]. Innovative Food Science and Emerging Technologies, 2017, 41: 323-329

[22] Picouet P A, Sala X, Garcia-Gil N, et al. High pressure processing of dry-cured ham: ultrastructural and molecular changes affecting sodium and water dynamics[J]. Innovative Food Science and Emerging Technologies, 2012, 16(39): 335-340

[23] Argyri A A, Papadopoulou O S, Nisiotou A, et al. Effect of high pressure processing on the survival of *Salmonella* Enteritidis and shelf-life of chicken fillets[J]. Food Microbiology, 2018, 70: 55-64

[24] Tintchev F, Bindrich U, Toepfl S, et al. High hydrostatic pressure/temperature modeling of frankfurter batters[J].

Meat Science, 2013, 94(3): 376-387

[25] Zhang Z Y, Yang Y L, Tang X Z, et al. Chemical forces and water holding capacity study of heat-induced myofibrillar protein gel as affected by high pressure[J]. Food Chemistry, 2015, 188: 111-118

[26] Yang H J, Han M Y, Wang X, et al. Effect of high pressure on cooking losses and functional properties of reduced-fat and reduced-salt pork sausage emulsions[J]. Innovative Food Science and Emerging Technologies, 2015, 29: 125-133

[27] Kim Y J, Lee E J, Lee N H, et al. Effects of hydrostatic pressure treatment on the physicochemical, morphological, and textural properties of bovine semitendinosus muscle[J]. Food Science and Biotechnology, 2007, 16(1): 49-54

[28] Marcos B, Kerry J P, Mullen A M. High pressure induced changes on sarcoplasmic protein fraction and quality indicators[J]. Meat Science, 2010, 85(1): 115-120

[29] Sikes A L, Tobin A B, Tume R K. Use of high pressure to reduce cook loss and improve texture of low-salt beef sausage batters[J]. Innovative Food Science and Emerging Technologies, 2009, 10(4): 405-412

[30] Hughes J, Oiseth S, Purslow P, et al. A structural approach to understanding the interactions between colour, water-holding capacity and tenderness[J]. Meat Science, 2014, 98(3): 520-532

[31] Crehan C M, Troy D J, Buckley D J. Effects of salt level and high hydrostatic pressure processing on frankfurters formulated with 1.5 and 2.5% salt[J]. Meat Science, 2000, 55(1): 123-130

[32] O'flynn C C, Cruz-Romero M C, Troy D J, et al. The application of high-pressure treatment in the reduction of phosphate levels in breakfast sausages[J]. Meat Science, 2014, 96(1): 633-639

[33] Fulladosa E, Serra X, Gou P, et al. Effects of potassium lactate and high pressure on transglutaminase restructured dry-cured hams with reduced salt content[J]. Meat Science, 2009, 82(2): 213-218

[34] Clariana M, Guerrero L, Sárraga C, et al. Influence of high pressure application on the nutritional, sensory and microbiological characteristics of sliced skin vacuum packed dry-cured ham. Effects along the storage period[J]. Innovative Food Science and Emerging Technologies, 2011, 12(4): 456-465

[35] Patterson M F, Sonne A M, Grunert K G, et al. Food technologies: high pressure processing[J]. Encyclopedia of Food Safety, 2014, 3: 196-201

[36] 马汉军, 周光宏, 徐幸莲, 等. 高压处理对牛肉肌红蛋白及颜色变化的影响[J]. 食品科学, 2004, 25(12): 36-39

[37] Ha M, Dunshea F R, Warner R D. A meta-analysis of the effects of shockwave and high pressure processing on color and cook loss of fresh meat[J]. Meat Science, 2017, 132: 107-111

[38] 冷雪娇, 章林, 黄明, 等. 高压腌制对鸡胸肉食用品质的影响[J]. 食品科学, 2013, 34(17): 53-56

[39] Bajovic B, Bolumar T, Heinz V. Quality considerations with high pressure processing of fresh and value added meat products[J]. Meat Science, 2012, 92(3): 280-289

[40] Hugas M, Garriga M, Monfort J M. New mild technologies in meat processing: high pressure as a model technology[J]. Meat Science, 2002, 62(3): 359-371

[41] Kameník J, Saláková A, Hulánková R, et al. The effect of high pressure on the microbiological quality and other characteristics of cooked sausages packed in a modified atmosphere or vacuum[J]. Food Control, 2015, 57: 232-237

[42] Duranton F, Guillou S, Simonin H, et al. Combined use of high pressure and salt or sodium nitrite to control the growth of endogenous microflora in raw pork meat[J]. Innovative Food Science and Emerging Technologies, 2012, 16(3): 373-380

[43] Stollewerk K, Jofré A, Comaposada J, et al. The effect of NaCl-free processing and high pressure on the fate of *Listeria monocytogenes* and *Salmonella* on sliced smoked dry-cured ham[J]. Meat Science, 2012, 90(2): 472-477

[44] Rodrigues I, Trindade M A, Caramit F R, et al. Effect of high pressure processing on physicochemical and microbiological properties of marinated beef with reduced sodium content[J]. Innovative Food Science and Emerging

Technologies, 2016, 38: 328-333

[45] Myers K, Montoya D, Cannon J, et al. The effect of high hydrostatic pressure, sodium nitrite and salt concentration on the growth of *Listeria monocytogenes* on RTE ham and turkey[J]. Meat Science, 2013, 93(2): 263-268

[46] Fulladosa E, Sala X, Gou P, et al. K-lactate and high pressure effects on the safety and quality of restructured hams[J]. Meat Science, 2012, 91(1): 56-61

[47] Oliveira T L C D, Junior B R D C L, Ramos A L S, et al. Phenolic carvacrol as a natural additive to improve the preservative effects of high pressure processing of low-sodium sliced vacuumpacked turkey breast ham[J]. LWT-Food Science and Technology, 2015, 64(2): 1297-1308

[48] Zimmermann M, Schaffner D W, Aragão G M F. Modeling the inactivation kinetics of *Bacillus coagulans* spores in tomato pulp from the combined effect of high pressure and moderate temperature[J]. LWT-Food Science and Technology, 2013, 53(1): 107-112

[49] Ramaswamy H S, Shao Y, Bussey J, et al. Screening of twelve *Clostridium botulinum* (group I) spores for high-pressure resistance at elevated-temperatures[J]. Food and Bioproducts Processing, 2013, 91(4): 403-412

[50] Marcos B, Mullen A M. High pressure induced changes in beef muscle proteome: correlation with quality parameters[J]. Meat Science, 2014, 97(1): 11-20

[51] Shao Y, Xiong G Q, Ling J G, et al. Effect of ultra-high pressure treatment on shucking and meat properties of red swamp crayfish (*Procambarus clarkia*)[J]. LWT-Food Science and Technology, 2018, 87: 234-240

[52] Xue S W, Yang H J, Yu X B, et al. Applications of high pressure to pre-rigor rabbit muscles affect the water characteristics of myosin gels[J]. Food Chemistry, 2018, 240: 59-66

[53] Hsu K C, Ko W C. Effect of hydrostatic pressure on aggregation and viscoelastic properties of tilapia (*Orechromis niloticus*) myosin[J]. Journal of Food Science, 2001, 66(8): 1158-1162

[54] Cao Y Y, Xia T L, Zhou G H, et al. The mechanism of high pressure-induced gels of rabbit myosin[J]. Innovative Food Science and Emerging Technologies, 2012, 16(39): 41-46

[55] Zhang Z Y, Yang Y L, Zhou P, et al. Effects of high pressure modification on conformation and gelation properties of myofibrillar protein[J]. Food Chemistry, 2017, 217: 678-686

[56] Gudbjornsdottir B, Jonsson A, Hafsteinsson H, et al. Effect of high-pressure processing on *Listeria* spp. and on the textural and microstructural properties of cold smoked salmon[J]. LWT-Food Science and Technology, 2010, 43(2): 366-374

[57] Serra X, Sárraga C, Grèbol N, et al. High pressure applied to frozen ham at different process stages. 1. Effect on the final physicochemical parameters and on the antioxidant and proteolytic enzyme activities of dry-cured ham[J]. Meat Science, 2007, 75(1): 12-20

[58] Boonyaratanakornkit B B, Park C B, Clark D S. Pressure effects on intra-and intermolecular interactions within proteins[J]. Biochimica et Biophysica Acta, 2002, 1595(1-2): 235-249

[59] Roohinejad S, Koubaa M, Sant'Ana A S, et al. Mechanisms of microbial inactivation by emerging technologies[M]//Barba F J, Sant'Ana A S, Orlien V,et al.Innovative Technologies for Food Preservation. San Diego: Academic Press, 2017: 111-132

[60] Endueles E, Omer M K, Alvseike O, et al. Microbiological food safety assessment of high hydrostatic pressure processing: a review[J]. LWT-Food Science and Technology, 2011, 44(5): 1251-1260

[61] Baptista I, Rocha S M, Cunha Â, et al. Inactivation of *Staphylococcus aureus* by high pressure processing: an overview[J]. Innovative Food Science and Emerging Technologies, 2016, 36: 128-149

[62] Pilavtepe-Çelik M , Balaban M O, Alpas H, et al. Image analysis based quantification of bacterial volume change

with high hydrostatic pressure[J]. Journal of Food Science, 2008, 73(9): M423-M429

[63] Oger P M, Jebbar M. The many ways of coping with pressure[J]. Research in Microbiology, 2010, 161(10): 799-809

[64] Silva J L, Oliveira A C, Vieira T C R G, et al. High-pressure chemical biology and biotechnology[J]. Chemical Reviews, 2014, 114(14): 7239-7267

[65] Yuste J, Capellas M, Pla R, et al. High pressure processing for food safety and preservation: a review[J]. Journal of Rapid Methods and Automation in Microbiology, 2001, 9(1): 1-10

[66] Wouters P C, Glaasker E, Smelt J P. Effects of high pressure on inactivation kinetics and events related to proton efflux in lactobacillus plantarum[J]. Applied and Environmental Microbiology, 1998, 64(2): 509-514

[67] Mota M J, Lopes R P, Delgadillo I, et al. Microorganisms under high pressure-adaptation, growth and biotechnological potential[J]. Biotechnology Advances, 2013, 31(8): 1426-1434

第二篇

肉制品加工新技术及原理

第 7 章 肉的冷冻及冷冻加工新技术

我国是世界上最大的猪肉生产国和消费国，国家统计局 2022 年数据显示，我国猪肉产量达到 5541 万 t。猪肉含有丰富的蛋白质及脂肪、碳水化合物以及钙、铁、锌等人体必需的微量矿物质和维生素成分。例如，猪背部最长肌约含水分 67.5%、蛋白质 20.1%、粗脂肪 11.4% 和粗灰分 1.0%。肉中蛋白质的氨基酸组成比例与人体氨基酸组成最为接近，被视为"理想蛋白"，在人体中的消化率很高，因此符合人类生长发育的需求。

肉中富含营养物质，因此肉也成为微生物生长的温床，是一种极易腐败的食品。无论是用于生产的原料肉还是加工待售的成品或半成品，都需要有良好的保藏手段以保证肉品的保质期，从而减少肉的腐败带来的浪费。就目前来说，肉的保存方法主要包括：包装保存和低温保藏。其中，低温保藏通过降低产品的温度来抑制微生物生长以及酶的活性，从而达到减缓食品品质劣变的目的。根据存放温度的不同，屠宰后的肉可以分为冷鲜肉和冷冻肉。肉制品经预冷后，在 0~4℃ 冷藏的称为冷鲜肉，在-18℃下冷藏的称为冷冻肉。冷鲜肉因为失水率低，营养损失小，烹饪后味道鲜美而备受消费者青睐，销量逐渐增加。但不足之处在于存放温度限制了冷鲜肉的保存期限（最高为 15~20 天）。而冷冻保藏对于长期保存的食品是一种非常有效的方法，在低于-18℃的温度下，微生物代谢过程的生化反应减缓，因此减慢了微生物的生长繁殖。当温度下降至冻结点以下时，微生物及其周围介质中水分被冻结，使细胞质黏度增大，电解质浓度增高，细胞的 pH 和胶体状态改变，使细胞变形，加上冻结的机械作用造成细胞膜损伤，这些内外环境的改变是微生物代谢活动受阻或死亡的直接原因。冷冻状态下，水变成冰，冻肉内部的水分活度减少。同时，化学反应的速率和酶反应速率在低温下变得十分缓慢，绝大多数的酶活性受到抑制[1]。这些因素均有利于延长肉品的保质期，甚至可长达数月至一年。冷冻保存不但使异地运输变得更加方便，而且对进出口贸易、食品安全、国家战略储备等方面起着极其重要的作用，在现代肉及肉制品加工中，冷冻肉是许多食品企业肉制品生产的主要原料，也是调节肉食品市场的重要产品，还是市场流通的主要形态

但是冷冻和冷藏技术也有缺点，不良的操作条件会对产品品质产生恶劣的影响。例如，当冷冻速度过慢或冷藏条件不佳时，产品内部产生的大颗粒冰晶或重结晶引起的冰晶长大，对肉品造成不可逆的机械伤害而导致解冻损失增加[2]；慢

速冷冻导致的大颗粒冰晶对肌肉内部结构损伤还会导致细胞内酶的释放量增加，这可能会促进脂肪或蛋白质的氧化反应进程。另外，低温虽然可以抑制酶的活性，但并不能达到完全抑制的效果。在冻藏过程中，酶仍能保持部分活性，因而催化作用实际上也未停止，只是进行得非常缓慢而已，如胰蛋白酶在–30℃下仍然有微弱的反应，脂肪分解酶在–20℃下仍然能引起脂肪水解，而脂肪水解会引发肌肉内部的氧化反应，进而影响肉品的色泽、嫩度以及加工性质等[3]。众所周知，一些低温快速冷冻方法可以在肉的内部形成更多、更小和更均匀的冰晶，以尽量减少对肌肉组织结构的损害，这值得称赞的，然而，这种冷冻方法的主要缺点是：总的冷却费用高；可能对环境产生不良影响；一些产品在暴露于极端低温时容易破裂甚至破碎[4]。所以，长期以来，许多研究都致力于如何改进冻结方式，在提高冷冻速度、减少对肌肉组织的破坏以提高冻肉的产品品质的前提下，寻找一种节能环保、有效的冷冻方法。

7.1 肉的冷冻

7.1.1 肉的冷冻过程

如图 7.1 所示，通常肉的冻结过程可以依次分为三个阶段，即初冷阶段、相转变阶段和深冷阶段[5]。肉中的水分不是以纯水的形式存在，而是一个复杂的盐溶液体系，从图中可以看出，水和水溶液的冻结过程基本相似，只不过盐溶液的冰点比纯水相对较低。首先，在初冷阶段（肉的初始温度至0℃），肉中的显热不断释放，温度迅速下降直至冻结点，因此这一阶段冻结曲线的斜率较大。第二个阶段即相转变阶段，这一阶段对于整个冷冻过程来说是非常关键的，因为在这一阶段中，肉的内部绝大部分的水分发生相变，放出潜热，形成冰晶，此阶段的温度一般在 0~–5℃。首先，肉的温度下降到冰点以下，但此时并没有结冰，这种现象称作过冷状态。处在过冷状态时，水只是形成近似结晶而未结晶的凝聚体。这种状态很不稳定，一旦破坏（温度降低到开始出现冰核或振动），就会立即放出潜热并向冰晶体转化，这时温度又回升到冰点。通常把降温过程中形成稳定性晶核的温度，或开始回升的最低温度称作临界温度或过冷温度。畜、禽、鱼肉的过冷温度一般在–4~–5℃之间。当温度达到冰点温度时，肉中的水即开始结冰，当温度降至–5℃时，组织中超过 75%的水分已冻结成冰，因此通常将冰点至–5℃温度区域称作最大冰晶形成区。此阶段的温度下降缓慢，因此冻结曲线较为平缓。当肉的温度低于–5℃以后，肉的冷冻进入第三个阶段，即深冷阶段，此过程一直持续到冻结的最终温度。随着肉的温度不断降低，其内部残留的水分继续冻结，当肉内部潜热已经释放完毕后，再释放的热量主要来自冰内部，已冻结的冰晶体进一步降低温度。因为冰的导热系数比水大，所以在此阶段初期，温度下降比较迅速，之后，随着肉与周围介质之间温差缩小，温度降低的速率就会不断减小，冻结曲线的斜率也会逐渐减小[6]。温度继续降低，冰点也继续下降，当温度达到肉汁的冰晶点（肉汁的冰晶点为–62～–65℃）后，水分全部冻结成冰。

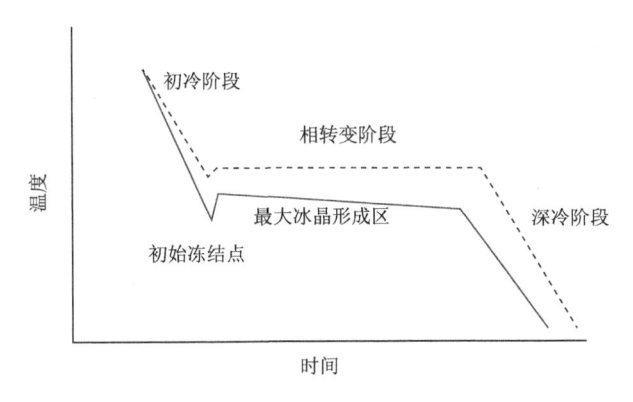

图 7.1　水（虚线）和二元溶液（实线）的冻结曲线

7.1.2　冷冻速度对肉品质的影响

冷冻时，肉汁形成结晶，冰晶主要是由肉汁中纯水部分所组成。由于细胞间的蒸气压小于细胞内的蒸气压，盐类的浓度也较细胞内低，因此，细胞外液体的冻结点通常高于细胞内的冻结点。这样一来，存在于细胞间的水分先形成冰晶，冰晶的形成使未冻结溶液浓度进一步提高。在渗透压的作用下，细胞内的水分不断向细胞外渗透，并围绕在冰晶的周围使冰晶不断增大，从而形成大的冰晶颗粒，直到温度下降到使细胞内部的液体冻结为冰结晶为止。水相变成冰以后，冷冻肉的体积大约膨胀 9%，在肌肉内部会产生很大的冻结膨胀压，大量生成的冰晶体还会对细胞结构产生机械压迫，从而破坏组织结构的完整性。一般来说，通过最大冰晶生成区的时间越长，生成的冰晶的体积就越大，而且冰晶在组织细胞中的分布越不均匀，对肉中组织结构造成的机械损伤就越严重，因此，要保证解冻肉品的质量，就要求在冻结加工中尽量加快通过最大冰晶生成区的冻结速度[7]。

速冻被认为是一种良好的冻结方式。速冻是指将物料置于温度非常低的环境中进行冷冻，缩短通过最大冰晶形成区的时间（<30 min），并以最快的速度达到终点温度，促使物料内部形成细小冰晶体（<100 μm）。在食品的冻结过程中，冷冻速度是一个非常关键的因素，食品冷冻的最终目标是以最快的速度，在最短的时间内，将被冻结的食品降低到冰点之下。在生产过程中，肉的冻结速度常用所

需的时间来区分。例如，中等肥度猪半胴体由0～4℃冻结至-18℃，需24 h以下为快速冻结，24～48 h为中速冻结；若超过48 h则为慢速冻结。

快速冻结和慢速冷结对肉质量有着不同的影响。慢速冻结时，在最大冰晶体生成区停留的时间长，纤维内的水分大量渗出到细胞外，使细胞内液浓度增高，冻结点下降，造成肌纤维间的冰晶体越来越大。这样的冻结肉在解冻时可逆性小，引起大量的肉汁流失。因此慢速冻结对肉质影响较大。快速冻结时，温度迅速下降，物料内部热量迅速散失并很快地通过最大冰晶生成区，水分重新分布不明显。此外，冰晶形成的速度大于水蒸气扩散的速度，在过冷状态停留的时间短，冰晶以较快的速度由表面向中心推移，使细胞内和细胞外的水分几乎同时冻结，绝大部分水分形成尽可能小而均匀的冰晶，从而减少冰晶对细胞造成的机械损伤，对肉质影响很小，解冻时的可逆性较大，汁液流失也就很少。再者，快速冷冻形成的细小冰晶能够使细胞组织结构变化以及生理生化变化等达到最大的可逆性[8]。在低温以及低水分活度的情况下，酶活性以及绝大多数化学反应被高度抑制，从而使冷冻肉最大程度保留原本的色泽、口感、风味和营养成分[9]。

7.1.3 冰晶及其对肉的影响

1. 冰晶的形成

冰晶的形成分为成核和晶体生长两个阶段[10]。成核是指足够数量的分子形成热力学稳定聚集体的过程[1]。当温度降低到冰点以下时，水处于过冷状态而并没有结冰，水分子的运动减慢，其内部结构在定向排列的引力下逐渐倾向于形成类似结晶体的稳定性聚合体。温度继续下降，当出现稳定性晶核时，聚集体向冰晶转化，该过程伴随有潜热的放出，促进温度回到冰点，开始形成稳定的冰核。但是，如果热量释放快、过冷度足够低，便会形成足够数量的微小晶核。冰晶生长阶段紧接着成核，由粒子扩散到临界核表面，有序地聚集在生长的晶体上[11]。速冻情况下，迅速形成大量的晶核，进而形成小而细微的冰晶；慢冻情况下，形成的晶核少，晶核不断被新冻结的水附着，便会形成大的冰晶[12]。

晶体的成核有两个不同的过程，即初级成核和二次成核或接触成核。初级成核涉及在无晶体的溶液中形成晶体。初级成核可分为两类，即均相成核与异相成核。均相成核是由过冷液密度的随机波动而产生的自发成核。异相成核指的是由于固体杂质的存在，借助杂质稳定的表面成核[13]。二次成核涉及溶液中原有的晶核以及新生成的晶核，在一定的条件下，原有晶体破碎可以产生更多的成核位点，因此形成了数量更多的晶核[13]。一般认为，成核是结晶过程中最重要的一步，成核过程直接影响冰晶的大小。如果除去热量的速度很慢，产品温度接近0℃，就会形成极少数的核,并且会长大。但是,如果换热速度快,过冷度相对较低,就会形成大量的核,体积也很小。这种快速冷冻的肉品如果立即解冻,冰晶融化的水会迅速被组织重新吸收。如果产品冷冻缓慢,大块冰晶生长,刺破细胞,解冻组织无法恢复原状,吸收效果就会大大降低(图 7.2)。通常,在食品冷冻中,生成较小的冰晶通常是首选的,尤其是对容易增加滴水损失而导致质量受损的食品。因此,控制成核以及过冷温度对于控制冰晶分布、提高食品质量是十分重要的[14]。

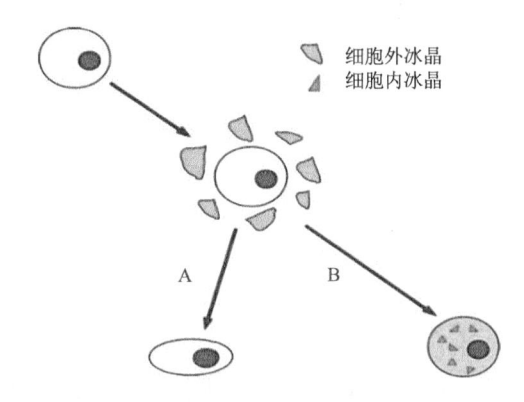

图 7.2 慢速冷冻和快速冷冻下细胞内和细胞外冰晶生成模型图
A:慢速冷冻;B:快速冷冻;红色区代表细胞核;灰色区代表胞外冰晶;蓝色三角代表胞内冰晶

2. 冰晶对冷冻肉的影响

冰晶的分布影响冰晶对细胞的损伤程度,"两因素假说"将细胞冷冻损伤归结于溶质损伤和细胞内冰损伤两大原因[15]。溶质损伤与冰晶在胞外的分布相关,指在冻结过程中,细胞间隙的水先冻结成冰,增加了渗透压,细胞内的水分在渗透压作用下向细胞外迁移,导致细胞逐渐脱水,细胞内的浓度增加,因此对细胞造成了损伤。而慢速冷冻对这种损伤较大。胞内冰损伤与冻结过程中在细胞内形成的冰晶有关,从而对细胞器和细胞膜造成破坏[12]。

冷冻时产生冰晶对肌肉纤维和细胞也会产生机械破坏,增加了解冻后的解冻损失以及蒸煮损失,进而影响产品品质[16]。Yu 等[17]通过用透射电子显微镜观察冷冻猪肉微观形态时发现,肉类冷冻速度不同,冰晶形态的大小和分布会有明显差异。缓慢冷冻会在肉类内部形成很多大型冰晶,破坏肌细胞以及肌原纤维蛋白,同时在解冻过程中会造成大量营养物质流失。在冷冻或冻藏过程中,蛋白质氧化也与冰晶状态有关,肉的组织细胞中的水是以溶剂的形式存在的,冰晶形成后,细胞内未冻结部分的溶液的盐浓度将升高,在盐析作用和重金属作用下,蛋白质很容易变性[18]。肉的冷冻过程是从表面到内部逐渐推进的,在冻结初期,肉表面最先冻结变硬,然后由外向内硬度增加,这就会阻碍肉冻结时的体积膨胀,产生的应力会促使蛋白质发生聚集。此外，大颗粒冰晶对溶酶体的机械破坏导致过氧化酶大量释放，而后者会加速脂肪氧化以及蛋白质氧化。

3. 影响冰晶尺寸及分布的因素

影响产品冷冻过程中冰晶形成的因素有很多，除了产品自身特性、水分含量等因素外，冷冻条件是一个非常重要的因素。冷冻速度不同，样品通过最大冰晶形成区的快慢不同。冷冻速度越快，通过最大冰晶形成区的时间越短，细胞内水分迁移程度越低，胞外或胞内越易产生细小均匀的冰晶。此外，快速冷冻时，晶核生长的时间短也有助于形成细小的冰晶。对细胞和组织的破坏较小。在缓慢降温的过程中，过冷却程度低，冰晶的成核速率较慢，而通过最大冰晶形成带的时间长，晶核生长的时间充分，导致得到的晶体较大，对细胞和组织造成较大的破坏。

7.2 食品冷冻加工技术

早在 1865 年，美国就已经开始使用冰和盐混合物进行食物冷冻的研究，然而，直到 1890 年，食品工业中才实现了商业化规模的机械制冷[14]。但在当时，要想将食物降到-20℃需要很长的时间。20 世纪 30 年代，氟利昂被广泛用作冰箱的制冷剂，它可以有效提高冷冻的速度，但是氟利昂会与大气层中的臭氧反应产生臭氧空洞，对环境造成了破坏，因此这种制冷方法遭到了全球立法禁用。通过不断研究与改进，空气冻结、间接冻结、直接接触冻结等冻结技术凭借着各自的优势一直应用在不同的工业生产中。近年来，随着制冷工业的发展，很多新的、有效的冷冻方法也不断地涌现，这些新方法在提高冷冻效率的同时，也能够不断优化产品的品质。

7.2.1 传统冷冻加工技术

1. 空气冻结

空气冻结是一种最为普遍的冷冻方法，在冻结过程中，冷空气作为媒介，以自然对流或强制对流的方式与食品换热。其特点是经济、卫生、容易操作、适用范围广。但是，空气冷冻的传热效率低，完成冷冻过程需要的时间较长，如果提高冷冻效率，则需要提高冷空气在肉的胴体表面的流动速度或降低空气的温度。空气冻结的类型包括鼓风型、流态化型、隧道型、螺旋型等多种。鼓风冻结通过风机驱动冷空气在冷冻空间内流动，通过冷空气在胴体表面的快速流动达到提高冷冻速度的目的。一般鼓风冻结所采用的冻结温度为–30～–45℃，冷冻空气流速为 2～10 m/s，冻结速度一般在 0.5～3 cm/h。隧道式冻结是将食品放在高速冷空气循环的隧道中冻结食品。隧道式连续速冻机主要由隧道体、蒸发器、风机、料架或不锈钢传动网带等组成。被冻物料置于料架的各层筛盘中或传送带上，通过长方形的隧道，当空气通过蒸发器降温后，经鼓风装置与物料运行相反的方向送入隧道，利用与物料表面的接触使其降温。隧道式冻结设备分为直线型和螺旋型两种，直线型设备安装简单但容易受到空间限制，所以螺旋型设备应用较为广泛。

2. 间接冻结

间接冻结是指把食品放在制冷剂（或载冷剂）冷却的板、盘、带或其他冷壁上，与冷壁直接接触，但与制冷剂（或载冷剂）间接接触，热交换主要通过传导进行。对于固态食品，可将食品加工为具有平坦表面的形状，使冷壁与食品的一个或两个平面接触；对于液态食品，则用泵送方法使食品通过冷壁热交换，冻成半融状态。例如，用盐水等制冷剂冷却空心金属板等，金属板与食品的单面或双面接触降温的冻结装置。这种冻结方式与直接接触冻结法相比有很多优点，如由于制冷剂与产品没有接触，因此不太可能发生冷灼伤和脱水。此外，冻结过程中的温度可以很容易地通过电磁阀控制，从而节省了制冷剂和成本。

3. 直接接触冻结

浸没式冷冻是将需要冷冻的物料直接浸没到低温的冷却液中进行冷冻，由于物料与制冷剂直接接触，传热系数较空气大，因此制冷速度快，适用于大型鱼类屠体冻结。特别是对于冻结变性较大、品质显著变差的食品（如豆腐类等柔软多水的食品）更为适宜。浸没式冻结所用的制冷剂包括液氮、盐水、乙醇、丙二醇以及一些复合多元制冷剂等。浸没式冷冻有其自身的优势：首先，浸没式冷冻是最快的冷冻技术之一，这是因为液体中的传热系数比空气高 20 倍。其次，浸没式冷冻比其他冷冻过程节省能源。Robertson 等[19]曾报道利用浸没式冷冻（–18℃）小块蔬菜时的总体能耗比空气冷冻（–35℃，空气流速 3.81 m/s）降低了 25%。Cortés-Ruiz 等[20]分别采用浸没式冷冻、鼓风冷冻、液氮冷冻来冻结碎牛肉，对比发现，浸没式冷冻的耗能是最低的。

液氮喷淋冻结：20 世纪初，由于制冷机大量使用氟利昂对大气造成破坏，研究人员开始研究一些新的冷冻技术来满足不断增长的保鲜运输需求，因此利用液氮进行冻结的方法诞生了。氮气的沸点低，液态的氮气具有极低的温度，吸热后升华，能够实现对物料的急速冻结。与其他冻结方式相比，冻结速度快、时间短、干耗小、生产效率高，而且食品在冻结中避免了与空气接触，不会产生食品的酸化、变色等问题。液氮作为氧气生产的副产品，来源丰富，价格低廉，相比传统的冷冻方法有许多优点,可以采用此冷冻方法的物料涉及肉、肉制品、海鱼、果蔬、披萨等。早在20世纪70年代,液氮冷冻的生产能力可以达到1 t/h。但是这种液氮浸没式冷冻在一定程度上也会对产品造成冷灼伤。相反,液氮喷淋冻结法对冷冻食品的保护相对较好,从20世纪60年代起,诸多研究集中在液氮喷淋冻结法上,液氮喷淋冻结法是将液氮直接喷淋于食品上使之冻结,是一种高冻结品质的冻结方法,适用于各类食品的冻结。

7.2.2 冷冻新技术

近年来,一些新的冷冻技术层出不穷,其目的都是通过改进冷冻方法,加快冷冻速度,减少冷冻过程中冰晶对食品组织结构造成的破坏。这些方法涉及的原理包括:①提高传热速率;②通过冰核蛋白、抗冻蛋白等改变食品本身的材质;③采取一些辅助冷冻方法可改变成核,这些新的技术主要涉及通过静电冷冻(electrostatic freezing)[21]、电磁波(electromagnetic wave)[22]、高压(high pressure)[23]、磁场(magnetic field)[24]、超声(ultrasound)[5]等进行辅助冷冻的新兴的食品加工技术,已经能够通过冻结过程中冰晶的可控形成来改变冻结现象。

1. 静电冷冻

静电冷冻系统(图7.3)在冷冻过程中可以通过高压直流电源作用改善食品的冷冻效果[25]。在此方面的研究主要集中在静电冷冻对水溶液中冰核的影响,研究表明,利用高静电场控制水中冰核形成是可行的,此外,通过对冷冻后食品的微观结构观察发现,静电场对固体食品微观结构的保护也存在积极的影响。由此,静电冷冻系统被认为是一种较为优越的和新颖的冷冻技术,这是因为它可以减少食品微观结构在冷冻过程中的损坏,从而提高冷冻产品的质量。此外,静电场是一种成本低的系统,它易于操作,并且可以容易地与市售的冷冻设备集成。但是该技术也存在一定的缺点和安全问题,如在潮湿的环境中进行高压操作、局部放电和产生火花等,这些在实际生产中是不希望看到的[21]。静电冷冻技术的主要限制是食物材料的最大厚度必须小于两个电极之间的距离。静电冷冻的准确机制尚不清楚,然而,普遍认为乙烯基磺酰氟(ESF)可以通过极化偶极子并将它们对准电场方向来影响水分子动力学,根据分子动力学模拟,水具有偶极矩,氧带负电,而另一侧的氢带正电,基于分子动力学理论,当水存在于足够高的直流电场($1\sim1.5\times10^9$ V/m)中时会表现出突然的结构变化,包括所有分子偶极子指向电场矢量小于90°的方向,在电场中,水分子趋向于与电场顺应。此外,分子重定向率提高,氢键似乎更倾向于与电场方向一致而非沿其他正交方向。当足够数量的氢键自发地在同一位置形成一个相当致密的核时,就会产生冰核。除了上述方法外，静电场对冻结的影响还有另一种解释，根据热力学定律，通过施加具有几千伏/米强度的外部电场促使水发生相变的能量势垒减小，因此，对应于稳定冰晶尺寸的临界半径也趋向于较低的值。由此，成核所需的能量势垒（活化能）被降低了，成核速率随之提高。成核温度随电流强度的增加而增加，但是当温度达到一定程度后开始趋于恒定，而不再受电流强度的影响。此外静电冷冻倾向于在较低程度的过冷度下诱导结冰，随后会形成较短的成核时间和较长的凝固时间，这是因为成核时间缩短致使更多的热量必须在相转变过程中被除去，因此凝固时间被延长了。静电场是恒定场，它不会随着时间的推移而在强度或方向上变化。静电场系统的设计必须保证其能够在高电场强度下工作，并且不能发生系统内部的介质击穿。产生静电场的主要实验装置由直流电压发生器组成，输出电压可高达50 kV，两个铜板电极上下平行放置。电极之间的高度根据样品的高度而定，一般来说，上层电极与样品顶端保留一定的距离，目的是防止上层电极与样品直接接触而产生联电。由聚乙烯制成的样品池可将肉样品安放在位于样品夹持中心（测量单元）的圆柱形细胞中。在实验开始前 1 h 可将样品架预冷，然后进行冷冻。一些因素如电流强度、电极性能（如电极类型、离子化倾向、电极的稳定性、电极材料的表面粗糙度、形状等）和样品成分均对成核过程产生影响。

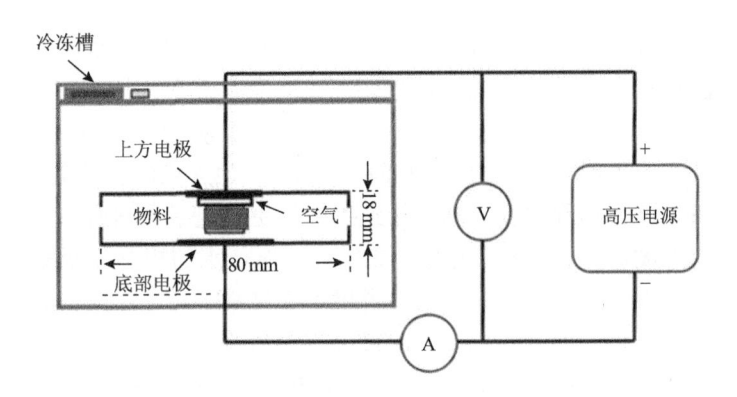

图 7.3 静电冷冻装置简图[26]

2. 电磁波辅助冷冻

电磁波是一种电磁辐射，其辐射频率范围在 300 kHz～300 GHz 之间，这些辐射波在两个电极之间产生一个交变电场（图 7.4），使双极性分子如食物中的水和带电离子发生极化，从而使分子不断地重新定向到极点[22]。电磁波辅助冷冻（electromagnetic wave-assisted freezing）技术的基本机制尚不清楚，但最近的研究结果表明，电磁波的应用可以影响冰核，并将初始冰晶体分解成较小的晶体。近几年，研究者对猪肉和鱼肉等进行了电磁辅助冷冻研究，利用电磁低脉冲电压

（2 kV）协助液氮低温进行冷冻，并将结果与空气和低温冷冻组进行比较。研究结果表明，通过电磁波冷冻后的肉具有更完整的细胞结构，细胞间隙减小，此外，还可以观察到，在细胞内部分布着细小的冰晶，从而降低了细胞损伤。研究证实，由空气或低温液体冻结的样品的液滴损失大致相同，而用电磁波冷冻的样品的液滴损失显著降低了。

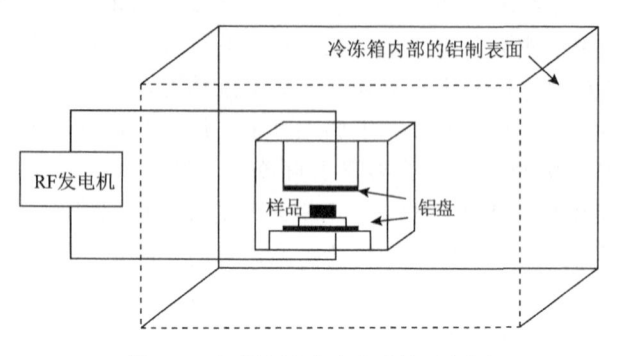

图 7.4　电磁波辅助冷冻系统示意图

3. 高压冷冻

食品高压冷冻技术是通过改变压力来控制食品中水的相变过程。在高压条件下，将食品冷却到一定温度（此时水仍未结冰），其后迅速将压力释放，就会在食品内部形成细小而均匀的冰晶体。并且冰晶体积不会膨胀，因此可减少食品的损伤、提高食品的质量。在高压下，当低于 0℃时，水在一定区域内会呈现非冷冻状态。而压力消失后，就会出现过度冷却，导致冰核的生成速率急剧增加。在 0.1 MPa 时，水的相变温度是 0℃；而压力升至 210 MPa 时，水的相变温度将降到 -21℃。然而，当压力再继续升高时，水的相变温度不会继续下降，反而会逐渐升高。当压力达到 900 MPa 时，水在室温下就会结冰。高压冷冻方法可分为：高压辅助冷冻（high pressure assisted freezing）法、高压切换冷冻（high pressure shift freezing）法、高压诱发冷冻（high pressure induced freezing）法。高压辅助冷冻法的操作过程中，首先对容器内的材料加压，当压力上升到一定值后，开始对被冻物料进行预冷和冷冻，物料开始结晶并释放潜热，形成相变平台。当相变结束后，在恒压下进行降温，达到预定温度后释放压力。高压辅助冷冻法与常规冷冻法的差异仅在于相变压力不同，前者是高压下，后者是大气压下，因此初始冷冻点不同。高压辅助冷冻法产生的冰晶大小和分布与常规冷冻形成的冰晶相似，晶核仅在与低温介质接触的表面形成，形成的冰晶呈辐射棒状，从材料表面到中心，冰晶大小有明显的差异。研究发现高压辅助冷冻（700 MPa）后的猪肉与新鲜猪肉之间显微结构非常相似，细胞形态变化很小，而常规冷冻的猪肉能够明显地观察到冰晶留下的机械损伤。高压切换冷冻法同样是先对容器内的材料进行加压,当达到预定压力时开始预冷,达到预定温度时释放压力,不同的是,设定的预定温度点必须高于该压力下的初始冷冻点。当压力突然释放至大气压时,容器内的物料处于很大的过冷度,水分开始结晶并释放潜热,相变平台处于大气压下的初始冷冻点,相变结束后达到冷冻温度。由于物料处于等压状态,物料内各点均有相同的过冷度,因此晶核分布均匀,形成的冰晶呈球形[27]。目前,高压冷冻技术也仅停留在研究阶段,一些因素限制了高压冷冻在工业上的广泛应用,其中包括:①关于在高压冷冻过程中所涉及的传热、传质方面的基础性研究较少,从而造成实际应用缺乏理论指导;②冷冻高压设备的制造,所需要的钢材材质和压力传递液体比较特殊,因此价格昂贵,制造成本较高。

4. 磁场辅助冷冻

磁场辅助冷冻技术在食品及生物材料方面的研究在近些年不断涌现。磁场辅助冷冻能够降低水的过冷度,缩短相变时间,生成的冰晶多趋向于雾化、沙粒化,而无磁场处理的冰晶多呈偏大的刀片状和块状[28]。磁场辅助冷冻过程中,主要作用于水分子,水经过磁化后,过冷度增大,这可能与水分子间氢键的形成和溶液中离子的洛伦兹力有关。水分子及其团簇在磁场作用下受洛伦兹力作用,产生旋转运动的倾向,有可能使得氢键断裂,由大团簇联动变成小团簇独立运动,使得单分子或极性分子团簇自由能增大,自由扩散能力下降,从而导致冻结过程中过冷度降低,磁场在一定程度上限制了水分子及其团簇自由运动的范围,宏观上比无磁场处理具有更大的黏性,在相变过程中,水的流动性变差,晶核生长受抑制,冰晶偏小。磁场作用下势垒增大,推迟了相变,具有较高的过冷度。当磁场辅助冻结形成晶核时,其所处的环境温度低,相变过程速度加快,过程缩短,以上作用使得磁场辅助冻结过程相比传统的冷冻冷藏方式具有减小冻结过程冰晶对食品的破坏程度,尽可能保持食品品质和风味的作用[29]。但是,在辅助冻结过程中,采用的磁场种类、强度以及冻结过程中其他影响因素不同,得到的结果也不尽相同。研究表明,当磁场强度大于 0.5 T 时,水的过冷现象消失,而另有学者发现,17.9 T 的磁场作用下,水滴过冷度可以增大到 10℃。造成这种现象的原因可能是过冷度与磁场的强度呈多极现象,因此得到的实验结论不同。

5. 超声辅助冷冻

超声辅助冷冻(ultrasonic-assisted freezing,UAF)也是一种新型的冷冻技术,它对于加快冷冻速度、提高冷冻物料初始成核温度、减少冰晶尺寸[29,30]、均匀冰晶分布、提高冷冻食品质量方面具有很好的应用潜力,因此,近年来关于超声辅助冷冻的研究报道不断增加。此外,许多研究者发现,超声辅助冷冻不仅能够提高冷冻速度,减少冰晶尺寸,更重要的是,相比传统的冷冻方法(如浸没式冷冻),超声辅助冷冻可以有效地降低电能消耗,减少碳排放。这些研究证实了超声辅助冷冻是一项非常有研究前景的冷冻操作方法。

上述新型冻结方法在辅助冻结方面的确具备了很多优势,但也或多或少存在实际应用上的不足,这主要涉及仪器成本高,能量消耗大,因此在经济、节能方面不可能得到有效的实际应用,此外,冷冻操作对物料形状、尺寸的限制也使得这些冷冻方法普遍适用性不强,由此,这些方法还仅仅局限于实验室级的研究探索。

参 考 文 献

[1] Dalvi-Isfahan M, Hamdami N, Xanthakis E, et al. Review on the control of ice nucleation by ultrasound waves, electric and magnetic fields[J]. Journal of Food Engineering, 2017, 195: 222-234

[2] Zhang M C, Li F F, Diao X P, et al. Moisture migration, microstructure damage and protein structure changes in porcine longissimus muscle as influenced by multiple freeze-thaw cycles[J]. Meat Science, 2017, 133: 10-18

[3] Xia X F, Kong B H, Liu Q, et al. Physicochemical change and protein oxidation in porcine longissimus dorsi as influenced by different freeze-thaw cycles[J]. Meat Science, 2009, 83(2): 239-245

[4] Kim N K, Hung Y C. Freeze-cracking in foods as affected by physical properties[J]. Journal of Food Science, 1994, 59(3): 669-674

[5] Zhang M C, Niu H L, Chen Q, et al. Influence of ultrasound-assisted immersion freezing on the freezing rate and quality of porcine longissimus muscles[J]. Meat Science, 2018, 136: 1-8

[6] 邓云, 杨宏顺, 李红梅. 冷冻食品质量控制与品质优化[M]. 北京: 化学工业出版社, 2008

[7] Hu S Q, Liu G, Li L, et al. An improvement in the immersion freezing process for frozen dough via ultrasound irradiation[J]. Journal of Food Engineering, 2013, 114(1): 22-28

[8] 张慜, 李春丽. 生鲜食品新型加工及保藏技术[M]. 北京: 中国纺织出版社, 2011: 221-224

[9] Gębczyński P, Lisiewska Z. Comparison of the level of selected antioxidative compounds in frozen broccoli produced using traditional and modified methods[J]. Innovative Food Science and Emerging Technologies, 2006, 7(3): 239-245

[10] 张懋平. 速冻食品冰晶体形成特性规律的研究[J]. 制冷, 1993, 1: 46-52

[11] Krauss I R, Merlino A, Vergara A, et al. An overview of biological macromolecule crystallization[J]. International Journal of Molecular Sciences, 2013, 14(6): 11643-11691

[12] 李苑, 王丽平, 李钰金, 等. 水产品冻结贮藏中冰晶的形成及控制研究进展[J]. 食品科学, 2016, 37(19): 277-282

[13] Gülseren İ. Ultrasonic characterization of crystal dispersions and frozen foods[D]. Philadelphia: the Pennsylvania State University, 2008

[14] Khadatkar R M, Kumar S, Pattanayak S C. Cryofreezing and cryofreezer[J]. Cryogenics, 2004, 44(9): 661-678

[15] 周磊, 罗渡, 卢薛, 等. 斑鳜精液超低温冷冻保存及其效果分析[J]. 中国水产科学, 2014, 21(2): 250-259

[16] 林婉玲, 杨贤庆, 王锦旭, 等. 浸渍冻结对凡纳滨对虾冻藏过程中肌肉组织的影响[J]. 现代食品科技, 2015, 31(6): 183-189

[17] Yu X L, Li X B, Zhao L, et al. Effects of different freezing rates and thawing rates on the manufacturing properties and structure of pork[J]. Journal of Muscle Foods, 2010, 21(2): 177-196

[18] 杨金生, 林琳, 夏松养, 等. 超低温冻藏对金枪鱼肉质构及生化特性机理研究[J]. 海洋与湖沼, 2015, 46(4):

828-832

[19] Robertson G H, Cipolletti J C, Farkas D F, et al. Methodology for direct contact freezing of vegetables in aqueous freezing media[J]. Journal of Food Science, 1976, 41(4): 845-851

[20] Cortés-Ruiz J A, Pacheco-Aguilar R, Ramírez-Suárez J C, et al. Conformational changes in proteins recovered from jumbo squid (*Dosidicus gigas*) muscle through pH shift washing treatments[J]. Food Chemistry, 2016, 196: 769-775

[21] Dalvi-Isfahan M, Hamdami N, Le-bail A. Effect of freezing under electrostatic field on the quality of lamb meat[J]. Innovative Food Science and Emerging Technologies, 2016, 37: 68-73

[22] Zhang Z N, Wang J, Zhang X Y, et al. Effects of radio frequency assisted blanching on polyphenol oxidase, weight loss, texture, color and microstructure of potato[J]. Food Chemistry, 2018, 248: 173-182

[23] 李云飞. 食品高压冷冻技术研究进展[J]. 吉林农业大学学报, 2008, 30(4): 590-595

[24] Xanthakis E, Le-Bail A, Havet M. Freezing combined with ectrical and magnetic dsturbances[M]// Emerging Technologies for Food Processing.2nd ed. New York: Academic Press ,2014: 234-237

[25] Dalvi-Isfahan M, Hamdami N, Le-Bail A. Effect of freezing under electrostatic field on selected properties of an agar gel[J]. Innovative Food Science and Emerging Technologies, 2017, 42: 151-156

[26] 李丹青. 一种新型冷柜静电速冻装置: CN202121160793.5[P]. 2021.05.27

[27] 李志新, 胡松青, 陈玲, 等. 食品冷冻理论和技术的进展[J]. 食品工业科技, 2007, 6: 223-225, 116

[28] 程丽林, 许启军, 刘悦, 等. 电磁场辅助冻结-解冻技术研究进展[J]. 保鲜与加工, 2018, 18(2): 135-138, 146

[29] 刘磊磊, 孙淑凤, 赵勇, 等. 磁场对冷冻过程影响的研究进展[J]. 制冷技术, 2017, 45(6): 83-87

[30] Kiani H, Zhang Z H, Sun D W. Effect of ultrasound irradiation on ice crystal size distribution in frozen agar gel samples[J]. Innovative Food Science and Emerging Technologies, 2013, 18: 126-131

第8章 超声辅助冷冻技术作用机理及在食品中的应用

超声波是一种方向性好、穿透力强、能量较为集中的声波,已在精密的机械零件和实验器具的清洗与医疗检测等方面广泛应用[1]。近年来,超声波技术飞速发展,超声波加工技术也愈加成熟,其在食品加工领域的应用日益增加。超声波技术在食品中的应用可依据超声波的性质分为两类:一种是低强度超声波,频率较高(5~10 MHz),所含能量低,主要用于食品加工过程中的品质监控与无损检测等方面[2];另一种是高强度超声波,频率较低(20~100 kHz),所含能量高,主要用于食品加工过程中的干燥、冷冻、萃取、杀菌、乳化、脱气、肉嫩化、老化等加工工艺中[3-10]。研究人员将超声波应用于食品的冷冻工艺中,并发现超声波可以在冷冻结晶过程中促进冰晶核形成,控制冰晶大小,提高冷冻速度以及缩短冷冻时间;在解冻过程中可以缩短解冻时间,因而超声波辅助冷冻技术为提高冷冻食品品质提供了一个新途径。

超声辅助冷冻(ultrasonic-assisted freezing,UAF)技术作为一项新型的加工冷冻技术,对食品冷冻过程中晶体的形成与生长具有极为显著的改善作用,它可以促进晶核的形成,控制冰晶的大小,提高冻结速度,从而改善食品冷冻品质[11]。本章阐述了超声波辅助食品冷冻的作用机理,综述了其对食品冷冻品质的影响,列举了一些食品的 UAF 工艺参数,以期引起对 UAF 技术改善食品的冷冻效果、提升食品的冷冻品质的能力的更多关注,让更多的人有所了解。

8.1 食品冷冻概述

冷冻并不是瞬时完成的,而是溶液热量的转移与形态改变的一个过程,此过程可以分为3个阶段:液态降温阶段、相变阶段和固态降温阶段[12]。其中每个阶段都伴随着热量的传递与温度的改变,并引起冷冻介质相的转变。

如图 8.1 所示,当温度逐渐下降到初始凝固点(T_f)以下时,液体被认为是过冷液,而 T_f 和 T_s 之间的差值被称为过冷度;在 A~B 阶段,随着潜热释放,液体温度回升,初始晶体形成,并形成热静止平台(B~C);在 B~C 阶段,液体相变成固体,潜热随着冷冻进行而丧失。在相变过程(C)结束时,潜热被除去,相变基本完成,温度再次下降[11]。冷冻过程中的晶体形成主要发生在相变阶段(B~

C 阶段），包含初次成核、二次成核和晶核生长 3 个过程。其中，初次成核是溶液相变的开始阶段，指溶液中生成晶种进而生成晶核的过程；二次成核是指初次成核生成的晶体破碎后生成的碎片作为新的晶核并继续生长的过程；晶核生长是指晶核形成后由于水分的黏附使晶体继续生长的过程。在晶体形成过程中，生成的晶核越多，晶核与水分接触的总面积越大，结晶的速率越快，结晶过程消耗的时间越少，有助于生成体积较小的晶体[13]。

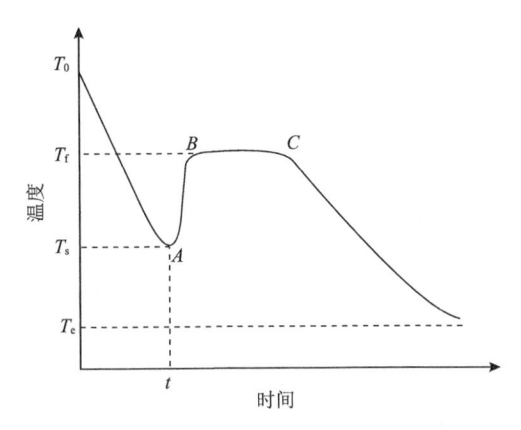

图 8.1　冷冻过程典型的温度变化曲线[11]

冷冻对食品品质的影响主要取决于冰晶的形成过程，但结晶是自发且随机的一种过程，难以完全预测和控制结晶的时间以及产品的最终质量。冰晶的大小、生成速率以及分布的均匀程度都是影响冷冻食品品质的重要参数。使用常规的冷冻方式时，由于细胞内外溶液浓度不同，结晶所需的过冷度不同，使胞内结晶难以生成，胞外结晶不断生长直至破坏细胞结构，对食品品质造成不利影响[14]。此外，常规的冷冻方式冻结速度慢，易造成大体积冰晶体的形成，损害食品微观结构，并使食品的品质下降[15]。高强度超声波可以使食物内局部压力改变，形成局部高过冷度，促进细胞内外同时结晶，并减少冷冻过程消耗的时间、提高结晶率，有利于生成均匀、细小的冰晶，起到改善食品冷冻品质的作用[16]。

8.2　超声辅助冷冻技术的基本原理

8.2.1　UAF 技术

UAF 技术通过超声波在介质中传播时产生的机械效应、空化效应、热效应来影响晶核的形成以及生长，从而改善冷冻食品的品质[17]。该技术从物理层面改善了食品的组织结构与细胞结构，既可以保证食品的安全性，又可以满足消费者对食品加工安全的需求，满足了现代食品工业向绿色食品生产方式逐渐转变的趋势。在食品冷冻中，高强度的超声波可以加快成核速率并控制晶体的形成和生长。与传统的冷冻方式相似，UAF 工艺也会经历液态降温、相变和固态降温等阶段。通常来说，使用 UAF 时无须作用于整个冷冻过程，只需在相变阶段进行射频式发射，便可影响其晶核生成与改善的过程，达到改善食品品质的目的。因此，超声波对食品冷冻过程中冰晶形成阶段的影响决定了其作用效果与价值。

8.2.2 超声波对初次成核的影响

在食品内部温度降至冰点时，溶液并不会立即结晶，只有在达到一定的过冷度时，才可能形成晶核。成核是指溶液生成晶核的过程，若溶液中没有已经存在的晶体，则初次成核是溶液结晶的起始步骤，也是极其重要的步骤[18]。如果成核发生在具有较大过冷度或过饱和度的单质系统中，则认为是均相成核。然而，大部分食品样本并不是纯净的单质结构，在有杂质存在的情况下，晶体会在非单质系统下生长，被称为非均相成核[19]。非均相成核由于自身所处环境不均匀，生成的晶核大小、分布不均，不利于提升食品的冷冻品质。UAF 可以通过对超声介质连续且循环的压缩和扩张进行传播，产生空化气泡，气泡经历形成、生长、振荡和破碎等过程，改变了食品的内部环境，这就是"空化效应"，它可以促进晶核形成，并使其分布均匀[20,21]。

在超声波对介质产生作用时，超声波的周期性波动给予介质拉应力，使其局部介质的压力升高或降低，当局部压力降低时，液体破裂形成空化气泡，当局部压力升高时，对气泡起压缩作用。超声波进行周期性传播，原本溶于水中的空气开始扩散到空化气泡中，上述过程不断重复使空化气泡逐渐增大。但当空化气泡的体积增加到一定程度时，其不再稳定，在超声作用下破裂。空化气泡的破碎是一种短暂而剧烈的现象，会在瞬间释放巨大的能量，使局部压力在很短的时间内（通常为纳秒级）达到 5 GPa，并产生极高的温度，影响溶液结晶[22,23]。王全海[24]观察到了这个过程（图 8.2），证实了空化效应的确与晶核的形成有关，空化效应产生的高压增加了过冷或过饱和的程度，从而诱导了溶液成核。

依据此理论，溶液会在超声作用瞬间生成晶核。但 Zhang 等[25]发现晶核并不是超声作用瞬间产生，而是在作用短暂时间后才观察到晶核的形成；他们认为空化气泡破碎后产生以破碎部位为中心的压力梯度也可能是成核的驱动力，有助于晶核的形成与扩散；因为扩散需要时间，所以该实验中观察到的气泡破碎与核形成之间的间隔可以用压力梯度来解释。Grossier 等[26]认为在冷冻结晶过程中，溶

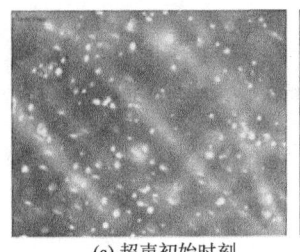

(a) 超声初始时刻　　　　(b) 初始结晶时刻

图 8.2　UAF 结晶过程微观图[24]

液处于亚稳态，而液体压力的变化会促使液体中的微粒移动，从而使溶液的亚稳态发生变化，水分子聚集形成分子簇，在达到临界体积后成核并进一步形成冰晶。因此，超声传播引起的溶液压力变化也可能会影响晶核的形成。研究者推测在初次成核过程中不止一种机制在发挥作用。

8.2.3　超声波对二次成核的影响

二次成核是指已存在的晶体碎裂后形成的晶体碎片转移到其他位置作为新的晶种形成新的晶核。普遍认为在二次成核过程中存在这几种机制的影响：一是超声过程中，空化气泡在冰晶处破裂引起高温高压并使冰晶碎裂；二是空化气泡破碎引起微射流冲击冰晶，使其碎裂[27,28]。其中，微射流是影响溶液二次成核的主要因素，它的形成与超声波的空化效应有关[24]。超声波的空化效应产生空化气泡，气泡在液体中发生振荡和混合效应，使空气不断地扩散到气泡中，当气泡扩散到一定程度后，气泡破碎，高压使气体快速射出便形成微射流，并对溶液的二次成核产生影响[18,29]。

Chow 等[18]观察了超声处理对溶液二次成核的影响，发现位于晶体末端的树枝状晶体在空化气泡破裂的瞬间被微射流冲击并形成晶体碎片，这些晶体碎片可以作为晶核诱导更多的冰晶形成。此外，Zhang 等[25]发现蔗糖溶液在高强度 UAF 过程中由于微射流产生的晶体碎片的生长模式与初次成核形成的晶核的生长模式相似，说明初次成核与二次成核形成的晶体并无显著差异。

8.2.4　超声波对晶体生长的影响

除了成核之外，晶体生长也是结晶过程中的关键步骤。晶体生长的实质是固态晶体表面发生的分子黏附过程[29]。图 8.3 为在低温显微镜下观察到的圆形晶核生长为枝状晶体的过程，即晶体生长过程[30]。

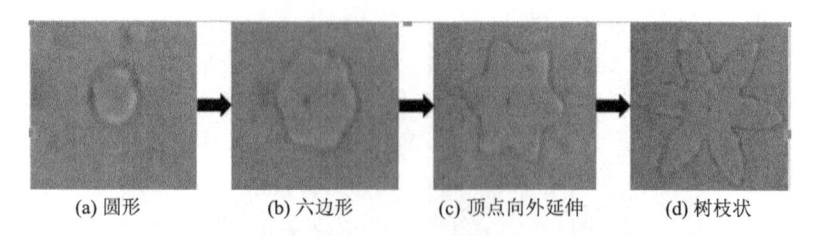

(a) 圆形　　　(b) 六边形　　　(c) 顶点向外延伸　　　(d) 树枝状

图 8.3　低温显微镜下观察冰晶生长过程图[30]

在晶体生长阶段，过冷度仍然是影响冰晶大小、粒径分布的重要因素，因此，超声波可以作用于冰晶形成的全过程来影响晶体的形成。Delgado 和 Sun[31]认为超声功率会影响水分子从液体转移到晶体的过程以及晶体在晶格中生长的过程。同时，超声波的空化和机械效应造成介质流动，有助于介质的传热和传质，使晶体生长速率增加。但是，Ohsaka 和 Trinh[27]发现，在空化气泡旁边测量的晶体的生长速率比理论计算速率要慢，这可能是由于空化效应引起空化气泡压缩，导致压力变化与温度升高，使得晶核周围的实际过冷度小于液体的平均过冷度，传质与传热效率减慢，降低了晶体的生长速率。此外，早期生成的晶核会不断生长形成大体积、不规则型冰晶，破坏了细胞结构，而微射流使得大型结晶破碎，阻止了冰晶继续生长，有助于在溶液中形成均匀且细小的晶体[23]。

然而，超声波的空化效应和微射流现象不能解释一些特殊的冰晶生长现象。例如，Arends 等[32]指出，当使用功率 1.5 W/cm^2 的超声（没有空化效应）诱导过饱和结晶时，油的结晶应与不使用超声作用时相似，但观察到与未使用超声作用相比，超声波处理后油的晶体尺寸、形状和分布状况改善，冻结率翻倍，差异明显。这与之前得出的空化作用是超声波影响液体结晶的主要机理的结论并不符合。对于过饱和液体中的结晶，Li 等[33]观察到使用高强度超声处理后晶体的尺寸反而有所增加，这与超声空化理论相矛盾。这些物质的结晶在 UAF 过程中可能并不是由空化效应起主要作用。由此推论，针对不同类型的物质，超声对其结晶过程的主要影响机制或许并不相同，造成这种结果的具体机理仍不清楚，有待进一步研究。

8.3　超声辅助技术对冷冻食品品质的影响及应用

8.3.1　超声波在冷冻过程中对冷冻食品品质的影响

食品的冷冻品质会受到晶体体积与分布的影响，通过 UAF 技术可使晶体最小化、分布均匀，提高冷冻食品的保水性、流变学特性和颜色等品质特性[14]。目前，UAF 技术主要应用于果蔬、肉制品及面团等食品领域中。

1. UAF 对果蔬品质的影响

近年来,UAF 作为一种新的果蔬保藏或加工方式,因其能更好地保留营养物质,提升果蔬冷冻品质而逐渐兴起[34]。Cheng 等[35]研究发现超声处理能显著降低草莓的冻结时间,超声照射能够在较低的过冷度下诱导其成核。Islam 等[36]使用超声辅助浸液冷冻蘑菇,降低了蘑菇浸泡冷冻过程中的冰晶成核时间和总冻结时间,并增加了蘑菇硬度,减少了水分损失。在 UAF 过程中,超声波会对食品的结晶过程产生影响,促进食品冷冻过程中形成的冰晶更为细小且均匀,对食品结构有更好的保护作用。Xin 等[37]发现超声处理能较好地维持冷冻西兰花的细胞结构和质构特性,对西兰花的色泽以及组织结构的破坏较小。Xu 等[38]的研究表明,UAF 可以减少红萝卜的冻结时间和滴水损失,更好地保持红萝卜的硬度和色泽。

2. UAF 对肉及肉制品品质的影响

冷冻保藏是肉及肉制品最为常用的一种保鲜方式。肉具有细胞结构,并且肌细胞内外溶液存在浓度差,超声空化会影响肉制品冷冻效果。Zhang 等[39]在温度达到 0℃时以 180 W 的超声波处理猪背最长肌 8 min,超声发射工作、停歇间期分别为 30 s/30 s。实验结果表明,UAF 明显减小了肌肉中冰晶的尺寸,并且使得冰晶的分布更加均匀,降低了肉的解冻损失,改善了肉的冷冻品质。此外,谷小慧[40]使用功率为 36 W 的超声波处理臀部猪肉,工作、停歇间期分别为 10 s/30 s,结果同样证明超声波作用降低了猪肉冷冻时间,改善了猪肉冷冻品质。

3. UAF 对面团品质的影响

在面包、蛋糕等烘焙类食物的生产过程中,大规模的面团生产与运输经常出现,通常使用冷冻技术处理面胚来保持其食用品质,使其适用于大规模生产很有必要。研究者将 UAF 技术应用于面团冷冻中,以求改善面团冷冻品质。Hu 等[41]使用超声处理冷冻面团,在功率为 288 W 或 360 W 超声照射下,面团冷冻消耗的总时间缩短了 11%以上,特别是相变阶段消耗的时间明显减少。此外,超声波还增加了晶核生成率,使冷冻面团内部形成大量微小的冰晶,改善了冷冻面团的质量。宋国胜等[42]用扫描电子显微镜观察了冷冻湿面筋蛋白解冻后的微观结构、孔洞口径的大小及分布,结果表明用 360 W 的 UAF 湿面筋,湿面筋蛋白内可以形成细小且分布均匀的冰晶体。相对于普通浸液冷冻,UAF 对面筋组织网络结构的破坏显著降低,UAF 降低了冰晶对蛋白质二级结构的损伤,改善了冷冻面团的品质[43]。

8.3.2 超声波在解冻过程中对冷冻食品品质的影响

冷冻食品的解冻是一个非常耗时的过程，而解冻时间越长，冷冻食品受到腐败微生物和致病菌污染的风险就越大，另外不良的解冻条件还会促进冷冻食品中营养成分的物理化学变化，这是在解冻过程中冷冻食品品质遭到破坏的主要原因。为缩短冷冻时间，许多实验将高压[44]、微波[45]、欧姆加热[46]和超声[47,48]等技术应用于改善解冻后冷冻食品品质的研究中。研究发现超声波不但可以作为一种非热的杀菌方式来减少对食品风味的破坏作用，还可以缩短解冻时间[17]。超声波可以加快解冻速度、缩短解冻时间主要有两个原因：一是冷冻食品中冻结部分对超声波的吸收要远远高于已经解冻的部分，尤其是在解冻区域和未解冻区域的交汇处，这一区域对超声波的吸收率是最大的[49]。冷冻食品吸收超声波的这一规律使得超声波所携带的能量更有效地用于融化冰晶而非用于已解冻区的温度升高，因此超声波可以提高解冻速度。二是超声波携带的振动能量被介质吸收，并转化为介质自身的热能。余力等[50]研究了不同解冻方式对冷冻伊拉兔肉的品质的影响，发现使用功率为 200 W、频率为 40 kHz 的超声波辅助解冻兔肉的时间较自然空气解冻、微波解冻要短许多，而且对肌肉蛋白质的降解和脂肪氧化程度的影响也较小。Cheng 等[51]发现当用 1200 W 的超声波辅助解冻冷冻毛豆时，解冻时间要比传统方法减少一半。Gâmbuțeanu 等[52]用功率为 0.2～0.4 W/cm^2，强度为 25 kHz 的超声波辅助解冻冷冻猪背最长肌时发现超声波解冻后的猪肉能够保持较好的物理、化学和生物学特性，并且超声波的频率是影响解冻肉品质的关键因素。刘雪梅等[53]在研究不同解冻方法对速冻草莓品质的影响时发现，用 800 kHz 的超声波可以有效地保护草莓中的花色苷。虽然超声波可以明显地缩短解冻时间，提高冷冻食品品质，但是在超声波辅助解冻过程中还存在着许多不良影响，如低渗透、局部过热、较高的能量需求等，这些都阻碍了超声波在解冻过程中的应用和发展。因此未来研究方向将主要集中在调节超声波的功率、频率等参数以减少超声波辅助解冻过程中的这些不良反应。

8.3.3 超声波在监测结晶过程中的应用

超声波的速度、衰变系数和声阻可以反映出许多关于冷冻食品的物理、化学和结构特性等方面的信息[54]。在已知频率和波长或者传播距离和时间的情况下可以计算超声波在介质中的传播速度，而通过牛顿-莱布尼茨公式，我们知道超声波在介质中的传播速度又与食品的弹性模量和密度有关[55]。衰变系数和声阻一直是提供食品物理、化学特性的重要参数，衰变系数与超声波在介质中传播时的能量损失有关，这种能量损失主要是由超声波在传播过程中的能量吸收和散射引起的。因此测定超声波能量的吸收和散射值可以为我们提供食品在物理、化学特性方面的信息，如体积黏性、分子弛豫、流变学、微观结构和组成等。声阻体现的是食品对超声波的抵抗性,它与食品的体积、密度、弹性有关,当超声经过两种状态不同的介质时,超声成像系统会立刻精确地反映出来,从而在没有损坏外部结构的情况下检测出材料内部结构和状态的变化。Lee 等[56]在橘汁从 20℃降到-50℃过程中测定了超声波在冷冻橘汁中的声速和衰变系数,结果表明未冻结水的含量与声速密切相关。Sigfusson 等[57]用脉冲反射来定位晶核的位置并发现通过热电偶可以很好地预测完成冷冻的时间。Carcione 等[58]曾用多孔弹性模型,以声速和衰变系数为参数,来预测橘汁的冻结程度,并在其他实验中获得了很好的重复性。Gülseren 等[59]拟定了超声波在蔗糖溶液、甘油和橘汁中声速与温度的函数关系,并确立了关于温度、声速与未冻结部分的大致关系,而且还发现声速的改变幅度与冰晶数量呈线性关系。Aparicio 等[60]建立了一个确定的方法来检测盐溶液、鳕鱼中的冰晶含量,这个方法可以用于解冻过程的在线监测。目前,冷冻食品的冰晶含量的检测技术还有核磁共振法和差示扫描法,超声波检测技术与这两种方法相比,最大的区别在于超声波可以实现冷冻食品冰晶含量的无损检测。

8.4　超声辅助食品冷冻工艺

尽管 UAF 技术可以促进溶液成核,增加冻结速度,并对食品冻结品质有显著的改善作用,但在冷冻过程中,随着作用时间的延长、功率的增加,超声波的热效应对食物造成的影响也增强。超声波热效应对冰晶形成的负面影响大于其诱导作用时,会对食品结晶起阻碍作用,使冻结速度减慢,并增加晶体体积,降低食品冷冻品质[61]。因此,合理地利用 UAF 技术以求达到最好的冷冻效果,就要降低超声效应造成的负面影响,即通过优化超声工艺,选择最佳的工艺参数。对于不同的食品而言,由于其组成成分及含量的差异较大,加工条件也有所不同,其最适宜的冷冻工艺参数也不尽相同,表 8.1 列举了几种实验室测量的食品 UAF 的最适工艺参数。

表 8.1　几种食品的超声辅助冷冻工艺

食品	工艺参数	作用效果	参考文献
马铃薯	15.89 W、2 min、-2℃	提升冷冻速度,使晶体均匀细小	[47, 62-63]
萝卜	0.26 W/cm^2、7 s、-5℃	缩短成核时间,提升成核温度	[64]
草莓	0.51 W/cm^2、30 s、-1.6℃	缩短成核时间,提升成核温度	[34]
西兰花	0.25~0.412 W/cm^2、60 s	保持质地特性,降低滴水损失	[37, 48]
猪肉	180 W、0℃,工作、停歇间期 30 s/30 s、处理 8 min	减小冰晶尺寸,降低解冻损失	[39]
冰激凌	—	提高传热效率,防止结壳发硬	[65]
面团	25 kHz、288 W 或 366 W、40 min	缩短冷冻时间,冰晶均匀细小	[41]
乳糖	3~16 J/mL、20 kHz	减小冰晶尺寸,使其分布均匀	[66]

此外，改变 UAF 过程中食物的气体含量，也会影响食品冷冻效果。一些研究者的研究证明，溶液中初始氧气含量越高，形成的冰晶体积就越小[67]。向固体食物中灌注 CO_2 并结合 UAF 技术可以显著降低冷冻时间与冰晶尺寸[68]。所以，在 UAF 过程中，可以根据冷冻对象的不同，调节 UAF 的工艺参数或加入外源无毒无害气体，以达到最好的冷冻效果。陈竹兵等[69]采用真空脱气方式对萝卜组织中的气体含量进行调节，萝卜组织中的气体含量分别为 0.00%、4.01%、6.46%和 9.91%，采用 28 kHz、0.33 W/cm^2 的超声进行超声辅助浸液冷冻处理，结果表明，随着萝卜组织中气体含量降低，超声辅助浸液冷冻的冻结速度显著提高，并且萝卜解冻后的硬度、微观结构以及钙离子含量均有显著改善。由此可见，气体含量确实对 UAF 的效果造成影响。但研究者在此领域的研究并不多，气体含量对不同种类食品的 UAF 品质的影响以及作用机制还需要进一步研究。

8.5 结论与展望

UAF 技术利用超声波的空化作用达到改善食品结晶品质的目的。相比传统的冷冻技术，该技术能够提高传质传热速率并加快食品结晶速率，使得形成的冰晶细小且分布均匀，改善食品的冷冻品质。UAF 技术是一种在物理层面加工的技术，没有使用任何食品添加剂，相较于其他的工艺，满足了现代食品工业向绿色食品生产方式逐渐转变的发展趋势，虽然技术还未成熟，但前景远大。该技术在后续发展过程中，可以与其他新型冷冻技术，如超高压冷冻技术、生物冷冻蛋白技术等配合，扩宽超声作用参数范围，降低 UAF 在技术与材料方面的要求，为 UAF 技术在食品生产过程中的大规模应用提供帮助。

参 考 文 献

[1] Rinnovati R, Sgorbini M, Cazor P, et al. Ultrasonography appearance of the equine proximal palmar metacarpal region after local anesthetic infiltration[J]. Journal of Equine Veterinary Science, 2018, 61: 95-98

[2] Jiménez A, Rufo M, Paniagua J M, et al. Contributions to ultrasound monitoring of the process of milk curdling[J]. Ultrasonics, 2017, 76: 192-199

[3] Ye T T, Yu J Q, Luo Q H, et al. Inhalable clarithromycin liposomal dry powders using ultrasonic spray freeze drying[J]. Powder Technology, 2017, 305: 63-70

[4] Dalvi-Isfahan M, Hamdami N, Xanthakis E, et al. Review on the control of ice nucleation by ultrasound waves, electric and magnetic fields[J]. Journal of Food Engineering, 2017, 195: 222-234

[5] Reátegui J L P, Machado A P D F, Barbero G F, et al. Extraction of antioxidant compounds from blackberry (*Rubus* sp.) bagasse using supercritical CO_2 assisted by ultrasound[J]. The Journal of Supercritical Fluids, 2014, 94: 223-233

[6] Guo W Q, Zheng H S, Li S, et al. Promotion effects of ultrasound on sludge biodegradation by thermophilic bacteria *Geobacillus stearothermophilus* TP-12[J]. Biochemical Engineering Journal, 2016, 105: 281-287

[7] Cacho J I, Campillo N, Viñas P, et al. Evaluation of the contamination of spirits by polycyclic aromatic hydrocarbons using ultrasound-assisted emulsification microextraction coupled to gas chromatography-mass spectrometry[J]. Food Chemistry, 2016, 190: 324-330

[8] Liu X, Zhang C, Zhang Z Q, et al. The role of ultrasound in hydrogen removal and microstructure refinement by ultrasonic argon degassing process[J]. Ultrasonics Sonochemistry, 2017, 38: 455-462

[9] Warner R D, McDonnell C, Bekhit A E D, et al. Systematic review of emerging and innovative technologies for meat tenderisation[J]. Meat Science, 2017, 132: 72-89

[10] Chang A C, Chen F C. The application of 20 kHz ultrasonic waves to accelerate the aging of different wines[J]. Food Chemistry, 2002, 79(4): 501-506

[11] Zhang Z, Sun D W, Zhu Z W, et al. Enhancement of crystallization processes by power ultrasound: current state-of-the-art and research advances[J]. Comprehensive Reviews in Food Science and Food Safety, 2015, 14(4): 303-316

[12] Anwar M, Schilling T. Crystallization of polyethylene: a molecular dynamics simulation study of the nucleation and growth mechanisms[J]. Polymer, 2015, 76: 307-312

[13] Cheng X F, Zhang M, Xu B G, et al. The principles of ultrasound and its application in freezing related processes of food materials: a review[J]. Ultrasonics Sonochemistry, 2015, 27: 576-585

[14] Norton T, Delgado A, Hogan E, et al. Simulation of high pressure freezing processes by enthalpy method[J]. Journal of Food Engineering, 2009, 91(2): 260-268

[15] Aroeira C N, Filho R A T, Fontes P R, et al. Freezing, thawing and aging effects on beef tenderness from *Bos indicus* and *Bos taurus* cattle[J]. Meat Science, 2016, 116: 118-125

[16] 逯晓云, 夏秀芳, 孔保华. 超声波辅助冷冻技术作用机理及在冷冻食品中的应用[J]. 食品研究与开发, 2017, 38(4): 190-194

[17] 王薇薇, 孟廷廷, 郭丹钊, 等. 食品加工中超声波生物学效应的研究进展[J]. 食品工业科技, 2015, 36(2): 379-383

[18] Chow R, Blindt R, Chivers R, et al. A study on the primary and secondary nucleation of ice by power ultrasound[J]. Ultrasonics, 2005, 43(4): 227-230

[19] Kurotani M, Miyasaka E, Ebihara S, et al. Effect of ultrasonic irradiation on the behavior of primary nucleation of amino acids in supersaturated solutions[J]. Journal of Crystal Growth, 2009, 311(9): 2714-2721

[20] Kerboua K, Hamdaoui O. Ultrasonic waveform upshot on mass variation within single cavitation bubble: investigation of physical and chemical transformations[J]. Ultrasonics Sonochemistry, 2018, 42: 508-516

[21] Legay M, Gondrexon N, Person S L, et al. Enhancement of heat transfer by ultrasound: review and recent advances[J]. International Journal of Chemical Engineering, 2011, (1): 1-17

[22] Kiani H, Zhang Z H, Delgado A, et al. Ultrasound assisted nucleation of some liquid and solid model foods during freezing[J]. Food Research International, 2011, 44(9): 2915-2921

[23] Hickling R. Nucleation of freezing by cavity collapse and its relation to cavitation damage[J]. Nature, 1965, 206: 915-917

[24] 王全海. 过冷水动态结晶的超声机理研究[D]. 洛阳: 河南科技大学, 2014: 55-60

[25] Zhang X, Inada T, Yabe A, et al. Active control of phase change from supercooled water to ice by ultrasonic vibration 2. Generation of ice slurries and effect of bubble nuclei[J]. International Journal of Heat and Mass Transfer, 2001, 44(23): 4533-4539

[26] Grossier R, Louisnard O, Vargas Y. Mixture segregation by an inertial cavitation bubble[J]. Ultrasonics

Sonochemistry, 2007, 14(4): 431-437

[27] Ohsaka K, Trinh E H. Apparatus for measuring the growth velocity of dendritic ice in undercooled water[J]. Journal of Crystal Growth, 1998, 194(1): 138-142

[28] Zheng L Y, Sun D W. Innovative applications of power ultrasound during food freezing processes-a review[J]. Trends in Food Science and Technology, 2006, 17(1): 16-23

[29] Kiani H, Sun D W. Water crystallization and its importance to freezing of foods: a review[J]. Trends in Food Science and Technology, 2011, 22(8): 407-426

[30] 陈梅英, 冯力, 欧忠辉, 等. 果汁等温结晶过程冰晶生长的相场法模拟[J]. 中国农业大学学报, 2013, 18(6): 192-197

[31] Delgado A E, Sun D W. Heat and mass transfer models for predicting freezing processes: a review[J]. Journal of Food Engineering, 2001, 47(3): 157-174

[32] Arends B J, Blindt R A, Janssen J, et al. Process control: forming water in oil emulsions, cooling: US, US6630185 B2[P]. 2003

[33] Li H, Wang J K, Bao Y, et al. Rapid sonocrystallization in the salting-out process[J]. Journal of Crystal Growth, 2003, 247(1-2): 192-198

[34] 郭卫芸, 杜冰, 程燕锋, 等. 冷冻处理对果蔬的影响及其应用[J]. 食品与机械, 2007, 23(2): 118-121

[35] Cheng X F, Zhang M, Adhikari B, et al.Effect of ultrasound irradiation on some freezing parameters of ultrasound-assisted immersion freezing of strawberries[J]. International Journal of Refrigeration, 2014, 44(7): 49-55

[36] Islam M N, Zhang M, Adhikari B, et al. The effect of ultrasound-assisted immersion freezing on selected physicochemical properties of mushrooms[J]. International Journal of Refrigeration, 2014, 42(3): 121-133

[37] Xin Y, Zhang M, Adhikari B. The effects of ultrasound-assisted freezing on the freezing time and quality of broccoli (*Brassica oleracea* L. var. *botrytis* L.) during immersion freezing[J]. International Journal of Refrigeration, 2014, 41(5): 82-91

[38] Xu B G, Zhang M, Bhandari B, et al. Effect of ultrasound-assisted freezing on the physico-chemical properties and volatile compounds of red radish[J]. Ultrasonics Sonochemistry, 2015, 27(1): 316-324

[39] Zhang M C, Niu H L, Chen Q, et al. Influence of ultrasound-assisted immersion freezing on the freezing rate and quality of porcine longissimus muscles[J]. Meat Science, 2018, 136: 1-8

[40] 谷小慧. 超声波对冷冻肉品质影响的研究[D]. 大连: 大连工业大学, 2013: 15-37

[41] Hu S Q, Liu G, Li L, et al. An improvement in the immersion freezing process for frozen dough via ultrasound irradiation[J]. Journal of Food Engineering, 2013, 114(1): 22-28

[42] 宋国胜, 胡松青, 李琳, 等. 冷冻环境对湿面筋蛋白中可冻结水的影响[J]. 华南理工大学学报(自然科学版), 2009, 37(4): 120-124

[43] 宋国胜, 胡娟, 沈兴, 等. 超声辅助冷冻对面筋蛋白二级结构的影响[J]. 现代食品科技, 2009, 25(8): 860-864

[44] 冯叙桥, 王月华, 徐方旭. 高压脉冲电场技术在食品质量与安全中的应用进展[J]. 食品与生物技术学报, 2013, 32(4): 337-346

[45] 胡晓亮, 王易芬, 郑晓伟, 等. 水产品解冻技术研究进展[J]. 中国农学通报, 2015, 31(29): 39-46

[46] Bozkurt H, İçier F. Ohmic thawing of frozen beef cuts[J]. Journal of Food Process Engineering, 2012, 35(1): 16-36

[47] 余德洋, 刘宝林, 吕福扣. 超声波辅助马铃薯冻结的实验研究[J]. 声学技术, 2014, 33(1): 21-24

[48] Xin Y, Zhang M, Adhikari B. Ultrasound assisted immersion freezing of broccoli (*Brassica oleracea* L. var. *botrytis* L.)[J]. Ultrasonic Sonochemistry, 2014, 21(5): 1728-1735

[49] 张绍志, 陈光明, 尤鹏青. 基于超声波的食品解冻技术研究[J]. 农业机械学报, 2003, 34(5): 99-101

[50] 余力, 贺稚非, Enkhmaa B, 等. 不同解冻方式对伊拉兔肉品质特性的影响[J]. 食品科学, 2015, 36(14): 258-264

[51] Cheng X F, Zhang M, Adhikari B. Effects of ultrasound-assisted thawing on the quality of edamames [*Glycine max* (L.) Merrill] frozen using different freezing methods[J]. Food Science and Biotechnology, 2014, 23(4): 1095-1102

[52] Gâmbuțeanu C, Alexe P. Effects of ultrasound assisted thawing on microbiological, chemical and technological properties of unpackaged pork longissmus dorsi[J]. Annals of the University Dunarea De Jos of Galati, 2013, 37(1): 98-107

[53] 刘雪梅, 孟宪军, 李斌, 等. 不同解冻方法对速冻草莓品质的影响[J]. 食品科学, 2014, 35(22): 276-281

[54] 朱建华, 杨晓泉, 熊犍. 超声波技术在食品工业中的最新应用进展[J]. 酿酒, 2005, 32(2): 54-57

[55] Awad T S, Moharram H A, Shaltout O E, et al. Applications of ultrasound in analysis processing and quality control of food: a review[J]. Food Research International, 2012, 48(2): 410-427

[56] Lee S, Pyrak-Nolte L J, Cornillon P, et al. Characterisation of frozen orange juice by ultrasound and wavelet analysis[J]. Journal of the Science of Food and Agriculture, 2004, 84: 405-410

[57] Sigfusson H, Ziegler G R, Coupland J N. Ultrasonic monitoring of food freezing[J]. Journal of Food Engineering, 2004, 62(3): 263-269

[58] Carcione J M, Campanella O H, Santos J E. A poroelastic model for wave propagation in partially frozen orange juice[J]. Journal of Food Engineering, 2007, 80(1): 11-17

[59] Gülseren İ, Coupland J N. Ultrasonic velocity measurements in frozen model food solutions[J]. Journal of Food Engineering, 2007, 79(3): 1071-1078

[60] Aparicio C, Otero L, Guignon B, et al. Ice content and temperature determination from ultrasonic measurements in partially frozen foods[J]. Journal of Food Engineering, 2008, 88(2): 272-279

[61] 程新峰, 张慜, 朱玉钢, 等. 低频超声波强化冷冻机理及其在食品加工中的应用[J]. 食品与发酵工业, 2015, 41(12): 248-255

[62] Li B, Sun D W. Effect of power ultrasound on freezing rate during immersion freezing of potatoes[J]. Journal of Food Engineering, 2002, 55(3): 277-282

[63] Comandini P, Blanda G, Soto-Caballero M C, et al. Effects of power ultrasound on immersion freezing parameters of potatoes[J]. Innovative Food Science and Emerging Technologies, 2013, 18: 120-125

[64] Xu B G, Zhang M, Bhandari B, et al. Influence of power ultrasound on ice nucleation of radish cylinders during ultrasound-assisted immersion freezing[J]. International Journal of Refrigeration, 2014, 46: 1-8

[65] Russell A B, Cheney P E, Wantling S D. Influence of freezing conditions on ice crystallisation in ice cream[J]. Journal of Food Engineering, 1999, 39(2): 179-191

[66] Zisu B, Sciberras M, Jayasena V, et al. Sonocrystallisation of lactose in concentrated whey[J]. Ultrasonics Sonochemistry, 2014, 21(6): 2117-2121

[67] Amira J H, Roman P, Pierre L. Ultrasonically triggered freezing of aqueous solutions: influence of initial oxygen content on ice crystals' size distribution[J]. Journal of Crystal Growth, 2014, 402: 78-82

[68] Xu B G, Zhang M, Bhandari B, et al. Infusion of CO_2 in a solid food: a novel method to enhance the low-frequency ultrasound effect on immersion freezing process[J]. Innovative Food Science and Emerging Technologies, 2016, 35(6): 194-203

[69] 陈竹兵, 朱志伟, 孙大文. 萝卜组织孔隙中气体含量对超声辅助浸渍冷冻冻结效果的影响[J]. 现代食品科技, 2017, 33(7): 172-179

第 9 章　高静压加工对肉及肉制品脂肪氧化的影响

近年来，随着消费者的关注，食品工业需要使用新的保存方法以延长食品的货架期，确保食品安全。高静压处理作为一项比加热处理更为优越的灭菌技术在肉和肉制品加工中得到了广泛的应用。当前新开发的食品技术主要集中在如何保留食品的质量属性[1]，高静压处理能在不影响肉及肉制品营养和风味的前提下起到延长肉类制品的储藏期、调节酶活力、改善组织结构和提高肌原纤维蛋白的凝胶特性等作用[2,3]。尽管目前研究较多，但如何控制直接压力对肉及肉制品产生的影响是高静压技术在肉类行业成功应用并获得高品质肉制品的根本[4]。过度的高静压处理（>400 MPa）会诱导肉及肉制品发生不良变化，改变它们的质地和颜色，加速脂肪氧化速率[5]。高压力、快循环会导致脂肪的氧化程度增加，使得不饱和脂肪酸含量较高的肉及肉制品的脂肪氧化的程度显著增加[6]。适度的脂肪氧化在食品加工过程中生成一些小分子物质会赋予产品一些特征风味，但随着脂肪氧化加剧，特别是多不饱和脂肪酸的过度氧化，会使产品产生一些令人不愉快的滋味和气味[7]。

高静压对脂肪氧化及风味的影响主要由脂肪和胆固醇产生的氧化产物（如丙二醛等）导致，脂肪及胆固醇的氧化产物还与癌症、细胞膜破坏、酶失活和蛋白质的变性程度有关[8]，因此了解高静压处理对于脂肪氧化的影响具有一定的现实意义。本章从氧化的原理出发，简要介绍了脂肪自动氧化及胆固醇氧化产物的形成机理，重点综述了该技术对于脂肪氧化的影响，为进一步研究及采用科学的方法抑制高静压技术对于脂肪氧化的影响提供了一定的理论依据。

9.1　高静压应用简介

高静压技术是指在常温或者较低温度条件下，以流体为传递压力的介质，应用100~1000 MPa的静水压力对以软包装或者散装方式放入密封弹性容器里的食品物料进行一段时间的处理，可以起到灭菌、物料改性和改变食品中成分的某些理化反应速率的效果[9]。高静压技术在适当的压力范围内，在不破坏共价键结构的条件下可以在室温或更低的温度下进行，因此和热处理相比，在达到同等的灭菌效果的同时，其可以最大程度地保持食品原有的质地、色泽、滋味和香味[10]，且等压原理保证了压力瞬时且均匀地传送到整个食品中，没有热梯度的形成，处理时间也有较大幅度的减少[11]，因此高静压技术在肉和肉制品加工或其他高附加值的食品加工方面得到了广泛的重视，应用前景较为可观。

目前高静压处理对肉及肉制品的影响已有不少研究，主要集中在对肉的嫩度、色泽、微生物变化、凝胶特性、脂肪氧化等方面[12]。研究较多的主要是高静压对肉品微生物灭菌效果的影响，现有研究结果表明[13]应用于肉和肉制品压力范围在400～600 MPa、室温处理 3～7 min 的巴氏杀菌就可达到较好的灭菌效果。与热处理相比，加压处理所产生的脂肪氧化的程度较小，只有强度很大的高静压处理才会产生类似于热处理诱导的脂肪氧化程度，因此目前关于高静压对肉品脂肪氧化和风味的影响及其机制的探究的研究并不多。目前研究结果普遍认为，高静压能较好地保持肉制品的风味。但也有部分研究[14]指出：高静压处理会促进脂肪氧化，从而对肉制品的风味造成影响。因此，高静压对肉制品脂肪氧化和风味的影响及其具体机制还有待进一步研究。

9.2 脂肪及胆固醇的氧化

9.2.1 脂肪的氧化

适度的脂肪氧化是赋予肉制品独特香味的重要途径，但过度脂肪氧化会导致肉及肉制品在加工和储藏过程中发生质量变化[15]。过度脂肪氧化不仅造成了基本脂肪酸流失，功能性质、色泽和风味也会发生不良变化，同时还伴随着胆固醇氧化物的生成[16]。脂肪氧化包括酶促氧化和自动氧化两种类型，与游离脂肪酸氧化相关的主要内源酶是脂肪氧合酶[17]。在生肉中，脂肪氧合酶会催化不饱和脂肪酸发生氧化反应，这种由酶催化而引起的脂肪氧化称为酶促氧化[18]。因高静压处理与脂肪自动氧化相关性较大，所以本节重点介绍脂肪自动氧化的机理。

脂肪的自动氧化是指不饱和脂肪酸在空气中与氧气接触而发生作用的一系列反应，是由自由基引发的链式反应[19]，自动氧化是肌肉中脂肪氧化的主要形式，通常包括活性氧的产生和在铁离子作用下氢过氧化物的产生两个过程[20]。肉品中脂肪自动氧化主要由肌肉中活性氧自由基所引发，活性氧自由基主要包括超氧阴离子自由基、羟自由基、脂氧自由基、二氧化氮和一氧化氮自由基等，它们比氧气分子活泼，其中羟自由基最为活泼，可直接与脂肪作用形成脂类氢过氧化物[21]，脂类氢过氧化物进一步分解可以产生多种挥发性或非挥发性的化合物[22]。组织中微量的铁离子可以与腺苷二磷酸（ADP）结合形成 ADP-Fe^{2+}-O_2 复合物，该复合物能够可逆地转化为 ADP-Fe^{3+}-O_2[23]，这两种复合物在一定条件下可以引发不饱和脂肪酸过度氧化，产生油脂游离基、过氧化物游离基、脂类氢过氧化物[24]。脂类氢过氧化物在两种复合物的作用下可转化为油脂游离基和过氧化物游离基，使脂肪氧化继续下去，过氧化物游离基可以转化为环过氧化物，也可以进一步反应生成脂类氢过氧化物，进而重复上述变化。油脂游离基很不稳定，可分解形成次级氧化产物，导致挥发性风味物质不断增加[25]。脂肪通过上述的自动氧化过程，对肉品的质量和风味产生一定的影响。

在非培养状态下直接提取样品中微生物的 DNA，随后进行聚合酶链式反应（PCR）扩增，最后在变性梯度凝胶电泳（DGGE）中得到不同微生物的分离条带，每一个独立的条带都代表一个物种。Kruk 等[3]用 PCR-DGGE 方法检测出了数量占群落总数 1%的微生物。Marcos 等[13]经过大量实验证实 PCR-DGGE 技术的微生物检测极限为 1%～3%，如果同时结合 rRNA 杂交技术，还可以将检测极限降低至 0.1%左右。

9.2.2　胆固醇的自动氧化

胆固醇受光、热、氧等条件的影响，容易形成胆固醇氧化物[26]。一般新鲜的肉及肉制品中不含胆固醇氧化物，但加工过程中或是经过一系列处理后常常会产生胆固醇氧化物[27]。这可能是因为胆固醇在受到光照、加热、高压等外部和环境因素影响时，氧化反应在胆固醇内部快速进行（如脱氢等反应）会产生多种胆固醇氧化产物。通常情况下，大多数胆固醇氧化物性质较为稳定，如果是处于中性和碱性环境中，不太容易分解，然而在有氧、加热等特定条件下会发生加成等反应，转变为其他胆固醇氧化物[28]。但是目前很少有研究探讨高静压处理肉及肉制品中含有这类氧化产物的形成机制及原因，因此高静压处理诱导胆固醇氧化的机理目前尚不清楚。但是最受支持的假说是关于高静压处理导致细胞膜的损伤，通过与蛋白质的变性协同效应诱发自由基的形成[29]。此外，应用非常高的压力（>800 MPa）也可导致自由基形成，促进脂肪氧化，从而可能会导致胆固醇氧化[30]。

9.3　高静压处理对脂肪氧化的影响

高静压处理能显著降低肌肉中脂肪的稳定性，加速脂肪氧化过程，破坏肉品的风味和营养价值[31]。高静压处理对脂肪氧化的显著影响主要表现在硫代巴比妥酸反应产物（TBARS）略有差异。Clariana 等[32]报道 TBARS 值的差异与不同的压力水平、储藏时间和储藏条件（光或暗）有关。Fuentes 等[33]研究了高压处理和肌内脂肪含量对切片和真空包装的伊比利亚干腌火腿的 TBARS 值的影响，结果表明在储藏期内高静压处理对所有批次样品均有显著影响，加压的样品在储藏后期表现出更高的 TBARS 值,说明高静压处理引起的脂肪氧化与处理的压力、肌肉的组成以及温度相关。从目前研究来看,几乎所有肉制品都对压力诱导油脂氧化敏感,它们的临界压力因肉类种类的不同而不同。高静压处理会导致肌红蛋白和氧合肌红蛋白发生变性生成高铁肌红蛋白并释放出金属离子,促进脂肪氧化[34]。Cheftel 等[35]用高静压处理肉糜发现当压力低于 200 MPa 时,肉糜中 TBARS 值未见升高;300 MPa 时,TBARS 值略微升高;800 MPa 时,TBARS 值显著升高。研究结果表明[36],低于 300 MPa 的压力处理对脂肪氧化的影响不大,但压力高于此值对脂肪氧化的影响程度呈线性增加,300~400 MPa 似乎是诱导肉品质量发生显著变化的临界压力。分析原因可能为 300~400 MPa 的压力能够导致肌红蛋白和氧合肌红蛋白转变为高铁肌红蛋白,同时释放出的 Fe^{3+} 可能对脂肪氧化起到重要的催化作用,从而加速脂肪氧化[37]。Cheah 和 Ledward[38]的进一步研究表明:添加柠檬酸可以抑制猪肉脂肪氧化的速率,其原因主要为高静压处理易导致金属离子($Fe^{2+/3+}$,$Cu^{2+/3+}$)释放,但可以通过芬顿(Fenton)反应聚合游离基,且柠檬酸具有螯合金属离子的作用,可以有效地抑制脂肪氧化的速率。

9.3.1 初级和次级脂肪氧化产物

脂肪氧化是肉及肉制品质量变化的一个重要原因,它不仅会导致肉及肉制品营养成分和风味损失,某些脂肪氧化的初级产物及次级产物对肉品质量、风味及人体健康也会造成一定的影响。高静压诱导的脂肪氧化在一定程度上限制了高静压技术在肉品中的应用。禽肉制品由于不饱和脂肪酸含量较高,更容易发生脂肪氧化。Fueates 等[14]研究了在 12℃条件下,采用 600 MPa 的高静压压力处理干火腿 6 min,会加速脂肪衍生物如己醛、庚醛和壬醛的形成速率,研究结果表明高静压处理对 3-甲基丁醛顶空浓度无影响,但对照组与加压组相比,2-甲基丁醛的浓度更高。Ma 等[39]研究了高静压处理对牛肉脂肪氧化速率的影响,结果表明在室温条件下,压力越高,牛肉的脂肪氧化稳定性越差,引起牛肉发生质量变化的临界压力为 200 MPa。这可能是由于牛肉中含有金属离子复合物,高静压处理后释放出游离金属离子,导致游离金属离子浓度升高,加速了初级代谢产物如己醛和壬醛的形成速率,进而加快了脂肪氧化的速率[40]。Bolumar 等[41]在研究高静压处理鸡胸肉中自由基类物质的形成机制时,首次计算了高静压处理对鸡肉中自由基的形成量的影响,并与不同温度下的热处理数据进行了比较,发现 400 MPa 是自由基形成的界限,低于 400 MPa 没有自由基形成,而高于 400 MPa 会有自由基形成,会加速脂肪氧化的程度。

海洋食品的特点是含有多不饱和脂肪酸(PUFAs),如有较高含量的二十碳五烯酸(EPA)和二十二碳六烯酸(DHA),PUFAs 易于氧化,在加工和随后的储藏过程中，鱼类制品中脂类的氧化会直接影响产品的风味、颜色、质地和营养价值。也有报道认为高压会降低脂肪氧化。Aubourg 等[42]采用高静压处理（450 MPa）鲭鱼，然后将其进行冷冻，分析鲭鱼脂肪降解情况，研究发现高静压处理的鲭鱼中游离脂肪酸的含量显著降低，其中对照组（未经过高静压处理的生鱼肉）中的油酸、软脂酸和硬脂酸普遍高于高静压处理组，这可能是由于高静压诱导使得解脂酶失活，导致游离脂肪酸的氧化下降。研究表明高静压处理对鲑鱼、牛肉、羊和牡蛎的整体脂肪酸组成影响不显著，但有趣的是，He 等[43]发现，高于 350 MPa 的压力处理猪肉会引起磷脂脂解与游离脂肪酸相应增加，然而除了在 500 MPa 处理时亚麻酸含量略微降低外，肌内脂肪和甘油三酯的总脂肪酸组成没有显著变化。Wang 等[44]也发现高静压处理牦牛体内脂肪会造成 PUFAs 损失且产生较为不利的脂肪酸，在压力为 400 MPa 或 600 MPa 处理后冷冻 20 d，牦牛肉的 TBARS 值增加，感官质量下降，PUFAs 和 n-6/n-3 系列不饱和脂肪酸含量也显著下降。Rivas-Cañedo 等[45]的研究结果也表明，压力处理可能导致塑料包装材料中的某种化合物迁移到肉中。由于塑料中大部分的化合物都是亲脂性的，更容易侵入脂肪含量较高的原料肉中，因此来自食品包装中的潜在的化学物质迁移的危害，在高静压处理过程中更值得重视。

9.3.2 胆固醇氧化产物

猪肉、牛肉、羊肉等肉类都含有大量的胆固醇，因此肉制品是膳食中胆固醇氧化物的重要来源之一，但目前关于高静压处理肉及肉制品中这类化合物形成机制及原因的研究较少[46]。胆固醇氧化物会导致动脉粥样硬化，具有潜在的致癌性，因此研究胆固醇氧化产物对人类健康尤为重要，胆固醇氧化产物是各国严格控制的有毒有害物质之一。在日常生活中一些胆固醇氧化物较为常见[40]，分别为 3β,5α,6β-胆甾烷三醇、6β-环氧化胆固醇、20α-羟基胆固醇、5α,6α-环氧化胆固醇、7β-羟基胆固醇等。Tuboly 等[47]采用不同的压力（200MPa 和 400 MPa）处理冷冻的去骨火鸡肉 20 min，20℃保存 4 个月和 8 个月后测定 TBARS 值和胆固醇含量。在储藏过程中，胆固醇氧化物 7α-羟基胆固醇、7β-羟基胆固醇的含量增加；关于丙二醛含量的变化，结果显示和胆固醇氧化物变化趋势一致，皆有上升的趋势。Chevalier 等[48]深入研究了不同压力水平（600 MPa 持续 6 min 和 900 MPa 持续 5 min）对于干腌火腿中胆固醇氧化物含量的影响。处理后检测出八种胆固醇氧化物（7α-羟基胆固醇、7β-羟基胆固醇、20α-羟基胆固醇、25-羟基胆固醇、6-酮基胆固醇、7-酮基胆固醇、5α,6α-环氧化胆固醇、5β,6β-环氧化胆固醇）。结果表明，在 600 MPa 高静压处理后胆固醇氧化物含量没有显著性变化。相反，900 MPa 的压力处理后八种胆固醇氧化物含量除 20α-羟基胆固醇和 25-羟基胆固醇外均有所增加，上述结果说明一定压力水平的高静压处理肉类制品后会增加产品中胆固醇的生成量。

9.4 结论与展望

虽然目前高静压设备应用较多，但高静压技术在肉与肉制品中的应用和研究起步较晚，许多机理还值得深入探讨。高静压技术的一个缺点是高静压装置需要较高的投入，要想得到广泛的应用就必须解决其高成本的问题，并且高静压设备的工作容器较小，批量处理量少等因素也导致高静压处理成本较高。因此如何降低高静压技术的成本，增大高静压设备处理量是未来高静压技术在肉品工业应用中需要迫切解决的问题。高静压处理对脂肪氧化的初级产物和次级产物及胆固醇氧化产物的影响因处理温度、压力值、保压时间、肌肉种类和所处的不同状态等而存在很大的差异。近年来，对于高静压处理对脂肪氧化的影响的研究取得了一定的进展，但仍需肉品生产厂家和科研人员加大该方面的研究力度，探讨高静压处理对于脂肪氧化影响的机理及主要抑制机制，如可以通过添加天然食品抗氧化剂和螯合剂、抗菌包装技术以及气调包装技术等高新技术协同作用来进一步抑制高静压处理对于脂肪氧化的影响。需要强调的是，结合使用来自其他研究领域衍生的数学模型也可以更好地研究在高静压处理过程中与化学反应相关的热力学和动力学的变化，进而预测和限制脂肪氧化次级产物的生成量，提高高静压处理后最终肉及肉制品的感官质量。

参 考 文 献

[1] Liu Y, Betti M, Gänzle M G, et al. High pressure inactivation of *Escherichia coli*, *Campylobacter jejuni* and spoilage microbiota on poultry meat[J]. Journal of Food Protection, 2012, 75(3): 497-503

[2] Bak K H, Lindahl G, Karlsson A H, et al. Effect of high pressure, temperature and storage on the color of *porcine longissimus dorsi*[J]. Meat Science, 2012, 92(6): 374-381

[3] Kruk Z A, Yun H, Rutley D L, et al. The effect of high pressure on microbial population, meat quality and sensory characteristics of chicken breast fillet[J]. Food Control, 2011, 22(1): 6-12

[4] Bak K H, Lindahl G, Karlsson A H, et al. High pressure effect on the color of minced cured restructured ham at different levels of drying, pH, and NaCl[J]. Meat Science, 2012, 90(3): 690-696

[5] 仪淑敏, 马兴胜, 励建荣, 等. 超高压对金线鱼鱼肉肠凝胶特性的影响[J]. 食品工业科技, 2014, 35(10): 129-133

[6] 张秋勤, 徐幸莲, 胡萍, 等. 超高压处理对肉及肉制品的影响[J]. 食品工业科技, 2008, 29(12): 267-270

[7] 王钰杰, 郭雪花, 林婷, 等. 上海熏鱼加工过程中脂质氧化,脂肪分解和挥发性风味成分的变化[J]. 山东农业大学学报(自然科学版), 2020, 51(4): 639-645

[8] Giménez B, Gómez-Guillén M C, Pérez-Mateos M, et al. Evaluation of lipid oxidation in horse mackerel patties covered with borage-containing film during frozen storage[J]. Food Chemistry, 2011, 124(4): 1393-1403

[9] Aymerich T, Picouet P A, Monfort J M. Decontamination technologies for meat products[J]. Meat science, 2008,

78(1-2): 114-129

[10] Li W H, Bai Y F, Mousaa S A S, et al. Effect of high hydrostatic pressure on physicochemical and structural properties of rice starch[J]. Food and Bioprocess Technology, 2012, 5(6): 2233-2241

[11] Grossi A, Gkarane V, Otte J A, et al. High pressure treatment of brine enhanced pork affects endopeptidase activity, protein solubility, and peptide formation[J]. Food Chemistry, 2012, 134(11): 1556-1563

[12] Kawai K, Fukami K, Yamamoto K. Effect of temperature on gelatinization and retrogradation in high hydrostatic pressure treatment of potato starch-water mixtures[J]. Carbohydrate Polymers, 2012, 87(1): 314-321

[13] Marcos B, Kerry J P, Mullen M A. High pressure induced changes on sarcoplasmic protein fraction and quality indicators[J]. Meat Science, 2010, 85(1): 115-120

[14] Fueates V, Ventanas J, Morcuende D, et al. Lipid and protein oxidation and sensory properties of vacuum-packaged dry-cured ham subjected to high hydrostatic pressure[J]. Meat Science, 2010, 85(3): 506-514

[15] 宋照军, 黄明, 马汉军, 等. 超高压处理在低温肉制品生产中的应用研究进展[J]. 食品工业科技, 2012, 33(9): 446-449, 453

[16] Rivas-Cañedo A, Juez-Ojeda C, Nuñez M, et al. Effects of high-pressure processing on the volatile compounds of sliced cooked pork shoulder during refrigerated storage[J]. Food Chemistry, 2011, 124(3): 749-758

[17] Lee M A, Choi J H, Choi Y S, et al. Effects of *kimchi* ethanolic extracts on oxidative stability of refrigerated cooked pork[J]. Meat Science, 2011, 89(4): 405-411

[18] Rhee K S, Myers C E. Sensory properties and lipid oxidation in aerobically refrigerated cooked ground goat meat[J]. Meat Science, 2003, 66(1): 189-194

[19] Gandemer G. Lipids in muscles and adipose tissues, changes during processing and sensory properties of meat products[J]. Meat Science, 2002, 62(3): 309-321

[20] Toldrá F, Flores M, Aristoy M C. Pattern of muscle proteolytic and lipolytic enzymes from light and heavy pigs[J]. Journal of the Science of Food and Agriculture, 1996, 71(5): 124-128

[21] Frankel E N. Lipid oxidation: mechanisms, products and biological significance[J]. Food Chemistry, 1984, 61(12): 1908-1917

[22] Laguerre M, Lecomte J, Villeneuve P. Evaluation of the ability of antioxidants to counteract lipid oxidation: existing methods, new trends and challenges[J]. Progress in Lipid Research, 2007, 46(5): 244-282

[23] Berbieri G. Volatile components of dry-cured ham[J]. Journal of Agricultural Food Chemistry, 1991, 39(7): 1257-1261

[24] Forss D A. Odor and flavor compounds from lipids[J]. Progress in the Chemistry of Fats and other Lipids, 1973, 13: 177-258

[25] Ladikos D, Lougovois V. Lipid oxidation in muscle foods: a review[J]. Food Chemistry, 1990, 35(4): 295-314

[26] Martínez-Monteagudo S I, Saldaña M D A, Torres J A, et al. Effect of pressure-assisted thermal sterilization on conjugated linoleic acid (CLA) content in CLA-enriched milk[J]. Innovative Food Science and Emerging Technologies, 2012, 16(11): 291-297

[27] Huang Y C, He Z F, Li H J, et al. Effect of antioxidant on the fatty acid composition and lipid oxidation of intramuscular lipid in pressurized pork[J]. Meat Science, 2012, 91(2): 137-141

[28] Beltran E, Pla R, Yuste J. Lipid oxidation of pressurized and cooked chicken: role of sodium chloride and mechanical processing on TBARS and hexanal values[J]. Meat Science, 2003, 64(5): 19-25

[29] Hur S J, Park G B, Joo S T. Formation of cholesterol oxidation products (COPs) in animal products[J]. Food Control, 2007, 18(8): 939-947

[30] Saldanha T, Bragagnolo N. Effects of grilling on cholesterol oxide formation and fatty acids alterations in fish[J]. Ciência e Tecnologia de Alimentos, 2010, 30(2): 385-390

[31] 杨慧娟, 邹玉峰, 徐幸莲, 等. 高压处理对调理肉制品食用品质影响的研究进展[J]. 食品工业科技, 2013, 34(18): 370-374

[32] Clariana M, Guerrero L, Sárraga, C, et al. Effects of high pressure application (400 and 900 MPa) and refrigerated storage time on the oxidative stability of sliced skin vacuum packed dry-cured ham[J]. Meat Science, 2012, 90(1): 323-329

[33] Fuentes V, Utrera M, Estévez M, et al. Impact of high pressure treatment and intramuscular fat content on colour changes and protein and lipid oxidation in sliced and vacuum-packaged Iberian dry-cured ham[J]. Meat Science, 2014, 97(5): 468-474

[34] Utrera M, Armenteros M, Ventanas S, et al. Pre-freezing raw hams affects quality traits in cooked hams: potential influence of protein oxidation[J]. Meat Science, 2012, 92(8): 596-603

[35] Cheftel J C, Culioli J. Effects of high pressure on meat: a review[J]. Meat Science, 1997, 46(3): 211-236

[36] Cheah P B, Ledward D A. High-pressure effects on lipid oxidation[J]. Journal of American Oil Chemists' Society, 1995, 72(2): 1059-1063

[37] Cheah P B, Ledward D A. High-pressure effects on lipid oxidation in minced pork[J]. Meat Science, 1996, 43(2): 123-134

[38] Cheah P B, Ledward D A. Catalytic mechanism of lipid oxidation following high pressure treatment in pork fat and meat[J]. Journal of Food Science, 1997, 62(6): 1135-1139

[39] Ma H J, Ledward D A, Zamri A I, et al. Effects of high pressure/thermal treatment on lipid oxidation in beef and chicken muscle[J]. Food Chemistry, 2007, 104(8): 1575-1579

[40] Faustman C, Sun Q, Mancini R, et al. Myoglobin and lipid oxidation interactions: mechanistic bases and control[J]. Meat Science, 2010, 86(1): 86-94

[41] Bolumar T, Skibsted L H, Orlien V. Kinetics of the formation of radicals in meat during high pressure processing[J]. Food Chemistry, 2012, 134(4): 2114-2120

[42] Aubourg S P, Tabilo-Munizaga G, Reyes J E, et al. Effect of high-pressure treatment on microbial activity and lipid oxidation in chilled coho salmon[J]. European Journal of Lipid Science and Technology, 2010, 112(3): 362-372

[43] He Z F, Huang Y C, Li H J, et al. Effect of high-pressure treatment on the fatty acid composition of intramuscular lipid in pork[J]. Meat Science, 2012, 90(1): 170-175

[44] Wang Q, Zhao X, Ren Y R, et al. Effects of high pressure and temperature on lipid oxidation and fatty acid composition of yak (*Poephagus grunniens*) body fat[J]. Meat Science, 2013, 94(4): 489-494

[45] Rivas-Cañedo A, Fernández-García E, Nuñez M. Volatile compounds in fresh meats subjected to high pressure processing: effect of the packaging material[J]. Meat Science, 2009, 81(2): 321-328

[46] Poli G, Sottero B, Gargiulo S, et al. Cholesterol oxidation products in the vascular remodeling due to atherosclerosis[J]. Molecular Aspects of Medicine, 2009, 30(3): 180-189

[47] Tuboly E, Lebovics V K, Gaál Ö, et al. Microbiological and lipid oxidation studies on mechanically deboned turkey meat treated by high hydrostatic pressure[J]. Journal of Food Engineering, 2003, 56(2): 241-244

[48] Chevalier D, Le B A, Ghoul M. Effects of high pressure treatment (100-200 MPa) at low temperature on turbot (*Scophthalmus maximus*) muscle[J]. Food Research International, 2001, 34(5): 425-429

第10章　功率超声波技术对肉品品质及加工特性的影响

功率超声波技术在农业产业的许多方面都有着很广泛的应用,但其在食品加工的过程中还是一个新兴的技术。它在可以缩短食品加工时间的同时又不破坏食品本身的品质,因此具有潜在的应用价值。本章从功率超声波的原理出发,主要综述了功率超声波技术在肉品加工过程中对肉品品质(嫩度和成熟)及肉制品工艺性能(烹饪、盐渍、杀菌、冷冻和解冻)的影响,并且简要阐述了功率超声波技术在肉品加工中的负面影响。总之,该技术在肉制品研究及生产领域中会发挥一定的作用。

随着科技的进步、经济的发展和人们生活水平的提高,对于优质肉制品的需求也逐渐增加。虽然目前肉制品的加工技术已经从传统的加工方式转向机械化生产,但在肉类加工的过程中,肉品品质和加工工艺条件仍有待提高。功率超声波与传统的肉制品加工技术相比,能够提高肉制品的生产效率和产品品质,同时对产品的营养成分和活性因子的破坏较低,能耗少,对环境无污染,是一种环境友好型的新技术,在清洗、测量、医疗诊断、食品加工等方面都有着广泛的应用[1]。

近几年来,功率超声波技术在食品工业中的应用范围逐渐扩大,从最初在脱气、杀菌、乳化、冷冻、干燥、过滤、提取、肉的嫩化和酒的陈化等食品加工过程中的应用,到现在在烹饪、切割、腌渍、微胶囊、新型食品的制备及分子美食学中的应用,已经受到广泛的关注,尤其是在肉类加工行业中有着更好的应用前景和实用价值[2]。

10.1　功率超声波简介

功率超声波是一种新兴的创新性技术,目前主要应用在食品分析和蛋白质改性中。功率超声波是指低频率、高强度的超声波(20~100 kHz,10~1000 W/cm^2)。当声音通过媒介传播时,会在媒介中产生一阵阵的粒子的压缩和释放,从而形成腔和/或气泡。这些腔和气泡随着超声波后期的循环而生长,最终变得不稳定并瓦解,释放高温和压力。如果在对生物试样进行超声波处理时发生了这些瓦解,便可以影响这些生物试样的宏观和微观的组织结构[3]。在食品加工过程中,功率超声波所产生的影响一般都是有益的,其可以提高食品的质量和增加产品的安全性。

目前，对于功率超声波技术在食品中的研究主要体现在以下几方面，一是功率超声波技术对细胞结构的改变；二是功率超声波对蛋白质功能性质的影响，如乳化性和起泡性及凝胶性的影响；三是功率超声波技术对酶的抑制或者激活等的影响[4]。由于功率超声波可以使细胞膜发生改变，因此将其应用于肉制品加工的过程中，有益于食品的腌制、卤制、干燥以及组织的嫩化等，可以改善肉制品的品质，提高产品质量。本章主要介绍功率超声波在肉制品加工过程中的应用，为其工业化生产提供理论基础。

10.2 功率超声波技术在肉品加工过程中的应用

10.2.1 功率超声波技术对肉品品质的影响

肉品品质主要取决于肉的香味、口感、外观、质构和多汁性。消费者的消费行为表明质构是决定肉品品质最重要的因素，而加速肉的成熟可以提高销售商的经济效益，因此研究功率超声波技术对于肉制品的嫩度和成熟的影响具有重要的意义[5]。

1. 嫩度

提高肉制品嫩度的方法主要有机械法、酶法和化学方法。从技术上讲，功率超声波对于肉的组织结构有两种影响形式：一种是打破细胞的完整性，另一种是促进酶的反应[6]。Roberts[7]研究发现对牛肉施加频率为 40 kHz，强度为 2 W/cm^2 的功率超声波处理 2 h，可以破坏牛肉的肌束膜并改善其质构，提高其嫩度和保水性。Xiong 等[8]的研究表明，采用功率超声波（24 kHz，12 W/cm^2）处理鸡胸肉 12 s，并在 4℃条件下储存 0 d、1 d、3 d 和 7 d，和对照组相比，在储藏期间实验组样品的剪切力值降低，但蒸煮损失没有发生显著变化，这表明功率超声波同样有助于家禽肉的嫩化。为了观察在储藏期间施加功率超声波所引起的质量特性的变化，Pohlman 等[9]用 20 kHz、22 W/cm^2 的功率超声波在储藏时间为 1 d、6 d 和 10 d 时处理真空包装的胸大肌，处理时间分别为 0 min、5 min 或者 10 min，研究发现经过功率超声波处理后的样品硬度降低，但降低程度并不受处理时间的影响，并且研究还发现与真空包装样品相比，未经包装的胸大肌在经过功率超声波处理后，其质量损失较大。

2. 成熟

功率超声波处理可以加速肉的成熟过程的假设已经被多次证实。Stadnik 和 Dolatowski[10]对宰后 24 h 的牛半膜肌施加功率超声波（20 kHz、8 W/cm^2）处理

2 min，并在 4℃条件下储藏 24 h、48 h、72 h 和 96 h，样品的保水性增加，类似于成熟肉。Stadnik 和 Dolatowski[11]进一步用频率为 45 kHz，强度为 2 W/cm² 的功率超声波垂直处理牛肉肌纤维 120 s 后，将样品在 4℃条件下储藏 4 d，研究表明，功率超声波与冷藏联合使用是改善牛肉工艺性能且不损害其抗氧化性的有效方法。一般来说，牛肉的尸僵结束需要 7 d 以上，经过功率超声波处理可以加速成熟，缩短死后僵直过程的时间，但是加速时间与功率超声波的功率和处理时间有关。Ozuna 等[12]用功率超声波（24 kHz、12 W/cm²）处理宰后的牛肉 4 min，然后在 4℃条件下储藏 1 d、3 d、5 d、7 d 和 10 d，研究结果显示，在储藏期间经功率超声波处理后样品的嫩度提高，尸僵时间缩短，加速了肉的成熟，这进一步证明了功率超声波技术可以提高肉制品的嫩度和工艺性能。频率/强度/时间的组合的差异，导致了不同的实验结果，但大多数的研究都证明功率超声波对于肉的质构和成熟有着显著性的影响，其可以降低结缔组织的韧性，减少蒸煮耗能而不影响其他的质量参数。

10.2.2 功率超声波技术对肉制品工艺性能的影响

1. 烹饪

功率超声波可以改善与传热性质相关的特性，这在肉品的烹饪中至关重要[13]。Pohlman 等[14]研究了功率超声波（20 kHz、1000 W）处理和常规烹饪方法处理对牛胸部肌肉的影响，将肌肉蒸煮到中心温度为 62℃或 70℃，2℃条件下储藏 14 d，使其成熟后进行指标测定。研究结果表明，在蒸煮前对样品进行功率超声波处理可以加快烹饪速度，提高牛肉的保水性，降低蒸煮损失；除此之外，在蒸煮前进行了功率超声波处理的熟肉与仅通过对流烹饪处理的熟肉相比，其嫩度更好，肌原纤维断裂数量更多，有利于咀嚼。因此，功率超声波处理除了可以作为一种快速烹饪肉的方法外，还可以提高肉的嫩度，增加其感官可接受性。此外，Farid 等[15]的研究表明，与煮沸和对流的方式烹饪的肉相比，经功率超声波处理的肉的蒸煮损失可以降低 2~5 倍，这是因为功率超声波处理可以更有效地进行热传递。因此功率超声波处理可以有助于餐馆或饮食行业预煮肉的制备。

功率超声波技术还可以在生产加工过程中改善肉的品质。Mcdonnell 等[16]使用功率超声波技术处理猪肉，并研究其对于猪肉中肌原纤维蛋白功能性质的影响。研究发现，采用功率超声波处理的猪肉样品在渗出物产量、烹饪产率，以及持水能力方面与对照组样品相似，但经功率超声波处理的样品的凝胶能力增强。采用功率超声波辐照的方式处理得到的肌原纤维蛋白样品在凝胶性、保水性、颜色等方面均明显优于对照组。Zhao 等[17]进一步研究发现，对用盐腌制后的鸡胸肉施加功率超声波可以增加鸡胸肉的保水能力、嫩度和凝聚力，促进肌原纤维蛋白的提取，进而提高肉的质构特性，这说明功率超声波技术可以结合其他传统处理方式应用于生产中。此外，Shao 等[18]采用 3%的乳清蛋白、27.5%的预乳化大豆油以及 0.5%的酪蛋白酸钠制备蔬菜预乳化脂肪代替动物性脂肪。对制备好的样品施加功率超声波（20 kHz、450 W），处理 0 min、3 min、6 min、9 min 和 12 min，研究样品所形成的凝胶的黏弹性、质构特性及流变特性。结果表明经功率超声波处理 6 min 的样品展现出了致密均匀的微观网络结构，且凝胶的黏弹性更好。因此功率超声波处理可以提高蛋白质的功能性质，进而使肉制品的品质得到改善。

2. 盐渍

肉的盐渍是一种用于防腐保鲜的常规加工方式，它主要是通过将肉沉浸在盐水溶液中而起到延长产品的货架期，改善其香味、多汁性以及嫩度的作用。在盐渍的过程中，肉被浸没在饱和盐溶液中并且发生两个主要的传质过程：水从肉中迁移到盐水溶液中以及溶质从盐水中迁移到肉中[19]。氯化钠向肉中扩散是一个缓慢的过程，但是可以通过注射的方式加速这一过程，然而注射的方式会使腌制食品的感官及食用品质降低。Leal-Ramos 等[20]研究发现功率超声波处理可以提高肌肉组织的渗透性。Cárcel 等[21]研究了功率超声波强度对质量传递的影响。将猪里脊肉切片浸泡在氯化钠饱和溶液中 45 min，实验过程在 2℃条件下进行，在盐渍的过程中使用不同水平的功率超声波强度处理样品。水和盐的含量变化表明功率超声波强度对质量传递有着显著的影响，经过功率超声波处理的样品中水和盐的含量比未经过功率超声波处理的样品高。此外，Arzeni 等[22]在更高的实验温度下也发现了相似的结果，他们将猪里脊肉切片浸泡在氯化钠饱和溶液中 45 min，并施加强度范围为 20.9～75.8 W/cm^2 的功率超声波，整个实验在 21℃条件下进行，实验结果表明，样品的水分含量和盐含量随着功率超声波强度的增加而增加。这些结果表明，与静态条件下相比，功率超声波处理可以提高氯化钠的获得率，说明功率超声波处理可以促进样品内部、外部的质量传递。Cárcel 等[23]进一步研究指出，当功率超声波强度范围为 39～51 W/cm^2 时，并不会对质量传递起到影响，但是当强度高于这一范围时，强度越高，对质量传递所产生的影响越大。Siró 等[24]在低频率（20 kHz），低强度（2～4 W/cm^2）条件下，对猪里脊肉采用三种处理模式（静态盐渍、真空滚揉、超声盐渍），研究发现与静态盐渍相比，超声盐渍显著地改善了盐的扩散，并且扩散指数随着超声强度的增加而增加。上述研究结果证明了超声波强度与盐在肉中的扩散存在显著的正相关性。Ozuna 等[12]指出应用功率超声波处理可以显著提高氯化钠含量和水分的有效扩散系数，此外，氯化钠含量、最终水分含量以及其他的因功率超声波处理而产生的肉的质构的变化可以进一步通过显微观察得到证实。McDonnell 等[25]研究了对猪肉施加强度为

2 W/cm²、4 W/cm²、11 W/cm² 或 19 W/cm² 的功率超声波，处理时间为 10 min、25 min 或者 40 min 时所产生的影响，研究结果表明，功率超声波盐渍可能是一种可以缩短质量传递和提取蛋白质所需时间的有效方法，由此可以看出，功率超声波技术可以改善质量传递这一说法是非常有说服力的，并且可能很快便会在实际食品工业生产中得到应用。

3. 杀菌

为节约成本，保证产品原有的质量特性，生产商和消费者希望减少加工程序，获得高品质的产品，因此寻找一些对食品质量影响几乎为零的食品加工方法变得越来越重要，功率超声波技术因其处理方式简单，成为可供选择的替代技术。由于功率超声波（20～100 kHz）强度较大时，其所产生的高压、高剪切力可以破坏细胞膜，从而导致细胞死亡，因此功率超声波技术可以作为食品杀菌的一种方式[26]，尤其是应用于肉制品杀菌中。Pagán 等[27]研究发现采用三种组合即压力和超声（压力超声波）、超声和加热（超声热处理）或者超声、加热和压力（热压超声处理）的组合进行杀菌处理时，热压超声处理组合可能是使微生物失活的最佳方法，可以有效地抑制一定范围内的微生物的生长。因为功率超声波的有效性要求长时间暴露在高温条件下，这可能会引起食品的功能性质、感官特性和营养价值劣化。然而，与加热处理联合使用，便可以加快食品的灭菌速度，因此降低了暴露在高温条件下的时间和强度，从而可以减少功率超声波所造成的损失[28]。Morild 等[29]研究了加压蒸汽与高功率超声波联合使用时对猪肉表面上的致病菌总数所产生的影响，对样品施加 30～40 kHz 的功率超声波处理 0.5～4 s，最终实验结果表明，在处理 1 s 后活菌总数减少 1.1 lg CFU/cm²，4 s 后活菌总数减少 3.3 lg CFU/cm²，说明功率超声波处理，在适当范围内增加处理时间，可以显著地降低活菌总数。Kordowska-Wiater 和 Stasiak[30]将鸡皮浸泡在水和含 1%的水的乳酸中，随后采用功率超声波（40 kHz，2.5 W/cm²）处理 3 min 或 6 min，研究其对鸡皮表面革兰氏阴性菌的数量变化的影响。结果表明，浸泡在水中或乳酸中的样品，在经功率超声波处理 3 min 后，均可使鸡皮表面的微生物数量减少 1.0 lg CFU/cm²，但经过较长时间处理后（6 min），浸泡在水中进行功率超声波处理的样品，其微生物数目减少量超过了 1.0 lg CFU/cm²，而浸泡在乳酸中进行功率超声波处理的样品，其微生物数目减少量超过了 1.5 lg CFU/cm²。由此可以得出结论，功率超声波处理与乳酸联合使用可以有效减少家禽皮肤表面的革兰氏阴性菌的数量。Herceg 等[31]研究了高功率超声波对含有大肠杆菌、金黄色葡萄球菌、沙门氏菌、单增李斯特菌和蜡状芽孢杆菌悬浮液的灭菌效果，实验采用 12.7 mm 的超声探头，超声频率为 20 kHz，幅度为 60 mm、90 mm 和 120 mm，在 20℃、40℃和 60℃的条件下处理 3 min、6 min 和 9 min。结果表明增加这三个参数中的任何一个都可以提高细菌的失活率，处理时间越长,失活率越高,尤其是在与高温和高振幅联用时,杀菌效果更显著。最近还有研究指出,在生产过程中对鸡胴体进行蒸汽处理和功率超声波处理可以显著减少弯曲杆菌的数量,尤其是在屠宰后立即处理,其效果更显著[32]。

4. 冷冻和解冻

功率超声波可以通过控制冷冻食品中晶体的成核及生长来促进结晶,同时可将声能转化为热能以加快解冻过程,也可以影响产品的质构以及解冻时细胞液的释放,而这些因素是影响消费者选择食品的重要指标,也是保护食品营养成分和生物活性成分的关键因素。声学解冻可以缩短除霜时间,从而减少解冻损失,进而提高产品质量,如果能够找到合适的频率和强度,声学解冻可以被视为一项创新技术并更加广泛地应用于肉品中[33]。然而,Awad 等[34]研究发现无论是高频还是低频条件下,超声波强度过高都会使样品表面产生温度过高的问题,当使用频率和强度为 500 kHz 和 0.5 W/cm^2 时的功率超声波对牛肉、猪肉和鳕鱼样品处理 2.5 h,解冻深度可以达到 7.6 cm,且不会出现样品表面温度过高的问题,因此需要寻找合适的功率和时间来避免局部温度过高所产生的影响。Musavian 等[35]研究采用低强度功率超声波处理和浸没在水中处理两种解冻猪肉的方法在物理、化学、微生物和技术特点方面的差异,发现在恒温的条件下,用频率为 25 kHz,强度为 0.2 W/cm^2 或者 0.4 W/cm^2 的功率超声波进行解冻与浸没在水中进行解冻相比,样品在化学、微生物或者质构特性方面并没有显著性的差异。因此如果采用功率超声波解冻时,可以保证肉品原有质量特性,缩短解冻时间,提高解冻效率。

10.3 功率超声波技术在肉品加工中产生的负面影响

功率超声波主要是基于空化效应产生的物理效应(增加流速、破碎颗粒、高温、高压),其对肉制品的加工所产生的影响多数情况下是有益的,但是在某种情况下会由于瞬间的高温、高压产生自由基,而这些因素可能对肉制品的化学结构和氧化稳定性存在破坏性,因此在肉品加工过程中避免或者降低对结构和功能特性的破坏,是功率超声波技术在实际应用中的一个挑战[2]。有报道指出,采用功率超声波处理会对肉的保水性[24]、颜色稳定性[11]、多汁性、感官特性和出品率[36]产生一些负面的影响。Zhao 等[17]认为这些变化是由肉中蛋白质的物理化学性质改变所导致的,但是这种假设并没有得到证实。Kasaai[37]研究指出采用功率超声波处理时声能可以被吸收,由于空化效应引起温度升高,产品会产生热损伤。

由高强度超声波所引起的变化取决于蛋白质本身的性质以及其变性和聚集的程度[26]。由于氨基酸的组成和酶的构象不同,采用功率超声波处理不同蛋白质时,其物理稳定性也有所差异[38]。由于半胱氨酸和甲硫氨酸的硫基易受自由基的攻击，因此它们是最容易因氧化而变化的氨基酸。高强度超声波可以引起食品蛋白质的功能变化，如凝胶性、黏度和溶解度的变化，这些变化与分子修饰和疏水性密切相关。蛋白质的氧化修饰可以改变其物理化学性质，包括构象、结构、溶解性、蛋白酶水解性以及酶活力。这些改变也可能会决定鲜肉的质量并影响肉制品的加工特性[39]。

每种食品的构象结构和性质都是不同的，因此在食品体系中应用功率超声波处理所带来的影响也有所不同。尽管已经证实功率超声波处理会使产品的分子结构发生变化，但现在很少有研究能够充分证明功率超声波处理会对肉品的品质产生不良的影响，因此功率超声波技术可以应用于肉制品加工中，提高其质量特性和生产效率。

10.4　结论与展望

本章综述了功率超声波技术在肉品加工过程中对肉品品质（嫩度、成熟）及肉制品工艺性能（烹饪、盐渍、杀菌、冷冻和解冻）的影响，表明功率超声波技术可有效增加肉的嫩度，在不影响其他质量参数的前提下加快常规烹饪速度；功率超声波还可以在不影响肉的质量的前提下缩短盐渍时间；功率超声波与乳酸联用可使微生物总数大量减少；功率超声波解冻可以缩短解冻时间并降低解冻损失，从而导致除霜时间大大缩短，使肉的品质得到了良好的保护。总之，随着肉及肉制品的发展以及功率超声波技术的成熟，该技术的应用前景必将越来越广阔。

参 考 文 献

[1] 冷雪娇, 章林, 黄明. 超声波技术在肉品加工中的应用[J]. 食品工业科技, 2012, 33(10): 394-397, 401

[2] 孙玉敬, 叶兴乾. 功率超声在食品中的应用及存在的声化效应问题[J]. 中国食品学报, 2011, 11(9): 120-133

[3] José J F B D S, Andrade N J D, Ramos A M, et al. Decontamination by ultrasound application in fresh fruits and vegetables[J]. Food Control, 2014, 45(1): 36-50

[4] Kek S P, Chin N L, Yusof Y A. Direct and indirect power ultrasound assisted pre-osmotic treatments in convective drying of guava slices[J]. Food and Bioproducts Processing, 2013, 91(4): 495-506

[5] Li H, Yu J M, Ahmedna M, et al. Reduction of major peanut allergens Ara h 1 and Ara h 2, in roasted peanuts by ultrasound assisted enzymatic treatment[J]. Food Chemistry, 2013, 141(2): 762-768

[6] Boistier M E, Lagsir O N, Callard M. The use of high-intensity ultrasonics in food plants[J]. Industries Alimentaires et Agricoles, 1999

[7] Roberts R T. Sound for processing food[J]. Nutrition and Food Science, 1991, 91(3): 17-18

[8] Xiong G Y, Zhang L L, Zhang W, et al. Influence of ultrasound and proteolytic enzyme inhibitors on muscle degradation, tenderness, and cooking loss of hens during aging[J]. Czech Journal of Food Sciences, 2012, 30(3): 195-205

[9] Pohlman F W, Dikeman M E, Zayas J F. The effect of low-intensity ultrasound treatment on shear properties, color

stability and shelf-life of vacuum-packaged beef *semitendinosus* and *biceps femoris* muscles[J]. Meat Science, 1997, 45(3):329-337

[10] Stadnik J, Dolatowski Z J. Influence of sonication on Warner-Bratzler shear force, colour and myoglobin of beef (*m. semimembranosus*)[J]. European Food Research and Technology, 2011, 233(4): 553-559

[11] Stadnik J, Dolatowski Z J. Influence of sonification on the oxidative stability of beef[J]. Roczniki Instytutu Przemysłu Miesnego I Tłuszczowego, 2009

[12] Ozuna C, Puig A, García-Pérez J V, et al. Influence of high intensity ultrasound application on mass transport, microstructure and textural properties of pork meat (*Longissimus dorsi*) brined at different NaCl concentrations[J]. Journal of Food Engineering, 2013, 119(1): 84-93

[13] Kortschack F, Heinz V. Process for solidifying the surface of raw sausage emulsion by ultrasonic treatment: CA, US6737093[P]. 2004

[14] Pohlman F W, Dikeman M E, Zayas J F, et al. Effects of ultrasound and convection cooking to different end point temperatures on cooking characteristics, shear force and sensory properties, composition, and microscopic morphology of beef longissimus and pectoralis muscles[J]. Journal of Animal Science, 1997, 75(2): 386-401

[15] Farid C, Zill-e-Huma, Khan M K. Applications of ultrasound in food technology: processing, preservation and extraction[J]. Ultrasonics Sonochemistry, 2011, 18(4): 813-835

[16] McDonnell C K, Allen P, Morin C, et al. The effect of ultrasonic salting on protein and water-protein interactions in meat[J]. Food Chemistry, 2014, 147(6): 245-251

[17] Zhao Y Y, Wang P, Zou Y F, et al. Effect of pre-emulsification of plant lipid treated by pulsed ultrasound on the functional properties of chicken breast myofibrillar protein composite gel[J]. Food Research International, 2014, 58(4): 98-104

[18] Shao J J, Zou Y F, Xu X L, et al. Effects of NaCl on water characteristics of heat-induced gels made from chicken breast proteins treated by isoelectric solubilization/precipitation[J]. CyTA-Journal of Food, 2016, 14(1): 145-153

[19] Cárcel J A, Benedito J, Bon J, et al. High intensity ultrasound effects on meat brining[J]. Meat Science, 2007, 76(4): 611-619

[20] Leal-Ramos M Y, Alarcon-Rojo A D, Mason T J, et al. Ultrasound-enhanced mass transfer in Halal compared with non-Halal chicken[J]. Journal of the Science of Food and Agriculture, 2011, 91(1): 130-133

[21] Cárcel J A, Benedito J, Mulet A, et al. Mass transfer effects during meat ultrasonic brining[C]. Ultrasonics World Congress 2003 Proceedings, 2003: 431-434

[22] Arzeni C, Martínez K, Zema P, et al. Comparative study of high intensity ultrasound effects on food proteins functionality[J]. Journal of Food Engineering, 2012, 108(3): 463-472

[23] Cárcel J A, García-Pérez J V, Benedito J, et al. Food process innovation through new technologies: use of ultrasound[J]. Journal of Food Engineering, 2012, 110(2): 200-207

[24] Siró I, Vén C, Balla C, et al. Application of an ultrasonic assisted curing technique for improving the diffusion of sodium chloride in porcine meat[J]. Journal of Food Engineering, 2009, 91(2): 353-362

[25] McDonnell C K, Lyng J G, Arimi J M, et al. The acceleration of pork curing by power ultrasound: a pilot-scale production[J]. Innovative Food Science and Emerging Technologies, 2014, 26: 191-198

[26] Cichoski A J, Rampelotto C, Silva M S, et al. Ultrasound-assisted post-packaging pasteurization of sausages[J]. Innovative Food Science and Emerging Technologies, 2015, 30: 132-137

[27] Pagán R, Mañas P, Alvarez I, et al. Resistance of *Listeria monocytogenes* to ultrasonic waves under pressure at sublethal (manosonication) and lethal (manothermosonication) temperatures[J]. Food Microbiology, 1999, 16(2):

139-148

[28] Yusaf T, Al-Juboori R A. Alternative methods of microorganism disruption for agricultural applications[J]. Applied Energy, 2014, 114(2): 909-923

[29] Morild R K, Christiansen P, Sørensen A H, et al. Inactivation of pathogens on pork by steam-ultrasound treatment[J]. Journal of Food Protection, 2011, 74(5): 769-775

[30] Kordowska-Wiater M, Stasiak D M. Effect of ultrasound on survival of Gram-negative bacteria on chicken skin surface[J]. Bulletin- Veterinary Institute in Pulawy, 2011, 55(2): 207-210

[31] Herceg Z, Markov K, Šalamon B S, et al. Effect of high intensity ultrasound treatment on the growth of food spoilage bacteria[J]. Food Technology and Biotechnology, 2013, 51(3): 352-359

[32] Castro M D L D, Priego-Capote F. Ultrasound-assisted crystallization (sonocrystallization)[J]. Ultrasonics Sonochemistry, 2007, 14(6): 717-724

[33] James C, Purnell G, James S J. A critical review of dehydrofreezing of fruits and vegetables[J]. Food and Bioprocess Technology, 2014, 7(5): 1219-1234

[34] Awad T S, Moharram H A, Shaltout O E, et al. Applications of ultrasound in analysis, processing and quality control of food: a review[J]. Food Research International, 2012, 48(2): 410-427

[35] Musavian H S, Krebs N H, Nonboe U, et al. Combined steam and ultrasound treatment of broilers at slaughter: a promising intervention to significantly reduce numbers of naturally occurring campylobacters on carcasses[J]. International Journal of Food Microbiology, 2014, 176(4): 23-28

[36] Barbieri G, Rivaldi P. The behaviour of the protein complex throughout the technological process in the production of cooked cold meats[J]. Meat Science, 2008, 80(4): 1132-1137

[37] Kasaai M R. Input power-mechanism relationship for ultrasonic irradiation: food and polymer applications[J]. Natural Science, 2013, 5(8A2): 14-22

[38] Ziuzina D, Patil S, Cullen P J, et al. Atmospheric cold plasma inactivation of *Escherichia coli* in liquid media inside a sealed package[J]. Journal of Applied Microbiology, 2013, 114(3): 778-787

[39] Zhang W G, Xiao S, Ahn D U. Protein oxidation: basic principles and implications for meat quality[J]. Critical Reviews in Food Science and Nutrition, 2013, 53(11): 1191-1201

第 11 章 高压电场技术在食品加工中的应用研究进展

11.1 高压电场技术概述

在国外，高压电场技术于 20 世纪 90 年代就开始应用于食品加工领域。与当时传统的热加工技术相比，高压电场作为一种非热处理技术，最大限度地保留了食品的营养成分和风味，因而在众多的加工技术中脱颖而出，但当时仅限于食品杀菌和辅助食品解冻。随后，国内一些学者开始对高压电场技术进行研究，并将其在食品加工领域进行拓展应用，目前其应用范围包括食品杀菌[1]、物料干燥[2]、辅助冷冻解冻[3]、提取食品生物活性物质[4]等。该技术不仅应用广，并且在食品加工中也展现出了巨大的优势，包括能耗小、效率高、无污染、对食品品质无影响等，因而在食品工业中具有很大的应用潜力。

食品加工中的高压电场技术可分为三类，包括高压静电场、高压脉冲电场和高压放电。高压静电场是一种人工综合效应场，先是低压电源经过电子线路处理产生高频矩形波，然后再经过整流、滤波、多谐振变换和多级倍压整流等电路，最终变换成稳定的直流高电压。使用时将高压电源加在两块平行的极板之间，即形成高压静电场。同时可通过调节控制器改变输出电压或极板间距离调节电场强度[5]。典型的高压静电场装置如图 11.1 所示。

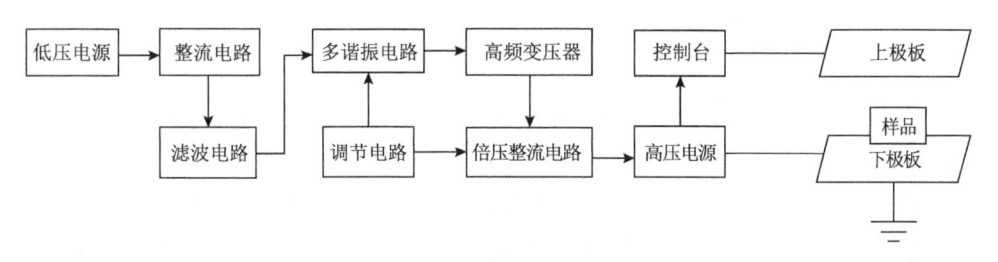

图 11.1 高压静电场装置

高压脉冲电场是通过高压脉冲电源在两个电极之间形成脉冲电场，然后对两电极间的物料反复施加高电压的短脉冲进行处理。脉冲电场装置主要由高压脉冲发生系统和高压脉冲处理室组成，处理系统的脉冲有方波、指数衰减波、振荡波以及双极性波等；处理室有平行盘式、线圈绕柱式、柱-柱式、柱-盘式、同心轴式等[6,7]。典型的高压脉冲电场处理装置如图 11.2 所示。

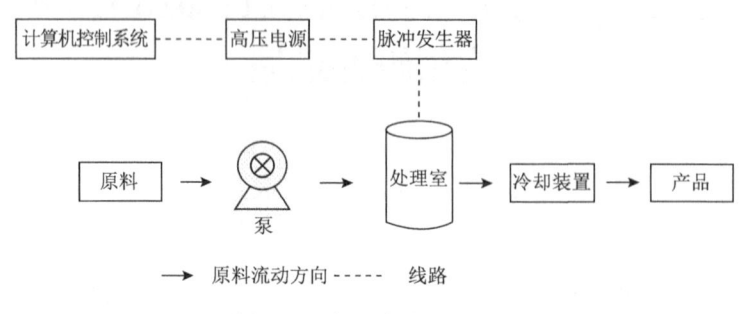

图 11.2　高压脉冲电场装置

高压放电是指电流从具有高电位的电极流入中性流体的过程，通过电离该流体，在电极周围形成等离子体区域。高压放电可发生部分或完全击穿，这两者在食品工业中均有应用。气体介质中的局部放电包括辉光放电、介质阻挡放电和电晕放电，其中电晕放电在食品工业中应用较为广泛[8]。

11.2　高压电场对食品组分的影响

食品中主要的组分包括蛋白质、脂质、碳水化合物等，这些组分直接影响了食品的营养价值和风味。高压电场技术作为一种非热处理技术，凭借众多优势，在食品加工领域得到了广泛的应用。但与此同时，其对食品组分的影响和安全性也引起了越来越多的关注。

11.2.1　对蛋白质的影响

高压电场能够影响蛋白质基团间的静电相互作用，因而会改变蛋白质的结构和功能。但从整体上来看，其对蛋白质的影响并不显著。Zhang 等[9]利用脉冲电场对油菜籽进行预处理，发现处理后油菜籽蛋白的溶解度、持水能力、乳化能力、起泡性、泡沫稳定性等有显著的提升，同时蛋白质的二级和三级结构发生改变。类似地，赵伟等[10]研究了脉冲电场处理对蛋清蛋白功能性质的影响，发现 25~35 kV/cm 处理 100~800 μs 可引起蛋清蛋白结构改变，同时蛋清蛋白的起泡性和乳化性提高。当电场强度和处理时间进一步增加时，蛋白结构改变程度增加并形成蛋白质聚集体，最终导致蛋白质起泡性和乳化性反而又下降。另外，一些研究表明脉冲电场能够通过破坏酶的二级和三级结构影响酶的活性[11,12]。

11.2.2 对脂质的影响

一些研究表明，高压电场处理会引起油脂、脂肪酸发生一些变化。曾新安等[13]利用脉冲电场对花生油进行处理，发现电场处理后的油脂在储藏期间的氧化速率降低，酸败产物减少，当电场强度大于 40 kV/cm 时，能在一定程度上保留脂质中不饱和脂肪酸及其营养价值。同样，梁琦等[14]研究了脉冲电场处理对油酸理化性质的影响，发现处理前后油酸的酸价无明显变化，过氧化值显著升高，碘价波动很大。在储藏期间，油酸的过氧化值随着处理强度和储藏时间的增加显著增大，而碘价在储藏 2 d 后下降。

目前，大部分研究表明高压电场对于脂质的氧化有一定影响，但由于脂质氧化过程较为复杂，仍需研究人员对其进行深入的研究与探讨。

11.2.3 对其他成分的影响

除蛋白质和脂质外，碳水化合物和维生素等对食品品质也具有重要影响。张鹰等[15]研究了脉冲电场处理对脱脂牛乳的影响，发现电场处理后牛乳中的乳糖含量几乎不受影响。Rivas 等[16]利用脉冲电场对牛乳橙汁复合饮料进行处理，发现处理后样品中维生素在储存期间的稳定性显著提高，在 60 d 后仍可保留 90%。

11.3 高压电场技术在食品加工中的应用研究

高压电场技术作为一种非热处理技术，由于其效率高、能耗小，并且对食品品质几乎无影响，因此在食品加工领域具有广泛的应用前景。目前，该技术主要应用于食品杀菌、食品物料干燥、辅助食品冷冻和解冻以及提取食品生物活性物质等。

11.3.1 食品杀菌

食品的杀菌保鲜在人们的日常生活中有着非常重要的作用，食品的新鲜度不仅反映了食品的品质，还严重影响到其商业价值。常规的食品保鲜方法包括气调保鲜、低温保鲜、辐照保鲜、超高压保鲜等[17]，但这些方法效率低且能耗较大。高压电场技术由于其效率高、能耗小、无热效应、对食品品质基本无影响等特点，在食品保鲜领域具有较为广阔的应用前景。目前在食品保鲜中使用较多的高压电场技术是高压脉冲电场。

1. 食品杀菌的机理

食品的保鲜主要通过杀菌和灭酶两种方式实现,高压电场则主要通过杀菌对食品进行保鲜。目前,普遍认同的杀菌机理是细胞膜的电穿孔杀菌理论,即在外加电场作用下,细胞膜跨膜电压逐渐增加,细胞膜变薄并形成微孔。当跨膜电压继续增加至超过临界值时,细胞膜发生崩解并导致细胞死亡[18,19]。

2. 在食品杀菌方面的应用

高压脉冲电场主要应用于对液体或半固体食品的杀菌保鲜,如牛乳果汁等。丁宏伟[20]使用高压脉冲电场对牛乳进行杀菌,发现电场强度、温度和脉冲数都显著影响杀菌效果,且杀菌效果与这三个因素均呈正相关,最终通过正交实验确定了最优方案(电场强度为 70 kV/cm,脉冲数为 6,杀菌温度为 70℃),在该条件下,乳中的微生物全部被杀灭。此外,赵瑾等[21]使用高压脉冲电场对梨汁进行杀菌保鲜,发现当电场频率为 200 Hz,电场强度为 30 kV/cm,处理时间为 240 μs,温度为 10℃时,梨汁中的大肠杆菌和酵母菌的数量分别下降 4.6 和 2.7 个数量级,并且提高温度可使微生物致死率进一步提高。陶晓赟等[22]研究了高压脉冲电场对蓝莓汁的杀菌效果,发现随电场强度和处理时间的增加,脉冲电场对蓝莓汁中大肠杆菌的杀灭效果增强,并且蓝莓汁的色泽、风味和营养成分不受影响。

11.3.2 食品物料干燥

干燥是一种古老的食品保藏技术,它可以充分降低水分活性,防止细菌滋生。食品加工中常用的干燥方法包括空气干燥和冷冻干燥,空气干燥效率低且加工时间较长,而冷冻干燥设备造价和运行费用都比较高,不利于大规模普及和使用[23]。干燥过程空气的温度和流速是影响干燥速率的重要参数。空气温度和流速的增加能增大传热和传质系数,加速干燥过程。但是,空气流速的增加通常是有限的,并且食品长时间暴露于较高温度可能会导致其品质发生变化,如褐变等。此外,空气温度和流速的增加会增加耗能,使生产成本增加。因此,在保证产品质量和安全性的同时,应优化空气流速和温度等能源方面的成本。

1. 干燥物料的机理

高压电场作为一种新型干燥技术,对物料的色泽、营养成分、外形具有良好的保持效果。高压电场干燥与通常的加热干燥的"传热传质"的干燥机理截然不同,它与物料及其中所含水分的接触是靠高压电场,而不是直接与电极接触。

高压电场加速物料干燥主要是依靠不均匀高压电场产生的离子风对物料表面

产生的冲击作用,即由于不均匀高压电场的作用,离子以一定的速度离开电极向接地电极运动。离子运动过程中与附近区域的其他气体分子发生碰撞,并带动其他分子一起做定向运动,最终形成具有一定速度的离子风。由于离子风的冲击,物料表面水分蒸发加快,物料内部水分向表面的移动也加快,从而加快了物料的干燥速率[24]。

2. 在食品物料干燥方面的应用

高压电场干燥物料过程中,不同的电场条件对干燥速率有很大的影响。白亚乡和孙冰[25]研究了不同电场条件对豆腐干燥速率的影响,发现采用线电极和针电极能获得较大的干燥速率,并且在相同电压下负高压大于正高压。同样,丁昌江和卢静莉[26]采用不同的电极和电压对熟牛肉进行干燥试验,发现高压电场能够提高牛肉的干燥速率且干燥速率随电压升高而增大,针状电极对应的干燥速率大于平板状电极,并根据试验结果建立了干燥模型。此外,有研究发现高压电场干燥不仅能够加快物料的干燥速率,并且还能较好保持产品的色泽[27]。

11.3.3 辅助食品冷冻

为了延长食品的保质期,食品加工中经常采用冷冻的方式。冷冻过程会对食品品质产生影响,这主要取决于冰晶的形成过程。冰晶颗粒的大小、生成速度以及分布的均匀程度都会影响冷冻食品的品质。在使用传统的冷冻方法时,食品中细胞内外溶液浓度不同,结晶所需的过冷度不同,使胞内结晶难以生成,胞外结晶不断生长直至破坏细胞结构,对食品品质造成不利影响[28]。此外,常规的冷冻方式冻结速度慢,易形成大体积冰晶并造成食品细胞结构损伤,最终使食品品质下降[29]。而高压电场辅助冷冻不仅能缩短冷冻时间,还减小了冰晶的尺寸,从而最大限度地保持了食品的品质。

1. 辅助食品冷冻的机理

高压电场辅助冷冻主要在静电场下进行,在冷冻期间将直流电源产生的高压电场施加到放置在两个电极之间的食品上。静电场能够影响水分子中的氢键,因而会改变水的结晶过程。在静电冷冻条件下,电场能够诱导冰晶形成,加速冻结过程。同时电场能够减小冰晶的尺寸使冰晶细小均匀,从而使食品中的细胞在冷冻过程中受到的机械损伤减小,进而改善冷冻食品的质量。

2. 在辅助食品冷冻方面的应用

目前,高压电场辅助冷冻主要应用于肉类。Xanthakis 等[30]研究了在不同电压条件下高压静电场辅助冷冻猪肉的效果。结果表明，随着静电场强度的增加，肉的过冷度降低，冰晶尺寸也明显减小，因而肉微观结构的损伤较小，最终提高了冷冻猪肉的质量。此外，Dalvi-Isfahan 等[31]研究了不同电场强度解冻对羔羊肉品质的影响，发现随着电场强度的增加，肉的液滴损失减少，在 5.8×10^4 V/m 电场下肉的平均冰晶尺寸减小了 60%，从而较好地保持了肉的品质。

11.3.4　辅助食品解冻

冷冻的食品在食用之前必须经过解冻过程，然而食品在解冻过程经常会出现食品品质下降的现象，如色泽和风味的变化。因此，在解冻过程尽可能使食品保持原有的新鲜状态是至关重要的。传统的解冻方法包括空气解冻法和水解冻法等，但是相对都存在一些弊端，如水解冻法会导致冻肉水溶性营养物质流失、微生物污染等[32]，这将会严重影响食品的品质。因此，冷冻食品需要一种快速且能够最大限度保持食品品质的解冻方法。高压静电场解冻不但解冻速度快、耗能低、营养物质损失少，而且能够很大程度保持食品原有的新鲜程度[33,34]。

1. 辅助食品解冻的机理

目前高压静电场加快解冻过程的机理尚不十分清楚，主要认为可能是以下两方面[35]：第一，电晕放电形成的离子风的作用。离子风中存在大量高速运动的带电粒子，当这些粒子与冰表面相撞击时，其携带的能量就会被冰表面上的水分子吸收，因此这些水分子的动能会有所增加，从而使解冻速度加快。同时，这些带电粒子的沉积也会提高冰的导热速率，使其从周围环境中快速吸收热量，提高解冻速度。第二，电场的作用加快了冰中氢键的断裂，使冰以小冰晶形式存在，并很快转化为液体状态，从而加快解冻过程。

2. 在辅助食品解冻方面的应用

在肉类方面，唐树培等[36]研究了不同电场强度解冻对羊胴体的影响，发现随着场强的增加，解冻时间缩短，汁液流失率降低且羊胴体解冻后的色泽新鲜。实验获得的最优场强为 12.5 kV/m，使解冻时间缩短 11.1%，汁液流失率降低 49.6%，微生物菌落总数减少了一个数量级。随后，Li 等[37]研究了不同解冻方法对鲤鱼品质的影响，发现 12 kV 电压解冻时间最短，显著降低了鱼肉的微生物数量和水分损失，并且提高了 AMP-脱氨酶活性，降低了酸性磷酸酶（ACP）活性，延缓了肌苷一磷酸（IMP）的降解。此外，也有研究表明高压电场辅助解冻不仅缩短了解冻时间，还提高了肉中蛋白的溶解性和持水性[38]。在果蔬方面，郭衍银等[39]研究了高压静电场解冻对速冻冬枣品质的影响，发现电场强度为 100 kV/m 时解冻效果最好，解冻后冬枣的硬度、水分含量、有机酸含量、维生素 C 含量和可溶性糖含量均高于对照组。

11.3.5　辅助提取生物活性物质

许多植物性食品基质中含有丰富的生物活性物质，如多酚、多糖等。这些生物活性物质对人体健康具有很大的影响[40,41]。然而在通常情况下，这些生物活性物质的提取效率较低，因此需要采用一些方法进行辅助提取。

基于细胞膜穿孔理论，高压电场能够引起细胞破损，增强从细胞质中提取生物分子的传质过程，因此可用于辅助提取生物活性物质。Kantar 等[42]利用脉冲电场辅助柑橘、柚子和柠檬榨汁，发现电场处理后果汁中的多酚含量明显增加，并且榨汁率也均有所增加。同样，Grimi 等[43]用脉冲电场辅助压榨苹果汁，发现经脉冲电场处理不仅使果汁中可溶性总物质和多酚含量增加，还使果汁透明度显著提高。此外，研究发现高压电场也能够辅助一些食品副产物提取生物活性物质，提高其利用率。Boussetta 等[44]使用高压放电辅助提取葡萄渣中的溶质和多酚，发现高压放电辅助提取可显著提高溶质和多酚的提取率，与对照组相比，溶质的提取率提高 4 倍，多酚提取率提高 30%。随后，Yan 等[45]研究了连续高压放电辅助提取花生壳中黄酮类化合物，结果表明高压放电辅助提取比温浸法提取效率高，且对黄酮类化合物的组成没有影响。同时，也有研究表明高压放电能够有效地和酶水解提取结合，从而提高生物活性物质的提取率[46]。

11.3.6　其他方面应用

一些研究表明高压电场还具有嫩化肉质、加快腌制、降解农药残留等作用。Suwandy 等[47]采用不同电压和频率的高压脉冲电场处理牛肉，发现肉中肌钙蛋白-T 和结蛋白的降解速度加快，并且剪切力减小了 19%，从而使肉质明显嫩化。Mcdonnell 等[48]在腌制猪肉之前采用脉冲电场进行预处理，发现高压电场处理能够加快盐的扩散，从而加快了肉的腌制过程。Chen 等[49]利用高压脉冲电场处理苹果汁，发现脉冲电场能显著降解苹果汁中残留的甲胺磷和毒死蜱，并且降解作用随电场强度和脉冲数的增加而加强。在食品领域外，高压电场技术也被用于农作物灭虫、育种等[50]。

参 考 文 献

[1] 李霜, 李诚, 陈安均, 等. 高压脉冲电场对调理牛肉杀菌效果的研究[J]. 核农学报, 2019, 33(4): 722-731
[2] 季旭, 冷从斌, 李海丽, 等. 高压电场下玉米的干燥特性[J]. 农业工程学报, 2015, 31(8): 264-271

[3] 程丽林, 许启军, 刘悦, 等. 电磁场辅助冻结-解冻技术研究进展[J]. 保鲜与加工, 2018, 18(2): 135-138, 146

[4] 刘曦然, 方婷. 高压脉冲电场在提取天然产物中的应用[J]. 食品工业, 2017, 38(1): 249-253

[5] 黄显吞. 高压静电场作用机理的物理解释及其在农业中的应用[J]. 广东农业科学, 2010, 37(7): 189-191

[6] 冯叙桥, 王月华, 徐方旭. 高压脉冲电场技术在食品质量与安全中的应用进展[J]. 食品与生物技术学报, 2013, 32(4): 337-346

[7] 张铁华, 殷涌光, 陈玉江. 高压脉冲电场(PEF)非热处理的加工原理与安全控制[J]. 食品科学, 2006, 27(12): 881-885

[8] Dalvi-Isfahan M, Hamdami N, Le-Bail A, et al. The principles of high voltage electric field and its application in food processing: a review[J]. Food Research International, 2016, 89: 48-62

[9] Zhang L, Wang L J, Jiang W, et al. Effect of pulsed electric field on functional and structural properties of canola protein by pretreating seeds to elevate oil yield[J]. LWT-Food Science and Technology, 2017, 84: 73-81

[10] 赵伟, 杨瑞金, 张文斌, 等. 高压脉冲电场作用下蛋清蛋白功能性质和结构的变化[J]. 食品科学, 2011, 32(9): 91-96

[11] 梁国珍, 孙沈鲁, 陈锦权. 高压脉冲电场对 HRP 活性及其构象的影响和分子模拟其构象改变的研究[J]. 中国食品学报, 2009, 9(3): 5-13

[12] 钟葵, 胡小松, 吴继红, 等. 高压脉冲电场对脂肪氧化酶二级和三级构象的影响效果[J]. 光谱学与光谱分析, 2009, 29(3): 765-768

[13] 曾新安, 资智洪, 杨连生. 强脉冲电场处理对花生油品质的影响[J]. 华南理工大学学报(自然科学版), 2008, 36(11): 85-90

[14] 梁琦, 杨瑞金, 赵伟, 等. 高压脉冲电场对油酸的影响[J]. 食品工业科技, 2009, 30(4): 86-89, 92

[15] 张鹰, 曾新安, 朱思明. 高强脉冲电场处理对脱脂乳游离氨基酸和乳糖的影响研究[J]. 食品科技, 2004, 3: 12-13, 19

[16] Rivas A, Rodrigo D, Company B, et al. Effects of pulsed electric fields on water-soluble vitamins and ACE inhibitory peptides added to a mixed orange juice and milk beverage[J]. Food Chemistry, 2007, 104(4): 1550-1559

[17] 励建荣. 生鲜食品保鲜技术研究进展[J]. 中国食品学报, 2010, 10(3): 1-12

[18] 李迎秋, 陈正行. 高压脉冲电场对食品微生物、酶及成分的影响[J]. 食品工业科技, 2005, 26(11): 169-173

[19] 郑人伟, 肖洪, 刘士健, 等. 高压脉冲电场技术对液体食品品质的影响研究进展[J]. 食品研究与开发, 2017, 38(12): 219-224

[20] 丁宏伟. 高压脉冲电场对牛乳的杀菌灭酶研究[D]. 长春: 吉林大学, 2006

[21] 赵瑾, 杨瑞金, 赵伟, 等. 高压脉冲电场对鲜榨梨汁的杀菌效果及其对产品品质的影响[J]. 农业工程学报, 2008, 24(6): 239-244

[22] 陶晓赟, 王寅, 陈健, 等. 高压脉冲电场对蓝莓汁杀菌效果及品质的影响[J]. 食品与发酵工业, 2012, 38(7): 94-97

[23] 夏亚男, 侯丽娟, 齐晓茹, 等. 食品干燥技术与设备研究进展[J]. 食品研究与开发, 2016, 37(4): 204-208

[24] 韩玉臻, 李法德, 田富洋, 等. 高压电场在食品物料干燥中的应用研究[J]. 农业装备与车辆工程, 2006, 2: 5-7

[25] 白亚乡, 孙冰. 高压直流电场对豆腐干燥的实验研究及机理分析[J]. 高电压技术, 2010, 36(2): 428-433

[26] 丁昌江, 卢静莉. 牛肉在高压静电场作用下的干燥特性[J]. 高电压技术, 2008, 34(7): 1405-1409

[27] 徐建萍, 白亚乡, 迟建卫, 等. 应用高压电场干燥芸豆角的试验研究[J]. 农机化研究, 2008, 7: 155-157

[28] Norton T, Delgado A, Hogan E, et al. Simulation of high pressure freezing processes by enthalpy method[J]. Journal of Food Engineering, 2009, 91(2): 260-268

[29] Aroeira C N, Filho R A T, Fontes P R, et al. Freezing, thawing and aging effects on beef tenderness from *Bos indicus*

and *Bos taurus* cattle[J]. Meat Science, 2016, 116: 118-125

[30] Xanthakis E, Havet M, Chevallier S, et al. Effect of static electric field on ice crystal size reduction during freezing of pork meat[J]. Innovative Food Science and Emerging Technologies, 2013, 20: 115-120

[31] Dalvi-Isfahan M, Hamdami N, Le-Bail A. Effect of freezing under electrostatic field on the quality of lamb meat[J]. Innovative Food Science and Emerging Technologies, 2016, 37: 68-73

[32] 何艳, 刘彦言, 鲍文静, 等. 不同解冻方法对冻结肉品质的影响[J]. 食品与发酵工业, 2018, 44(5): 291-295

[33] Jia G L, Liu H J, Nirasawa S, et al. Effects of high-voltage electrostatic field treatment on the thawing rate and post-thawing quality of frozen rabbit meat[J]. Innovative Food Science and Emerging Technologies, 2017, 41: 348-356

[34] He X L, Liu R, Tatsumi E, et al. Factors affecting the thawing characteristics and energy consumption of frozen pork tenderloin meat using high-voltage electrostatic field[J]. Innovative Food Science and Emerging Technologies, 2014, 22: 110-115

[35] 唐梦, 岑剑伟, 李来好, 等. 高压静电场解冻技术在食品中的研究进展[J]. 食品工业科技, 2016, 37(10): 373-376, 385

[36] 唐树培, 李保国, 高志新. 高压静电场解冻羊胴体的实验研究[J]. 制冷学报, 2016, 37(3): 69-73

[37] Li D P, Jia S L, Zhang L T, et al. Effect of using a high voltage electrostatic field on microbial communities, degradation of adenosine triphosphate, and water loss when thawing lightly-salted, frozen common carp (*Cyprinus carpio*)[J]. Journal of Food Engineering, 2017, 212: 226-233

[38] Rahbari M, Hamdami N, Mirzaei H, et al. Effects of high voltage electric field thawing on the characteristics of chicken breast protein[J]. Journal of Food Engineering, 2018, 216: 98-106

[39] 郭衍银, 朱艳红, 赵向东, 等. 高压静电对速冻冬枣解冻品质的影响[J]. 制冷学报, 2009, 30(2): 45-48

[40] 卢烽, 廖小军, 胡小松, 等. 多酚对肠道微生物影响的研究进展及对多酚指示菌的探讨[J]. 食品工业科技, 2018, 39(16): 330-335

[41] 李容, 陈华国, 周欣. 植物多糖免疫调节机制研究进展[J]. 天然产物研究与开发, 2018, 30(11): 2017-2022, 2031

[42] Kantar S E, Boussetta N, Lebovka N, et al. Pulsed electric field treatment of citrus fruits: improvement of juice and polyphenols extraction[J]. Innovative Food Science and Emerging Technologies, 2018, 46: 153-161

[43] Grimi N, Mamouni F, Lebovka N, et al. Impact of apple processing modes on extracted juice quality: pressing assisted by pulsed electric fields[J]. Journal of Food Engineering, 2011, 103(1): 52-61

[44] Boussetta N, Lanoisellé J L, Bedel-Cloutour C, et al. Extraction of soluble matter from grape pomace by high voltage electrical discharges for polyphenol recovery: effect of sulphur dioxide and thermal treatments[J]. Journal of Food Engineering, 2009, 95(1): 192-198

[45] Yan L G, Deng Y, Ju T, et al. Continuous high voltage electrical discharge extraction of flavonoids from peanut shells based on "annular gap type" treatment chamber[J]. Food Chemistry, 2018, 256: 350-357

[46] Kantar S E, Boussetta N, Rajha H N, et al. High voltage electrical discharges combined with enzymatic hydrolysis for extraction of polyphenols and fermentable sugars from orange peels[J]. Food Research International, 2018, 107: 755-762

[47] Suwandy V, Carne A, Ven R V D, et al. Effect of pulsed electric field on the proteolysis of cold boned beef *M. Longissimus lumborum* and *M. Semimembranosus*[J]. Meat Science, 2015, 100: 222-226

[48] McDonnell C K, Allen P, Chardonnereau F S, et al. The use of pulsed electric fields for accelerating the salting of pork[J]. LWT-Food Science and Technology, 2014, 59(2): 1054-1060

[49] Chen F, Zeng L Q, Zhang Y Y, et al. Degradation behaviour of methamidophos and chlorpyrifos in apple juice treated with pulsed electric fields[J]. Food Chemistry, 2009, 112(4): 956-961

[50] 王龙, 王春霞, 李鸿, 等. 静电技术在农作物种植上的研究进展与应用[J]. 食品安全质量检测学报, 2018, 9(11): 2673-2677

第 12 章　基于超声辅助低共熔溶剂萃取技术及在食品工业中的应用

随着食品工业的发展，萃取技术已经广泛应用于提取食品中生物活性物质以及检测食品中的有毒有害物质。萃取分离技术主要有传统萃取技术和现代萃取技术两种[1,2]。传统的方法包括浸渍法、渗滤法、索氏提取法和溶剂提取法。一般而言，这些方法的萃取周期长、操作复杂、成本高并且回收困难。现代一些新的技术包括酶辅助萃取、超声波辅助萃取、微波辅助萃取、亚临界流体萃取、超临界萃取和高压辅助萃取。这些萃取方法一般具有萃取时间短、成本低和提取物纯度高等优点，其中超声波辅助萃取效率高、重复性好且需要的溶剂量少，在食品工业中应用最为广泛。然而这些萃取方式都存在着采用传统有机萃取溶剂的毒性问题，这会对环境以及食品中所含的物质造成影响。

随着绿色提取概念的提出，使用高效率超声波技术结合对环境友好的萃取溶剂来进行萃取成为研究的热点。离子液体是近年来应用较多的一种高效萃取剂，它是指由有机阳离子和无机或有机阴离子构成的在室温或近于室温下呈液态的盐类[3]，但其在食品领域的应用存在一定的安全问题，并不是完全的绿色溶剂。低共熔溶剂（deep eutectic solvent, DES）是一种新型的提取溶剂，是传统有机溶剂和离子液体的潜在替代品，其优点在于具有无毒性、低挥发性、高热稳定性和高导电性等特点。DES 可由两个或三个化合物通过氢键相互作用缔合形成，同时发生反应物熔点降低的现象。DES 的高表面张力与高密度等性质使其具有良好的溶剂特性。将低共熔溶剂进一步结合超声辅助萃取（ultrasonic assisted extraction-deep eutectic solvent，UAE-DES）技术来进行食品中活性成分的提取及食品中有害物质的检测已经成为一种新的趋势。本章简述了低共熔溶剂的分类、制备方法和超声辅助低共熔溶剂萃取技术，综述了超声辅助低共熔溶剂技术的影响因素，以及其在食品中的最新应用进展，为食品中绿色高效萃取技术奠定了理论基础。

12.1　超声辅助低共熔溶剂萃取技术概述

12.1.1　低共熔溶剂概述

1. 概念

DES 最初是由 Abbott 等[4]提出的，2001 年他们发现几种季铵盐（quaternary

ammonium salts，QAS）与金属氧化物以适当的摩尔比混合，可以在100℃以下形成低熔点共熔体系，此体系最低熔点可以达到12℃且在室温下呈液态。制备DES需要两类化合物，即作为氢键受体（hydrogen-bond acceptor，HBA）和氢键供体 hydrogen-bond dono，HBD）r 的化合物，两种化合物通过氢键和范德瓦耳斯力促进混合体系形成并使体系拥有良好的溶剂特性。体系的熔点远低于其中任一组分的熔点，这是由于阴离子基团与氢键相互作用增加，导致与阳离子基团的相互作用减少，阴离子基团和阳离子基团之间的弱相互作用导致熔点降低，因此反应体系中HBD与HBA的摩尔比决定了氢键与阴离子的作用强度，从而决定DES的熔点[5,6]。

2. 分类

在传统DES中常用的HBA是一些卤化盐和QAS以及它们的衍生物[7]，HBD则是一些酰胺类化合物，如有机酸、醇和多元醇等[8]。DES的组成可以用一个通用公式简单地表示为Cat^+X^-zY[9]，其中Cat^+是铵、鏻或锍的阳离子，X^-是一些卤化物阴离子，z代表与阴离子相互作用的Y分子数。一般来说DES大致分为四类。第一类是由QAS和金属卤化物形成。例如，氯铝酸盐与各种非水合金属卤化物，如氯化铁（$FeCl_3$）、氯化银（AgCl）、氯化锂（LiCl）、氯化镉（$CdCl_2$）、氯化铜（$CuCl_2$）、氯化锌（$ZnCl_2$）、氯化锡（$SnCl_4$）等混合[10]。第二类由QAS和水合金属卤化物形成。水合金属卤化物价格低廉，不受空气或湿气的影响，适用于大规模加工。第三类是目前研究最广泛的一类，由QAS和HBD形成，这种类型的DES具有溶解多种液体的能力，其中包括氯化物、过渡金属以及氧化物，并且混合形成的体系不与水反应，可生物降解[11]。第四类则是由金属卤化物和HBD形成。

当一些天然产物如活细胞中的初级代谢物（糖、糖醇、有机酸、氨基酸和胺）作为DES溶剂的来源时，称其为天然低共熔溶剂（natural deep eutectic solvent，NADES），一般来说，NADES中的HBA成分是胺类或氨基酸（丙氨酸、脯氨酸、甘氨酸、甜菜碱），而HBD中最常见的是有机酸（草酸、乳酸和苹果酸等）或碳水化合物（葡萄糖、果糖和麦芽糖等）。NADES对天然产物具有高溶解能力，特别是水溶性较差的化合物、稀有水溶性代谢物和大分子物质（DNA、蛋白质、纤维素和氨基酸），除此之外，NADES还可以作为食品中酶促反应和生物转化过程中的介质[12,13]。

3. 制备方法

DES的制备相对简单，不同的制备方法制得的DES略有差异，最常用的方法有四种。①直接加热法：这种方法是应用最广泛的，将各组分在大约100℃的温度下加热搅拌，直到形成澄清液体（30~90 min）。②研磨法：如图12.1所示，在室温下将各组分（可以是固固、固液或者液液）放在研钵里充分混合，用杵研磨促进组分间反应，直到 HBD 与 HBA 反应形成氢键时，体系便形成清澈的液体[14]。③真空蒸发法：有些组分自身黏度大，很难通过直接加热法获得理想的 DES，可以将各组分溶解在水中以降低其黏度，用旋转蒸发器蒸发使其相互反应，将蒸发后冷却得到的液体与硅胶一同放入干燥器，直到硅胶将体系内水分完全吸收，使液体达到恒重。④冷冻干燥法：将单个组分的水溶液在低温下冷冻干燥，当得到透明的黏液时停止冻干，将其进行混合得到 DES[15]，但在这种情况下水分会与 DES 相互作用，最终吸附在 DES 结构中成为其一部分，从而影响其部分性质[16,17]。

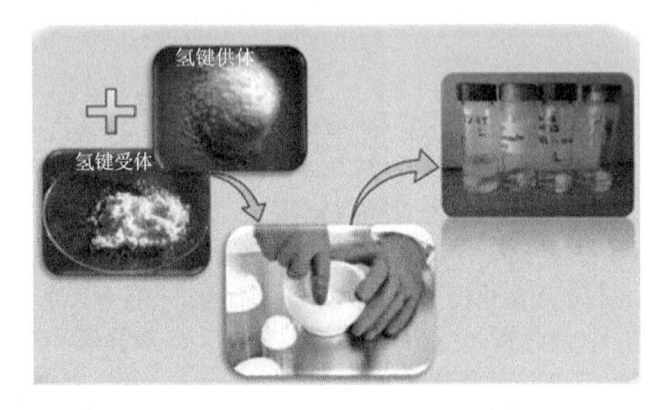

图 12.1　研磨法制备低共熔溶剂[14]

12.1.2　超声辅助低共熔溶剂萃取技术原理

一般利用 UAE-DES 对食品样品进行萃取时，先将样品与 DES 混合，超声波会促进样品在溶剂中的分散与渗透，增大接触面积，并且促使样品中目标物质向 DES 中的转移。用于萃取的超声波频率一般在 20~1000 kHz，通过目标介质时对其连续循环地施加压缩（compression）的机械波与稀疏（rarefaction）的机械波。在对介质施加压缩波时，可促进介质中的分子相互碰撞，而在施加稀疏波时，会产生负压使这些分子分散。超声波的输出源通常是一个振动的物体，它使周围的介质振动，然后超声波将能量传递给其他邻近的粒子。超声波在溶剂中传播时产生的负压会使介质内部形成微小的空隙或气泡（空化泡）。这些空化泡在超声波作用下循环地进行收缩和舒张，当无法再吸收能量时，就会在超声波对其施加压缩波的阶段猛烈地破裂[18]，释放出大量的热量（热效应）并产生剪切力（机械效应）以及微射流，这种现象称作空泡效应。产生的热效应与机械效应会使液体乳化或固体分散，机械效应与空化泡破裂产生的冲击压力一同加速目标物在萃取溶剂中的溶解，具体过程如图 12.2 所示。

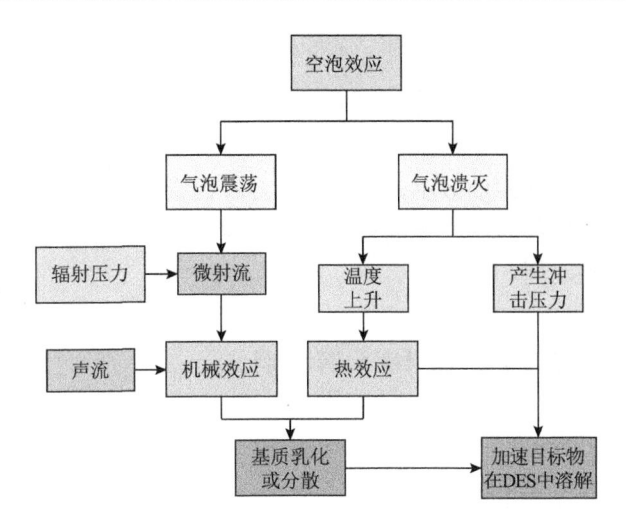

图 12.2 超声辅助低共熔溶剂萃取原理示意图

12.1.3 萃取方式

UAE-DES 技术的萃取方式有很多，但在食品工业中应用 UAE-DES 技术萃取目标物的常用方式为分散液-液微萃取（dispersive liquid-liquid microextraction，DLLME）、乳化液-液微萃取（emulsification liquid-liquid microextraction，ELLME）以及磁性固相萃取（magnetic solid-phase extraction，MSPE）。不同方法的萃取效果不同，一般根据样品和 DES 的性质进行选取。

DLLME 技术是传统液-液微萃取技术的一种有效替代方法，可用于包括水样在内的大范围基质样品的微型化前处理。在 DLLME 中，将样品置于锥形的碳纳米管中，再加入 DES，在超声辅助的条件下，DES 形成小液滴、表面积增大、体积减小，萃取过程迅速达到平衡[19,20]，然后对混合物进行搅拌、离心、收集。

ELLME 是在萃取过程中向 DES 与样品的混合溶液中加入乳化剂，这样会减少水分子与 DES 的作用，促进 DES 的自聚性，形成混浊液。在超声波的作用下，各相间的传质能力增强，并且会形成微小的乳化液滴。然后进行离心和提取，用微型注射器吸取含有 DES 的溶液相，然后进行检测[21]。

MSPE 是一种基于磁相互作用的固相萃取技术，是基于磁性吸附剂在不经离心或过滤的情况下利用外部磁场来吸附和解吸分析物。磁性材料分散在含有样品的悬浮液或溶液中，在培养一定时间后，它可以吸附样品。通过应用外部磁体，分散的磁性材料可以容易地从溶液或悬浮液中分离出来，也可以重新分散在样品溶液中，这一过程便于随后的清洗和解吸，使得样品预处理过程更加方便且节省时间。

12.2 影响因素

为了提高 UAE-DES 的效率,应该明确各种因素对萃取过程的影响,一般而言,影响 UAE-DES 技术的主要因素包括超声波参数、萃取溶剂性质、样品特征和固体与提取液的比例。

12.2.1 超声波参数对 UAE-DES 的影响

1. 超声功率

在适当范围内提高超声波功率会产生较大的剪切力,促进物料与 DES 的接触并且加速物料基质的破碎,从而释放目标物质。例如,Man 等[22]从茶叶中提取茶多酚,超声波功率从 25 W 增加到 125 W,萃取率提高了 16.6%。但过高功率的超声萃取会产生较多的空化泡数量,也会导致萃取温度的变化,引起目标物改性,所以在食品工业中萃取时所用的超声波功率要经过优化。

2. 超声频率

超声辅助萃取的频率不仅会影响空化气泡的数量与大小以及它们收缩与舒张的循环动力学[21],还会间接影响萃取时间[23]。当高频萃取时,空化气泡数量增多,体积小,这是由于空化气泡成长需要一定的时间,而高频抑制了空化气泡收缩与舒张的循环周期。随着频率的降低,空化气泡的数量减少,循环周期增长,气泡有足够的时间成长,体积变大,破裂时会释放更多的能量,从而提高萃取率。Shirsath 等[24]选用 22 kHz 与 40 kHz 的超声波频率来提取姜黄根茎中的姜黄素,实验结果表明频率 22 kHz 比 40 kHz 的提取率增加了 21.8%。然而对于不同的食品基质来说,相对低频范围是不同的,在低频范围内,随着频率的增加,提取率则会升高[25]。

3. 超声振幅与时间

在适当范围内,提高振幅会使超声波的压缩波和稀疏波循环次数增加,增加超声波的传递效率,从而提高物料中目标活性物质的萃取率[26]。但过高振幅会导致探头磨损,引发液体翻搅并减少空化效应的产生。同样,时间也应该在适当的范围内优化,长时间萃取虽提高了萃取率,但可能引起萃取物的不良变化。Al-Dhabi 等[27]利用超声提取辣椒果肉中的类胡萝卜素与辣椒素,在 30~60℃范围内一定温度下超声提取 10 min,所获得的 β-胡萝卜素的萃取量都很高,但将萃取时间延长到 15 min 和 20 min 后，β-胡萝卜素的萃取量会损失 40%。而选取最高振幅的 40%、60% 和 80% 来提取辣椒素时发现，当振幅从最高振幅的 40% 增加至 60% 时获得了最高的提取量，再次增加振幅至最高振幅的 80% 时辣椒素提取量明显下降。

4. 超声温度

超声萃取温度是影响萃取率的关键因素，因为在萃取过程中，温度升高会使空化效应增强，提高 DES 的扩散速率，但温度接近 DES 的沸点时，会使 DES 的黏度和表面张力降低，并引起蒸气压升高，导致更多的溶剂蒸气进入起泡腔内，产生大量的空化气泡，使空化破坏强度减弱，降低超声效果[28,29]。除此之外，还会降低 DES 与目标物质之间的物理和化学吸附作用，进而使目标物在 DES 中发生浸出[30]，因此，溶剂的温度应控制在适当的范围内。

12.2.2 DES 性质对萃取过程的影响

1. 黏度

DES 相比于其他的有机溶剂来讲黏度较高，这归因于化合物内部氢键网络的存在，这种网络限制了 DES 内自由基团的流动性，导致它与其他溶液的混合性较差，这样会使萃取率降低。但 DES 的黏度具有可调性，通常在食品工业萃取过程中，会加入适量的水来降低 DES 的黏度，研究表明在一定温度条件下加入质量分数为 10% 的水可以使 DES 体系黏度下降 80%[31]。而当温度升高时，DES 分子获得足够的动能来克服分子间的自由运动，导致范德瓦耳斯力和氢键相互作用减弱，从而具有良好的流动能力，并且 DES 的黏度随着温度的升高而降低[32]。除此之外，DES 的黏度还可由 HBD 的类型、盐的类型和它们的摩尔比来调节[33]。例如，铵盐所形成的 DES 比磷盐形成的 DES 黏度更低，并且在铵基基团内，DES 的黏度随着分子量的增加而增加。所以可以通过改变这些可控因素来获得有利于萃取的 DES 黏度。

2. 表面张力

与传统有机溶剂和离子液体相比，DES 因其内部 HBD 的构成和强氢键结构而具有更高的表面张力，而高的表面张力有利于界面之间的传质，因此会提高萃取效率[34]。Abbott 等[35,36]报道了 DES 的表面张力随着温度的升高而降低，因为在高温下，分子间的动能增大，内聚力减小，使得 DES 中的组分相互作用减弱，氢键也会发生破裂。Mjalli 等[37]发现萃取效率会随着 HBA 中烷基链长度的减少而增加，表明 HBA 的链长也是影响 DES 表面张力的重要因素。此外，Zhu 等[38]发现 DES 组分间的摩尔比也会破坏体系中氢键网络而影响其表面张力。

3. 密度

DES 的密度是决定溶剂在其他液体中扩散和混溶的一个重要性质。大多数 DES 的密度大于水，因此在萃取过程中便于相与相之间的分离。有研究报道了在相同温度及相同摩尔比的条件下三种 DES 的密度大小：DES（氯乙烯：对氯苯酚）>DES（氯乙烯：苯酚）>DES（氯乙烯：对甲酚），在实验中对氯苯酚与阴离子之间的氢键强度最强，其次是苯酚和对甲酚，表明了其密度与 HBD 的结构有着重要关系，HBD 和阴离子之间作用越强，越会降低内部分子的迁移率，增加 DES 的密度[39]。此外，不同 DES 密度与温度会呈相应的函数关系变化，且 DES 密度随组成中的盐摩尔比的增加而增加[40]。所以在萃取过程中，要综合考虑 HBD 结构、温度和 HBA 与 HBD 的摩尔比对 DES 密度造成的影响。

4. pH

pH 是 DES 溶剂性质的重要参数，当 DES 所处环境的 pH 发生改变时，会使内部 HBD 或 HBA 发生浸出，从而改变 DES 组成的摩尔比，对萃取过程的效率产生不利影响[41]。因此，在选择合适的萃取溶剂时，适当调整 pH 使 HBD 与 HBA 以最佳溶解度溶解，会更有利于萃取。

12.3 超声辅助低共熔溶剂在萃取食品中活性成分中的应用

12.3.1 酚类化合物

酚类化合物是广泛存在于植物、水果及其副产物中的极性生物活性物质，由一个或多个芳香环与羟基结合组成，它们具有多种有益功能，包括抗氧化、抗菌、抗癌、消炎和保护神经等。但大多数酚类化合物对酸碱度较为敏感，在水溶液或传统有机溶剂中不稳定、易降解，萃取率低且得到的酚类化合物抗氧化能力损失明显[42]。DES 相较于传统有机溶剂极性范围广，可以与酚类化合物分子相互作用并形成分子间氢键，增加其在 DES 中的溶解度。这种相互作用可以将酚类化合物固定在溶剂内部结构中，降低了分子运动速率，从而避免了其在 DES 与空气界面处和氧气的接触而引起的氧化降解，保持稳定性与抗氧化能力[43]。Barbieri 等[44]将氯化胆碱分别与甘油、草酸、乳酸和 1,2-丙二醇以相应的摩尔比制成 DES 并加入 10%水降低黏度，利用 UAE-DES 从迷迭香中萃取出迷迭香酸、芦丁、柚皮苷等 7 种酚类化合物。结果表明，氯化胆碱与 1,2-丙二醇组成的 DES 萃取得到的总酚含量最高为（62.21±3.85）mg/g，而使用传统乙醇溶剂萃取得到的总酚含量仅为（49.14±3.47）mg/g，此外，使用酸基 DES 的萃取率也较传统乙醇溶剂提高 15%以上，这得益于内部的有机酸组成增大了体系的极性强度，使其与待萃取的酚类化合物极性强度更加吻合，根据相似相溶原理提高了萃取效率[45]。甘油组 DES 虽未有较高的萃取率，但萃取得到的酚类化合物抗氧化能力保持良好，是使用传统乙醇溶剂的两倍以上。同样，Saha 等[46]将氯化胆碱与草酸以 1∶1 的摩尔比制成 DES，从一种亚热带果实 Bael 中成功萃取山柰酚等 8 种酚类化合物并进行了工艺优化，实验结果表明，DES 水分含量 25%、超声处理温度 80℃为该实验最佳萃取工艺，与常规溶剂萃取法相比，萃取率提高了 60%。同样，Hsieh 等[47]利用醇基 DES 从生姜中提取出极具热敏性的姜酚，取得了较高的萃取率，但值得注意的是，温度会显著影响姜粉的抗氧化能力，对此 Hsieh 等用响应面法确定了 UAE-DES 最佳提取温度为 34.1℃，时间是 30 min。

12.3.2 黄酮类化合物

黄酮类化合物是常以自由态或结合态的形式广泛存在于植物果蔬中的一种酚类化合物衍生物，具有许多重要的生理活性，如抗氧化、抗癌、抗炎、抗菌、抗病毒、抗过敏、抗糖尿病并发症等[48]。许多黄酮类化合物的水溶性较差，需要利用有机溶剂甲醇、乙醇等对其进行萃取。UAE-DES 与传统溶剂萃取法相比，不仅可以提高黄酮类化合物的萃取率，而且绿色环保，是一种有效的替代手段。Mansur 等[49]利用 UAE-DES 从荞麦芽中萃取了荭草素、异荭草素和黄酮类化合物，并将提取工艺进行了优化，实验表明，与乙酰胺、尿素等组成的几组 DES 相比，含体积分数 20%水的 CCTG（氯化胆碱∶三甘醇为 1∶4）为最佳萃取溶剂。这可能是因为本应包裹住氯离子的三甘醇中缺少 HBD 分支，导致氯离子与黄酮类化合物作用增强。经优化后最佳提取条件为超声 40 min，温度 56℃，与常规有机溶剂提取相比萃取率增加了 3.4～5.9 mg/g。Bajkacz 和 Adamek[50]将氯化胆碱与柠檬酸以摩尔比为 1∶1 制得 DES，在 60℃，超声功率为 616 W 的条件下从大豆产品样品中萃取异黄酮，萃取率高达 64.7%～99.2%，表明该方法是一种很有前途的富集生物活性成分的方式，可以用来提纯复杂样品中的目标化合物。Ali 等[51]用此方法提高了枸杞中的类黄酮的萃取率，为从果蔬中绿色有效地提取生物活性化合物奠定了基础。值得注意的是，氯化胆碱与对甲苯磺酸以 1∶2 的摩尔比组成的 DES 为最佳提取溶剂，因为对甲苯磺酸是强有机酸，能改变 DES 的极性与亲水性，使其与黄酮类化合物之间形成更牢固的氢键。同样，孔方等[52]将氯化胆碱分别与乙二醇、丙三醇、三氟乙酸、对甲酚和三乙醇胺以摩尔比为 1∶2 的比例制成 DES

从苹果叶中萃取总黄酮,实验得出氯化胆碱与三氟乙酸是最佳 DES,在提取温度为 72℃、提取时间 27 min 的最优工艺下总黄酮的平均萃取率达到了 7.06%。

12.3.3 多糖

多糖是广泛存在于动、植物及果蔬中的天然高分子多聚物,具有抗氧化性、抗高胆固醇血症、抗病毒、抗肿瘤、抗糖尿病、抗炎等药用特性。最常用的多糖提取方法为水提醇沉法,将样品置于恒温热水中数小时,然后在过滤后得到的液体中加入乙醇沉淀,最后蒸发掉乙醇与水得到粗多糖。这种方法耗时长,萃取率低,应用于生产中效率得不到较大提高[53]。在超声波辅助的条件下,物料基质更容易破碎,从而高效、短时地释放出多糖物质,并且 DES 内部的结构可以与目标多糖之间形成氢键并产生静电相互作用,从而显著提高多糖的萃取率。但需要注意的是需避免为了降低 DES 黏度、增加其极性而加入过多的水,这会导致 DES 和多糖之间的相互作用减弱并形成简单水合物。此外萃取温度与时间也应该加以控制,防止多糖长时间高温萃取而发生降解。Zhang 和 Wang[31]利用氯化胆碱和 1,4-丁二醇组成 DES,在溶剂含水量为 32.89%,温度为 94℃,超声辅助提取时间为 44.74 min 的最佳条件下从山药中提取出了山药多糖,平均提取率达到了 15.98%±0.15%,相较热水提取和水基超声辅助提取有效成分的萃取率分别增加了 10.51%与 31.91%,研究表明 UAE-DES 在萃取食品中功能性多糖方面有着巨大潜力。

12.3.4 蛋白质

食品中的各类蛋白质具有丰富的功能性质,越来越多的研究致力于蛋白质的纯化、分离和提取。传统的蛋白质纯化方法包括盐析、硫酸铵沉淀、离子交换等,存在成本高、产率低等缺点,并且蛋白质在有机溶剂中很容易变性。UAE-DES 不仅可以有效地从物料基质中萃取蛋白质,而且 DES 对目标蛋白在溶剂中的溶解程度具有选择性。Li 等[54]发现不同甜菜碱基 DES 对蛋白质的提取能力不同。例如,甜菜碱与尿素组成的 DES 对牛血清白蛋白的提取率最高(约 90%)、甜菜碱与甲基尿素组成的 DES 对胰蛋白萃取率最高(约 90%)、DES 甜菜碱与乙二醇组成的 DES 对卵清蛋白萃取率最高(约 60%),表明了 DES 对蛋白质的溶解性是由它们之间氢键结合、疏水相互作用和盐析效应共同决定[55]。Hernández-Corroto 等[56]利用高强度聚焦超声辅助 DES 在石榴皮中萃取出了有效蛋白质成分,实验中氯化胆碱:乙酸:水的摩尔比为 1:1:10 的 DES 萃取效果最好,在 60%的超声振幅下萃取 11 min,萃取率达到(20±1)mg/g(蛋白质质量/石榴皮质量),是使用传统溶剂加压液相萃取法（9.1 mg/g）的两倍以上。此外，将 DES 萃取得到的蛋白质与加压液相萃取法得到的相比，生物活性肽的含量高，有较强的降低胆固醇、抗氧化、抗高血压的能力。

12.4 超声辅助低共熔溶剂萃取法在食品分析检测方面的应用

12.4.1 农药残留检测

蔬菜、水果以及果汁中，常常会有农药残留，它们会以相当低的浓度存在于复杂的食品基质中，被摄入到人体中会进行积累，当达到一定剂量时会引起多种疾病。UAE-DES 可用于食品中农药残留的萃取分析，与传统萃取方法相比，短时、高效且环保，有助于绿色分析的发展。Zhao 等[57]利用 UAE-DES 结合功能化磁性多壁碳纳米管固相萃取法从苹果、梨、胡萝卜和黄瓜中检测氟虫腈、甲霜灵、多效唑、腈菌唑、萘普生、噻虫啉和戊菌唑七种农药，实验发现脯氨酸与丙二醇以摩尔比为 1∶3 的比例组成的 DES 与几种农药间形成氢键的能力最强，萃取率最高。并用响应面法进行工艺优化，优化后的药物检测限为 0.02～0.05 μg/mL，定量限在 0.05～0.10 μg/mL，平均回收率为 76.09%～97.96%，均优于传统溶剂萃取。Heidari 等[58]利用 UAE-DES 并结合液-液微萃取法测定了红葡萄汁和酸樱桃汁中的有机磷农药，结果表明在 pH 为 5.92、超声时间 12.31 min 的最佳萃取条件下，有机磷农药的检测限最低为 0.070～0.096 ng/mL。Altunay 等[59]利用醇基 DES 与镁分别作为萃取剂和络合剂，在超声辅助下从果汁中萃取展青霉素，实验中镁与展青霉素之间会形成可萃取的络合物，醇基 DES 对展青霉素及其络合物有很好的选择性，这是因为它们之间会产生强相互作用，避免其他干扰物对其的破坏。经优化后该方法展青霉素检测限为 9.2～139.7 μg/L，表明 UAE-DES 适用于果汁中展青霉素的分析，并可可靠地用于食品和饮料的分析与质量控制。同样，Ji 等[60]利用三辛基甲基氯化铵与辛醇制备了疏水性 DES，并在超声辅助的条件下从五种饮料中萃取出磺胺类药物，回收率高达 88.09%～97.84%。

12.4.2 合成色素剂量检测

在食品制作工艺中常常要加入一些食用色素来改善食品的感官特性，食用色素分为天然色素与合成色素，与天然色素相比，合成色素几乎不能向人体提供营养物质，且有一定的致泻性和致癌性，过量食用有可能危害人体健康。此前，Zhu 等[61]已经成功将 DES 作为萃取溶剂用于饮料中 8 种合成色素的萃取，实验发现

DES 与传统溶剂相比扩散系数高，易形成浑浊液，并且有助于提高对不溶于水的色素物质的萃取率。因此，基于超声波的机械效应，UAE-DES 在合成色素的提取方面拥有很好的潜力。专利蓝 V 是一种禁止用于儿童食品的合成有机偶氮染料，溶于水，难溶于乙醇。Kanberoglu 等[61]以氯化胆碱/苯酚制成 DES，利用 UAE-DES 乳化液相微萃取法从糖浆中富集专利蓝 V，实验发现 1∶4 的摩尔比萃取效率最大。这是因为苯酚中的苯环具有部分非极性特性，随着苯酚含量的增加，苯环数增多，疏水性增强，DES 与专利蓝 V 以 π-π 和氢键相互作用，将其富集到 DES 相中。乳化液的加入会减少水分子与 DES 的作用，促进 DES 的自聚性与相之间的分离，优化后的专利蓝 V 萃取率高于 92%。

12.5 结论与展望

UAE-DES 技术与传统的萃取技术相比有许多优点，如制备简单、安全性好、绿色环保、操作方便、用时短和萃取率高等，满足了现代加工对环境友好的需求，在食品工业中对有效物质提取和食品检测方面有着重要作用。UAE-DES 技术既对目标物具有较高的选择性，又能防止其他有害成分对介质破坏，前景良好。但超声波的辅助过程中可能出现实际应用参数与设定参数不相符的情况，这就使最优提取条件拥有一定的误差。未来研究要以实际萃取参数为准来判断萃取效率，并且应该更多地探究降低 DES 黏度的方法以及 DES 对样品的作用，以便了解其对目标萃取物的潜在影响和明确新型 HBA 与 HBD 的选取。此外，要注意水分对 DES 网状结构以及黏度的影响，防止 DES 性质发生转变。

最近几年，研究人员发现 DES 可作为分散剂促进饮料制品中重金属的分散，并且可以成为质子和离子交换剂的来源，用于分析络合物的形成，可作为饮品中重金属检测的有效溶剂，但关于 UAE-DES 萃取固态食品中的有毒重金属的研究较少，以后的研究可以着重于超声辅助 DES 萃取肉制品、动物肝脏等残留的重金属，为食品安全绿色检测开辟新道路。最后，DES 可以作为溶解生物体中难溶性代谢物和大分子的溶剂，因此可以拓宽 UAE-DES 在生物催化反应以及 DNA 分离与稳定方面的研究。

参 考 文 献

[1] 骆望美, 宓鹤鸣, 黄河舟. 超临界流体萃取技术在现代中药研究中的应用[J]. 解放军药学学报, 2002, 18(6):3

[2] Ventura S P M, Silva F E, Quental M V, et al. Ionic-liquid-mediated extraction and separation processes for bioactive compounds: past, present, and future trends[J]. Chemical Reviews, 2017, 111(10): 6984-7052

[3] 王丽, 刘红芝, 刘丽, 等. 离子液体在食品加工领域中应用研究进展[J]. 食品研究与开发, 2017, 38(14): 200-204

[4] Abbott A P, Capper G, Davies D L, et al. Preparation of novel, moisture-stable, Lewis-acidic ionic liquids containing quaternary ammonium salts with functional side chains[J]. Chemical Communications, 2001, 19 : 2010-2011

[5] Tang B, Zhang H, Row K H. Application of deep eutectic solvents in the extraction and separation of target compounds from various samples[J]. Journal of Separation Science, 2015, 38(6): 1053-1064

[6] Kareem M A, Mjalli F S, Hashim M A, et al. Phosphonium-based ionic liquids analogues and their physical properties[J]. Journal of Chemical & Engineering Data, 2010, 55(11): 4632-4637

[7] Perna F M, Vitale P, Capriati V. Deep eutectic solvents and their applications as green solvents[J]. Current Opinion in Green and Sustainable Chemistry, 2020, 21: 27-33

[8] Alkhatib I I I, Bahamon D, Llovell F, et al. Perspectives and guidelines on thermodynamic modelling of deep eutectic solvents[J]. Journal of Molecular Liquids, 2020, 298: 112183

[9] Chandran D, Khalid M, Walvekar R, et al. Deep eutectic solvents for extraction-desulphurization: a review[J]. Journal of Molecular Liquids, 2019, 275: 312-322

[10] Sitze M S, Schreiter E R, Patterson E V, et al. Ionic liquids based on $FeCl_3$ and $FeCl_2$. Raman scattering and ab initio calculations[J]. Inorganic Chemistry, 2001, 40(10): 2298-2304

[11] María F, Bruinhorst A V D, Kroon M C. New natural and renewable low transition temperature mixtures (LTTMs): screening as solvents for lignocellulosic biomass processing[J]. Green Chemistry, 2012, 14: 2153-2157

[12] Zhao H, Baker G A, Holmes S. New eutectic ionic liquids for lipase activation and enzymatic preparation of biodiesel[J]. Organic & Biomolecular Chemistry, 2011, 9(6): 1908-1916

[13] Gutiérrez M C, Rubio F, Del M F. Resorcinol-formaldehyde polycondensation in deep eutectic solvents for the preparation of carbons and carbon-carbon nanotube composites[J]. Chemistry of Materials, 2010, 22(9): 2711-2719

[14] Florindo C, Oliveira F S, Rebelo L P N, et al. Insights into the synthesis and properties of deep eutectic solvents based on cholinium chloride and carboxylic acids[J]. ACS Sustainable Chemistry & Engineering, 2014, 2(10): 2416-2425

[15] Gutiérrez M C, Ferrer M L, Mateo C R, et al. Freeze-drying of aqueous solutions of deep eutectic solvents: a suitable approach to deep eutectic suspensions of self-assembled structures[J]. Langmuir, 2009, 25(10): 5509-5515

[16] Dai Y, Van S J, Witkamp G J, et al. Natural deep eutectic solvents as new potential media for green technology[J]. Analytica Chimica Acta, 2013, 766: 61-68

[17] Choi Y H, Spronsen J V, Dai Y T, et al. Are natural deep eutectic solvents the missing link in un-derstanding cellular metabolism and physiology[J]. Plant Physiol, 2011, 156(4): 1701-1705

[18] 刘远方, 李萌萌, 刘远晓, 等. 功率超声波及其在食品工业中的降解应用研究进展[J]. 食品与发酵工业, 2018, 44(10): 287-293

[19] Khezeli T, Daneshfar A, Sahraei R. A green ultrasonic-assisted liquid-liquid microextraction based on deep eutectic solvent for the HPLC-UV determination of ferulic, caffeic and cinnamic acid from olive, almond, sesame and cinnamon oil[J]. Talanta, 2016, 150: 577-585

[20] Khezeli T, Daneshfar A. Synthesis and application of magnetic deep eutectic solvents: novel solvents for ultrasound assisted liquid-liquid microextraction of thiophene[J]. Ultrasonics Sonochemistry, 2017, 38: 590-597

[21] Khezeli T, Daneshfar A, Sahraei R. Emulsification liquid–liquid microextraction based on deep eutectic solvent: an extraction method for the determination of benzene, toluene, ethylbenzene and seven polycyclic aromatic hydrocarbons from water samples[J]. Journal of Chromatography A, 2015, 1425: 25-33

[22] Man P V, Vu T A, Hai T C. Effect of ultrasound on extraction of polyphenol from the old tea leaves[J]. Annals Food Science and Technology, 2017, 18(1): 44-50

[23] Castro L D, Priego-capote F. Ultrasound-assisted crystallization (sonocrystallization)[J]. Ultrasonics Sonochemistry, 2007, 14(6): 717-724

[24] Shirsath S R, Sable S S, Gaikwad S G, et al. Intensification of extraction of curcumin from, *Curcuma amada*, using

ultrasound assisted approach: effect of different operating parameters[J]. Ultrasonics Sonochemistry, 2017, 38: 437-445

[25] Liao J, Qu B, Liu D, et al. New method to enhance the extraction yield of rutin from Sophora japonica using a novel ultrasonic extraction system by determining optimum ultrasonic frequency[J]. Ultrasonics Sonochemistry, 2015, 27: 110-116

[26] Li Y H, Wu Z F, Wan N, et al. Extraction of high-amylose starch from *Radix Puerariae* using high-intensity low-frequency ultrasound[J]. Ultrasonics Sonochemistry, 2019, 59: 104710

[27] Al-Dhabi N A, Ponmurugan K, Maran P. Development and validation of ultrasound-assisted solid-liquid extraction of phenolic compounds from waste spent coffee grounds[J]. Ultrasonics Sonochemistry, 2017, 34: 206-213

[28] Civan M, Kumcuoglu S. Green ultrasound-assisted extraction of carotenoid and capsaicinoid from the pulp of hot pepper paste based on the bio-refinery concept[J]. LWT, 2019, 113: 108320

[29] Esclapez M D, García-pérez J V, Mulet A, et al. Ultrasound-assisted extraction of natural products[J]. Food Engineering Reviews, 2011, 3(2): 108-120

[30] Zhang Z S, Wang L J, Li D, et al. Ultrasound-assisted extraction of oil from flaxseed[J]. Separation and Purification Technology, 2008, 62(1): 192-198

[31] Zhang L J, Wang M S. Optimization of deep eutectic solvent-based ultrasound-assisted extraction of polysaccharides from *Dioscorea opposita* Thunb[J]. International Journal of Biological Macromolecules, 2017, 95: 675-681

[32] Shah D, Mjalli F S. Effect of water on the thermo-physical properties of reline: an experimental and molecular simulation based approach[J]. Physical Chemistry Chemical Physics, 2014, 16(43): 23900-23907

[33] Alomar M K, Hayyan M, Alsaadi M A, et al. Glycerol-based deep eutectic solvents: physical properties[J]. Journal of Molecular Liquids, 2016, 215: 98-103

[34] Yadav A, Trivedi S, Rai R, et al. Densities and dynamic viscosities of (choline chloride+glycerol) deep eutectic solvent and its aqueous mixtures in the temperature range (283.15–363.15)K[J]. Fluid Phase Equilibria, 2014, 367: 135-142

[35] Abbott A P, Barron J C, Frisch G, et al. Double layer effects on metal nucleation in deep eutectic solvents[J]. Physical Chemistry Chemical Physics, 2011, 13(21): 10224-10231

[36] Abbott A P, Harris R C, Ryder K S, et al. Glycerol eutectics as sustainable solvent systems[J]. Green Chemistry, 2011, 13: 82-90

[37] Mjalli F M, Naser J, Jibril B, et al. Tetrabutylammonium chloride based ionic liquid analogues and their physical properties[J]. Journal of Molecular Liquids, 2017, 241: 500-510

[38] Zhu S, Zhou J, Jia H, et al. Liquid-liquid microextraction of synthetic pigments in beverages using a hydrophobic deep eutectic solvent[J]. Food Chemistry, 2018, 243: 351-356

[39] Zhang Q, Karine D O V, Royer S, et al. Deep eutectic solvents: syntheses, properties and applications[J]. Chemical Society Reviews, 2012, 41(21):7108-7146

[40] Zhu J H, Yu K K, Zhu Y G, et al. Physicochemical properties of deep eutectic solvents formed by choline chloride and phenolic compounds at T=(293.15 to 333.15)K: the influence of electronic effect of substitution group[J]. Journal of Molecular Liquids, 2017, 232: 182-187

[41] Hayyan A, MjalliF S, AlNashef I M, et al. Fruit sugar-based deep eutectic solvents and their physical properties[J]. Thermochim Acta, 2012, 541: 70-75

[42] Amodio M L, Derossi A, Colelli G. Modelling sensorial and nutritional changes to better define quality and shelf life of fresh-cut melons[J]. Journal of Agricultural Engineering, 2013, 43: 1-6

[43] Dai Y, Rozema E, Verpoorte R, et al. Application of natural deep eutectic solvents to the extraction of anthocyanins from Catharanthus roseus with high extractability and stability replacing conventional organic solvents[J]. Journal of Chromatography A, 2016, 1434: 50-56

[44] Barbieri J B, Goltz C, Cavalheiro F B, et al. Deep eutectic solvents applied in the extraction and stabilization of rosemary (*Rosmarinus officinalis* L.) phenolic compounds[J]. Industrial Crops and Products, 2020, 144: 112049

[45] Wu L F, Li L, Chen S J, et al. Deep eutectic solvent-based ultrasonic-assisted extraction of phenolic compounds from *Moringa oleifera* L. leaves: optimization, comparison and antioxidant activity[J]. Separation and Purification Technology, 2020, 247: 117014

[46] Saha S K, Dey S, Chakraborty R. Effect of choline chloride-oxalic acid based deep eutectic solvent on the ultrasonic assisted extraction of polyphenols from *Aegle marmelos*[J]. Journal of Molecular Liquids, 2019, 287: 110956

[47] Hsieh Y H, Li Y B, Pan Z C, et al. Ultrasonication-assisted synthesis of alcohol-based deep eutectic solvents for extraction of active compounds from ginger[J]. Ultrasonics Sonochemistry, 2020, 63: 104915

[48] 钟建青, 李波, 贾琦, 等. 天然黄酮类化合物及其衍生物的构效关系研究进展[J]. 药学学报, 2011, 46(6): 622-630

[49] Mansur A R, Song N, Jang H W, et al. Optimizing the ultrasound-assisted deep eutectic solvent extraction of flavonoids in common buckwheat sprouts[J]. Food Chemistry, 2019, 293: 438-445

[50] Bajkacz S, Adamek J. Evaluation of new natural deep eutectic solvents for the extraction of isoflavones from soy products[J]. Talanta, 2017, 168: 329-335

[51] Ali M C, Chen J, Zhang H J, et al. Effective extraction of flavonoids from Lycium barbarum L. fruits by deep eutectic solvents-based ultrasound-assisted extraction[J]. Talanta, 2019, 203: 16-22

[52] 孔方, 李莉, 刘言娟. 超声辅助低共熔溶剂提取苹果叶中的总黄酮[J]. 食品工业科技, 2020, 14: 134-147

[53] 张梓原, 徐伟, 王鑫, 等. 黄精多糖的提取工艺对比研究[J]. 包装工程, 2020, 41(9): 51-58

[54] Li N, Wang Y Z, Xu K J, et al. Development of green betaine-based deep eutectic solvent aqueous two-phase system for the extraction of protein[J]. Talanta, 2016, 152: 23-32

[55] Mbous Y P, Hayyan M, Hayyan A, et al. Applications of deep eutectic solvents in biotechnology and bioengineering—promises and challenges[J]. Biotechnology Advances, 2017, 35(2): 105-134

[56] Hernández-Corroto E, Plaza M, Marina L M, et al. Sustainable extraction of proteins and bioactive substances from pomegranate peel (*Punica granatum* L.) using pressurized liquids and deep eutectic solvents[J]. Innovative Food Science & Emerging Technologies, 2020, 60: 102314

[57] Zhao J, Meng Z R, Zhao Z X, et al. Ultrasound-assisted deep eutectic solvent as green and efficient media combined with functionalized magnetic multi-walled carbon nanotubes as solid-phase extraction to determine pesticide residues in food products[J]. Food Chemistry, 2019, 310: 125863

[58] Heidari H, Ghanbari-Rad S, Habibi E. Optimization deep eutectic solvent-based ultrasound-assisted liquid-liquid microextraction by using the desirability function approach for extraction and preconcentration of organophosphorus pesticides from fruit juice samples[J]. Journal of Food Composition and Analysis, 2020, 87:103389

[59] Altunay N, Elik A, Gürkan R. A novel, green and safe ultrasound-assisted emulsification liquid phase microextraction based on alcohol-based deep eutectic solvent for determination of patulin in fruit juices by spectrophotometry[J]. Journal of Food Composition and Analysis, 2019, 82: 103256

[60] Ji Y H, Meng Z R, Zhao J, et al. Eco-friendly ultrasonic assisted liquid–liquid microextraction method based on hydrophobic deep eutectic solvent for the determination of sulfonamides in fruit juices[J]. Journal of Chromatography A, 2020, 1609: 460520

[61] Kanberoglu G S, Yilmaz E, Soylak M. Developing a new and simple ultrasound-assisted emulsification liquid phase microextraction method built upon deep eutectic solvents for Patent Blue V in syrup and water samples[J]. Microchemical Journal, 2019, 145: 813-818

第13章 基于肉类原料的3D打印技术

3D打印技术简称3D打印,是快速成型技术的一种,又称增材制造技术。3D打印是一种以数字模型文件为基础,运用可黏合材料,通过逐层打印的方式来构造三维物体的技术[1]。该技术不断发展,现已被广泛应用在航空航天[2]、制药[3]、军事[4]、建筑[5]、服装[6]、电子[7]及食品[8]领域。2007年,康奈尔大学首次在食品领域使用了3D打印技术,为3D打印在食品领域的应用打开了大门。目前,研究人员已开发出了基于面团[9-11]、巧克力[12]、奶酪[13]、肉凝胶[14]、昆虫[15]、马铃薯[16,17]等原料的3D打印食品。

近年来,3D打印相对于传统加工具有潜在优势,在个性化餐饮生产和定制食品设计方面受到了全球的高度关注[18]。很多老人及儿童有咀嚼和吞咽问题,主要通过"糊状食物"来获取营养,这种糊状食物不仅外观吸引力低,还会降低胃口[19]。采用3D打印可为老年人及儿童提供柔软创新的食品,也可通过改变糊状食品的营养结构(如脂肪、蛋白质、纤维素、维生素、植物化学素等)来提供均衡营养[20]。军用及航空食品也可以在恶劣的条件下(即战场或太空)使用不同类型的食品成分,通过3D打印技术在特定的包装中按需制作各种餐饮[21]。另外,加快食品科技创新是食品工业持续稳定发展的根本出路[22]。3D打印作为一种加工方式受到了食品工业的广泛关注。3D打印可取代多步骤生产过程,降低成本,提高效率,减少对环境的污染。3D打印技术现已应用在多种食物的生产过程中,为食品的工业生产提供了更多的参考和选择。

肉类是我们日常饮食中重要的组成部分,可以提供人体必需的营养与热量。肉类的蛋白质含量丰富,且是优质蛋白,其必需氨基酸比例接近人体需要,易于消化吸收。此外肉类还能补充维生素A、B_1、B_2、尼克酸、无机盐等营养成分[23]。肉类不仅营养丰富,经常吃肉还可灵活大脑、提高免疫力、缓解疲劳和助增肌肉[24]。所以,将肉类原料引入3D打印领域可以满足更多人的需求,也为食品3D打印领域拓宽了原料范围。本章简介了食品3D打印机的结构和原理,肉糜的3D打印工艺及培养肉的3D打印工艺,详细介绍了影响两种打印工艺的关键参数以及后处理对产品品质的影响,最后展望了肉类3D打印的发展趋势和技术升级,为肉类的3D打印提供参考。

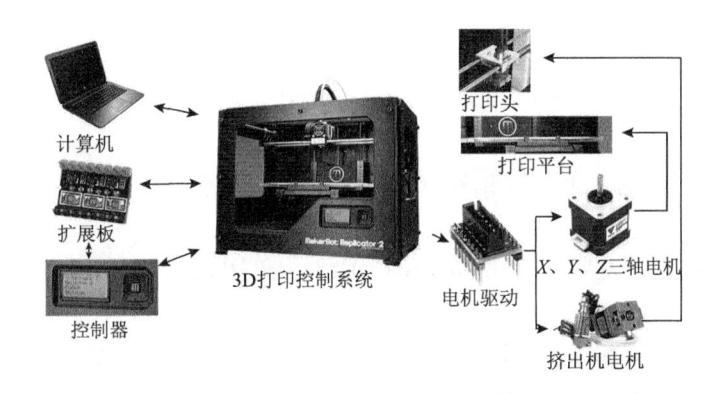

13.1 食品 3D 打印机

食品 3D 打印机是一种能够快速打印原型产品的机器[25]。食品 3D 打印机系统主要是由计算机、3D 打印控制系统、物料进给系统、驱动路径电机系统、喷头电机系统及打印平台组成[26]。食品 3D 打印机工作原理主要是以计算机辅助设计（CAD）数学模型为基础设计三维模型，然后通过三维软件建立立体模型，随后将建立的立体模型输入到 3D 打印机系统内，在 3D 打印机上设定操作参数，此时 3D 打印机将通过控制系统分别驱动打印头挤出机电机和坐标电机，最后结合物料加工特性将物料按照设定的图形打印在平台上[27]，其结构图如图 13.1 所示。

图 13.1　食品 3D 打印机结构图

现如今，虽然食品 3D 打印机已经得到广泛开发，而且打印机种类较多，但其分类上的区别主要在于驱动路径和打印方式两个方面。食品 3D 打印的驱动路径需通过坐标系实现，现应用的坐标系类型主要有如图 13.2 所示的笛卡儿坐标、三角坐标、极坐标和平面关节坐标 4 种形式[28,29]。不同坐标形式的 3D 打印机的明显差别在于打印速度和打印精度两方面。在选择打印机时，需综合考虑打印速度和打印精度的影响，选择合适的坐标形式的打印机。此外，食品 3D 打印机的最根本区别就是打印方式，打印方式决定了打印机可打印的原材料类型。现阶段食品 3D 打印机的打印方式主要有 4 种，分别是选择性烧结（激光烧结/热风烧结）、挤出打印（热熔挤出/室温挤出/凝胶挤出）、黏结剂喷射和喷墨打印，其中应用最为广泛的方法是热熔挤出、室温挤出和凝胶挤出[30]，其挤出原理如图 13.3 所示[29]。基于挤出的打印方式已经在食品加工过程中被广泛应用，如热熔挤出打印巧克力豆或巧克力粉等，室温挤出打印土豆泥、饼干和肉酱等，凝胶挤出打印琼脂和糖果等[28]。

(a) 笛卡儿坐标 (b) 三角坐标 (c) 极坐标 (d) 平面关节坐标

图 13.2　食品 3D 打印坐标形式

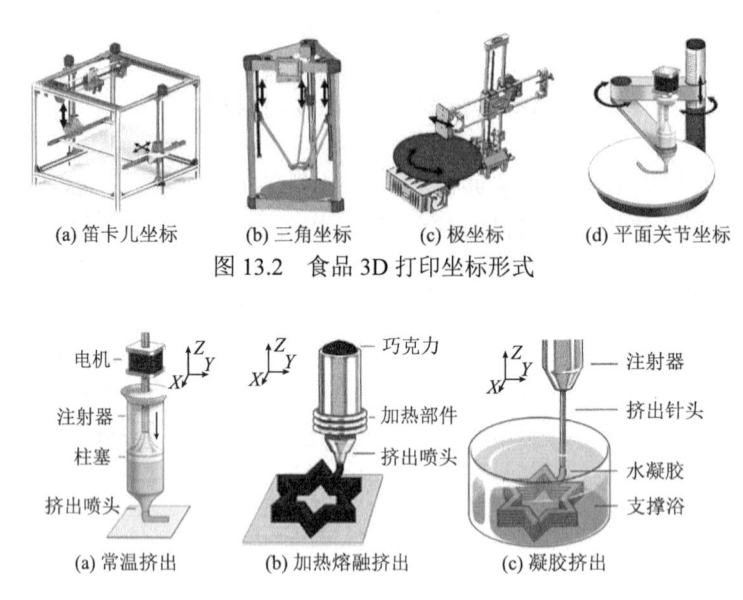

(a) 常温挤出 (b) 加热熔融挤出 (c) 凝胶挤出

图 13.3　挤出型食品 3D 打印成型原理[29]

13.2　肉类原料在 3D 打印技术中的应用

经过近些年的发展，3D 食品打印技术已经较为成熟，其在巧克力、果蔬、昆虫蛋白及肉类领域都有较丰富的应用开发，其中技术难度最大的当属于本身不具有打印性能的肉类和果蔬。肉类的打印可分为两类，一类是以肉糜为原料的 3D 打印，另一类是人造培养肉的 3D 打印。肉糜在打印时受机械性能、参数设定、理化因素、流变学特性、感官性能等因素约束，使得肉糜不具备可打印性[19]。因此，肉糜在打印时需要借助稳定剂、增稠剂、盐和微生物谷氨酰胺转氨酶（microbial transglutaminase，MTGase）等使肉类获得可以打印的流变性质[31]。Dick 等[32]研究了黄原胶和瓜尔胶单独添加和复合添加对 3D 打印熟猪肉酱流变学、质构和微观结构的影响，发现加入水胶体的肉酱获得了很好的流变性能、支撑力和打印性能。Wang 等[33]研究了一种基于鱼糜凝胶系统的新型 3D 打印食品的开发，这也为肉类从不可打印到具备打印性提供了支持。此外，Liu 等[34]将 3D 打印技术与纤维状肉类材料相结合，开发了多款可以使用纤维肉作为打印材料的三维食品打印机。该新型食品打印机突破了存储容量、物料特性和物料类型的限制，大大提高了作业效率和生产率。以上研究结果表明肉糜在借助添加剂后是可以进行 3D 打印的。不过肉糜的 3D 打印受其自身特性的限制，打印方式主要还是基于挤压的打印，因为它在剪切力的作用下很容易从喷嘴中挤出来，离开喷嘴后又能使其凝固且凝固后依然可以保持打印结构不坍塌[35]。图 13.4 是肉糜成功进行 3D 打印的产品图[19]。

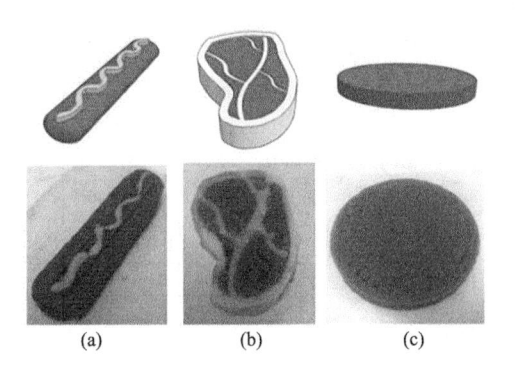

图 13.4 肉糜 3D 打印的产品图[19]
（a）香肠；（b）肉排"重组肉"；（c）肉饼；第一行：模型图；第二行：实物图

培养肉的 3D 打印既不同于肉糜的 3D 打印，又不同于单独培养肉类，这是因为它既支持打印细胞生长增殖所需支架内部的肌肉细胞和脂肪细胞，又支持打印细胞外基质的细胞。Gershlak 等[36]打印了一种具有细胞相容性的植物组织作为预血管化支架，并利用 3D 打印技术将人内皮细胞打印在其内表面，将心肌细胞黏附在植物支架的外表面进行组织培养，发现 21 d 后细胞功能正常，这说明 3D 打印技术可将细胞按照需求精确地打印在支架平台的不同位置来培养具有高度结构的肉。细胞和生物材料组成的生物墨水是印刷过程的一个重要方面，因为它可以制造支架结构，在支架结构中肌肉纤维最终形成为肉[37,38]。在印刷过程之后，通常使用提供营养运输的生物反应器使肉类进一步成熟[38]。相比之下，单独培养的肉（没有 3D 打印）是通过增殖肌肉细胞并将它们附着在支架或载体上，然后转移到带有生长介质的合适的生物反应器中来生产的[39]。这种方法不能像 3D 打印一样生产像牛排这样高度结构的肉[40]。肉类打印已经解决了本身不可打印和打印机不适配的问题。肉类的打印现已具备打印条件，满足打印要求，不过依然需要去探索开发高质量的打印。下面将从肉糜的 3D 打印工艺和培养肉的 3D 打印工艺两方面来论述 3D 打印在肉品中的应用。

13.2.1 肉糜的 3D 打印工艺

肉糜的 3D 打印可使肉类食品营养更加均衡，外观更加丰富，可增加消费者的食欲和食物本身的吸引力[41]。但是到目前为止，肉糜的 3D 打印的研究发表的还较少。肉糜的 3D 打印首先是要选择打印所需的各种肉类原料，如猪肉、牛肉和鱼肉等[19,32-34,42]，然后将肉块中不易搅碎的结缔组织和影响打印效果的脂肪剔除，剔除后将肉分成小块置于绞肉机进行精细粉碎，随后在粉碎好的肉糜中加入适合的添加剂使肉糜具有打印所需的流变和胶凝特性，最后将调制好的肉糜放入

3D 打印机的物料盒中进行 3D 打印[19,32-34,42,43]。3D 打印工艺最关键的问题就是增加肉糜的打印性和设置恰当的打印参数。图 13.5 总结了肉糜 3D 打印的典型工艺流程。

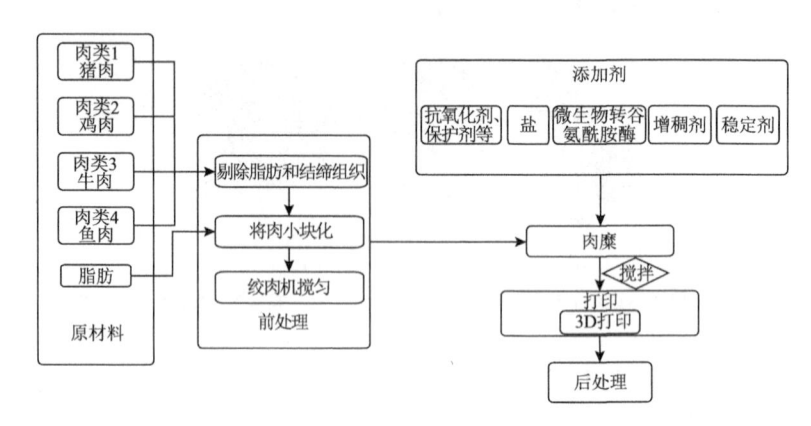

图 13.5 肉糜的 3D 打印工艺流程

1. 配方设计及前处理

3D 打印技术可以满足不同消费者对肉类的需求，能够根据个人喜好、营养需求和感官质量来设计打印配方。Lipton 等[31]将火鸡肉泥和芹菜浆一起打印，用于丰富营养结构，使得打印产品既有火鸡肉和芹菜的风味，又有两种原料丰富的营养成分。Dong 等[44]以马鲛鱼糜为 3D 打印材料，以 MTGase 为添加剂制作肉糜并进行 3D 打印，得到的打印产品形状更丰富，食用更方便。Dick 等[32]以熟猪肉为打印原料，并在肉糊中添加了黄原胶和瓜尔胶的水胶体混合物来增加打印特性，为吞咽困难的人群打印易食食品。因此根据个人需求和喜好调整打印配方是 3D 打印的优势。选定要打印的肉类之后，瘦肉原料需要剔除脂肪和不易搅碎的结缔组织再进行分块搅碎，单纯的脂肪和培养肉块则可以直接分成小块搅碎，小肉块搅碎时应多次过绞肉机使其更均匀，颗粒更小。作为一种纤维材料，生肉需要被精细地粉碎成粒度可控的糊状，以便通过喷嘴将其挤压到微米级。粉碎程度将取决于要印刷的产品的类型及其质地特性，颗粒过大可能会堵塞打印机喷嘴[45]。剔除结缔组织和脂肪一方面是为了避免结缔组织粉碎不完全阻塞喷嘴，另一方面则是为了打印产品美观。

2. 添加剂的应用

肉类本身是不具备打印性的，需要借助水胶体或辅助添加剂来满足打印所需要的流变属性和凝胶强度，并获得能够同时支撑沉积过程和沉积后结构的能力[46]。3D 打印肉类在打印之前需要将肉搅碎成均匀的肉糜，而肉糜在加工过程中容易发生变色、微生物增长和氧化反应等使肉质劣化。为了使肉的感官品质更佳，可在肉糜中科学合理地添加护色剂、发色剂、抗氧化剂、多价螯合剂和抑菌剂等来保障产品的品质，如硝酸盐、亚硝酸盐、抗坏血酸、磷酸盐、山梨酸等[47]。此外，肉与果蔬等打印材料不同，肉的绞碎有助于提取可溶性蛋白质，这些蛋白质与水、盐和脂肪相互作用，形成可印刷的糊状物[42]。在肉糜中加入 NaCl 或磷酸盐可以提取肌原纤维蛋白，肌原纤维蛋白在稳定肉糜方面起着重要作用。Dick 等[42]在对牛肉进行 3D 打印时使用了 1.5%的 NaCl 来稳定肉糜，但由于未使用磷酸盐，因此加大了 NaCl 的使用量。Wang 等[33]研究了添加 NaCl 对 3D 打印用鱼糜凝胶的流变特性、凝胶强度、持水性能、水分分布和微观结构的影响，发现加入 NaCl 有利于浆料及时从喷嘴流出，在获得黏性后沉积，以保持其形状。盐类的大量使用虽然可以对肉酱的稳定起到一定作用，但也会对消费者的身体造成负担，所以肉类 3D 打印的工艺也开始朝着减盐的方向开发。微生物谷氨酰胺转氨酶是一种酰基转移酶，能诱导肌球蛋白重链上赖氨酸残基的 ε-氨基和肌球蛋白重链上的谷氨酰胺残基的 γ-羧酰胺基团之间形成非二硫共价键，催化蛋白质多肽发生分子内和分子间的共价交联，提高肉糜的乳化性、乳化稳定性、保水性、凝胶能力和打印性，从而可以部分替代盐类[48]。微生物谷氨酰胺转氨酶不仅可将碎肉粘接在一起，还可将非肉蛋白交联到肉类蛋白上，明显改善肉制品的口感、风味、组织结构和营养。Dong 等[44]曾以马鲛鱼糜为打印原料，以 MTGase 为添加剂进行 3D 打印。MTGase 有效地改善了鱼糜凝胶的 3D 打印性能、黏弹性、力学性能和微观结构。Lipton 等[31]也曾将微生物谷氨酰胺转氨酶用于火鸡的 3D 打印以提高打印性能。这说明盐类和 MTGase 都可以与肉蛋白结合来稳定肉糜，从而提高打印性，但于打印而言，MTGase 与肉蛋白之间的共价交联作用要优于盐和蛋白之间的盐溶作用，所以 MTGase 可以代替部分盐类的使用，为肉糜提供更好的乳化性、乳化稳定性、保水性、凝胶能力和打印性。

在肉糜中加入盐和微生物谷氨酰胺转氨酶等后，肉糜的流变性能、凝胶性能也还有待提高。肉糜的打印还可以通过添加水胶体来提高打印性。水胶体又被称作胶凝剂、稳定剂和增稠剂，可以很好地提高肉酱的流变性和打印性[49]。水胶体虽然种类繁多，但目前肉类 3D 打印用到的水胶体还较少，如海藻酸钠、明胶、瓜尔胶和黄原胶。Tahergorabi 和 Jaczynski [50]在鱼糜中使用了海藻酸钠和明胶作为水胶体来提高鱼糜的稳定性及凝胶性。Dick 等[42]在牛肉酱中加入了 0.5%的瓜尔胶，实现了瘦肉和脂肪的分层打印，还将黄原胶和瓜尔胶以单独添加（0.36%）和复合添加（0.5∶0.5、0.7∶0.3 和 0.3∶0.7）的方式为吞咽困难的人群打印猪肉产品。以上实验说明在肉酱中添加不同的食品亲水胶体可以通过不同的结合机制来改善肉糜的流变和机械性能，从而提高其印刷性和后处理活性。

13.2.2 培养肉的 3D 打印工艺

培养肉是在生物反应器中使用组织工程技术生产的肉，它看起来与传统肉类相似[51]。培养肉已经成为全球食品工业的一项突破性技术，被认为是在不久的将来缓解严重的环境污染、可持续发展、全球公共健康和动物福利问题的潜在解决方案。尽管培养肉有望补充甚至取代传统肉类，但在早期阶段仍有许多技术问题需要解决[43]。目前，培养肉产品过于松散，不能产生真正咀嚼的感觉。因此，迫切需要 3D 打印来重塑人造肉的结构，逼真地复制真肉紧凑而富有弹性的结构[52]。培养肉的 3D 打印首要选择并获取可以定向分化为各种肉类细胞的干细胞，然后利用 3D 打印机将细胞按照定制化的程序精准地打印在可食用的支撑结构中，最后在充满营养的生物反应器内将细胞原料培养成工程肉，其打印工艺如图 13.6 所示[53]。

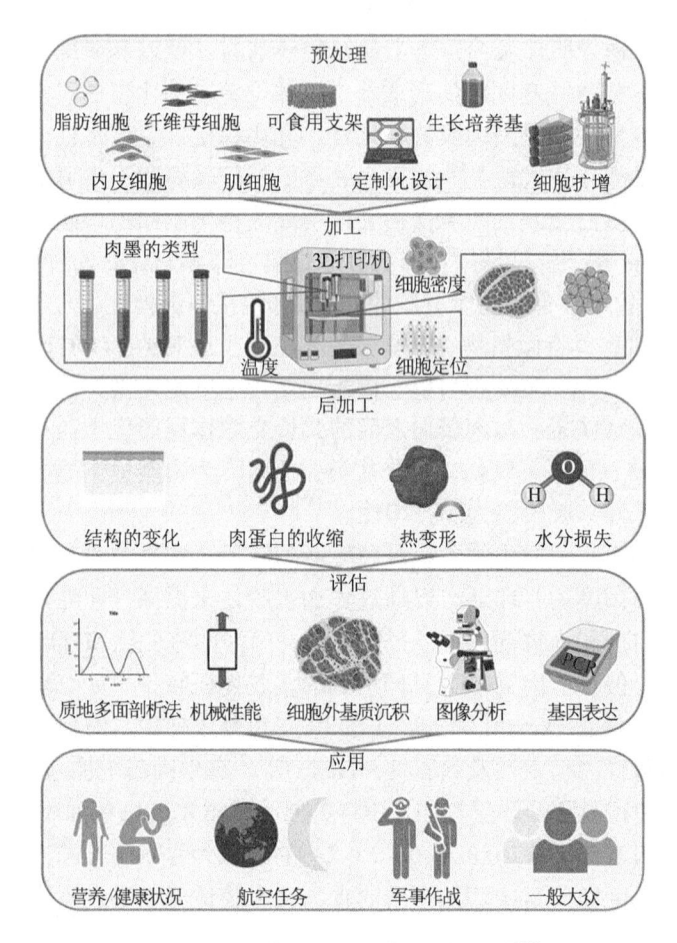

图 13.6 培养肉的 3D 打印工艺流程[53]

1. 原料细胞的预处理

培养肉所需的原材料主要是细胞、营养液和可食用支架。培养肉的细胞组成主要是脂肪细胞、肌细胞、内皮细胞，所以只需要选择能够分化成上述细胞的干细胞即可。肌卫星细胞和脂肪来源的干细胞是培养肉类应用的重要细胞来源[54]。从活体中分离的肌卫星细胞使用特定的细胞表面标记进行纯化，可以转化为肌纤维[55]。同样，从骨髓和脂肪组织中获得的干细胞可以分化为成骨、软骨或脂细胞系[56]。选择好培养肉所需的细胞原料后，还需要注意的就是可食用支架了。用于培养肉发育的肌卫星细胞和其他主要细胞都是贴壁细胞，所以需要支架用于细胞黏附。用于培养生产的支架必须具有生物活性、细胞相容性、较大的比表面积、可灵活收缩和最大限度的营养物质扩散及溶剂循环（孔隙率）以支持组织成熟，并且被消化/分离后可以食用而不显示毒性和过敏反应[57]。Narayanan 等[58]使用纤维素、海藻酸盐和壳聚糖等制成了多孔材料并将材料在温度或 pH 变化最小的情况下进行表面修饰，最后制成了用于培养肉培养的可食用支架。这说明选用结构特性合适的多糖和稳定剂可以制成可食用支架，不过在制备技术上还需要大量的探索。

2. 培养肉的 3D 打印

3D 生物打印是一项基于组织工程的新技术，目前仍处于食品应用开发阶段，目标是通过打印培养的干细胞来获得生肉组织。3D 生物打印的打印方式主要分为喷墨 3D 打印、微挤压 3D 打印和激光辅助 3D 打印。喷墨 3D 打印是使用热力、压电力或电磁力以连续的方式分配生物墨滴[59]；微挤压 3D 打印是利用机械或气动通过喷嘴连续分配生物墨水[60]；激光辅助 3D 打印则是通过含有生物墨水的"色带"引导激光脉冲，生物墨水和细胞悬浮在色带的底部，当被激光脉冲蒸发时，会产生一个高压气泡，最终将离散的液滴推进到恰好位于色带上方的接收基板上[61]，具体原理如图 13.7 所示[62]。通过 3D 生物打印工艺，可以精确地调节细胞比例、细

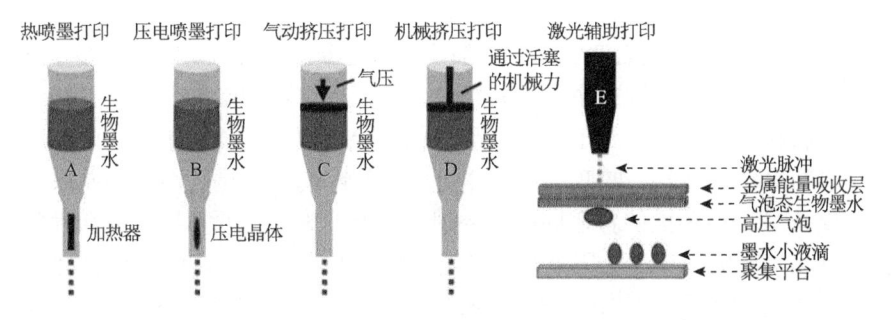

图 13.7　生物打印的打印方式示意图[62]

胞位置，甚至特定类型的细胞密度[53]。为了实现 3D 生物打印的培养肉，培养过程需要可食用材料的生物仿生支架来支持细胞的存活和生长。3D 喷墨打印机按照软件程序预设好的三维模型将细胞沉积到打印好的支撑结构中，然后融合并形成工程肉，并在生物反应器中对组织进行低频刺激，以使肉类纤维成熟[19]。3D 生物打印有望在不影响肉质和肉样轮廓的情况下实现培养肉的打印。最新的 3D 打印技术已经能够制造灵活的人造血管[63]，并对人造肉的颗粒和韧性进行局部控制以更好地模拟真肉[64,65]。

13.2.3　影响肉类 3D 打印工艺的关键参数

影响肉类 3D 打印的关键参数较多，打印墨水的自身性质就具有很高的参数要求，如打印材料的流变学性质、凝胶强度、热凝固温度等都会影响打印质量。肉糜作为打印墨水，其黏度特性一般都随剪切速率（$0.1 \sim 100~\mathrm{s}^{-1}$）的增加而降低，是具有剪切变稀行为的假塑性流体[33]。对于肉糜来说，黏度越高，其交联结构形成得越好，后沉积效果越好，但黏度过大，也会破坏凝胶形成的能力，降低印刷准确性[44]。除黏度之外，储能模量（弹性或类固体特性）、损耗模量（黏性或类流体特性）以及损耗角正切也是影响打印的关键流变参数，可用来确定盐、酶、水胶体的最佳添加量以及最佳加工温度范围。当储能模量与损耗模量相当或储能模量大时，即损耗角正切值≤1 时打印材料会表现出类似固体的行为，具有较好的自支撑能力，有利于打印[42]。Dick 等[32]通过流变仪对猪油进行了温度梯度实验，发现当猪油温度小于 27.9℃时，其损耗角正切≤1，此时的猪油有较强的自支撑能力。除流变性质外，凝胶强度也是鱼糜类打印墨水极其重要的功能特性。盐类和 MTGase 会使蛋白质膨胀，从而增加蛋白质分子间的相互作用，增加鱼糜的凝胶强度，凝胶强度的增加也增加了墨水的自支撑能力，从而提高打印质量[33]。此外，最值得注意的一点就是添加了 MTGase 的墨水凝胶在打印后应在最佳热凝固温度和时间（40℃，60 min）下热处理，鱼糜会被催化形成更多的共价键，进一步形成更强的凝胶[44]。

3D 肉类打印不仅受自身的理化性质影响，还受喷嘴温度、喷嘴直径、喷嘴高度、喷嘴移动速度、挤压速率、填充百分比等工艺参数的影响。肉类打印不同于其他打印材料，肉糜本身属于易腐食品，在打印过程中需要控制其打印温度，应在整个进料系统、料斗、喷嘴和平台本身以不间断的方式进行温度控制来抑制微生物的生长[19]。培养肉的打印同样要控制打印温度来保持原料细胞的活性和完整性。此外，喷嘴的温度还会影响配方的流动性，升高温度会降低流体黏度[66]；在喷嘴直径方面，Wang 等[33]在研究 3D 打印鱼糜凝胶的打印变量中发现，喷嘴直径越小，最终结构的尺寸分辨率和打印质量越高，然而过小的喷嘴尺寸（0.8 mm 和 1.5 mm）则导致挤压材料的长度和宽度不一致，导致模型质量不佳。最佳的喷嘴高度建议相当于喷嘴直径，当大于最佳喷嘴高度时，可能会导致肉膏流的拖曳。喷嘴速度和挤压速率要配合设置参数，参数设置不当也会发生肉膏流上的拖曳、欠沉积和过沉积，喷嘴速度同样决定打印头的移动速度，需要通过初步实验或计算最佳喷嘴速度来调整[19]。不同的填充百分比将影响打印结构内部的沉积材料的总量，从而影响最终 3D 打印肉糜产品中的孔隙率和后处理条件。例如，孔隙率将决定特定程度的熟肉的烹调条件，这是因为结构中保留的孔隙率越多，在烹调过程中发生的传热就越少，从而影响水分和脂肪的释放，影响熟肉产品的质构[20]。综上可知，关键参数中的每一个参数都以单独和/或组合的方式影响打印成品的精度和质量。一般说来，在 3D 打印肉类的过程中调整上述对几何精度至关重要的参数时，还应考虑经济方面。例如，较低的打印速度和喷嘴直径，以及较高的填充百分比，这些可能会导致较高的精度，但会延长打印时间，增加时间成本。

13.2.4 肉类 3D 打印的后处理

无论是肉糜还是培养肉的 3D 打印完成后都需要进一步的热处理，如蒸、煮、煎、炸。后处理的方式主要取决于个人喜好和成品的性质。我们需要考虑打印产品承受烹饪操作的能力以及其是否会因为烹饪损失/收缩而失去 3D 打印的复杂设计和感官品质。Dick 等[42]研究了不同填充物密度（50%、75%、100%）和脂肪含量（结构内 0、1、2、3 个脂肪层）对猪油 3D 印花肉制品熟制过程中后期物理变化和质构的影响。从生的和熟的样品中收集数据，以确定烹饪损失、收缩率、保湿性、脂肪保留率、硬度、咀嚼性和凝聚力。结果发现其结构保持完整，填充物密度对保湿性、硬度和咀嚼性呈正相关，对收缩性和黏聚性呈负相关，脂肪含量与蒸煮损失、收缩性、黏聚性呈正相关，与脂肪保湿性、硬度、咀嚼性呈负相关。这说明后处理是影响打印肉品质的关键因素之一，产品必须考虑不同的后处理方式带来的感官品质的损失。为了降低或防止后加工带来的食物品质的劣化，要选择理化性能和流变性能稳定的原料。

13.3　3D 打印肉的发展前景及趋势

13.3.1　多喷头的打印

现阶段肉类打印一般都是单喷头和双喷头挤出打印，这种打印方式仅限于原材料种类较少的打印。无论是肉类打印还是其他食品原料都应该探索更多的打印方式及多喷头打印，打印出更多结构组成和均衡营养的食品，也应该开发更多的辅助技术去增加打印材料的可打印性[42]。例如，将多种果蔬、辅助营养剂和肉类采用多喷头打印方式一同打印，增加营养摄入的均衡性，避免儿童挑食造成的营养不良。

13.3.2 个性化的打印

肉类打印的颜色较为单一，为了更好地吸引消费者，未来可开发多喷头打印方式将肉类和果蔬等一同打印增加其色彩丰富度，调动消费者食欲和购买欲。Zhao等[67]考虑到 3D 食品打印的制作限制，提出了一种新的制作个性化可食用图案的框架，采用数据驱动的方法对输入图像进行抽象处理，并提出了一种新的打印路径优化方法，用于生成 3D 食品打印的可打印路径。这种方式主要通过调整打印喷头的大小来提高图像打印质量。此研究还采用了基于深度优先搜索的方法对印刷图案进行优化，提高了印刷速度，将 3D 打印、食品定制和计算机图形学相结合来制作个性化可食用图案，如肖像照片、艺术素描等。

13.3.3 肉类加工废弃物的再利用

目前肉类屠宰企业在屠宰和分割过程中往往产生很多碎肉和脂肪，这些碎肉和脂肪的品质很好，市场价格低廉，但没有得到有效的利用。此外肉类加工过程也会产生很多可食用的边角料废肉和内脏，3D 打印可以赋予这些碎肉、内脏和脂肪新的生命，如重组牛排、重组肉饼和多彩肝泥等[68]。

13.3.4　3D 打印肉与其他打印技术的结合

静电纺丝能够生产直径在 10～1000 nm 之间的薄的固体聚合物链，它可以用于生物活性食品包装。静电纺丝可以生产大小和结构可控的食品原料，从而生产出更健康的食品（低脂肪和低盐），它还能够在多尺度下将非传统食品原料塑造成吸引人的可食用结构[69]。静电纺丝和食品印刷的集成可以提供一种可能的一体化解决方案来制造具有个性化营养的食品，即从材料中提取纤维或子成分，封装营养物质，控制其分配体积，并构建营养物质可控释放的食品结构[70]。这种方式可以为口感愉悦的食品提供结构和质地，如肉类中的肌肉纤维。不过目前面临的挑战是在食品印刷平台上集成和操纵静电纺丝过程。

微胶囊可以将矿物质、维生素、香料和精油包装在另一种材料中，以屏蔽活性成分与周围环境的影响。作为微胶囊的一种，电流体雾化已经被纳入生物打印机的设计中，以产生用于生物活性药物输送系统的双壁微球。将这种技术集成到食品印刷中可以通过使用多打印头系统来实现，其中至少一个打印头在制成的食品中产生和分配微胶囊。这将帮助易碎和敏感的材料在加工和包装条件下存活下来，稳定活性成分的保质期，并创造出风味和颜色掩蔽，只有在消费者触发时才会释放[70]。该方法简化了目前功能性食品的生产工艺，提高了功能成分的稳定性，实现了调味品和营养素的控制释放。

静电纺丝和微胶囊的应用包括了提取纤维和封装营养，从而为印刷提供了额外的材料来源。这两项技术还可以通过多打印头平台直接集成到食品 3D 打印过程中，以控制纤维和营养分配，这可能是一种潜在的制造按需食品的方式。

13.4　4D、5D 打印技术

4D 打印是最近被创造的术语，它起初是在 3D 打印的基础上加了时间的概念而定义。但后来有了新的定义：一个三维印刷结构被暴露于预定刺激下（如热、水、光、pH 等），其功能、形状、性能可随时间发生变化[71]。4D 打印的打印材料一般为形状记忆聚合物、形状记忆合金、形状记忆水凝胶等具有形状记忆功能的材料[72]。形状记忆水凝胶是一种聚合物的自我适应性大分子互连网络，其功能是捕获和释放水（提供刺激），通过收缩和膨胀促进结构的转变[73]。麻省理工学院研究人员开发了一种明胶薄片，它们在水中浸泡时会变成 3D 形状[74]。Ghazal 等[75]生产了一种 4D 健康食品，其中组合了两种 3D 打印凝胶：花青素-马铃薯淀粉凝胶和柠檬汁凝胶，花青素-马铃薯淀粉凝胶在喷洒不同的 pH 溶液时改变颜色。Guo 等[73]整合了纳米级有机琼脂糖纤维的凝胶油墨，并利用其热可逆的变形能力，使打印的鲸鱼和章鱼更加生动。实质上食品 3D 打印也可以被认为是 4D 打印，这是因为成品在消费之前可能需要经过烹饪或处理，而且在设计产品时需要考虑打印后的形状和尺寸变化。

5D 打印的术语是从机械领域发展而来的。5D 打印可以被定义为五轴 3D 打印机，不是常规 3D 打印中使用的三轴打印机。五轴 3D 打印机从多个方向（x、y、z 轴；旋转和平移运动）构建对象，从而产生比常规 3D 打印更坚固的部件[71]。

13.5　结论与展望

本章主要介绍了肉糜的 3D 打印工艺及培养肉的 3D 打印工艺，有助于进一步将 3D 打印技术融入肉品加工领域。综合本章可知，肉糜的 3D 打印与培养肉的

3D 打印不同，肉糜的打印需要与盐、MTGase 和水胶体结合获得打印所需的流变性能和凝胶性能以进行打印，而培养肉的打印则是将细胞定量且精准地沉积到可食用支架结构中，进而融合成工程肉，并在生物反应器中使肉类纤维成熟。两种打印的原理虽然不同，但打印的精度和质量均由喷嘴温度、喷嘴直径、喷嘴高度、喷嘴移动速度、挤压速率和填充百分比等工艺参数以单独和/或组合的方式决定。无论是肉糜的打印产品还是培养肉的打印产品都需要选择对感官品质影响最小的后加工方式处理。目前，基于肉类原料的 3D 打印研究相对较少，但未来的发展潜力巨大。可以利用 3D 打印技术合理地按需加工单一或多种肉类，也可以搭配果蔬形成组合原料，为特殊人群制定个性化营养食品。当然也期待真正的 4D 打印早日用于肉类原料，让形状记忆类打印材料赋予打印产品第二次"生命"。

参 考 文 献

[1] Piyush, Kumar R, Kumar R. 3D printing of food materials: a state of art review and future applications[J]. Materials Today: Proceedings, 2020, 33(3): 1463-1467

[2] Ford S, Mortara L, Minshall T, et al. The emergence of additive manufacturing: introduction to the special issue[J]. Technological Forecasting and Social Change, 2016, 102(1): 156-159

[3] Içten E, Purohit H S, Wallace C, et al. Dropwise additive manufacturing of pharmaceutical products for amorphous and self emulsifying drug delivery systems[J]. International Journal of Pharmaceutics, 2017, 524(2): 424-432

[4] Kim S C, Kim M, Ahn N. 3D printer scheduling for shortest time production of weapon parts[J]. Procedia Manufacturing, 2019, 39(13): 439-446

[5] Jiang H, Ziegler H, Zhang Z N, et al. Mechanical properties of 3D printed architected polymer foams under large deformation[J]. Materials & Design, 2020, 194(10): 108946

[6] Chakraborty S, Biswas M C. 3D printing technology of polymer-fiber composites in textile and fashion industry: a potential roadmap of concept to consumer[J]. Composite Structures, 2020, 248(18): 112562

[7] Roach D J, Roberts C, Wong J, et al. Surface modification of fused filament fabrication (FFF) 3D printed substrates by inkjet printing polyimide for printed electronics[J]. Additive Manufacturing, 2020, 36(6): 101544

[8] Liu Y T, Tang T T, Duan S Q, et al. Effects of sodium alginate and rice variety on the physicochemical characteristics and 3D printing feasibility of rice paste[J]. LWT-Food Science and Technology, 2020, 127(11): 109360

[9] Yang F, Zhang M, Prakash S, et al. Physical properties of 3D printed baking dough as affected by different compositions[J]. Innovative Food Science & Emerging Technologies, 2018, 49(5): 202-210

[10] Liu Y W, Liang X, Saeed A, et al. Properties of 3D printed dough and optimization of printing parameters[J]. Innovative Food Science & Emerging Technologies, 2019, 54(4): 9-18

[11] Pulatsu E, Su J W, Lin J, et al. Factors affecting 3D printing and post-processing capacity of cookie dough[J]. Innovative Food Science & Emerging Technologies, 2020, 61(3): 102316

[12] Mantihal S, Prakash S, Godoi F C, et al. Optimization of chocolate 3D printing by correlating thermal and flow properties with 3D structure modeling[J]. Innovative Food Science & Emerging Technologies, 2017, 44(6): 21-29

[13] Le T C, O'sulliv A J J, Drapala K P, et al. Effect of 3D printing on the structure and textural properties of processed cheese[J]. Journal of Food Engineering, 2017, 220(5): 56-64

[14] Shahbazi M, Jäger H, Chen J S, et al. Construction of 3D printed reduced-fat meat analogue by emulsion gels. Part II:

Printing performance, thermal, tribological, and dynamic sensory characterization of printed objects[J]. Food Hydrocolloids, 2021 121: 107054

[15] Severini C, Azzollini D, Albenzio M, et al. On printability, quality and nutritional properties of 3D printed cereal based snacks enriched with edible insects[J]. Food Research International, 2018, 106(4): 666-676

[16] Liu Z B, Bhandari B, Prakash S, et al. Creation of internal structure of mashed potato construct by 3D printing and its textural properties[J]. Food Research International, 2018, 111(9): 534-543

[17] Liu Z B, Zhang M, Yang C H. Dual extrusion 3D printing of mashed potatoes/strawberry juice gel[J]. LWT-Food Science and Technology, 2018, 96(10): 589-596

[18] Lin Y J, Punpongsanon P, Wen X, et al. FoodFab: creating food perception illusions using food 3D printing[C]. 2020 CHI Conference on Human Factors in Computing Systems. Honolulu: USA. 2020, 1-13

[19] Dick A, Bhandari B, Prakash S. 3D printing of meat[J]. Meat Science, 2019, 153(7): 35-44

[20] Pérez B, Nykvist H, Brøgger A F, et al. Impact of macronutrients printability and 3D-printer parameters on 3D-food printing: a review[J]. Food Chemistry, 2019, 287(18): 249-257

[21] Dankar I, Haddarah A, Omar F E L, et al. 3D printing technology: the new era for food customization and elaboration[J]. Trends in Food Science & Technology, 2018, 75(5): 231-242

[22] Portanguen S, Tournayre P, Sicard J, et al. Toward the design of functional foods and biobased products by 3D printing: a review[J]. Trends in Food Science & Technology, 2019, 86(4): 188-198

[23] 朱建军. 肉类的营养价值及宜食用量[J]. 肉类工业, 2015(3): 54-56

[24] 李诗义, 诸晓旭, 陈从贵, 等. 肉和肉制品的营养价值及致癌风险研究进展[J]. 肉类研究, 2015, 29(12): 41-47

[25] Yang F, Zhang M, Bhandari B. Recent development in 3D food printing[J]. Critical Reviews in Food Science and Nutrition, 2017, 57(14): 3145-3153

[26] 徐军, 王天伦. 3D 打印机控制系统的设计[J]. 计算机测量与控制, 2017, 25(3): 51-54

[27] Ferreira I A, Alves J L. Low-cost 3D food printing[J]. Ciência & Tecnologia Dos Materiais, 2017, 29(1): 265-269

[28] 刘倩楠, 张春江, 张良, 等. 食品 3D 打印技术的发展现状[J]. 农业工程学报, 2018, 34(16): 265-273

[29] Sun J, Zhou W B, Yan L K, et al. Extrusion-based food printing for digitalized food design and nutrition control[J]. Journal of Food Engineering, 2018, 220(5): 1-11

[30] 王明爽, 姜涵骞, 李林, 等. 基于果蔬原料的食品 3D 打印技术及其应用[J]. 食品科学, 2020, 42(7): 345-351

[31] Lipton J, Arnold D, Nigl F, et al. Multi-material food printing with complex internal structure suitable for conventional post-processing[C]. 2010 International Solid Freeform Fabrication Symposium. University of Texas at Austin, 2010, 9: 809-815

[32] Dick A, Bhandari B, Dong X, et al. Feasibility study of hydrocolloid incorporated 3D printed pork as dysphagia food[J]. Food Hydrocolloids, 2020, 107(10): 105940

[33] Wang L, Zhang M, Bhandari B, et al. Investigation on fish surimi gel as promising food material for 3D printing[J]. Journal of Food Engineering, 2018, 220(5): 101-108

[34] Liu C, Ho C, Wang J. The development of 3D food printer for printing fibrous meat materials[C]//IOP Conf. Series: Materials Science and Engineering，2017, 284(1): 012019

[35] Godoi F C, Prakash S, Bhandari B R. 3D printing technologies applied for food design: status and prospects[J]. Journal of Food Engineering, 2016, 179(12): 44-54

[36] Gershlak J R, Hernandez S, Fontana G, et al. Crossing kingdoms: using decellularized plants as perfusable tissue engineering scaffolds[J]. Biomaterials, 2017, 125(14): 13-22

[37] Lanza R, Langer R, Vacanti J P. Principles of Tissue Engineering[M]. 5th ed. London: Elsevier, 2020：133-141

[38] Zhang Y S, Oklu R, Dokmeci M R, et al. Three-dimensional bioprinting strategies for tissue engineering[J]. Cold Spring Harbor Perspectives in Medicine, 2018, 8(2): a025718

[39] Sharma S, Thind S S, Kaur A. *In vitro* meat production system: why and how?[J]. Journal of Food Science and Technology, 2015, 52(12): 7599-7607

[40] Gaydhane M K, Mahanta U, Sharma C S, et al. Cultured meat: state of the art and future[J]. Biomanufacturing Reviews, 2018, 3(1): 1-10

[41] Sun J, Zhou W B, Huang D J, et al. Polymers for Food Applications[M]. Berlin: Springer International Publishing AG, 2018: 725-755

[42] Dick A, Bhandari B, Prakash S. Post-processing feasibility of composite-layer 3D printed beef[J]. Meat Science, 2019, 153(7): 9-18

[43] Zhang G Q, Zhao X R, Li X L, et al. Challenges and possibilities for bio-manufacturing cultured meat[J]. Trends in Food Science & Technology, 2020, 97(3): 443-450

[44] Dong X P, Pan Y X, Zhao W Y, et al. Impact of microbial transglutaminase on 3D printing quality of *Scomberomorus niphonius* surimi[J]. LWT-Food Science & Technology, 2020, 124(8): 109123

[45] Dick A, Dong X P, Bhandari B, et al. The role of hydrocolloids on the 3D printability of meat products[J]. Food Hydrocolloids, 2021, 119: 106879

[46] Azam R S M, Zhang M, Bhandari B, et al. Effect of different gums on features of 3D printed object based on vitamin-D enriched orange concentrate[J]. Food Biophysics, 2018, 13(3): 250-262

[47] 陈瑾. 解读肉类食品添加剂的应用现状与趋势[J]. 食品安全导刊, 2020, (3): 77

[48] 李宝臻, 李海宾, 刘尔卓, 等. 谷氨酰胺转氨酶及其对肉制品凝胶特性的影响[J]. 农产品加工(学刊), 2014, (2): 60-63

[49] Kerry J P, Kerry J F. Processed Meats[M]. New York : Woodhead Publishing Limited, 2011: 243-269

[50] Tahergorabi R, Jaczynski J. Physicochemical changes in surimi with salt substitute[J]. Food Chemistry, 2012, 132(3): 1281-1286

[51] Tomiyama A J, Kawecki N S, Rosenfeld D L, et al. Bridging the gap between the science of cultured meat and public perceptions[J]. Trends in Food Science & Technology, 2020, 104(10): 144-152

[52] Zhang L, Hu Y Y, Badar I H, et al. Prospects of artificial meat: Opportunities and challenges around consumer acceptance[J]. Trends in Food Science & Technology, 2021, 116: 434-444

[53] Handral H K, Tay S H, Chan W W, et al. 3D printing of cultured meat products[J]. Critical Reviews in Food Science and Nutrition, 2020, 60(1): 1-10

[54] Wankhade U D, Shen M, Kolhe R, et al. Advances in adipose-derived stem cells isolation, characterization, and application in regenerative tissue engineering[J]. Stem Cells International, 2016, 2016: 1-9

[55] Forcina L, Miano C, Pelosi L, et al. An overview about the biology of skeletal muscle satellite cells[J]. Current Genomics, 2019, 20(1): 24-37

[56] Francesco S, Nicolò B, Michele P G, et al. From liposuction to adipose-derived stem cells: indications and technique[J]. Acta Bio-Medica: Atenei Parmensis, 2019, 90(2): 197-208

[57] Datar I, Betti M. Possibilities for an *in vitro* meat production system[J]. Innovative Food Science & Emerging Technologies, 2010, 11(1): 13-22

[58] Narayanan N, Jiang C H, Wang C, et al. Harnessing fiber diameter-dependent effects of myoblasts toward biomimetic scaffold-based skeletal muscle regeneration[J]. Frontiers in Bioengineering and Biotechnology, 2020, 8: 1-12

[59] Cui X, Boland T, D'lima D, et al. Thermal inkjet printing in tissue engineering and regenerative medicine[J]. Recent

Patents on Drug Delivery & Formulation, 2012, 6(2): 149-155

[60] Panwar A, Tan L P. Current status of bioinks for micro-extrusion-based 3D bioprinting[J]. Molecules, 2016, 21(6): 685

[61] Vinson B T, Sklare S C, Chrisey D B. Laser-based cell printing techniques for additive biomanufacturing[J]. Current Opinion in Biomedical Engineering, 2017, 2: 14-21

[62] Bishop E S, Mostafa S, Pakvasa M, et al. 3-D bioprinting technologies in tissue engineering and regenerative medicine: current and future trends[J]. Genes & Diseases, 2017, 4(4): 185-195

[63] Attalla R, Puersten E, Jain N, et al. 3D bioprinting of heterogeneous bi-and tri-layered hollow channels within gel scaffolds using scalable multi-axial microfluidic extrusion nozzle[J]. Biofabrication, 2018, 11(1): 015012

[64] Lueders C, Jastram B, Hetzer R, et al. Rapid manufacturing techniques for the tissue engineering of human heart valves[J]. European Journal of Cardio-Thoracic Surgery, 2014, 46(4): 593-601

[65] Saratti C M, Rocca G T, Krejci I. The potential of three-dimensional printing technologies to unlock the development of new 'bio-inspired' dental materials: an overview and research roadmap[J]. Journal of Prosthodontic Research, 2019, 63(2): 131-139

[66] Liu Z B, Zhang M, Bhandari B, et al. 3D printing: printing precision and application in food sector[J]. Trends in Food Science & Technology, 2017, 69(11): 83-94

[67] Zhao H M, Wang J F, Ren X Y, et al. Personalized food printing for portrait images[J]. Computers & Graphics, 2018, 70(1): 188-197

[68] 代增英, 范素琴, 法希芹, 等. 海藻酸盐配料 MY-N09 在重组牛排中的应用研究[J]. 肉类工业, 2018(11): 40-43

[69] 邓伶俐, 张辉. 静电纺丝技术在食品领域的应用[J]. 食品科学, 2020, 41(13): 283-290

[70] Sun J, Zhou W B, Huan G D J, et al. An overview of 3D printing technologies for food fabrication[J]. Food and Bioprocess Technology, 2015, 8(8): 1605-1615

[71] 史玉升, 伍宏志, 闫春泽, 等. 4D 打印——智能构件的增材制造技术[J]. 机械工程学报, 2020, 56(15): 1-25

[72] 王林林, 冷劲松, 杜善义. 4D 打印形状记忆聚合物及其复合材料的研究现状及应用进展[J]. 哈尔滨工业大学学报, 2020, 52(6): 227-244

[73] Guo J H, Zhang R R, Zhang L, et al. 4D printing of robust hydrogels consisted of agarose nanofibers and polyacrylamide[J]. ACS Macro Letters, 2018, 7(4): 442-446

[74] Godoi F C, Bhandari B R, Prakash S, et al. Fundamentals of 3D Food Printing and Applications[M]. London: Elsevier, 2019: 1-18

[75] Ghazal A F, Zhang M, Liu Z B. Spontaneous color change of 3D printed healthy food product over time after printing as a novel application for 4D food printing[J]. Food and Bioprocess Technology, 2019, 12(10): 1627-1645

第 14 章 动物蛋白质可食性涂膜降低深度油炸食品油脂含量的机理和研究进展

14.1 深度油炸食品减油方式与可食性涂膜简介

深度油炸是指将食品完全浸入沸腾的油中进行油炸[1]。这类食品中的油脂含量可能达到食品总质量的 1/3 甚至更高[2]，因此经常食用这种食品可能会导致人体摄入过多的油脂，对健康造成隐患。常见的抑制油脂吸收的方法有预处理，如微波预干燥[3]、水煮[4]、添加盐溶液[5]等，但这样处理较为烦琐，也影响了食品的品质；油炸后的处理也可以一定程度地抑制油脂吸收，除了油炸后沥干和使用吸油纸外，张翠华[6]的文章还报道了真空离心脱油法和过热蒸汽脱油技术这两种有效的方法；此外文献也报道了一些新的油炸技术，效果比较显著的是低温真空油炸和水油混合油炸技术[7]。但这些方法所使用的设备成本较高，维护困难。以上所述的方法都无法大规模应用在深度油炸食品的生产中。

涂膜起初用于新鲜果蔬和肉制品的保鲜，这种方法在 1971 年被应用于油炸食品中[8]，并因其简单、经济的特点得以延续至今。涂膜这种处理方式是用浸泡或喷涂的方法将涂膜液包裹在食品表面，油炸时成为附着在食品表面的薄膜，这层膜可以抑制油和水的迁移，达到保水减油的效果。"可食性涂膜"的英文是"edible coating"，它容易与"可食性膜"和"外裹糊"发生混淆，"可食性膜"的英文是"edible film"，根据 McHugh[9]所提供的细致区别，"可食性涂膜"特指用于食品表面的液体涂料，在油炸过程中受热才形成薄膜，而"可食性膜"则是使用前就已成型的厚度约为 0.3 mm 的固体薄片，这两者相似度较高，易混淆；"外裹糊"主要以面粉、淀粉和蛋液为主要成分，特点是较为黏稠，挂糊率较高，包裹在食品表面时的操作和涂膜相似，但其在油炸后呈现出酥松、膨胀的状态，形成一层厚度较大的硬壳，更易吸收油脂，与膜的状态相差甚远，二者存在本质区别，Ananey-Obiri 等[10]曾较为详细地综述了可食性涂膜在油炸食品中的应用，但未将"外裹糊"和"可食性涂膜"进行准确的区分。"外裹糊"的英文是"battered"，也有一部分产品在裹糊的基础上继续包裹一层面包糠，其英文是"breaded"。以上都是在文献中出现频率较高且易被混淆的名词，为凸显本章的综述对象"可食性涂膜"，特在此进行描述和区分。

"可食性"一词，要求涂膜所使用的天然材料符合《食品安全国家标准 食品添加剂使用标准》(GB 2760—2014)。目前这些天然成分主要是多糖、植物蛋白质和动物蛋白质三类。相比于多糖，人们发现蛋白质涂膜抑制油炸食品吸油的应用效果更好，进一步的研究发现动物蛋白质比植物蛋白质更具优势，如避免过敏、营养价值高、机械性能出众等，因此动物蛋白质正在逐步取代植物蛋白质。

14.2 多糖及植物蛋白质基可食性涂膜的应用

14.2.1 多糖

纤维素衍生物、果胶、壳聚糖、食用胶、海藻多糖和膳食纤维等均可以用于可食性涂膜的制备。表 14.1 总结了一些已报道的多糖的应用研究。纤维素衍生物、果胶、食用胶可单独制备成涂膜液使用。纤维素衍生物涂膜无色、无味、无嗅，可以维持油炸食品原始的品质和风味，应用较多；果胶涂膜黏度较大，可以使食品表面光滑酥脆，适用于大多数切片食品，有研究表明果胶涂膜是降低油炸香蕉片油脂含量最有效的涂膜[11]。食用胶包含瓜尔胶、黄原胶、黄芪胶、杏仁胶、卡拉胶、罗勒籽胶和结冷胶等，其表观黏度较大，因此既可以单独使用，又可以与其他材料混合制成复合涂膜，增加涂膜液的浓度[12]。壳聚糖是一种良好的成膜剂，透明度高、机械性能较好[13,14]，但壳聚糖不易溶解，而且与成膜剂这一身份相比，其天然抑菌剂的身份更有应用价值[15]，因此壳聚糖涂膜主要的应用领域是生鲜食品的保鲜。具备抑菌功效的还有海藻多糖，其同样是一种兼顾抑菌保鲜[16]和成膜能力的材料[17,18]。其应用于油炸食品的涂膜中，既能充当成膜剂，又可以为涂膜增添抑菌功效，而且海藻酸盐在水中的溶解性更好，因此它的应用比壳聚糖更多。膳食纤维本身并不是一种良好的成膜剂，因为其无法形成致密的凝胶膜，王玉环等[19]也为此在油炸实验中对比了大豆纤维、黄原胶和乳清蛋白，最终发现大豆纤维对食品油脂含量的降低没有起到很好的效果，但这类多糖具有较好的持水性和膨胀性，可以抑制水分损失，从而间接使油炸食品减少吸油[20]，同时也改善了食品的质构，提高柔软度和疏松度[21]，可以改善复合涂膜的品质。根据文献报道，大豆纤维、小麦麸纤维、米糠纤维、苹果纤维、魔芋葡甘聚糖和发酵竹笋膳食纤维已有这方面的应用[20,22,23]。

表 14.1 可食性涂膜在降低深度油炸食品油脂含量上的应用

涂层分类	涂层	浓度/%	食品种类	油脂含量降低值/%	参考文献
糖	羧甲基纤维素	10.00	土豆泥压制薯片	19.59	[29]
	羧甲基纤维素	1.50	油炸虾仁	34.33	[12]
	羧甲基纤维素钠	0.50	油炸猪肉丸	5.03	[30]
	羧甲基纤维素钠	2.00	油炸鱼块	21.33	[31]

续表

涂层分类	涂层	浓度/%	食品种类	油脂含量降低值/%	参考文献
糖	羧甲基纤维素钠+海藻酸钠（1:2）	1.00	油炸鱼块	34.54	[31]
	羧甲基纤维素钠	0.20	油炸猪背里脊	11.50	[32]
	羧甲基纤维素+木薯淀粉	1.00	油炸鸡翅	10.00	[33]
	果胶	0.50, 1.00	油炸薯片	47.00, 63.00	[34]
	低甲氧基向日葵头部果胶+CaCl$_2$	1.00	油炸薯片	30.00	[27]
	阿拉伯胶	2.00	油炸鱼块	16.97	[31]
	卡拉胶	1.00	油炸薯片	45.00	[35]
	瓜尔胶	1.00	油炸薯片	34.80	[36]
	瓜尔胶	1.00	油炸胡萝卜片	53.00	[37]
	瓜尔胶	0.50	油炸虾	12.40	[12]
	黄原胶	1.50	真空油炸香蕉片	17.20	[38]
	黄原胶	1.00	油炸薯片	66.40	[34]
	结冷胶	2.00	谷类食品	55.00	[2]
	罗勒籽胶	0.50	油炸虾	28.80	[39]
	罗勒籽胶+百里香酚	1.00	油炸虾仁	34.50	[40]
	海藻酸钠	2.00	油炸猪肉丸	5.65	[30]
	海藻酸钠	2.00	油炸鱼块	9.99	[31]
	土豆淀粉	5.00	油炸薯片	27.00	[41]
	玉米淀粉	5.00	油炸薯片	44.30	[42]
植物蛋白质	大米蛋白	4.00	油炸猪背里脊	11.08	[32]
	大豆分离蛋白	2.00	油炸猪背里脊	5.02	[32]
	大豆分离蛋白	4.00	油炸猪肉丸	5.04	[32]
	大豆分离蛋白	10.00	土豆泥压制薯片	54.42	[29]
	大豆分离蛋白	10.00	甜甜圈	55.12	[43]
	玉米醇溶蛋白	10.00	马铃薯丸（薯泥制成）	28.00	[27]
	玉米醇溶蛋白	5.00	油炸薯片	59.00	[42]
	大米蛋白	4.00	油炸猪背里脊	71.17	[32]
	小麦蛋白	8.00	油炸面团	44.00	[28]
动物蛋白质	明胶	0.50	油炸猪背里脊	11.30	[32]
	乳清蛋白	5.00	油炸薯片	54.40	[44]
	乳清蛋白	10.00	油炸鸡柳	30.68	[45]
	乳清蛋白浓缩物	3.00	油炸薯片	5.00	[46]
	酪蛋白酸钠	3.00	油炸薯片	14.00	[46]
	鱼肉蛋白	1.00	油炸鱼饼	10.00	[43]
	鱼肉蛋白+魔芋葡甘聚糖	1.00	油炸鱼饼	62.57	[23]
	乳清分离蛋白+甲基纤维素	6.00+1.00	油炸薯条	48.60	[47]

14.2.2 植物蛋白质

除了多糖涂膜外,大豆分离蛋白、玉米醇溶蛋白、小麦蛋白等植物蛋白也被应用于制备可食性涂膜液。蛋白质涂膜液受热可以在食品表面形成一层凝胶薄膜,在减少水分损失的同时也可以有效阻挡油脂分子通过[24-26]。表 14.1 总结了一些已报道的植物蛋白质可食性涂膜在降低深度油炸食品油脂含量上的应用。考虑到膜的性能和经济因素,大豆分离蛋白被广泛使用在油炸薯片、面食、肉制品等;膜性能出众的还有玉米醇溶蛋白,文献报道了其在油炸薯片方面的应用[27],但顾名思义,这种蛋白不易溶解于水中,囿于其溶解性,其应用受到了一定程度的限制;此外小麦蛋白也被应用在油炸面团和谷类食品中[2,28]。植物蛋白质的确是一种良好的涂膜材料,但制约其使用的缺点有两方面,一是有些蛋白质的使用易引起人体的过敏反应,如大豆分离蛋白和小麦蛋白。二是有些植物蛋白不易溶于水,如玉米醇溶蛋白只能溶解于特定浓度范围的乙醇,因此不易形成稳定的溶液,影响了其应用价值。因此为避免这些问题,人们将视线转移至动物蛋白质的应用。

14.3 动物蛋白质可食性涂膜

表 14.1 总结了目前在文献中查阅到的用于油炸食品的动物蛋白质可食性涂膜,目前,已有文献报道了卵清蛋白、乳清蛋白、酪蛋白、肌原纤维蛋白等多种动物蛋白质涂膜可以降低深度油炸食品的油脂含量[19,45-50]。而且与植物蛋白质相比,动物蛋白质还具有一些额外的优势,这给动物蛋白质可食性涂膜的推广应用带来了巨大的潜力。

14.3.1 动物蛋白质可食性涂膜的优势

1. 营养价值高

动物蛋白质涂膜可以提高食品的营养价值。蛋白质中富含氨基酸,因此其营养价值明显优于多糖,而且相较于植物蛋白质,人体必需氨基酸的比例更高[51,52]。同时动物蛋白质还含有更多的微量元素和维生素,如维生素 B_6、B_{12}、核黄素、烟酸和钙等含量高于植物蛋白质[53]。

2. 改善食品色泽和风味

蛋白质可以与碳水化合物发生美拉德反应,最终生成类黑晶物质,使食品获得更诱人的焦糖色。翟金玲等[54]、Sahin 等[55]分别以乳清蛋白和卵清蛋白涂膜作为反应底物,证明了通过控制美拉德反应的程度可以控制颜色的变化,进而改善食品的外观色泽。蛋白质还是承载挥发性风味物质的载体[56],美拉德反应是一系列复杂的反应,其多个阶段中均有风味化合物生成,这些化合物提供了油炸食品特有的"焦香味",而且相比于植物蛋白质,动物蛋白质可以赋予产品更丰富的肉的香气,起到改善风味的作用。

3. 避免过敏

引起人体过敏是一些植物蛋白质的缺点,如大豆分离蛋白和小麦蛋白。在动物蛋白质中,使用肌原纤维蛋白或动物血浆蛋白则不会出现过敏的症状,这些蛋白质可以有效替代易引发过敏的植物蛋白质,提高了安全性和可接受性。

4. 提升副产物综合利用率

动物内脏和血液都属于副产物,副产物中含有很多有价值的蛋白质,其中不乏可以形成凝胶膜的蛋白质[57],但受饮食习惯和宗教等因素的影响,除中国和少数国家食用内脏和血液外,全世界范围内对内脏和血液的应用并不充分,尤其是其中的血液。以产量高且营养价值丰富的猪血为例,除小部分被用于饲料添加剂以及用于生化制药生产外,大部分被废弃。猪血浆中的蛋白质含量在7.5%左右[58],这些蛋白质含量占全血蛋白质总量的25%左右[59],而猪血浆蛋白就具有良好的凝胶性,是一种潜在的可食性涂膜材料,对于猪血浆蛋白而言,制成可食性涂膜相当于"废物利用"、"变废为宝"。诸如此类来源于肉品副产物中的蛋白质若能被用于生产可食性涂膜,势必会极大提升肉品副产物的附加值,从而促进肉品产业的发展。

另外,一些动物蛋白质涂膜不仅能形成膜阻断水和油的迁移,还附带着抗氧化等功能特性,如一定程度水解后的鱼肉蛋白[60]、乳清蛋白[61]、蛋黄蛋白[62]、猪血浆蛋白[63]便具有了一定的抗氧化活性。使用动物蛋白质可食性涂膜也能保证从食品原料本身到添加剂的统一,避免过多食源材料的混合,这可能为一些宗教和民族饮食习惯提供更好的选择。此外,大力发展动物蛋白质可食性涂膜还是顺应我国发展规划的做法,以猪肉为例,我国提倡加大对国家生猪产业技术体系的支持和指导力度,加大科技投入,猪副产物中蛋白质的综合利用恰好是顺势而为[64],具有很大的发展空间和机遇。

14.3.2 动物蛋白质复合可食性涂膜

复合涂膜是指包含了两种或两种以上有效成分的混合涂膜,表14.1中列举了一些文献报道的复合可食性涂膜的应用,如在尹茂文[30]、凌俊杰等[31]的实验中,复合涂膜都表现出优于单一涂膜的结果。含有动物蛋白质的复合可食性涂膜已经出现,但数目远不及多糖-多糖复合、多糖-植物蛋白质复合的涂膜。Supawong

等[23]将鱼肉蛋白和魔芋葡甘聚糖复合，在单一涂层的基础上进一步降低了油炸鱼肉饼的油脂含量。陆一敏和张甄[47]将乳清分离蛋白和甲基纤维素复合制备涂层，在油炸薯条的应用中也取得了相似的结果。

在研究复合涂膜的过程中，还有一些研究人员向涂膜材料中添加了可食用的抑菌剂和抗氧化剂，制备了功能性可食性涂膜，这是可食性涂膜发展的新方向。例如，Idoya 等[65]向乳清分离蛋白中添加牛至、丁香精油，延长了生鸡胸肉的保鲜时间；Salehi[40]将罗勒籽胶与百里香酚混合，制备出具有抗氧化效果的涂膜，成功减轻了油炸虾仁的氧化程度。显然目前应用于油炸食品的功能性可食性涂膜还较少，而向动物蛋白质涂膜中添加功能性成分的做法也还未见报道，但这恰好也是动物蛋白质复合可食性涂膜未来发展的趋势。

随着人们对更加健康的油炸食品的诉求不断加深，单纯降低油脂含量将无法满足消费者，笔者认为未来可食性涂膜的发展趋势将是：涂膜的主要材料将由动物蛋白质替代此前的多糖和植物蛋白质；涂膜的组分将由单一化向复合化发展；涂膜的功效将由单纯降低油炸食品的油脂含量向防腐、抑菌和抗氧化等功能延伸。

14.4　动物蛋白质可食性涂膜抑制深度油炸食品吸油的机理

14.4.1　深度油炸食品油脂吸收的机理

为了解释可食性涂膜的作用机理，首先需要解释清楚油炸食品油脂吸收的机理。研究发现油脂的吸收主要发生在食品的表面[66]，吸收的途径主要有三种，即水和油的置换、冷却过程"毛细虹吸"吸油和表面活性剂理论，但目前哪一种是导致油脂吸收的主要途径尚处于讨论中。

1. 水和油的置换

这种变化是在油炸的过程中发生的。油炸时食品表面由于水的蒸发变得干燥，上面的孔洞也发生收缩并形成较大的孔隙[67]，逐渐形成多孔、坚硬的外壳，此时食品内部的水开始变成水蒸气，但外壳会抑制水蒸气的转移[10]，因而使食品内部蒸气压逐渐增大并形成内外压力梯度[68]，因而会对食品结构造成一定的破坏，一些更深更大的孔隙就在此时生成，通过这些孔隙，并在油脂浓度差的作用下，此前因水蒸气逸散而遗留的空间被油脂填充（图 14.1），因此称油置换了水。有研究者猜测进入食品的油脂的含量可能与损失的水分含量之间存在线性关系[69]。这一猜想也在 Salehi[40]的实验中得到验证，实验结果是吸油量和水分损失量呈正相关。但也有一些研究表明，大量油脂主要是在冷却阶段被吸入食品中的，比油炸过程中进入食品的油脂含量更高[70,71]。因此"毛细虹吸"吸油现象被提出。

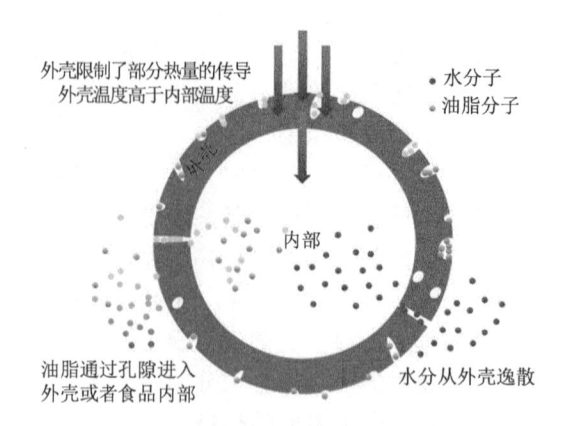

图 14.1 深度油炸过程中水和油的置换机理

2. 冷却过程"毛细虹吸"吸油

食品在冷却阶段也会通过"毛细虹吸"的方式吸油。结束油炸后,食品表面温度迅速降低,表面孔隙和食品内部的水蒸气最终凝结,使蒸气压减小,在大气压的作用下发生"毛细虹吸"现象,表面附着的油脂就进入到细小孔洞或食品内部[72],Mellema[73]把这种机理描述为"毛细管机制"。这一时期,吸油的多少也取决于外壳表面附着的油脂的量,这进一步受表面结构特征和油黏度的影响[74],通常表面越光滑致密、油脂黏度越小,附着的油脂越少[10]。

3. 表面活性剂理论

这一机理阐述的是油脂品质变化对食品吸油的影响。油炸伴随着水解、热分解和聚合反应,相应生产一些极性化合物,它们作为表面活性剂,降低了油和食物表面的界面张力,增加了食物表面对油接触吸收的机会;这些化合物也会促进水解反应的进行,生成更多极性化合物,造成"恶性循环";同时它们也抑制了食品表面的传热,使油炸时间延长,增加了油脂对水的取代机会[30,70]。Huse 等[75]还指出生成的聚合物会增加油脂的黏度,黏度升高会使更多的油脂附着在食品表面,这也可能间接加剧油脂的吸收。

14.4.2 动物蛋白质可食性涂膜抑制油脂吸收的机理

可食性涂膜通过阻碍上述三种油脂吸收途径来发挥功效(图 14.2)。无论是动物蛋白质、植物蛋白质或是多糖,涂膜液都会在油炸过程中受热脱水,由液态转变为固态,形成一层贴附在食品表面的、致密的、具有一定机械强度的薄膜,阻断了油脂和水分转移的途径,减少食品表面的孔隙,减少附着在食品表面的油脂并减缓了油品质的恶化。但各种涂膜材料成膜的机理不同,这也是影响涂膜作用效果的根本原因。

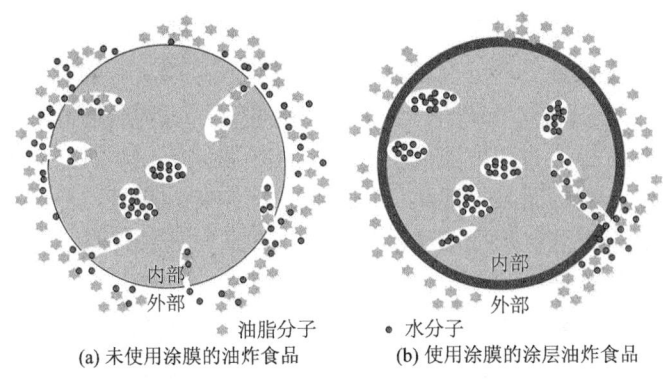

(a) 未使用涂膜的油炸食品　　(b) 使用涂膜的涂层油炸食品

图 14.2　使用可食性涂膜对深度油炸食品的影响

多糖分子大多呈无定形结构，含有羟基、羧基和氨基等官能团，油炸时温度升高，水分损失，多糖分子依靠氢键和范德瓦耳斯力等相互作用形成了致密的网状结构，最终形成凝胶膜，由于大部分多糖的黏度较大，如食用胶类，它们与食品表面的黏附性较好，形成的薄膜更容易牢固地贴合在食品表面，更利于保存食品中的水分，阻隔了油脂[12]。

动物蛋白质成膜的过程更加复杂。形成薄膜的步骤有两步：首先热处理使蛋白质结构破坏，空间结构充分舒展开来，存在于蛋白质分子内部的二硫键、氢键以及疏水键暴露在外，并暴露出巯基和疏水基；紧接着巯基形成新的二硫键，疏水键和氢键也不断形成，增强分子间的相互作用，形成稳定的三维空间网状结构。动物蛋白质形成的凝胶薄膜具有一定的韧性，不易破裂，因此机械性能和阻隔性能都优于多糖[54,76,77]。

乳清蛋白具有很好的成膜能力，被大量应用于"可食性涂膜"和"可食性膜"的制备。乳清蛋白约占牛乳蛋白质总量的 1/5，其中主要是 β-乳球蛋白（约占 60%）、α-乳白蛋白（约占 20%），β-乳球蛋白的氨基酸残基数是 162 个，含有两个二硫键和一个自由巯基；α-乳白蛋白的氨基酸残基数是 123 个，含有 4 个二硫键[78]，这是决定成膜的主要成分的基本结构，这种物质的组成和结构使乳清蛋白有加热和不加热两种成膜的方式。非热处理的膜主要依靠分子间氢键形成空间结构进而成膜，由于未破坏乳球蛋白结构，疏水基团和巯基依旧包埋在分子内部，所以这种条件下形成的膜结构较简单，机械性能和溶解性差，接触水后易破坏空间结构，易溶解；而热处理的膜依靠的不仅仅是分子间氢键的作用，更主要的是二硫键和疏水相互作用，因而具有更加复杂的空间三维结构，在机械性能和溶解性方面都有很大提升。

胶原蛋白有很好的凝胶特性，可以成膜。胶原蛋白能够通过有序的三螺旋结构形成明胶，起初单个胶原蛋白分子链有序螺旋排列，随后两到三个有序片段组成胶原并折叠组合，最后螺旋区域内各条链之间又由氢键相连，形成稳定的明胶结构，明胶含有脯氨酸、羟脯氨酸和羟赖氨酸等大量氨基酸，它们也可以在蛋白质链中形成分子内和分子间交联[10]，因此凝胶膜具备很好的力学性能。

肌原纤维蛋白也是一种可以成膜的良好材料，可以从动物肌肉的肌纤维中提取出来。Eddin 和 Tahergorabi[79]已经通过实验验证了鱼肉肌原纤维蛋白形成凝胶膜的能力，Sobral 等[80]在研究泰国罗非鱼肌肉中肌浆蛋白和肌原纤维蛋白成膜特性时也证明了这一点，而且发现肌原纤维蛋白成膜特性良好，原因是肌原纤维蛋白成膜在干燥过程中能够形成连续的基质，蛋白质分子拉伸且以紧密相连的结构平行排列，这样的有序排列提升了蛋白质薄膜的机械性能，已有文献报道肌原纤维蛋白膜的功能性质要比其他种类的蛋白膜更好，尤其体现在延展性上[30]。也有报道指出海洋动物肌肉中的肌原纤维蛋白热稳定性不及陆生动物[10]，这对于肌原纤维蛋白涂膜的材料选择有一定的指导意义。

可食性涂膜是一种有效的降低深度油炸食品油脂含量的处理方式，安全、溶解性好、营养、成膜性好的涂膜材料是可食性涂膜材料的选择标准，与多糖[81]和植物蛋白质相比，动物蛋白质不仅具有避免过敏、营养丰富、改善食品风味等优势，而且能够成膜的动物蛋白质可以从动物副产物中提取获得，这极大地降低了成本，获得了生产应用的青睐，相信在未来，动物蛋白质可食性涂膜将在抑制深度油炸食品吸油中做出更多贡献。

参 考 文 献

[1] Kurek M, Ščetar M, Galić K. Edible coatings minimize fat uptake in deep fat fried products: a review[J]. Food Hydrocolloids, 2017, 71: 225-235

[2] Albert S, Mittal G S. Comparative evaluation of edible coatings to reduce fat uptake in a deep-fried cereal product[J]. Food Research International, 2002, 35(5): 445-458

[3] Pedreschi F, Moyano P. Effect of pre-drying on texture and oil uptake of potato chips.[J]. LWT-Food Science and Technology, 2005, 38(6): 599-604

[4] Luvielmo M M, Armas D S de, Paiva F F, et al. Physicochemical and sensory characteristics of potato chips made from blanched potatoes of the cultivar BRS Ana and coated with methylcellulose[J]. Brasilian Journal of Food Technology, 2015, 18(3): 211-219

[5] Rimac-Brnčić S, Lelas V, Rade D, et al. Decreasing of oil absorption in potato strips during deep fat frying[J]. Journal of Food Engineering, 2004, 64(2): 237-241

[6] 张翠华. 降低油炸食品吸油率的有效方法[J]. 粮食流通技术, 2009, (2): 34-36

[7] 安进. 水油混合式油炸机结构的优化设计[J]. 食品与机械, 2008, 24(6): 97-98

[8] Funk K, Yadrick M K, Conklin M A. Chicken skillet-fried or roasted with and without an edible coating[J]. Poultry Science, 1971, 50(2): 634-640

[9] Mchugh T H. Protein-lipid interactions in edible films and coatings[J]. Die Nahrung, 2000, 44(3): 148-151

[10] Ananey-Obiri D, Matthews L, Azahrani M H, et al. Application of protein-based edible coatings for fat uptake reduction in deep-fat fried foods with an emphasis on muscle food proteins[J]. Trends in Food Science &Technology, 2018, 80: 167-174

[11] Singthong J, Thongkaew C. Using hydrocolloids to decrease oil absorption in banana chips[J]. LWT-Food Science

and Technology, 2009, 42(7): 1199-1203

[12] Izadi S, Ojagh S M, Rahmanifarah K, et al. Production of low-fat shrimps by using hydrocolloid coatings[J]. Journal of Food Science & Technology, 2015, 52(9): 6037-6042

[13] 潘嘹, 姚小玲, 卢立新, 等. 壳聚糖结合脱氢乙酸钠涂膜对槟榔品质的影响[J]. 包装工程, 2019, 40(3): 1-5

[14] 钟乐, 曾绮颖, 肖乃玉, 等. 聚乙烯/壳聚糖-柠檬精油抗菌膜的制备及应用[J]. 包装工程, 2019, 40(13): 58-66

[15] 李帅, 钟耕辉, 刘玉梅. 多糖类可食性膜的研究进展[J]. 食品科学, 2018, 39(3): 309-316

[16] Tavassoli-Kafrani E, Shekarchizadeh H, Masoudpour-Behabadi M. Development of edible films and coatings from alginates and carrageenans[J]. Carbohydrate Polymers, 2016, 137: 360-374

[17] Kerch G. Chitosan films and coatings prevent losses of fresh fruit nutritional quality: a review[J]. Trends in Food Science & Technology, 2015, 46(2): 159-166

[18] 肖玮, 孙智慧, 刘洋, 等. 果蔬涂膜保鲜包装材料及技术应用研究进展[J]. 包装工程, 2017, 38(9): 7-12

[19] 王玉环, 陈季旺, 翟金玲, 等. 添加成分对外裹糊流变性能及外裹糊鱼块油炸过程油脂渗透的影响[J]. 食品科学, 2019, 40: 34-40

[20] 陈季旺, 解丹, 曾恒, 等. 膳食纤维减少油炸外裹糊鱼块油脂含量的研究[J]. 武汉轻工大学学报, 2016, 35(2): 22-29

[21] 麻佩佩. 苹果渣膳食纤维的制备[D]. 西安: 陕西科技大学, 2013

[22] Zeng H, Chen J, Zhai J, et al. Reduction of the fat content of battered and breaded fish balls during deep-fat frying using fermented bamboo shoot dietary fiber[J]. LWT-Food Science and Technology, 2016, 73: 425-431

[23] Supawong S, Park J W, Thawornchinsombut S. Fat blocking roles of fish proteins in fried fish cake[J]. LWT-Food Science and Technology, 2018, 97: 462-468

[24] Moreira R G, Palau J, Sweat V E, et al. Thermal and physical properties of tortilla chips as a function of frying time[J]. Journal of Food Processing and Preservation, 1995, 19(3): 175-189

[25] 徐志宏. 几种蛋白功能性质的比较研究[J]. 食品科学, 2006, 27(12): 249-252

[26] 赵健. 蛋白在食品加工中的变化[J]. 肉类研究, 2009, 23(11): 64-67

[27] Hua X, Wang K, Yang R, et al. Edible coatings from sunflower head pectin to reduce lipid uptake in fried potato chips[J]. LWT-Food Science and Technology, 2015, 62(2): 1220-1225

[28] Gazmuri A M, Bouchon P. Analysis of wheat gluten and starch matrices during deep-fat frying[J]. Food Chemistry, 2009, 115(3): 999-1005

[29] Dragich A M, Krochta J M. Whey protein solution coating for fat-uptake reduction in deep-fried chicken breast strips[J]. Journal of Food Science, 2010, 75(1): 43-47

[30] 尹茂文. 降低油炸猪肉丸含油量方法及其对品质影响研究[D]. 南京: 南京农业大学, 2014

[31] 凌俊杰, 王志耕, 程华平, 等. 可食性膜降低油炸鱼块含油量的研究[J]. 食品科学, 2011, 32(2): 62-65

[32] 杨铭铎, 史文慧, 郭希娟, 等. 不同可食性控油膜对油炸猪里脊控油效果的影响[J]. 扬州大学烹饪学报, 2015, 32(1): 40-44

[33] Pongsawatmanit R, Ketjarut S, Choosuk P, et al. Effect of carboxymethyl cellulose on properties of wheat flour-tapioca starch-based batter and fried, battered chicken product[J]. Agriculture and Natural Resources, 2018, 55: 565-572

[34] Garmakhany A D, Mirzaei H O, Maghsudlo Y, et al. Production of low fat french-fries with single and multi-layer hydrocolloid coatings[J]. Journal of Food Science & Technology, 2014, 51(7): 1334-1341

[35] Archana G, Babu P A S, Sudharsan K, et al. Evaluation of fat uptake of polysaccharide coatings on deep-fat fried potato chips by confocal laser scanning microscopy[J]. International Journal of Food Properties, 2016, 19(7):

1583-1592

[36] Yu L, Li J, Ding S, et al. Effect of guar gum with glycerol coating on the properties and oil absorption of fried potato chips[J]. Food Hydrocolloids, 2016, 54: 211-219

[37] Akdeniz N, Sahin S, Sumnu G. Functionality of batters containing different gums for deep-fat frying of carrot slices[J]. Journal of Food Engineering, 2006, 75(4): 522-526

[38] Sothornvit R. Edible coating and post-frying centrifuge step effect on quality of vacuum-fried banana chips[J]. Journal of Food Engineering, 2011, 107(3-4): 319-325

[39] Karimi N, Kenari R E. Functionality of coatings with salep and basil seed gum for deep fried potato strips[J]. Journal of the American Oil Chemists' Society, 2015, 93(2): 243-250

[40] Salehi F. Effect of coatings made by new hydrocolloids on the oil uptake during deep-fat frying: a review[J]. Journal of Food Processing and Preservation, 2020, 44(11): e14879

[41] Hassan B, Chatha S A S, Hussain A I, et al. Recent advances on polysaccharides, lipids and protein based edible films and coatings: a review[J]. International Journal of Biological Macromolecules, 2018, 109: 1095-1107

[42] Angor M M, Ajo R, Al-Rousan W, et al. Effect of starchy coating films on the reduction of fat uptake in deep-fat fried potato pellet chips[J].Italian Journal of Food Science, 2013, 25(1): 45-50

[43] He S, Franco C, Zhang W. Fish protein hydrolysates: application in deep-fried food and food safety analysis[J]. Journal of Food Science, 2015, 80(1):E108-E115

[44] Angor M M. Application of whey protein and whey protein isolate as edible coating films on potato pellets chips to reduce oil uptake during deep frying[J]. Contemporing Engineering Science, 2014, 7(34): 1839-1851

[45] 李其轩, 扈莹莹, 孔保华. 动物蛋白质可食性涂膜降低深度油炸食品油脂含量的研究进展[J]. 中国食品学报, 2021, 21(4):10

[46] Aminlari M, Ramezani R, Khalili M H. Production of protein-coated low-fat potato chips[J]. Food Science and Technology International, 2005, 11(3): 177-181

[47] 陆一敏, 张甄. 乳清分离蛋白复合膜对油炸薯条吸油率的影响[J]. 现代食品, 2017, (12): 78-81

[48] 康旭, 刘柳, 邓川, 等. 卵清蛋白-壳聚糖共混成膜工艺的研究[J]. 食品科技, 2011, (2): 58-60

[49] Myers A S, Brannan R G. Efficacy of fresh and dried egg white on inhibition of oil absorption during deep fat frying[J]. Journal of Food Quality, 2012, 35(4): 239-246

[50] 袁子珺, 陈季旺, 曾恒, 等. 添加不同成分的外裹糊鱼块深度油炸过程中的传质动力学[J]. 食品科学, 2018, 39(3): 34-40

[51] 李硕. 大豆小分子肽对机体保健功能作用的研究[D]. 昆明: 昆明理工大学, 2013

[52] 安毅, 张君文. 大豆蛋白活性肽在功能性食品中的应用及发展前景[J]. 大豆科技, 2004, (4): 27-29

[53] Tahergorabi R, Beamer S K, Matak K E, et al. Functional food products made from fish protein isolate recovered with isoelectric solubilization/precipitation[J]. LWT-Food Science and Technology, 2012, 48(1): 89-95

[54] 翟金玲, 陈季旺, 肖佳妍, 等. 乳清蛋白减少油炸外裹糊鱼块油脂含量的研究[J]. 食品科学, 2015, 36(23): 53-57

[55] Sahin S, Sumnu G, Altunakar B. Effects of batters containing different gum types on the quality of deep-fat fried chicken nuggets[J]. European Food Research & Technology, 2005, 220(5-6): 502-508

[56] 李锋, 赵宁, 周辉, 等. 乳清制品及其在肉制品中的应用[J].食品与发酵工业, 2005, 31(4): 93-95

[57] Toldrá F, Mora L, Reig M. New insights into meat by-product utilization[J]. Meat Science, 2016, 120: 54-59

[58] 朱东阳, 康壮丽, 何鸿举, 等. 猪血浆蛋白乳化棕榈油对猪肉糜凝胶特性的影响[J]. 食品科学, 2018, 39(5): 71-75

[59] Wismer P J. Use of heamoglobin in foods: a review[J]. Meat Science, 1988, 24(1): 31-45

[60] Kim S K, Kim Y T, Byun H G, et al. Isolation and characterization of antioxidative peptides from gelatin hydrolysate

of Alaska pollack skin.[J]. Journal of Agricultural & Food Chemistry, 2001, 49(4): 1984-1989

[61] PeNA-Ramos E A, Xiong Y L, Arteaga G E. Fractionation and characterisation for antioxidant activity of hydrolysed whey protein[J]. Journal of the Science of Food and Agriculture, 2004, 84(14): 1908-1918

[62] Sakanaka S, Tachibana Y. Active oxygen scavenging activity of egg-yolk protein hydrolysates and their effects on lipid oxidation in beef and tuna homogenates[J]. Food Chemistry, 2006, 95(2): 243-249

[63] 刘骞, 孔保华. 猪血浆蛋白水解物抗氧化作用模式的研究[J]. 食品科学, 2009, 30(7): 15-19

[64] 中华人民共和国农业农村部. 关于政协十三届全国委员会第一次会议第 3329 号(农业水利类 295 号)提案答复的函[EB/OL]. (2018-8-31). http://www.moa.gov.cn/gk/jyta/201808/t20180831_6156625.htm[2019-2-15]

[65] Idoya F P, Ximena C G, Juan I, et al. Antimicrobial efficiency of edible coatings on the preservation of chicken breast fillets[J]. Food Control, 2014, 36(1): 69-75

[66] Williams R, Mittal G S. Water and fat transfer properties of polysaccharide films on fried pastry mix[J]. LWT-Food Science and Technology, 1999, 32(7): 440-445

[67] 何叶, 刘国琴. 食用涂膜对油饼含油量和油脂渗透的影响及机理分析[J]. 现代食品科技, 2020, 36(1): 105, 192-197

[68] Krokida M K, Oreopoulou V, Maroulis Z B. Water loss and oil uptake as a function of frying time[J]. Journal of Food Engineering, 2000, 44(1):39-46

[69] Kim D N, Lim J, Bae I Y, et al. Effect of hydrocolloid coatings on the heat transfer and oil uptake during frying of potato strips[J]. Journal of Food Engineering, 2011, 102(4): 317-320

[70] Dana D, Saguy I S. Review: mechanism of oil uptake during deep-fat frying and the surfactant effect-theory and myth[J]. Advances in Colloid and Interface Science, 2006, 128: 267-272

[71] Ufheil G, Escher F. Dynamics of oil uptake during deep-fat frying of potato slices[J]. LWT-Food Science and Technology, 1996, 29(7): 640-644

[72] 林俊虹, 李汴生. 油炸食品控油机理及方法综述[C]. "食品工业新技术与新进展"学术研讨会暨广东省食品学会年会. 广州: 广东省食品学会, 2015: 220-224

[73] Mellema M. Mechanism and reduction of fat uptake in deep-fat fried foods[J]. Trends in Food Science & Technology, 2003, 14(9): 364-373

[74] Brannan R G, Mah E, Schott M, et al. Influence of ingredients that reduce oil absorption during immersion frying of battered and breaded foods[J]. European Journal of Lipid Science and Technology, 2014, 116(8): 240-254

[75] Huse H L, Mallikarjunan P, Chinnan M S, et al. Edible coatings for reducing oil uptake in production of akara (deep-fat frying of cowpea paste)[J]. Journal of Food Processing and Preservation, 1998, 22(2): 155-165

[76] 王京. 鱼糜可食用蛋白膜的制备、性质与应用研究[D]. 青岛: 中国海洋大学, 2011: 66-69

[77] 常晶, 李晨辉, 刘尊英, 等. 明胶-壳聚糖-迷迭香提取物复合膜对冷藏鲟鱼品质的影响[J]. 包装工程, 2019, 40(13): 52-57

[78] 王耀松. 共价交联对乳清蛋白成膜的影响及作用机理[D]. 无锡: 江南大学, 2012

[79] Eddin A S, Tahergorabi R. Application of a surimi-based coating to improve the quality attributes of shrimp during refrigerated storage[J]. Foods, 2017, 6(9): 76-88

[80] Sobral P J D A, Santos J S D, Farah T G. Effect of protein and plasticizer concentrations in film forming solutions on physical properties of edible films based on muscle proteins of a Thai Tilapia[J]. Journal of Food Engineering, 2005, 70(1): 93-100

[81] 马新秀, 胡文忠, 冯可, 等. 多糖类可食性膜在鲜切果蔬包装中的应用[J]. 包装工程, 2017, 38(17): 43-47

第15章　美拉德反应及其产物在递送生物活性物质方面的应用

近年来,生物活性物质因其在降低许多疾病(如糖尿病、癌症、心血管疾病和肥胖症)风险方面的潜在益处而受到关注[1]。这些益处归因于它们具有抗肿瘤、抗炎、抗氧化、抗高血压和抗高血脂活性,以及它们的基本营养功能。随着人们生活水平的提高和食品科学发展的进步,许多生物活性物质作为功能性成分被应用于食品中。然而,许多生物活性物质水溶性差,易降解,在加工和储存过程中,不利的环境条件会影响它们的稳定性,从而影响食品品质或药品效果等。此外,生物活性物质的口服途径受到各种生理屏障的限制,如pH、胃肠酶和黏液层。为了提高生物活性物质的生物利用度和稳定性,人们研究了一些递送体系对其进行保护[2]。这些递送体系包括乳状液、纳米粒子、纳米凝胶和微胶囊,它们在稳定性、生物利用度、生物降解性和生物相容性方面具有许多优点[3]。

蛋白质作为食品中主要成分之一,具有形成稳定乳状液、泡沫、胶体和薄膜等功能,对食品的流变特性、感官特性和质构特性有着重要影响[4],同时它也作为载体广泛应用于递送体系中。然而,蛋白质通常对 pH 的变化、高离子强度、高温、蛋白水解酶和有机溶剂等十分敏感,这限制了它们的应用[5]。研究表明,以蛋白质为载体的递送体系容易被胃肠道中的消化酶水解,从而导致生物活性化合物的突然释放、降解和吸收不良[6]。美拉德反应是含有碳水化合物和蛋白质的食品在加热过程中发生最频繁的反应之一,它是自然发生的,不需要添加化合物,并且能够改变食品的重要性质,如稳定性、风味和色泽等[7],同时可以提高蛋白质的乳化性、凝胶性和抗氧化活性等性质[8]。近年来,以美拉德反应为基础的蛋白质-多糖复合物作为生物活性化合物载体,在食品和医药领域受到了极大的关注[9]。通过美拉德反应在特定条件下所制备的蛋白质-多糖共价复合物具有较好的溶解性,并且在不同的环境条件下(pH、温度以及离子强度等)具有较高的稳定性,这使得它们在食品和制药工业中作为挥发油、香料和生物活性物质的包埋剂和输送载体具有很好的应用前景[10]。虽然美拉德反应有诸多益处,但是它也有不可忽视的负面作用,当反应控制不当时,会生成一些对人体有害的物质,如晚期糖基化终产物。因此,有必要控制美拉德反应的条件,以防止形成对人体有害的物质[11]。

第 15 章 美拉德反应及其产物在递送生物活性物质方面的应用 · 177 ·

本章主要概述了美拉德反应的机理，同时对蛋白质-多糖复合物构建的食品级递送体系及其应用进行了综述，还讨论了递送体系与人体胃肠道的相互作用，为合理利用美拉德反应并发挥其在构建生物活性物质递送体系的作用提供指导意义。

15.1 美拉德反应概述

美拉德反应又称羰氨反应，是指羰基化合物与氨基化合物之间经过缩合、聚合最终生成类黑精的反应，在食品工业中广泛存在[12]。一般来说，美拉德反应主要分为三个阶段，如图 15.1 所示。初期阶段包括羰氨缩合和分子重排两步，以葡萄糖为例，其半缩醛羟基与胺类化合物的游离氨基之间形成共价键进而生成席夫碱，席夫碱通过环化过程形成不稳定性的缩合产物 N-葡萄糖基胺。随后，N-葡萄糖基胺在酸的催化下通过 Amadori 分子重排形成较为稳定的 Amadori 重排产物（Amadori rearrangement products，ARPs）；或通过 Heyenes 分子重排异构成 Heyenes 重排产物（Heyenes rearrangement products，HRPs）[13]。在美拉德反应中期阶段，ARPs 或 HRPs 在 pH 的诱导下会降解为中间体化合物，所涉及的反应包括 1,2-烯醇化、2,3-烯醇化以及 Strecker 降解。在美拉德反应的末期阶段，中期阶段生成的还原酮、裂解产物以及 Strecker 降解产物经历醛醇缩合以及醛胺缩合进而生成褐色的含氮大分子物质类黑精[14]。尽管其可以为产品带来丰富的色泽和风味，然而，研究表明美拉德反应晚期终产物与糖尿病、慢性肾衰竭、心血管以及神经性疾病

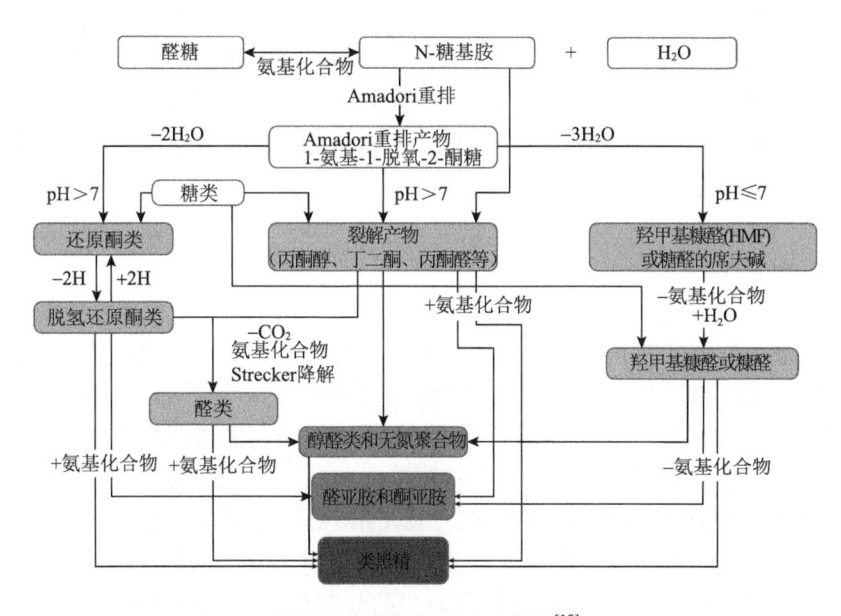

图 15.1 美拉德反应路线图[18]

等病理过程密切相关[15]。因此，应该适当地对美拉德反应加以控制，避免反应进入高级阶段，减少有害物质的形成。值得一提的是，美拉德反应可以提升蛋白质的乳化性、凝胶性、发泡性和抗氧化活性等功能特性[16]，它辅助的蛋白质修饰比其他化学修饰更安全，可以将糖基化蛋白质作为食品的潜在成分添加到食品中。通过受控条件下的美拉德反应来制备具有明显功能特性的蛋白质多糖复合物，其可以用作食品级输送系统的新型载体，以封装、保护和控制许多生物活性物质的释放[17]。

15.2 美拉德反应共价复合物的功能性质

15.2.1 乳化性

乳化性在食品体系中具有重要作用，蛋白质的表面疏水性和亲水性平衡是决定乳化性质的重要因素[19]。利用多糖对蛋白质进行糖基化修饰是一种提高乳化特性的有效方法，一般来说，糖基化修饰会导致蛋白质解折叠，暴露出更多的疏水位点，这可以使蛋白质更好地吸附在油滴上。多糖与蛋白质的共价结合还会提供额外的静电斥力以及空间位阻，使液滴间保持一定的距离，避免油滴聚集。此外，多糖的加入会提升乳化体系的黏度，从而降低液滴的迁移速率，这也在一定程度上提高了乳化体系的稳定性。Zhang 等[20]通过美拉德反应制备的燕麦蛋白-葡聚糖结合物改善了水包油型乳状液的稳定性。Consoli 等[21]在湿热条件下通过美拉德反应制备了酪蛋白酸钠-玉米淀粉水解物结合物，与不含结合物的对照组相比，它提升了白藜芦醇乳状液的乳化稳定性。美拉德反应形成的蛋白质多糖复合物能够在油滴周围形成致密的刚性界面层结构，这有利于利用它们制备递送系统，从而保护生物活性物质免受胃肠道（特别是胃）中的氧化剂、蛋白水解酶、酸性物质以及不适合的环境条件下的降解。

15.2.2 凝胶性

蛋白质的凝胶是指溶液中的蛋白质分子有规律交联后，形成的可以包水或其他物质的三维网络结构，美拉德反应可以改善蛋白质的凝胶性质。Matsudomi 等[22]通过美拉德反应制备干蛋白-半乳甘露聚糖复合物，得到的透明凝胶具有较高的持水性和凝胶强度。凝胶在水溶液中的溶胀能力被认为是控制凝胶基质中被包裹的生物活性成分释放速率的决定性因素。Meydani 等[23]在研究中观察到通过美拉德反应可以在低蛋白质含量下形成乳清分离蛋白-麦芽糊精复合物冷凝固凝胶，与对照组乳清分离蛋白凝胶相比，复合物所形成的凝胶在模拟胃液中溶胀率明显较低，这可能是由于美拉德反应中蛋白质-多糖的交联度较高。同时，美拉德反应还提高了凝胶的硬度和保水性。

15.2.3 抗氧化活性

蛋白质与多糖进行美拉德反应后巯基暴露，暴露的巯基可以很好地清除自由基，从而改善其抗氧化活性，美拉德反应的产物通常与抗氧化能力的增加有关[24]。Liu 等[25]研究了美拉德反应得到的乳清分离蛋白-葡萄糖复合物的结构特征和抗氧化活性，结果表明复合物具有较高的热稳定性和抗氧化性。美拉德反应复合物具有很高的热稳定性，所以可以作为潜在的抗氧化剂和乳化剂应用于热加工产品中，在高温下不会发生明显的降解，也不会失去其功能和生物学特性。美拉德复合物具有较强的抗氧化性能，可以保护包裹的生物活性物质免受氧化降解[26]。Lin 等[27]通过美拉德反应制备了线性短链葡聚糖-赖氨酸复合物，采用冷冻干燥法制得纳米粒子，与单一的线性短链葡聚糖和赖氨酸相比，复合物具有更强的自由基清除能力。同时，复合物制备的纳米粒子在模拟胃液中保持稳定的形态，可以作为一种理想的纳米载体，用于运送生物活性物质。

15.3　基于美拉德反应的递送系统类型

经美拉德反应的蛋白质-多糖复合物具有高溶解性、乳化活性和抗氧化能力，对环境变化（离子强度、pH 和温度）具有较强的稳定性，目前已被应用于输送生物活性物质。

15.3.1 乳状液

在水包油型(O/W)乳液和纳米乳液递送体系中，可以将疏水性生物活性物质包裹在乳状液油滴中，从而提高其在水溶液中的稳定性和溶解度[28]。以蛋白质为载体的 O/W 乳液递送体系因其生物相容性好，成本效益高且易于制备已被广泛应用于疏水性生物活性物质的递送，然而，这种体系容易因环境因素（如 pH、温度、离子强度和消化酶）而导致聚集和相分离。此外，O/W 乳液和纳米乳液是热力学不稳定的系统，往往会由于絮凝、聚集和相分离而导致破乳现象[29]，所以必须使用一些方法来改善乳状液的性能。乳状液的稳定性与乳化剂有关，乳化剂可以吸附在油滴表面形成界面层[30]，通过美拉德反应将蛋白质和多糖共价连接在一起形成的新型乳化剂可以解决上述问题，此方法制备的乳状液具有较高的安全性和稳定性，目前已被用作一种颇具前景的递送体系[31]。蛋白质部分提供了复合物到油滴表面的快速吸附，而通过糖基化结合上的多糖则可以提供强烈的空间排斥和静电排斥作用，从而抑制油滴的聚集。

姜黄素是存在于姜黄根茎中的一种天然多酚类化合物，具有良好的生物活性和药理活性。但是姜黄素在酸性以及中性条件下的水溶性很差，在碱性或者见光条件下会迅速分解，因而限制了其应用。Wang 等[28]研究了牛血清白蛋白-葡聚糖美拉德共价复合物在保护和递送 O/W 乳液中的姜黄素的潜在应用，以牛血清白蛋白-葡聚糖共价复合物为乳化剂的乳液在不同温度和 pH 下对姜黄素有较好的保护作用，这可能是因为其更完整的界面层可以防止姜黄素的降解、沉淀和扩散到水相。研究还发现，与姜黄素/吐温 20 悬浮液相比，牛血清白蛋白-葡聚糖复合物可以提高姜黄素在小鼠体内的口服生物利用度。Gumus 等[32]研究了酪蛋白-葡萄糖美拉德共价复合物对叶黄素乳液在不同 pH 下的物理和化学稳定性的影响，研究表明，与未加入葡萄糖的对照组相比，利用复合物制备的乳状液在 pH3~7 范围内表现出更高的稳定性，并且乳液在胃中保持稳定性，这是因为液滴表面的葡萄糖提供了空间排斥，防止胃蛋白酶到达液滴表面，阻碍了胃蛋白酶水解，同时，糖基化蛋白质复合物不影响叶黄素的消化和生物活性。柠檬醛是一种具有抗菌活性的精油，由于其稳定性较差，它的应用受到了限制[33]。Yang 等[9]研究发现通过美拉德反应制备的大豆分离蛋白和可溶性多糖共价复合物可增强柠檬醛在 O/W 乳状液中的物理稳定性。

由此可见，以美拉德蛋白质-多糖复合物为乳化剂的乳状液稳定性较好，在制备功能性饮料方面具有应用前景。同时，乳状液对胃具有较高的稳定性，主要是由于多糖阻碍了胃蛋白酶对界面蛋白的水解，这使其成为设计肠道特异性药物递送体系的理想候选者，从而预防或治疗肠道疾病。

15.3.2 纳米粒子

纳米粒子是可以提供靶向药物的胶体颗粒，其尺寸为 1~100 nm[34]，食品中许多疏水性生物活性物质被纳米粒子包埋之后，不仅溶解性和稳定性提高，而且具有较好的缓释效果，基于纳米粒子的药物递送体系已广泛应用于运载口服药中的生物活性化合物[6]。蛋白质制备的纳米粒子通常通过粒子之间的静电排斥力来稳定，然而，粒子在高离子强度和等电点附近容易聚集和沉淀。因此，研究人员利用美拉德反应制备蛋白质-多糖复合物，从而提升递送体系的稳定性[35]。为了提高 β-胡萝卜素的热稳定性、溶解性和生物利用度，Yi 等[36]通过美拉德反应制备了β-乳球蛋白-葡聚糖复合物，将其分散在超纯水中，在室温下搅拌 2 h，然后用乙酸乙酯配制 0.1%(质量分数)的 β-胡萝卜素溶液，采用均质蒸发法制备了纳米颗粒，包封率为98.4%。Li和Gu[6]通过美拉德反应制备了卵清蛋白-葡聚糖共价复合物包裹表没食子儿茶素没食子酸酯[(-)-epigallocatechin-3-gallate，EGCG]并提高其生物利用度，将卵清蛋白-葡聚糖共价复合物与EGCG混合，调节pH至5.2后，在80℃下加热60 min，得到载有EGCG的卵清蛋白-葡聚糖共价复合物纳米颗粒，其形状为球形，载药率为23.4%。Fan等[37]通过美拉德反应制备了牛血清白蛋白-葡聚糖纳米颗粒来运载姜黄素，通过绿色简便的方法形成了具有球形结构的纳米颗粒，提高了纳米粒子在pH为2.0~7.0时的稳定性。此外，与游离姜黄素相比，牛血清白蛋白-葡聚糖纳米粒子中姜黄素的稳定性更高，抗氧化能力更强。牛血清白蛋白-葡聚糖纳米颗粒由于不受pH变化的影响，且包埋的姜黄素具有较高的稳定性，因此可广泛应用于酸性饮料（酸奶、牛奶饮料和果汁）中的营养补充剂。

15.3.3 纳米凝胶

纳米凝胶是纳米级别的凝胶颗粒，存在三维溶胀的聚合物链交联网络[38]，它能溶胀于水但不溶解于水，直径在10~100 nm之间。鉴于其生物降解性和无毒性等优良特性，纳米凝胶在许多方面具有潜在的应用前景[39]。纳米凝胶因具有较高的负载能力，可以作为生物活性物质的递送体系。姜黄素的口服生物利用度相当有限，这是因为它在胃肠液中的溶解度很低，很容易发生化学或代谢降解[40]。Feng等[41]通过美拉德反应制备了卵清蛋白-葡聚糖复合物，将4 mg粉末状的姜黄素直接加入到10 mL复合物溶液（5 mg/mL）中，温和搅拌10 min后，调节pH至4.5，然后将溶液以1000 g离心10 min，收集上清液并在90℃下加热30 min，然后立即在冰浴中冷却至室温，就得到了负载姜黄素的纳米凝胶。这种绿色工艺提高了纳米凝胶的储存稳定性、pH稳定性和再分散性，并且可以改善姜黄素的口服生物利用度。Meydani等[23]通过美拉德反应制备的乳清分离蛋白-麦芽糊精凝胶在模拟胃环境中具有较高的稳定性。通过美拉德反应可以制备出对胃蛋白酶具有低敏感性的多糖结合蛋白，因此，包裹在美拉德复合物凝胶中的生物活性物质可以抵抗胃的恶劣条件，并成功地输送到小肠进行吸收。

15.3.4 微胶囊

微胶囊是指一种具有聚合物或无机物壁的微型容器或包装物。微胶囊化就是将固体、液体或气体包埋、封存在一种微型胶囊内成为一种固体微粒产品的技术，复合凝聚法、喷雾干燥法和挤压法等微胶囊化技术常用于生物活性物质的包埋[42]。复合凝聚法往往需要一些具有毒性（如戊二醛或甲醛）或制备时间较长（如转谷氨酰胺酶）的交联剂来稳定微胶囊壁[43]，将美拉德反应生成的共价复合物作为壁材可以很好地解决这一问题。Ifeduba 和 Akoh[44]研究发现硬脂酸大豆油在基于美拉德复合物的复凝聚体系中，产生了较高的热稳定性和氧化稳定性。孙欣等[45]利用美拉德反应生成大豆分离蛋白-木糖复合物，以复合物和壳聚糖为壁材，利用复合凝聚法制得黑胡椒油树脂微胶囊，结果表明，美拉德反应使微胶囊的微观结构更加致密，并使微胶囊的储藏稳定性有所提升。由此可见，利用美拉德复合物得到的稳定复凝聚体可以成功地包裹和保护油脂等生物活性物质，提升其稳定性。Jia 等[46]通过美拉德反应制备了乳清分离蛋白-低聚木糖复合物，并对番茄红素进行了包埋，结果表明该复合物可用于包裹番茄红素或其他生物活性物质，改善其性能。Zhang 等[47]将水解大豆分离蛋白-麦芽糊精美拉德复合物包裹鱼油微胶囊进行了冷冻干燥，可以使微胶囊形成多孔均匀的表面结构，提高了其包封率和热稳定性。这是因为复合物的多糖部分在微胶囊周围有形成薄膜的趋势，起到了隔离氧气的作用，从而减少了鱼油微胶囊的氧化。Sugimura 等[48]将酪蛋白酸钠和麦芽糊精混合物乳化的鱼油微胶囊进行喷雾干燥，诱导其中的美拉德反应，提高了鱼油微胶囊的抗氧化性。Cortesi 等[49]将还原糖-明胶微胶囊在 80 ℃下湿加热 5 min，微胶囊在水溶液中的溶解稳定性增强了。Choi 等[50]研究发现，以乳清蛋白-麦芽糊精复合物为壁材，利用喷雾干燥法制备的共轭亚油酸微胶囊粒径较小，水溶性较好，包封率较高。这些研究表明，美拉德反应可用于改善微胶囊的理化性质。此外，将乳清蛋白-低聚异麦芽糖共价复合物进行微胶囊化，在模拟胃肠道条件下对益生菌提供了更好的保护[51]。

以美拉德共价复合物为壁材的微胶囊对 pH 变化、高离子强度和高温具有较高的稳定性，可以保证所包埋的生物活性物质在较长时间内的化学稳定性。

15.4 递送体系与人体胃肠道的相互作用

人体胃肠道由口腔、食道、胃、小肠和大肠构成，从口腔到大肠的理化环境（pH、离子组成、酶活性和温度）不同，所以了解人体胃肠道各部分的环境条件对于设计生物活性物质的递送体系十分重要[52]。人体摄取食物后，食物在不同的器官中停留不同的时间，并进行了一系列机械和化学作用。在实践中，许多疏水性生物活性物质的作用并没有得到充分发挥，这主要是因为它们的化学稳定性低、水溶性低和口服生物利用度低。目前已经有研究人员设计了一些递送体系，在胃中保护被包裹的生物活性物质，使其在肠道释放，从而改善生物活性化合物的口服吸收效果[53]。基于美拉德复合物的乳状液体系研究较多，稳定的 O/W 乳液能显著提高包埋亲油化合物在人体胃肠道中的稳定性[54]，可以成功地控制脂溶性生物活性物质在胃肠道特定位置的释放。因此，理解生物活性物质在人体胃肠道的消化机制有助于构建新型递送体系，提升其生物利用度。

15.4.1 口腔

口腔是人体摄入食物后的第一道屏障，其 pH 条件是中性，温度为 37℃左右，唾液中主要含有淀粉酶。递送体系进入口腔会发生一些变化[55]，如被唾液稀释、与唾液中的各种电解质相互作用、温度和 pH 的变化以及与口腔黏膜和舌头之间的摩擦等。Abaee 等[39]研究发现卵清蛋白-葡聚糖纳米凝胶在模拟口腔条件下不容易发生聚集。Xu 等[56]利用干热法制得乳清分离蛋白-甜菜果胶复合物，将其作为 β-胡萝卜素乳液的乳化剂，在含有 0.02%黏蛋白、0.1594%氯化钠和 0.0202%氯化钾的模拟唾液中，液滴大小无明显变化。Zhong 等[57]制备了以燕麦分离蛋白-平菇 β-葡聚糖共价复合物为乳化剂的 β-胡萝卜素乳状液，将 8 mL 含有 0.03 g/mL 黏蛋白模拟唾液流体预热至 37℃后与 8 mL 乳状液混合并经过模拟口腔的处理后，乳状液的平均粒径和微观结构没有显著变化。这归因于平菇 β-葡聚糖在液滴表面提供了较高浓度的阴离子羧基，能够通过静电斥力避免与带负电荷的黏蛋白的结合。因此，在用阴离子多糖制备美拉德复合物时，蛋白质-多糖复合物可以通过空间斥力和静电空间斥力来提高体系对唾液引发的絮凝的稳定性。此外，蛋白质-多糖复合物在生物活性物质周围提供了一层抗剪切的界面层结构，可以抵抗口腔中施加的高剪切力，从而减少递送体系可能发生的理化属性和微观结构的变化。

15.4.2 胃

食物在咽部吞咽，并通过食道到达胃。胃中含有胃蛋白酶，是一种高度酸性的环境。由于高酸性 pH 和离子强度的影响，以蛋白质为乳化剂的乳状液在通过胃时会被水解[58]。与天然蛋白质稳定的 O/W 乳液相比，以蛋白质-多糖美拉德复合物为乳化剂的 O/W 乳液在胃消化过程中的稳定性更高[32]。Lesmes 和 Mcclements[10]制备了 β-乳球蛋白-葡聚糖美拉德复合物，将其作为乳化剂研究其对 O/W 乳状液的影响，在模拟胃液中，与不含复合物的对照组相比，以复合物为乳化剂的乳液具有较高的稳定性。Davidov-Pardo[59]等制备了由酪蛋白酸钠-葡聚糖美拉德复合物包被的纳米颗粒，并将白藜芦醇包裹在其中，在模拟胃液条件下，不含复合物的纳米颗粒悬浮液的粒径大大增加，而复合物纳米颗粒悬浮液的粒径增加较小，这表明美拉德复合物制备的纳米颗粒在胃液环境下稳定性较高。Yi 等[36]通过美拉德反应制得包埋 β-胡萝卜素的 β-乳球蛋白-葡聚糖纳米颗粒，在 pH 为 2.0 且存在胃蛋白酶的条件下，2 h 内只有 5.4%的 β-胡萝卜素被释放。由此可见，由美拉德反应制备的蛋白质-多糖共价复合物可以抵抗胃蛋白酶的水解，提高包埋的生物活性物质在人体胃肠道消化中的稳定性。这主要归因于复合物在油滴周围提供的厚实而完整的界面层,通过强烈的空间排斥阻止了油滴的絮凝。

15.4.3 小肠

食物成分和营养食品的吸收主要发生在小肠。小肠上皮是影响吸收的重要物理和生理屏障,它包括黏液层和细胞层两部分。肠道中存在胆盐,会使脂质的水解明显增强,生成表面活性成分,如甘油单酯和甘油二酯,这些化合物竞争吸附乳液界面的表面活性分子,与磷脂和胆盐形成"混合胶束",导致界面组成发生改变,营养成分最终被小肠吸收[60]。因此,乳化液界面的结构和组成极大地影响脂质的消化速度,从而影响混合胶束的含量。在 Zhong 等[57]的研究中,模拟小肠消化后,与未添加燕麦分离蛋白-平菇 β-葡聚糖共价复合物的乳液相比,添加复合物的乳状液平均粒径较小,这表明其包裹的 β-胡萝卜素大多被消化吸收,提高了 β-胡萝卜素的口服利用度。Li 等[61]采用干热法制得大豆分离蛋白-阿拉伯胶复合物,以其为壁材利用喷雾干燥法制备番茄树油脂微胶囊,在模拟肠液条件下,包裹的番茄红素几乎完全释放。Feng 等[41]的研究表明蛋白质-多糖复合物的纳米凝胶在模拟消化过程中可以保护营养食品并提高其生物利用度。理想的递送体系应在人体胃肠道的消化过程中保护生物活性化合物不被水解,并将其充分转运和溶解到混合胶束中以供小肠吸收。基于美拉德复合物的递送体系在不影响其生物利用度的情况下,更有效地提高了脂溶性生物活性物质的化学稳定性。

15.5 结论与展望

美拉德反应形成的共价复合物由于其优异的性能,在食品和制药工业中可以作为一种运载生物活性物质的有效载体。在不同输送体系中,蛋白质和多糖在生物可降解性、营养性和功能特性等方面表现出了诸多优点,这无疑为制备新型递送体系创造了巨大的价值。本章综述了基于美拉德复合物的递送体系的主要类型,如水包油乳液、纳米颗粒、纳米凝胶和微胶囊,并且说明了递送体系与人体胃肠道的相互作用。通过美拉德反应得到的蛋白质-多糖复合物作为乳化剂和包封剂在水包油乳状液和其他输送载体中运送多种生物活性物质,提高其生物利用度,是目前研究的热点。在这些体系中,复合物在被包裹的生物活性物质周围形成了一个厚的连续的层,当体系在加工、储存和运输过程中暴露于一些不利的环境时,能够降低其降解率。因此,美拉德复合物可作为亲脂性和其他生物活性化合物的载体,从而提高它们的稳定性和生物利用度,并可设计用于食品和医药的功能性产品。然而，还需要更多的研究来验证美拉德反应复合物的功能特性，控制晚期糖基化终产物的生成，选择较为合适的美拉德产物来设计生物活性物质的递送体系。此外，还需要更多的体外和体内研究来测试蛋白质-多糖美拉德复合物传递体系的性能。

参 考 文 献

[1] Oh Y S. Bioactive compounds and their neuroprotective effects in diabetic complications[J]. Nutrients, 2016, 8(8): 472-492

[2] Bao C, Jiang P, Chai J J, et al. The delivery of sensitive food bioactive ingredients: Absorption mechanisms, influencing factors, encapsulation techniques and evaluation models[J]. Food Research International, 2019, 120: 130-140

[3] Cavalheiro C P, Ruiz-Capillas C, Herrero A M, et al. Application of probiotic delivery systems in meat products[J]. Trends in Food Science & Technology, 2015, 46(1): 120-131

[4] Tolouie H, Mohammadifar M A, Ghomi H, et al. Cold atmospheric plasma manipulation of proteins in food systems[J]. Critical Reviews in Food Science and Nutrition, 2018, 58(15): 2583-2597

[5] Yin B, Wang C N, Liu Z J, et al. Peptide-polysaccharide conjugates with adjustable hydrophilicity/hydrophobicity as green and pH sensitive emulsifiers[J]. Food Hydrocolloids, 2017, 63: 120-129

[6] Li Z, Gu L W. Fabrication of self-assembled (−)-epigallocatechin gallate (EGCG) ovalbumin-dextran conjugate nanoparticles and their transport across monolayers of human intestinal epithelial Caco-2 cells[J]. Journal of Agricultural and Food Chemistry, 2014, 62(6): 1301-1309

[7] Chiang J H, Eyres G T, Silcock P J, et al. Changes in the physicochemical properties and flavour compounds of beef bone hydrolysates after Maillard reaction[J]. Food Research International, 2019, 123: 642-649

[8] Yang S Y, Lee S, Pyo M C, et al. Improved physicochemical properties and hepatic protection of Maillard reaction products derived from fish protein hydrolysates and ribose[J]. Food Chemistry, 2017, 221: 1979-1988

[9] Yang Y X, Cui S W, Gong J H, et al. A soy protein-polysaccharides Maillard reaction product enhanced the physical stability of oil-in-water emulsions containing citral[J]. Food Hydrocolloids, 2015, 48: 155-164

[10] Lesmes U, Mcclements D J. Controlling lipid digestibility: Response of lipid droplets coated by β-lactoglobulin-dextran Maillard conjugates to simulated gastrointestinal conditions[J]. Food Hydrocolloids, 2012, 26(1): 221-230

[11] Li H, Yu S J. Review of pentosidine and pyrraline in food and chemical models: formation, potential risks and determination[J]. Journal of the Science of Food and Agriculture, 2017, 98(9): 3225-3233

[12] Gaber M, Mabrouk M T, Freag M S, et al. Protein-polysaccharide nanohybrids: hybridization techniques and drug delivery applications[J]. European Journal of Pharmaceutics and Biopharmaceutics, 2018, 133: 42-62

[13] 芦昶彤, 陈芝飞, 马宇平, 等. 2-L-天冬氨酸-2-脱氧-D-葡萄糖的合成及热裂解分析[J]. 食品科学, 2018, 39(5): 99-105

[14] 王延平, 赵谋明, 彭志英, 等. 美拉德反应产物研究进展[J]. 食品科学, 1999, 20(1): 15-19

[15] Chaudhuri J, Bains Y, Guha S, et al. The role of advanced glycation end products in aging and metabolic diseases: bridging association and causality[J]. Cell Metabolism, 2018, 28(3): 337-352

[16] Xu Z H, Huang G Q, Xu T C, et al. Comparative study on the Maillard reaction of chitosan oligosaccharide and glucose with soybean protein isolate[J]. International Journal of Biological Macromolecules, 2019, 131: 601-607

[17] Livney Y D. Biopolymeric amphiphiles and their assemblies as functional food ingredients and nutraceutical delivery systems[M]// Garti N，McClements D J.Encapsulation Technologies and Delivery Systems for Food Ingredients and Nutraceuticals. New York：Woodhead Publishing Limited，2012: 252-286

[18] Arena S, Renzone G, D'ambrosio C, et al. Dairy products and the Maillard reaction: a promising future for extensive food characterization by integrated proteomics studies[J]. Food Chemistry, 2017, 219: 477-489

[19] Lam R S, Nickerson M T. Food proteins: a review on their emulsifying properties using a structure-function approach[J]. Food Chemistry, 2013, 141(2): 975-984

[20] Zhang B, Guo X N, Zhu K X, et al. Improvement of emulsifying properties of oat protein isolate-dextran conjugates by glycation[J]. Carbohydrate Polymers, 2015, 127: 168-175

[21] Consoli L, Dias R A O, Rabelo R S, et al. Sodium caseinate-corn starch hydrolysates conjugates obtained through the Maillard reaction as stabilizing agents in resveratrol-loaded emulsions[J]. Food Hydrocolloids, 2018, 84: 458-472

[22] Matsudomi N, Nakano K, Soma A, et al. Improvement of gel properties of dried egg white by modification with galactomannan through the Maillard reaction[J]. Journal of Agricultural and Food Chemistry, 2002, 50(14): 4113-4118

[23] Meydani B, Vahedifar A, Askari G, et al. Influence of the Maillard reaction on the properties of cold-set whey protein and maltodextrin binary gels[J]. International Dairy Journal, 2019, 90: 79-87

[24] Wu S P, Dai X Z, Shilong F D, et al. Antimicrobial and antioxidant capacity of glucosamine-zinc(II) complex via non-enzymatic browning reaction[J]. Food Science and Biotechnology, 2018, 27(1): 1-7

[25] Liu Q, Kong B H, Han J C, et al. Structure and antioxidant activity of whey protein isolate conjugated with glucose via the Maillard reaction under dry-heating conditions[J]. Food Structure, 2014, 1(2): 145-154

[26] Shi Y Q, Liang R, Chen L, et al. The antioxidant mechanism of Maillard reaction products in oil-in-water emulsion system[J]. Food Hydrocolloids, 2019, 87: 582-592

[27] Lin Q Z, Li M, Xiong L, et al. Characterization and antioxidant activity of short linear glucan–lysine nanoparticles prepared by Maillard reaction[J]. Food Hydrocolloids, 2019, 92: 86-93

[28] Wang C N, Liu Z J, Xu G G, et al. BSA-dextran emulsion for protection and oral delivery of curcumin[J]. Food Hydrocolloids, 2016, 61: 11-19

[29] Li X, Li K X, Shen Y L, et al. Influence of pure gum on the physicochemical properties of whey protein isolate stabilized oil-in-water emulsions[J]. Colloids and Surfaces A: Physicochemical and Engineering Aspects, 2016, 504: 442-448

[30] Cho H T, Salvia-Trujillo L, Kim J, et al. Droplet size and composition of nutraceutical nanoemulsions influences bioavailability of long chain fatty acids and Coenzyme Q_{10}[J]. Food Chemistry, 2014, 156: 117-122

[31] Mcclements D J, Decker E A, Park Y. Controlling lipid bioavailability through physicochemical and structural approaches[J]. Critical Reviews in Food Science and Nutrition, 2009, 49(1): 48-67

[32] Gumus C E, Davidov-Pardo G, Mcclements D J. Lutein-enriched emulsion-based delivery systems: impact of Maillard conjugation on physicochemical stability and gastrointestinal fate[J]. Food Hydrocolloids, 2016, 60: 38-49

[33] Afzal S, Maswal M, Dar A A. Rheological behavior of pH responsive composite hydrogels of chitosan and alginate: characterization and its use in encapsulation of citral[J]. Colloids and Surfaces B: Biointerfaces, 2018, 169: 99-106

[34] Pirtarighat S, Ghannadnia M, Baghshahi S. Green synthesis of silver nanoparticles using the plant extract of Salvia spinosa grown *in vitro* and their antibacterial activity assessment[J]. Journal of Nanostructure in Chemistry, 2019, 9(1): 1-9

[35] 黄国清, 董潇, 李晓丹, 等. 美拉德反应修饰对负载姜黄素的玉米醇溶蛋白纳米颗粒制备及性质的影响[J]. 食

品安全质量检测学报, 2019, 10(15): 5058-5064

[36] Yi J, Lam T I, Yokoyama W, et al. Controlled release of β-carotene in β-lactoglobulin-dextran-conjugated nanoparticles' in vitro digestion and transport with Caco-2 monolayers[J]. Journal of Agricultural and Food Chemistry, 2014, 62(35): 8900-8907

[37] Fan Y T, Yi J, Zhang Y Z, et al. Fabrication of curcumin-loaded bovine serum albumin (BSA)-dextran nanoparticles and the cellular antioxidant activity[J]. Food Chemistry, 2018, 239: 1210-1218

[38] Mcclements D J. Designing biopolymer microgels to encapsulate, protect and deliver bioactive components: physicochemical aspects[J]. Advances in Colloid and Interface Science, 2017, 240: 31-59

[39] Abaee A, Mohammadian M, Jafari S M. Whey and soy protein-based hydrogels and nano-hydrogels as bioactive delivery systems[J]. Trends in Food Science & Technology, 2017, 70: 69-81

[40] Wang B, Vongsvivut J, Adhikari B, et al. Microencapsulation of tuna oil fortified with the multiple lipophilic ingredients vitamins A, D_3, E, K_2, curcumin and coenzyme Q_{10}[J]. Journal of Functional Foods, 2015, 19: 893-901

[41] Feng J, Wu S S, Wang H, et al. Improved bioavailability of curcumin in ovalbumin-dextran nanogels prepared by Maillard reaction[J]. Journal of Functional Foods, 2016, 27: 55-68

[42] Consoli L, Dias R A O, Da S, et al. Resveratrol-loaded microparticles: assessing Maillard conjugates as encapsulating matrices[J]. Powder Technology, 2019, 353: 247-256

[43] Thies C. Microencapsulation methods based on biopolymer phase separation and gelation phenomena in aqueous media[M]//Garti N, McClements D J Encapsulation Technologies and Delivery Systems for Food Ingredients and Nutraceuticals. New York: Woodhead Publishing Limited, 2012: 177-207

[44] Ifeduba E A, Akoh C C. Microencapsulation of stearidonic acid soybean oil in complex coacervates modified for enhanced stability[J]. Food Hydrocolloids, 2015, 51: 136-145

[45] 孙欣, 黄国清, 肖军霞. 改性大豆分离蛋白在黑胡椒油树脂复凝聚微胶囊制备中的应用[J]. 中国粮油学报, 2017, 32(10): 66-72

[46] Jia C S, Cao D D, Ji S P, et al. Whey protein isolate conjugated with xylo-oligosaccharides via Maillard reaction: characterization, antioxidant capacity, and application for lycopene microencapsulation[J]. LWT-Food Science and Technology, 2020, 118: 108837

[47] Zhang Y T, Tan C, Abbas S, et al. Modified SPI improves the emulsion properties and oxidative stability of fish oil microcapsules[J]. Food Hydrocolloids, 2015, 51: 108-117

[48] Sugimura S, Fujishima N, Kagami Y. Oxidative stability, structure, and physical characteristics of microcapsules formed by spray drying of fish oil with protein and dextrin wall materials[J]. Journal of Food Science, 2003, 68(7): 2248-2255

[49] Cortesi R, Nastruzzi C, Davis S S. Sugar cross-linked gelatin for controlled release: microspheres and disks[J]. Biomaterials, 1998, 19(18): 1641-1649

[50] Choi K O, Ryu J, Kwak H S, et al. Spray-dried conjugated linoleic acid encapsulated with Maillard reaction products of whey proteins and maltodextrin[J]. Food Science and Biotechnology, 2010, 19(4): 957-965

[51] Liu L, Chen P, Zhao W L, et al. Effect of microencapsulation with the Maillard reaction products of whey proteins and isomaltooligosaccharide on the survival rate of *Lactobacillus rhamnosus* in white brined cheese[J]. Food Control, 2017, 79: 44-49

[52] Chai J J, Jiang P, Wang P J, et al. The intelligent delivery systems for bioactive compounds in foods: physicochemical and physiological conditions, absorption mechanisms, obstacles and responsive strategies[J]. Trends in Food Science & Technology, 2018, 78: 144-154

[53] 闫晓佳, 梁秀萍, 李思琪, 等. 表没食子儿茶素没食子酸酯性质、稳定性及其递送体系的研究进展[J]. 食品科学, 2020, 41(1): 258-266

[54] Liu F G, Ma C C, Zhang R J, et al. Controlling the potential gastrointestinal fate of β-carotene emulsions using interfacial engineering: impact of coating lipid droplets with polyphenol-protein-carbohydrate conjugate[J]. Food Chemistry, 2017, 221: 395-403

[55] Mcclements D J. Edible lipid nanoparticles: digestion, absorption, and potential toxicity[J]. Progress in Lipid Research, 2013, 52(4): 409-423

[56] Xu D X, Yuan F, Gao Y X, et al. Influence of whey protein–beet pectin conjugate on the properties and digestibility of β-carotene emulsion during *in vitro* digestion[J]. Food Chemistry, 2014, 156: 374-379

[57] Zhong L, Ma N, Wu Y L, et al. Gastrointestinal fate and antioxidation of β-carotene emulsion prepared by oat protein isolate-Pleurotus ostreatus β-glucan conjugate[J]. Carbohydrate Polymers, 2019, 221: 10-20

[58] Singh H, Sarkar A. Behaviour of protein-stabilised emulsions under various physiological conditions[J]. Advances in Colloid and Interface Science, 2011, 165(1): 47-57

[59] Davidov-Pardo G, Perez-Ciordia S, Marin-Arroyo M R, et al. Improving resveratrol bioaccessibility using biopolymer nanoparticles and complexes: impact of protein-carbohydrate Maillard conjugation[J]. Journal of Agricultural and Food Chemistry, 2015, 63(15): 3915-3923

[60] Li Y, Arranz E, Guri A, et al. Mucus interactions with liposomes encapsulating bioactives: interfacial tensiometry and cellular uptake on Caco-2 and cocultures of Caco-2/HT29-MTX[J]. Food Research International, 2017, 92: 128-137

[61] Li C, Wang J, Shi J, et al. Encapsulation of tomato oleoresin using soy protein isolate-gum aracia conjugates as emulsifier and coating materials[J]. Food Hydrocolloids, 2015, 45: 301-308

第16章 植物源抗冻蛋白作用机制及其在食品中的应用

植物源抗冻蛋白（antifreeze proteins，AFPs）是植物在外界环境发生改变时为保护细胞免受冻害而产生的一种功能性蛋白质。AFPs 在不同植物体内的分布不同，它们都具有一定的抗冻活性，是一类具有提高植物细胞抗冻活性蛋白质的总称[1]。自 20 世纪被发现以来，AFPs 主要研究范围是鱼类、昆虫等，如今植物源 AFPs 已成为研究热点。根据《食品安全国家标准 食品添加剂使用标准》（GB 2760—2014），AFPs 可以作为新型食品添加剂添加到冷冻食品中[2]。

AFPs 具有三种特性，分别是热滞活性（thermal hysteresis activity，THA）、修饰冰晶生长形态效应和抑制冰晶再结晶。植物源 AFPs 相对于鱼类、昆虫源 AFPs 热滞活性较低，但抑制冰晶再结晶能力较强[3]，因此认为植物源 AFPs 调控抗冻性的主要途径是抑制胞外冰晶的生长及抑制冰的再结晶。植物源 AFPs 通过抑制溶液中冰晶的再结晶现象，减轻因环境温度在 0℃附近波动产生的机械损伤，抑制在冷藏过程中食品因反复冻融造成的质量劣变，比其他来源的 AFPs 更适合添加到冷藏食品中。本章综述植物源 AFPs 的作用机理、提取方法，以期为 AFPs 在食品领域的应用提供理论基础。

16.1 植物源 AFPs 的概述

16.1.1 抗冻蛋白的来源

植物源 AFPs 主要来源于寒冷、高海拔地区的植物体内，现研究植物源 AFPs 的对象有 40 余种，其中约有 20 种高等植物中检测到 AFPs[4]，但真正被分离纯化的植物源 AFPs 种类较少，主要有冬黑麦、沙冬青、胡萝卜、女贞、黑麦草、苜蓿等。表 16.1 概括了不同植物源的 AFPs，以及它们的存在形式和功能作用。植物源 AFPs 是一种适应性蛋白，除低温外，干旱[5]、脱落酸[6]、外源乙烯[7]等条件也可诱导植物产生 AFPs。研究发现植物体内 AFPs 在氨基酸序列、双螺旋结构、冰晶结合单元的特异性与植物表现出的抗冻特性相关。

表 16.1　植物源 AFPs 来源分类

植物类型	植物体内 AFPs 来源	植物源 AFPs 作用功能及意义	参考文献
冬黑麦	冷驯化的冬黑麦叶片质外体中分离纯化得到 AFPs	发现的最早的植物源 AFPs，分离纯化后具有修饰冰晶生长能力	[8,9]
沙冬青	冬季植物沙冬青叶片中分离出糖 AFPs	沙冬青抗冻生理过程中的主要物质，沙冬青 AFPs 具有热滞活性可调节冰晶生长	[10]
胡萝卜	自胡萝卜根部获取 AFPs，将其 cDNA 导入烟草得到克隆基因	开启植物源 AFPs 在基因组的研究，在植物抗冻基因克隆领域有重要意义	[11,12]
女贞	女贞叶中分离得到质外体过氧化物酶	具有热滞活性	[13]
黑麦草	多年生植物黑麦草叶片质外体中积累，提取得到 AFPs	具有热稳定性，且对冰晶再结晶的抑制作用，在低温条件下黑麦草 AFPs 通过调节冰的生长模式改变黑麦草在冷冻环境下的生长情况	[14]
苜蓿	苜蓿根茎部中提取蛋白	冷胁迫条件下，苜蓿根内可溶性蛋白含量及某些特定酶含量均有所增加，说明可溶性蛋白含量与苜蓿的抗寒性关系密切	[15]

16.1.2　抗冻蛋白的特性

1. 热滞活性

一般溶液（如 NaCl、蔗糖溶液等）的冰点是固、液两相蒸气压平衡时的温度，因而冰点应等于熔点。AFPs 只影响结冰过程，几乎不影响熔化过程，使冰点低于熔点，其冰点和熔点的差值称为热滞差值，AFPs 的这种活性称为 THA[16,17]。

2. 修饰冰晶生长形态效应

在低温环境下，冰晶由于受到 AFPs 的影响，冰晶的生长形态发生改变，由正常冰晶的扁圆形生长为六角形棱锥。随 AFPs 的浓度和作用时间的延长，冰晶的形态趋近针状[18]。

3. 抑制冰晶再结晶

在溶液冰点温度下，溶液中的小冰晶逐渐消失聚集成为大冰晶，对产品的组织结构造成破坏。添加 AFPs 的溶液可抑制冰晶的再结晶现象，使小冰晶均匀分布[19]。

16.2　抗冻蛋白的作用机制

不同植物中的 AFPs 存在形式不同，并且没有共同的演化规律[20]。然而，它们均具有热滞活性、修饰冰晶生长形态和抑制冰晶再结晶功能。其作用机理为 AFPs 在溶液中调节原生质溶液状态，抑制冰晶的生长活性，尤其是 AFPs 的浓度与其活性的关系，AFPs 在极低浓度条件下就能有效抑制再结晶，但无法降低冰点[21]。根据 AFPs 作用方式不同，其作用原理可根据其分子在水溶液中的能量角度定义为热动力学作用原理，也可根据 AFPs 在水溶液中与冰晶氢键的结合方式定义为氢键结合作用。

16.2.1 热动力学作用原理

AFPs 在溶液中遵循热力学定律，在作用机制中，热力学现象以宏观物质热运动角度说明反应可发生的程度，从动力学角度说明具体生长的效率。因此从宏观热动力学角度将刚体能量学作用机制、冰晶吸附抑制作用机制、热滞现象动力学作用机制概括为热动力学作用原理。

1. 刚体能量学作用机制

将溶液中 AFPs 视为极小的粒子，可根据界面能量推测它们在冰-水界面的平衡位置，在冰晶生长过程中，粒子与晶体和水相互作用。由表面能原理可知，由于"AFPs-冰晶"与"AFPs-水"表面存在差异，水会尽可能地缩小表面积以减少界面总能量。因此，当 AFPs 滞留在冰晶表面时，冰-水界面的面积减少，使体系达到平衡。通常水分子在冰晶表面推进 AFPs 向前，在溶液中形成冰晶体[22]。在温度降低到水溶液的过冷温度以下 1.0℃或是更小时，会产生很大的结晶压力，但由于 AFPs 与冰晶结构匹配时，水分子产生的结晶压力使 AFPs 在冰晶表面保持平衡，使粒子固定在冰晶表面无法向前推进。由此，冰的生长只会发生在足以吞噬这些粒子的过冷状态下，表现为冰点降低[23]。根据开尔文效应，在弯曲冰晶表面冰点局部下降，冰晶在吸附的 AFPs 之间向前凸起，如图 16.1 所示。

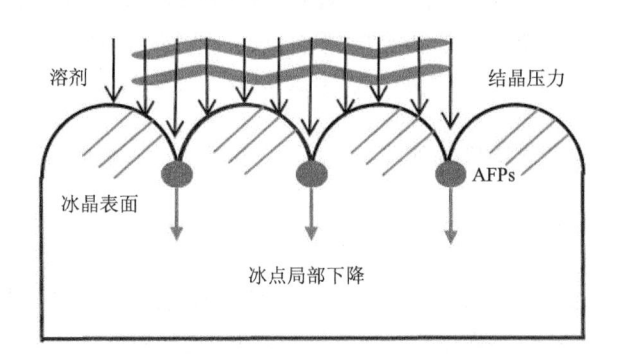

图 16.1 AFPs 降低局部冰晶冰点示意图[23]

从刚体力学热力学角度说明 AFPs 吸附在冰晶表面的原因与降低冰点的原理，需要进一步讨论 AFPs 吸附时间永久性，其作用效果与浓度之间的关系。

2. 冰晶吸附抑制作用机制

在低温条件下，AFPs 具有选择吸附性，与冰晶混合后吸附在冰晶生长的表面。冰晶在 AFPs 分子之间的通路与水结合，在溶液中被 AFPs 分子覆盖的冰晶表面停止生长，而未被覆盖的区域则沿着平面继续向前推进形成一个圆形的表面，使其表面曲率增加，如图 16.2 所示。

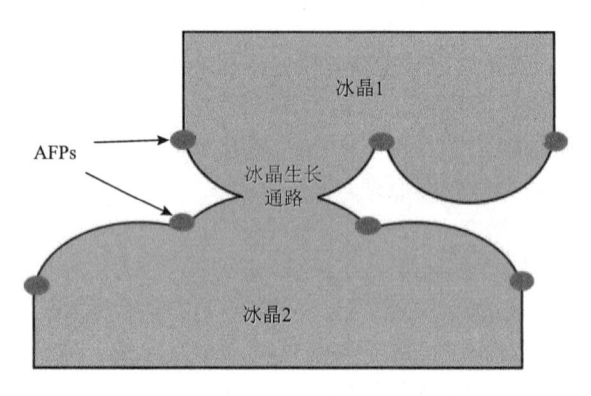

图 16.2 AFPs 吸附抑制示意图[24]

当冰晶表面积与体积比超过冰晶自发生长的热力学值时，冰晶的生长会受到抑制，从而导致冰点下降。换言之，由于 AFPs 吸附在冰晶生长通路上，黏滞在冰晶表面的 AFPs 导致冰晶表面像曲面一样弯曲。从热力学角度来说，溶剂更倾向于在平滑的冰晶表面生长，但由于冰晶表面曲率增加，溶剂不易附着在曲冰面上，因而抑制冰晶的生长。其中，AFPs 会一直吸附在冰晶表面，直到冰晶受到外界作用融化，方可脱离冰晶表面，且 AFPs 浓度越高，其作用效果越好。吸附抑制作用机制在目前 AFPs 研究领域中较为合理，利用吸附抑制作用机制可以计算出 AFPs 吸附在冰晶表面所导致的冰点下降值[25]。

3. 热滞现象动力学作用机制

目前，许多研究已经证实热滞活性具有浓度依赖性[26,27]，与蛋白质浓度的平方根成正比，而且不同类型的 AFPs 在等摩尔浓度下可产生的热滞差值也不同。AFPs 的存在会影响溶液中冰晶的生长结构。溶液中不存在 AFPs 情况下，冰晶会随着温度的降低而变大，类似于扁平型圆盘生长，且冰点与熔点相等；当溶液中存在 AFPs 时，其可以与冰晶平面相互作用，吸附在冰晶表面降低冰晶表面的冰点并提高冰晶内部熔点，使冰晶产生热滞差值。AFPs 还具有塑造冰晶表面晶体形状的能力，如图 16.3 所示，在 AFPs 作用活跃的情况下晶体沿 c 轴方向生长。

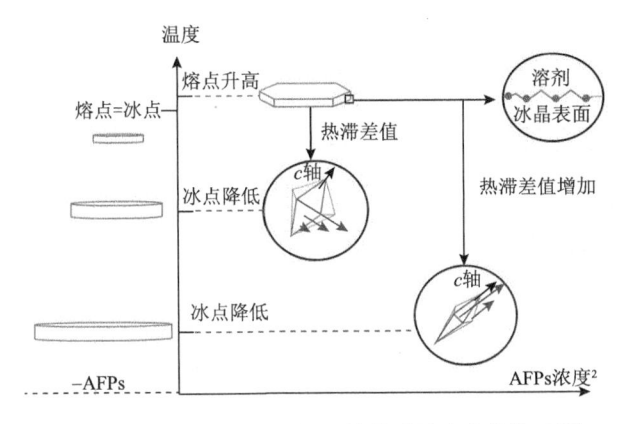

图 16.3　THA 和冰晶形状及结构随浓度变化情况[28]

16.2.2　氢键结合作用

在溶液中 AFPs 与冰晶之间通过氢键进行结合,但氢键形成方式不同,主要包括"偶极子-偶极子"、氢原子结合、冰核抑制、AFPs-冰晶表面互补这四种作用机制。

1. "偶极子-偶极子"冰核抑制机理

在水分子中,由于氢原子与氧原子的电荷中心并不重合,在正电荷与负电荷中存在一个微小的差距,在电场中的原子相当于一个微观的电偶极子受到电场的作用。AFPs 双螺旋结构中具有平行于其螺旋轴的偶极子[29],通过 AFPs 偶极子与冰核表面水分子偶极子的相互作用,使得水分子的无序性降低,在合向量方向上作用力最大。在低浓度的 AFPs 溶液中,由于冰晶表面 AFPs 浓度太低,无法进行显著的"偶极子-偶极子"相互作用,"偶极子-水"相互作用占主导地位,在冰核的棱镜面上,AFPs 的螺旋轴平行于冰晶偶极子合向量方向。AFPs 与冰晶表面的相互作用,诱导棱镜外层水分子局部有序排列。根据熵增原理,从 c 轴方向冰晶表面添加水分子比从冰晶表面添加水分子更加有利,所以冰核在 c 轴方向进一步增长。通过偶极子的相互作用改变了冰核的生长习惯,形成了双锥形冰晶体[图 16.4(a)],并抑制冰核在基面的生长。随着 AFPs 浓度的增加,棱镜表面的"偶极子-偶极子"相互作用增强,导致棱镜表面水分子的偶极子与 AFPs 螺旋轴的偶极子反向平行。在不同的棱镜面周围的"偶极子-偶极子"相互作用下,AFPs 的螺旋轴逐渐平行于冰晶的 c 轴,这样改变了双锥形晶体生长方式的螺距,冰晶沿 c 轴方向进一步增长[图 16.4(b)]。当 AFPs 浓度足够高时,所有的 AFPs 螺旋轴都平行于 c 轴,双锥形状近乎于针状形生长[图 16.4(c)]。

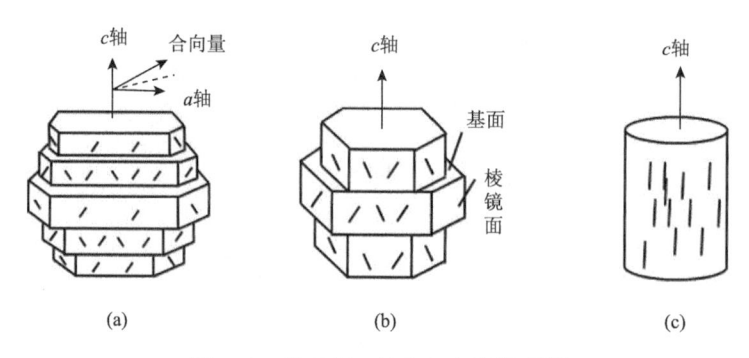

图 16.4　冰晶朝 c 轴方向生长模式[29]

"偶极子-偶极子"作用机制中 AFPs 与冰晶并不是以固定的方式结合，而是依靠冰核表面的水分子与 AFPs 的协同作用。由于 AFPs 螺旋轴表面散布着正电荷与负电荷[30]，这些暴露的电荷对冰核表面的水分子偶极子产生了影响，这就意味着可以存在许多氢键模式，AFPs 螺旋的偶极特性可能是这一结合形式的关键性因素。

2. 氢原子结合作用机制

氢原子结合作用机制也称为"晶格匹配"或"氢键匹配作用机制"，在 AFPs 结构中存在"β-链"、"α-转角"和跨主链链接的氢键结构，该结构赋予 AFPs 刚性球形褶皱[图 16.5（a）]，AFPs 中五种含羟基氨基酸——谷氨酰胺（Gin）9、苏氨酸（Thr）18、苏氨酸（Thr）15、谷氨酰胺（Gin）44 和天冬酰胺（Asn）14 的羟基在主链和侧链上形成平坦的表面[31]。溶剂结构分析表明，AFPs 没有增强与水相互作用的能力，而是与冰产生线性结构的相互作用[32]。AFPs 刚性平坦表面与平坦的冰晶表面之间形状互补，使 AFPs 表面亲水基团与冰晶表面氧原子形成氢键，多个氢键的精确匹配提供了很强的结合性和特异性，紧密连接的冰结合位点通过范德瓦耳斯力直接排斥干扰冰晶与水分子的进一步结合。

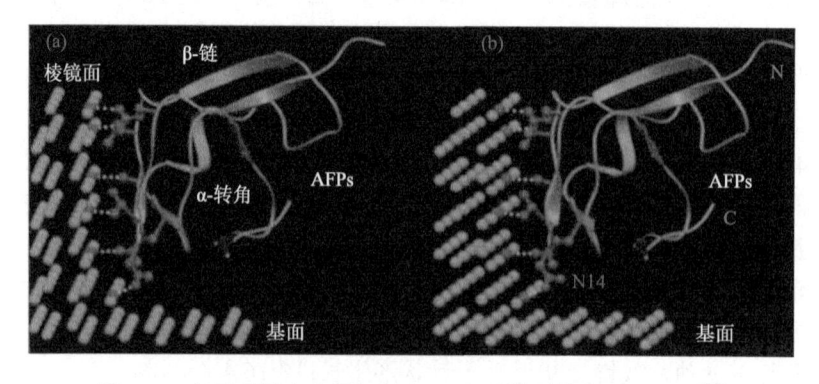

图 16.5　氢原子结合作用机制中 AFPs 刚性结构与结合方式[31]

AFPs 覆盖在冰晶的基面并与冰晶的棱镜面结合[图 16.5（b）]，AFPs 冰结合位点不仅降低了冰晶的冻结活性，而且对冰晶的形态产生了影响，在 AFPs 存在下形成的冰晶呈短六角形双锥体，随着时间的延长冰晶沿 c 轴生长形成双锥体结构。

3. 冰核抑制作用机制

冰核是形成冰晶的基础，没有冰核存在，冰晶也就不能生长。抗冻蛋白具有"冰结合面"和"非冰结合面"两种不同面。其中，"冰结合面"上羟基和甲基有序间隔排列，使得冰结合面上形成类冰水合层，促进冰核生成；而"非冰结合面"上存在的带电荷侧链及疏水性侧链，使得非冰结合面上的界面水无序，抑制冰核形成[33]。该作用机制在分子层面揭示了抗冻蛋白抑制冰核形成的原理。

4. "AFPs-冰晶"表面互补作用机制

冰晶与 AFPs 表面互补结合，受多种作用力影响[34]。在"AFPs-冰晶"结合表面，冰如同"配体"与 AFPs"受体"结合，因此该作用机制也被称为"受体-配体"作用机制[35]。Kuipe 等[36]发现黑麦草的 AFPs 一级结构中含有许多重复性序列，在 118 个氨基酸的多肽中，每 14～15 个氨基酸组成一个环，8 个这样的环组成一个 β-筒状结构，β-筒状结构的一端是保守的缬氨酸疏水核，另一端是由内部天冬酰胺构成的梯状结构。缬氨酸是疏水性氨基酸，天冬酰胺是亲水性氨基酸；β-筒状结构的亲水端与冰晶表面吻合互补，疏水端则有效地防止了水与冰晶的结合，阻止了冰晶继续生长，假定与冰晶结合区域 AFPs 表面平行，如图 16.6（a）所示。在实际运用中，冰晶有许多不同的表面，每一个表面的结构和氧原子间距都不同，冰晶就像配体一样，通过表面互补选择性地与不同受体的 AFPs 结合，如图 16.6（b）所示，这种表面互补方式可适用于所有 AFPs[37]。AFPs 的"表面互补"作用机制在解释多种冰晶表面与 AFPs 结合方式上提供了最合理的说明，但目前结合表面各种作用力的方式和大小还需进一步研究验证[38]。

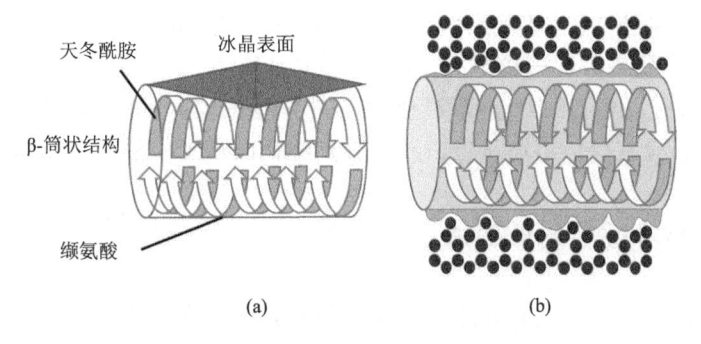

图 16.6　AFPs 与冰晶表面互补示意图[36]

综上所述，AFPs作用的共同特征：①AFPs与冰晶表面结合取决于两个因素，一是由于热动力学活性的平衡状态，AFPs吸附在冰晶表面保持能量最低，二是由于AFPs的蛋白质结构与冰晶表面产生相互作用；②AFPs在热动力学环境中相当于一个杂质粒子，在不存在相互作用的前提下不偏向于水或者是冰晶，由开尔文定律分析可知AFPs必须吸附于冰晶表面；③AFPs氢键作用原理是依靠某种作用力与冰晶表面或冰核周围水分子发生作用，阻止冰晶的生长，进而降低冰点，引起热滞活性效应，同时依靠该作用力可抑制再结晶，也可以通过测定其热滞差值和冰晶结构验证该种AFPs是否存在；④AFPs的作用能力与其浓度有关，且浓度越大作用效果越强，AFPs也存在一个渐近的活性饱和浓度，超过此浓度后，其抗冻能力不再增加，类似于酶类作用机制；⑤在多种作用机制中提出AFPs有亲水作用基团和疏水作用基团，作用基团的存在与AFPs的氨基酸组成和二级结构有关。

16.3 植物源AFPs的分离纯化方法

植物源AFPs的提取方法主要包括以下三种：渗透离心法、冰特异性吸附分离法和浊点萃取法。

16.3.1 渗透离心法

渗透离心法利用缓冲溶液以一定的固液体积比对植物进行均浆、渗透离心、过滤、离心、冻干，最终得到AFPs粉末。此外，绿色叶蛋白还需经过脱色等前处理，该种方法是提取植物源AFPs最常用的方法。尉姗姗等[39]利用纤维素DE-52离子柱层析提取分离出了冬季新疆沙冬青叶片中的AFPs，经差示扫描量热法测定分离出的蛋白组分热值活性，结果显示当AFPs含量达到0.36%时热值差值为0.46℃。提取后脱色采用有机溶剂或超临界CO_2流体萃取，可获得高品质叶蛋白[40]。Jarząbek等[41]从木本植物针叶云杉中利用抗坏血酸真空渗透、离心回收渗透液获得AFPs，十二烷基硫酸钠-聚丙烯酰胺凝胶电泳（SDS-PAGE）显示，在这些云杉中积累了5~9个多肽带，此植物源AFPs的分子质量为7~80 kDa。Simpson等[42]使用液氮研磨、浸提、离心的方法提取连翘树皮中的蛋白质，后利用阴离子交换，羟基磷灰石层析和凝胶溶液溶解从蛋白质中分离纯化出分子质量为20 kDa的AFPs。

16.3.2 冰特异性吸附分离法

冰特异性吸附分离法是利用AFPs可特异性吸附在冰晶表面的特点，利用新型的冰晶吸附设备或冰块从粗提物中纯化与冰晶结合的AFPs，该种方法可明显提高 AFPs 的浓度, 操作简单方便。刘尚等[43]根据 AFPs 与冰晶的特异性结合, 将碎冰放入女贞叶提取液中, 通过碎冰吸附、凝胶过滤和离子交换层析, 获得了 4 个组分的蛋白质, 其中的 1 个经鉴定具有热滞活性, 该蛋白亲水性氨基酸含量较高, 确定为 AFPs。Kuiper 等[44]设计 "冷手指 (cold finger)" 设备, 该设备中的 "冷手指" 通过内部绝缘塑料管连接可编程水浴温度控制装置, 让 AFPs 生长在 "冰手指" 上, 结束时将 "冷手指" 上的冰块融化后可用于第二轮吸附, 冰馏分中的 AFPs 可以通过冻干或超滤回收。Zhang 等[45]参考 Kuiper 的实验装置并进行了改进, 利用三段提取法从小麦麸皮中提取并纯化植物源 AFPs, 结合冰特异性吸附原理提取纯化系数可达到 270 倍。

16.3.3 浊点萃取法

浊点萃取法利用非离子表面活化剂可吸附水中悬浮的固体颗粒, 加速固体颗粒的沉降而实现与有机物质的分离。非离子表面活性剂在水溶液中的溶解度随着温度的升高而降低, 在升至一定温度时出现混浊, 可在放置或离心后得到两个液相, 该温度称为浊点温度。浊点萃取法是分离科学领域的一种新型的提取方法, 利用表面活性材料在加热条件下, 由于非离子表面活性物质在浊点温度下分离成界面清晰的两相, 最终实现蛋白质组分分离[46]。浊点萃取技术大多用于亲水蛋白与疏水蛋白的分离, 并且扩展到植物化学物的分离和预浓缩[47]。Huaneng 等[48]将浊点萃取法用于冬小麦 AFPs 的分离纯化, 最后得到的蛋白产品用 SDS-PAGE 测定其分子质量范围为 15～30 kDa。

16.4 植物源 AFPs 在食品领域的应用

冷冻是食品冷链运输环节最重要的一个阶段, 且冷藏是食品领域常用的储藏方式, 在食品的冷链运输中极易发生温度波动的现象, 形成食品发生冷冻-解冻循环。因此不可避免地发生冰晶再结晶现象, 进而对细胞组织造成破坏, 导致食品理化性质、组织形态发生变化[49]。同时, 水的再结晶现象也会导致细胞内部组分发生改变以及蛋白质变性、淀粉回声等现象[50]。植物源 AFPs 作为冷冻食品添加剂, 可以有效提高冷冻食品的品质。

16.4.1 在冰激凌中的应用

冷冻甜乳品冰晶的形成和再结晶对于产品的品质有着至关重要的作用, 冰晶的形成过程决定冷冻乳品硬化和储存过程中冰晶的生长情况，影响冰激凌的乳脂状态、粗糙和水润程度、硬度、冰爽口感等感官品质；而再结晶决定了整个冷冻操作后冰激凌质地和结构稳定性。通过添加 AFPs 可从机械的角度控制冰晶冰核的大小，抑制蔗糖溶液中的冰晶生长，改善静态储存条件下的稳定性[51]。

Soukoulis 和 Fisk[51]从冬季小麦草中提取 AFPs 添加到冰激凌中，通过实验研究观察到，AFPs 浓度达到 0.05%～0.1%时即可诱导冰晶平均尺寸减小。Regand 和 Goff[52]将冬麦草 AFPs 添加到冰激凌中，通过亮视野显微技术观察到，当粗蛋白添加量达到 0.003%时，冬麦草 AFPs 就表现出明显的抗冻性。对低温储藏（−18℃）一个月之后的冰激凌进行感官评价发现，温度在−18℃和波动条件（−20～−10℃）下空白组的冰激凌非常粗糙，冰激凌的冰晶呈片状，而添加冬麦草 AFPs 的冰激凌口感滑腻，冰晶细小且均匀，证实了添加冬麦草 AFPs 的冰激凌能够修饰冰晶的生长形态，且抑制再结晶。此外，通过热激处理进行验证，在巴氏杀菌条件下冬麦草 AFPs 活性没有受到影响，在添加量达到 0.13%时冬麦草 AFPs 活性效果达到平衡。Zhang 等[53]从冷驯化的燕麦中提取 AFPs，用 0.1%的 AFPs 对冰激凌进行改良，使玻璃化转变温度从−29.14℃上升到−27.74℃，提高了冰激凌抗融性并有效抑制了其再结晶。通过添加植物源 AFPs 减轻了冷冻和温度波动对冰激淋的损伤，从而获得了品质与口感优质的冷冻食品。

16.4.2 在冷冻面团中的应用

淀粉是多种食品加工过程中必不可少的加工原料，植物源 AFPs 在冷冻面团中的应用也相对较多。植物源 AFPs 可调节面团中结晶水析出的含量，使面团中的水和面筋保持冷冻前的状态，进而使得面团中的凝胶稳定性、发酵面团的孔洞大小和均匀度、熟制后面团的质构和香气等不发生劣变[54]。

贾春利等[55]将女贞叶 AFPs 添加到小麦淀粉中，研究了淀粉凝胶冻融后的稳定性，发现随着女贞叶 AFPs 浓度的增加，冻融淀粉析水率和可冻结含水量显著降低，凝胶超微结构被修饰，使得淀粉孔洞增大受到抑制，其均匀性提升，延缓了凝胶硬度增加和弹性降低，改善了冻融后凝胶质构。Kontogiorgos 等[56,57]从冬麦草中分离得到一种热稳定性 AFPs，并将其加入到面团中，发现空白面团在温度波动条件下（−20～−10℃）储藏 30 d，其面筋结构发生改变，而加入 0.1%冬麦草 AFPs 的面团中冰晶再结晶现象降低，面团面筋网孔结构较小且形状均匀。此外，Liu 等[58]在面团中加入胡萝卜 AFPs，发现添加胡萝卜 AFPs 降低了面团在冷冻-解冻循环过程中冻融水含量的增加，减弱了冷冻-解冻循环对冷冻面团储藏性能和超微结构的破坏，从而改善了面团熟制后的特征体积和质构特性。夏露等[59]以冬小麦麸皮中提取的 AFPs 作为添加剂，分别以相对于糯米粉 1%、2%、2.5%、3%

的添加量制备速冻汤圆,实验结果表明 2.5%的 AFPs 添加量使汤圆的品质明显提高,煮熟后的汤圆外观光滑,弹性好,浑汤清澈透明。

16.4.3　在新鲜水果中的应用

速冻水果含水量高,在冷冻冷藏过程中易出现汁液流失、果实软烂变形等现象[60]。将海藻糖与冬小麦 AFPs 混合注入新鲜草莓中,然后经液氮冷冻,在解冻之后测定其细胞活性和汁液损失率,结果表明 AFPs 显著提高了草莓的耐冻性,并且能够保留其原有的形态和水果本身的纹理形状,保持水果的感官与风味[61]。Rui 等[62]利用真空浸渍法将豆瓣菜叶片与 AFPs 在封闭储罐中进行反应,经过短时间的真空压力作用和常压恢复过程,使 AFPs 与豆瓣菜叶片毛孔直接接触,避免了其对叶片组织的损伤,降低叶片汁液损失。微观结构分析表明,豆瓣菜叶片中冰晶较小。新鲜的果蔬抗冻保护重点在于冷冻后的细胞形态是否完整、冻伤组织的细胞活力是否存在,而且果蔬抗冻领域不同的 AFPs 对于果蔬类细胞食品的适用性也需要进一步研究[63]。

16.5　结论与展望

植物体内产生 AFPs 是一个复杂的过程,植物源 AFPs 的存在与植物的生长抗性密切相关,外界环境的改变会直接影响植物源 AFPs 浓度,同时化学诱导等因素也会刺激植物产生 AFPs,其中食品领域多采用克隆或转基因的途径获取植物源 AFPs。植物源 AFPs 可抑制食品在冻结和冻藏过程中再结晶现象,减少解冻时汁液流失造成的营养及品质的降低。此外,植物源 AFPs 无毒性,在多种食品中添加不会产生负面影响,其功能特性与任何毒性蛋白没有关联[64],因此植物源 AFPs 在未来食品领域的应用前景非常广阔。

目前,通过对 AFPs 作用机理的研究揭示了食品抗冻技术的新方向,同时也为生产实践提供了理论依据。然而,植物源 AFPs 在其规模化应用方面仍受到较大限制,这主要是由于从植物体内提取的 AFPs 含量少,无法进行大规模生产;而人工合成存在成本高,可重复性差的缺点。因此,利用植物源 AFPs 的自身性质,如相对分子质量、等电点、热滞活性及其抗冻作用机制开发大规模投入使用的高效分离纯化方法,并找到植物源 AFPs 在各类食品中应用的最佳条件,可为冷链食品生产、运输、储藏提供保障。同时,利用基因技术,将植物体内的抗冻基因转入到受体细胞中,以期获得大量的具有抗冻活性的分子也将是我们在植物源 AFPs 食品应用领域的一个新方向。

参 考 文 献

[1] 张晖, 丁香丽. 抗冻蛋白在食品中应用研究进展及安全性分析[J]. 食品与生物技术学报, 2012, 31(5): 455-461
[2] 曹吉芳, 曹慧, 徐斐, 等. 抗冻蛋白及其在食品中应用的研究进展[J]. 工业微生物, 2018, 48(3): 62-68
[3] Hassasroudsari M, Goff H D. Ice structuring proteins from plants: mechanism of action and food application[J]. Food Research International, 2012, 46(1): 425-436
[4] 韩婧. 植物抗冻蛋白的结构模型及应用[J]. 沧州师范学院学报, 2005, 21(3): 65-66
[5] Yu X M, Griffith M. Winter rye antifreeze activity increases in response to cold and drought, but not abscisic acid[J]. Physiologia Plantarum, 2010, 112(1): 78-86
[6] 王瑞云, 李润植, 孙振元, 等. 抗冻蛋白与植物低温胁迫反应[J]. 应用生态学报, 2006, 17(3): 551-556
[7] 张振华, 卢孟柱, 王义强, 等. 抗冻蛋白提高植物抗寒性研究进展[J]. 中国农学通报, 2011, 27(9): 342-346
[8] Griffith M, Ala P, Yang D S C, et al. Antifreeze protein produced endogenously in winter rye leaves[J]. Plant Physiology, 1992, 100(2): 593-596
[9] 吴建民, 幸华, 赵志光, 等. 植物抗冻蛋白的研究进展及其应用[J]. 冰川冻土, 2004, 26(4): 482-487
[10] 费云标, 孙龙华, 黄涛, 等. 沙冬青高活性抗冻蛋白的发现[J]. 植物学报, 1994, (8): 649-650
[11] 汪少芸, 李晓坤, 周焱富, 等. 抗冻蛋白的作用机制及基因工程研究进展[J]. 北京工商大学学报(自然科学版), 2012, 30(2): 58-63
[12] Worrall D, Elias L, Ashford D, et al. A carrot leucine-rich-repeat protein that inhibits ice recrystallization[J]. Science, 1998, 282(5386): 115-117
[13] 张峰, 蔡宇杰, 廖祥儒, 等. 一种具有热滞活性的女贞叶质外体过氧化物酶[J]. 植物生理学报, 2008, 44(1): 45-50
[14] Sidebottom C, Buckley S, Pudney P, et al. Phytochemistry: Heat-stable antifreeze protein from grass[J]. Nature, 2000, 406: 256
[15] 张丽娟. 低温胁迫对紫花苜蓿幼苗及根颈保护酶活性的影响[D]. 长春: 东北师范大学, 2008
[16] 卢存福, 王红, 简令成, 等. 植物抗冻蛋白研究进展[J]. 生物化学与生物物理进展, 1998, 25(3): 210-216
[17] 姚佳, 刘显庆, 单旭东, 等. 抗冻蛋白及其抗冻机理研究进展[J]. 四川畜牧兽医, 2013, 40(4): 30-32
[18] Hawes T C. A root bond between ice and antifreeze protein[J]. Cryobiology, 2016, 73(2): 147-151
[19] Venketesh S, Dayananda C. Properties, potentials, and prospects of antifreeze proteins[J]. Critical Reviews In Biotechnology, 2008, 28(1): 57-82
[20] 熊小文, 黄发泉, 黎毛毛, 等. 植物抗冻蛋白研究进展[J]. 江西农业学报, 2009, 21(10): 112-114
[21] 樊绍刚, 张党权, 邓顺阳, 等. 抗冻蛋白和冰核蛋白对植物抗冻性能的作用机制[J]. 经济林研究, 2009, 27(2): 125-130
[22] 彭淑红, 姚鹏程, 徐宁迎. 抗冻蛋白的特性和作用机制[J]. 生理科学进展, 2003, 34(3): 238-240
[23] Knight C A. Adding to the antifreeze agenda[J]. Nature, 2000, 406(6793): 249-251
[24] Kaleda A, Tsanev R, Klesment T, et al. Ice cream structure modification by ice-binding proteins[J]. Food Chemistry, 2017, 246: 164-171
[25] 陈曦, 卢存福, 蒋湘宁, 等. 植物抗冻蛋白及其基因工程研究的新进展[J]. 北京林业大学学报, 2002, 24(3): 94-98
[26] Sander L M, Tkachenko A V. Kinetic pinning and biological antifreezes[J]. Physical Review Letters, 2004, 93(12): 8102.1-128102.4
[27] 孙淑贞, 蒋跃明. 植物抗冻蛋白研究进展(综述)[J]. 亚热带植物科学, 2002, 31(s1): 32-36
[28] Davies P L. Ice-binding proteins: a remarkable diversity of structures for stopping and starting ice growth[J]. Trends in Biochemical Sciences, 2014, 39(11): 548-555

[29] Yang D S C, Sax M, Chakrabartty A, et al. Crystal structure of an antifreeze polypeptide and its mechanistic implications[J]. Nature, 1988, 333(6170): 232-237
[30] Banach M, Konieczny L, Roterman I. Why do antifreeze proteins require a solenoid?[J]. Biochimie, 2017, 144: 74-78
[31] Jia Z, Deluca C I, Chao H, et al. Structural basis for the binding of a globular antifreeze protein to ice[J]. Nature, 1996, 384(6606): 285-288
[32] Sicheri F, Yang D S C. Ice-binding structure and mechanism of an antifreeze protein from winter flounder[J]. Nature, 1995, 375(6530): 427-431
[33] Liu K, Wang C, Ma J, et al. Janus effect of antifreeze proteins on ice nucleation[J]. PNAS, 2016, 113 (51): 14739-14744
[34] Jia Z, Davies P L. Antifreeze proteins: an unusual receptor-ligand interaction[J]. Trends in Biochemical Sciences, 2002, 27(2): 101-106
[35] 王金发, 张党权. "表面互补"模型——抗冻蛋白通用的分子机理[J]. 中山大学学报(自然科学版), 2004, 43(6): 17-22
[36] Kuiper M J, Davies P L, Walker V K. A Theoretical model of a plant antifreeze protein from lolium perenne[J]. Biophysical Journal, 2001, 81(6): 3560-3565
[37] 田云, 卢向阳, 张海文. 抗冻蛋白研究进展[J]. 中国生物工程杂志, 2002, 22(6): 48-53
[38] 张党权, 谭晓风, 乌云塔娜, 等. 植物抗冻蛋白及其高级结构研究进展[J]. 中南林业科技大学学报, 2005, 25(4): 110-114
[39] 尉姗姗, 尹林克, 牟书勇, 等. 新疆沙冬青抗冻蛋白的提取分离及其热滞活性测定[J]. 植物分类与资源学报, 2007, 29(2): 251-255
[40] 施曼, 高岩, 易能, 等. 植物叶蛋白提取及脱色研究进展[J]. 食品工业科技, 2017, (21): 342-346
[41] Jarząbek M, Pukacki P M, Nuc K. Cold-regulated proteins with potent antifreeze and cryoprotective activities in spruces (*Picea* spp.)[J]. Cryobiology, 2009, 58(3): 268-274
[42] Simpson D J, Smallwood M, Twigg S, et al. Purification and characterisation of an antifreeze protein from *Forsythia suspensa* (L.)[J]. Cryobiology, 2005, 51(2): 230-234
[43] 刘尚, 廖祥儒, 张建国, 等. 一种女贞叶抗冻蛋白的分离纯化[J]. 植物学报, 2007, 24(4): 505-510
[44] Kuiper M J, Lankin C, Gauthier S Y, et al. Purification of antifreeze proteins by adsorption to ice[J]. Biochemical & Biophysical Research Communications, 2003, 300(3): 645-648
[45] Zhang C, Zhang H, Wang L, et al. Purification of antifreeze protein from wheat bran (*Triticum aestivum* L.) based on its hydrophilicity and ice-binding capacity[J]. Journal of Agricultural & Food Chemistry, 2007, 55(19): 7654-7658
[46] Mukherjee P, Padhan S K, Dash S, et al. Clouding behaviour in surfactant systems[J]. Advances in Colloid & Interface Science, 2011, 162(1): 59-79
[47] Paleologos E K, Giokas D L, Karayannis M I. Micelle-mediated separation and cloud-point extraction[J]. Trends in Analytical Chemistry, 2005, 24(5) :426-436
[48] Huaneng X U, Chen H, Huang W. Purification of ice structuring protein complexes from winter wheat using Triton X-114 phase partitioning[J]. Frontiers of Chemical Engineering in China, 2009, 3(4): 383-385
[49] 许子雄, 李保国, 罗权权. 速冻食品中冰晶的研究进展[J]. 包装与食品机械, 2018, 36(2): 63-67
[50] 张晖, 张艳杰, 王立, 等. 抗冻蛋白在食品工业中的应用现状及前景[J]. 食品与生物技术学报, 2012, 31(9): 897-903
[51] Soukoulis C, Fisk I. Innovative ingredients and emerging technologies for controlling ice recrystallization, texture, and structure stability in frozen dairy desserts: a review[J]. CRC Critical Reviews in Food Technology, 2016, 56(15):

2543-2559

[52] Regand A, Goff H D. Freezing and ice recrystallization properties of sucrose solutions containing ice structuring proteins from cold-acclimated winter wheat grass extract[J]. Journal of Food Science, 2010, 70(9): 552-556

[53] Zhang Y, Zhang H, Ding X, et al. Purification and identification of antifreeze protein from cold-acclimated oat (*Avena sativa* L.) and the cryoprotective activities in ice cream[J]. Food & Bioprocess Technology, 2016, 9(10): 1-10

[54] 姬成宇, 石媛媛, 李梦琴, 等. 抗冻蛋白对预发酵冷冻面团中蛋白质特性及水分状态的影响[J]. 食品科学, 2018, 39(12): 53-59

[55] 贾春利, 黄卫宁, 邹奇波, 等. 热稳定冰结构蛋白对小麦淀粉凝胶冻融稳定性的影响[J]. 食品科学, 2012, 33(7): 83-87

[56] Kontogiorgos V, Regand A, Yada R Y, et al. Isolation and characterization of ice structuring proteins from cold-acclimated winter wheat grass extract for recrystallization inhibition in frozen foods[J]. Journal of Food Biochemistry, 2010, 31(2): 139-160

[57] Kontogiorgos V, Goff H D, Kasapis S. Effect of aging and ice structuring proteins on the morphology of frozen hydrated gluten networks[J]. Biomacromolecules, 2007, 8(4): 1293-1299

[58] Liu M, Liang Y, Zhang H, et al. Production of a recombinant carrot antifreeze protein by Pichia pastoris, GS115 and its cryoprotective effects on frozen dough properties and bread quality[J]. LWT, 2018, 96: 543-550

[59] 夏露, 张超, 王立, 等. 冬小麦抗冻蛋白制备及其在汤圆中的应用研究[J]. 食品工业科技, 2009, 30(11): 241-243

[60] 韩永斌, 刘桂玲. 抗冻蛋白及其在果蔬保鲜中的应用前景[J]. 天然产物研究与开发, 2003, 15(4): 373-378

[61] Velickova E, Tylewicz U, rosa M D, et al. Effect of vacuum infused cryoprotectants on the freezing tolerance of strawberry tissues[J]. LWT-Food Science & Technology, 2013, 52(2): 146-150

[62] Rui M S C, Vieira M C, Silva C L M. The response of watercress (*Nasturtium officinale*) to vacuum impregnation: effect of an antifreeze protein type I[J]. Journal of Food Engineering, 2009, 95(2): 339-345

[63] Li D, Zhu Z, Sun D W. Effects of freezing on cell structure of fresh cellular food materials: a review[J]. Trends in Food Science & Technology, 2018, 75: 46-55

[64] Crevel R W, Cooper K J, Poulsen L K, et al. Lack of immunogenicity of ice structuring protein type III HPLC12 preparation administered by the oral route to human volunteers[J]. Food & Chemical Toxicology, 2007, 45(1): 79-87

第三篇

肉制品保藏新技术及原理

第17章　超高压对肉制品中微生物及品质的影响

超高压（ultra-high pressure，UHP）技术凭借其明显的诸多优点越来越多地应用于肉制品加工中，它能够有效地延长食品的储藏期，这与其能够杀死肉中的微生物有关。同时，经高压处理后的肉制品的品质会有所变化，不同动物的肉经过高压处理后的颜色变化不同；代表肉嫩度的剪切力也会改变，适当的高压会提高肉品的嫩度，用不同的压力水平和时间处理肉制品时，肌肉蛋白所产生的凝胶的硬度也不同。超高压技术也存在一些缺点，如肉制品在经过不同的压力水平和持续时间的高压处理时会引发脂质氧化，导致肉制品的货架期变短。本章从超高压技术在肉制品加工中对于肉制品中微生物以及肉制品品质方面的影响进行综述，为超高压技术可以更好地应用于肉制品加工提供一定的理论依据。

17.1　引　　言

超高压技术是目前在食品的杀菌技术中比较热门的非热杀菌技术之一。它用于肉制品加工，不仅可以延长食品的货架期，还可以在不影响肉类风味和营养因素的前提下，达到改变肉类的色泽、改善肉类嫩度的效果。

超高压技术又称高静水压（high hydrostatic pressure，HHP）技术或高压加工（high pressure processing，HPP）技术，超高压技术在食品中的应用原理就是先将食品原料包装好，然后密封在超高压的容器中（超高压选用传递压力的媒介物通常是水或其他的流体），同时采用100 MPa以上的压力（通常采用的压力范围为100~1000 MPa），并在一定温度下加工适当时间，最终会引起食品的成分，以及非共价键（疏水键、离子键、氢键等）的形成或破坏，从而使食品中的蛋白质、淀粉、酶等生物大分子物质分别变性、糊化或失活，进而杀死食品中细菌等微生物，最终达到食品的灭菌保藏和加工的目的[1]。

超高压技术应用于研究和开发具有良好特性的新型肉制品时，会对肉类产生一系列的影响，其中就包括对肉及肉制品中微生物，以及对肉制品的品质产生影响。对微生物产生影响能达到杀菌的效果，对肉制品品质的影响有些是有益的，而有些则是有害的，只有将这些影响以及要达到的效果综合考虑才能真正生产出货架期较长、更安全、美味的食品。

17.2 超高压对肉及肉制品中微生物的影响

肉及肉制品中含有极其丰富的营养物质,这也促使其易于在加工、储藏、运输以及销售过程中受到微生物的污染,发生腐败变质[2]。研究表明,利用高压处理,可以有效减少肉及肉制品中的微生物数量[3]。王志江等[4]发现白切鸡经过超高压处理后,存放于4℃条件下保藏60 d时,其微生物总量才达到国家卫生标准的规定值(4.90 lg CFU/mL),而70 d时会完全腐败。目前国内外对微生物在超高压下致变机制的研究比较多,普遍认为超高压对微生物有多方面的影响。肉或肉制品中微生物在超高压下的灭活或致死程度与很多因素有关,包括超高压对微生物的处理时间、压力、食品成分、水分活度、pH、温度以及微生物的种类等,一般来说,微生物的致死率会随着压力的升高而提高[5]。邱伟芬和江汉湖[6]认为超高压能够杀菌的基本原理是压力通过影响DNA等遗传物质的复制,抑制酶的活性以及破坏细胞膜,从而达到对微生物的致死作用。

但大多数研究人员普遍认同,超高压能够杀菌的根本原因是其对细胞膜的破坏。超高压会致使细胞膜损伤,使关键酶失活从而杀死微生物[7]。细胞膜在超高压下的破坏常表现为通透性和流动性的改变。细胞的通透性被改变以后,会影响到细胞膜内外物质的交换,致使细胞的新陈代谢无法完成,吸收营养的功能下降,进而造成细胞死亡[8]。而Hoover等[7]研究发现微生物在经过超高压处理后,会发生如液泡收缩、细胞收缩、细胞延长、细胞膜上出现气孔以及细胞膜和细胞壁的分离等形态变化。此外,Lerasle等[9]还认为超高压还可以看作是化学防腐剂的一种替代物,如应用高压处理可能会避免添加乳酸盐。

17.3 超高压对肉品品质的影响

超高压技术能够应用于各种各样的肉类产品,如腌肉、加工的肉或者要进一步处理肉以及即食肉制品中。在使用的过程中,控制压力的水平非常重要,压力水平会影响肉品品质改善的效果。例如,增大压力可以提高肌肉蛋白质的功能特性,如凝胶性和持水性[10]。超高压技术虽然有优点,但同样存在不足,如对肉中脂质氧化的影响。

17.3.1 超高压对肉品氧化性的影响

研究表明,肉制品在经过不同的压力水平和持续时间的高压处理时会引发脂质氧化[11]。而且研究显示,300~600 MPa之间的压力是引起脂质氧化的压力范围[12,13]。马汉军等[14]认为压力处理的肌肉中蛋白质结构的破坏和过渡金属离子的释放是造成脂肪氧化的主要原因。因此，为了得到安全的肉类，使肉类产品具有更长的货架期，研究高压技术应用于肉类加工中，由于压力而引起的脂质氧化机制以及如何预防是基本。Bolumar等[15]发现储存在5℃的经过高压（800 MPa，10 min，5℃）处理的剁碎鸡胸肉和大腿肉饼的脂质氧化的水平取决于施加压力的位置和包装。鸡肉饼的脂质氧化主要发生在表面部分，抗氧化活性包装能够延缓高压处理所导致的氧化，高压处理形成的自由基可以通过自旋捕集被截留，并因此延长了货架期。高压处理和改性气调包装，可以延长"莱肯"切片（一种熟化的肉制品）的保质期[16]。

肉类产品正在全球范围内增加，使用高压处理（一种温和的防腐技术）以控制一大类即食肉类产品烹调的二次污染，包括熟食（火腿、香肠、火鸡、鸡）、干腌制品（火腿、里脊）、发酵制品（意大利腊肠、香肠）、腌制肉制品（牛肉、猪肉）和原料肉（生牛肉片）[17-19]。徐胜[20]在实验中得出，当压力为400 MPa、时间20 min、nisin浓度0.01%和乳酸钠3%，能够将低温火腿肠储藏期延长至36 d。超高压在压力为400 MPa或更高的水平时，也减少了肉的内源性蛋白酶如钙蛋白酶和组织蛋白酶[17]的活性，并影响肉和肉制品的品质，如嫩度、颜色、蒸煮损失和脂质氧化[10]。

17.3.2 超高压对肉品颜色的影响

尽管肉颜色对于肉的营养价值和风味并没有太大的影响，但是它也是一项很重要的评价肉品品质的指标。这是由于肉品的颜色是肌肉生理学变化、生物化学及微生物学的外部表现，肉颜色的不同会直接反映肌肉中不同的白肌纤维和红肌纤维的含量[21]。

肉类最重要的特性之一就是肉的颜色，其更是消费者评判肉质好坏的标准。研究表明，压力会致使肉品的颜色改变，如在某些条件下，肉经过压力的处理后颜色会变亮，其中的红色会变弱或增强[22]。肉中肌红蛋白含量会决定肉品颜色的强度，这是因为肉中的高铁肌红蛋白（褐色）、肌红蛋白（紫红色）和氧合肌红蛋白（鲜红色）之间的相互比例不同会导致肉的颜色不同[23]。高压会改善肉品色泽，但并不是压力越高越好，肉品在过高的压力下会失去良好的色泽。马汉军等[14]在对牛肉在高压处理下的颜色变化进行研究时，发现了随着压力的逐渐上升，肉品的亮度 L^* 值会增加、红色度 a^* 值会下降，而且肌肉会逐渐失去红色变成灰棕色[24]。而王志江等[25]发现对熟制鸡肉所施加的超高压压力水平越大时，其亮度 L^* 值会显著减少，红度 a^* 值和黄度 b^* 值会显著上升。雒莎莎[26]在实验中发现用超高压处理鳙鱼鱼肉会改变其色度，其中 L^* 值和 b^* 值升高，a^* 值下降。有报道称，碎牛肉在温度为 10℃下，经过 500 MPa，10 min 的高压处理，而碎猪肉在 25℃下经 350 MPa、10～20 min 的高压处理，红色会下降[27]。这也与常海军[28]在实验中发现高压处理牛肉的过程中，肉的 L^* 值和 b^* 值均增加，但 a^* 值下降的结果相一致。孙新生等[29]的实验结果表明，与明显褪色的未经超高压处理组相比，经过超高压处理的样品仍能够保持其原有的鲜亮色泽。

17.3.3　超高压对肉品嫩度的影响

肉品的嫩度可以通过化学和物理方法进行改善或提高，而超高压技术就是其中的一种物理改善方法。肉的嫩度按照不同的组成成分分为"背景嫩度"和"肌动球蛋白嫩度"[30]。"背景嫩度"中起作用的是肌肉的结缔组织及其他的基质蛋白成分，而"肌动球蛋白嫩度"中起作用的主要成分是肌动球蛋白[31]。常海军等[32]通过实验发现，超高压处理后的牛半腱肌肉的剪切力均呈下降的趋势，特别是当高压处理 20 min 时剪切力的下降更显著。而且剪切力下降会在一定程度上说明高压处理起到肌肉嫩化的作用。白艳红等[33]发现经过高压处理的牛肉和羊肉剪切力下降，这也说明了高压处理有利于牛肉和羊肉的嫩化。

从 1973 年的 Macfarlane 第一次报道压力会提高牛肉的嫩度开始，人们就对高压技术应用于肉品工业中产生了很大的兴趣[34]。国内在关于高压技术会提高肉品的嫩度方面做了很多的研究，而且得到了其机制，即机械作用会使肌肉的体积在高压作用下收缩，肌膜和肌原纤维破裂，而肌动蛋白和肌球蛋白之间也会发生一定的错位，引起肌肉结构松散，最终提高肉质的嫩度，从而起到嫩化的效果；第二个就是蛋白酶作用，肌肉中的溶酶体通过高压作用会破裂，进而组织蛋白酶会释放，同时肌质网在高压下的破坏会导致 Ca^{2+} 浓度升高，激活了钙肌活酶系统，最终利用酶的水解作用达到了嫩化的目的[35]。

17.3.4　超高压对肌肉蛋白凝胶性的影响

肌肉的凝胶性对于肌肉的品质具有很重要的意义，它会直接影响肉品的保水性、组织结构等功能性质，所以也一直是肉类的研究热点。马力量[36]在低盐的前提下，用超高压技术处理鸡肉的肉糜，发现施加 100 MPa 与 300 MPa 的压力会提高鸡肉凝胶的出品率；而高于 200 MPa 的超高压可改善鸡肉凝胶的质构。高压技术已经越来越多地作为研究改变大分子功能特性的方法，它是调节蛋白质和酶的活性的一个强大的工具[37]。超高压过程导致了肉蛋白质从溶解性到集合性发生一系列理化变化，这取决于加工条件和系统特性[38]，可以提高肉的结合性能，同时部分减少 NaCl 的添加量[39]。几项研究表明，由高压获得肉的凝胶通常比热诱导形成的凝胶更软[40]。

  Trespalacios 和 Pla[41]发现同时用微生物转谷氨酰胺酶和高压在 40℃处理低盐含量和不添加磷酸盐的鸡肉,产生的凝胶比那些仅受到压力或通过传统的加热处理得到的样品的结构特性更强,在 500 MPa 得到的凝胶是最脆也是最软的。在较高的压力(700~900 MPa)下所得的凝胶硬度值相当于热处理(75℃,30 min)所得的凝胶,但这些仍比用微生物转谷氨酰胺酶和高压共同作用获得的软。Tokifuji 等[42]测试热处理、压力处理、压力和热处理并用对于加水猪肉凝胶的质地特性和凝胶结构之间的差异。扫描电镜成像的结果表明,1∶1 高压热处理凝胶是由肌球蛋白纤丝组成的网格引起的,它改进了结构特性、感官特性和咀嚼特性。吞咽动态实验也表明,1∶1 高压热处理凝胶是一种易于吞咽的形式。因此,高压热处理凝胶在吞咽困难饮食的实际应用是必要的。

  研究表明,高压和温度对肌肉凝胶的影响有着密切的关系,即高温高压会限制凝胶的形成,凝胶的硬度在中温高压条件下会增加,而低温高压条件则有利于凝胶形成[43]。郝磊勇等[44]用高压和热结合的方法处理鱼糜来研究凝胶的质构性质。最终的研究表明,样品在经 400 MPa 的压力和热结合方法处理比单独用热处理而形成的凝胶强度提高了 36.1%,压出的水减少了 6%,硬度提高 13.7%,而且凝胶化的时间缩短了。然而用 600 MPa 的压力处理时,发现凝胶的质构特性不如热处理。祖海珍和徐幸莲[45]发现,高压处理的条件和蛋白系统本身的特性会影响凝胶的稳定作用,温度和压力是两个相互关联的条件,当作用的顺序不同和作用的压力以及温度不同时,就会产生不同的影响。1997 年 Cheftel 和 Culioli[46]和 1999 年 Angsupanich[47]发现,高压处理后的肌动球蛋白和肌动蛋白的凝胶性会发生变化,这是因为高压处理会解聚肌动球蛋白和肌动蛋白,而且能使肌原纤维蛋白的溶解性提高。高压下的肌原纤维蛋白的凝胶特性受压力、温度、蛋白质种类等因素的影响。高压(100~500 MPa、10~30 min)在低于 10℃条件下对凝胶的形成有利,并会增强凝胶的强度[48]。

17.4 超高压技术的未来发展

  超高压技术应用于肉类加工中,可以实现杀菌、成型和嫩化。同时,它也是一种可以在包装后处理的技术,特别是在改善肉质、节能和抑菌等方面能表现出独特的潜力和优势,并会防止产品发生二次污染,能为肉制品的加工提供一个新的途径[49]。但超高压技术仍然存在一些不足,段旭昌等[50]用超高压处理牛肉样品后发现,牛肉中仍会残存一些革兰氏阳性杆菌的微生物,这也说明超高压是有选择性地杀灭某些细菌。

超高压技术虽然有很多优点,但超高压技术若想真正得到有效的工业化应用,必须解决许多问题,该技术批次作用样品少,成本较高,而且需要将多种因素共同考虑到才能将超高压技术应用于工业化生产中[51]。

随着人们对健康、安全的食用加工肉制品产生越来越大的兴趣,高压技术有望作为一种替代传统技术或产生协同作用,以产生新的肉制品,因为在低温或中等温度的压力会影响肉制品中微生物的活性,同时更少地改变肉制品的感官品质,从而提高了保质期。此外,产品可能会获得能够被消费者认同的新的感官属性。在未来的发展趋势中高压技术可能会为肉类行业提供最新信息。

参 考 文 献

[1] 曹莹莹. 超高压结合热处理对肌球蛋白凝胶特性的影响研究[D]. 南京: 南京农业大学, 2012

[2] 李勇, 李洪军. 肉类超高压处理的研究进展[J]. 肉类研究, 2010, (12): 26-30

[3] Simonin H, Duranton F, de Lamballerie M. New insights into the high-pressure processing of meat and meat products[J]. Food Science, 2012, (11): 285-306

[4] 王志江, 何瑞琪, 蒋爱民, 等. 超高压处理白切鸡在冷藏过程中微生物和品质的变化[J].食品与机械, 2010, 26(2): 43-46

[5] 陈韬, 周光宏, 徐幸莲. 高压技术在肉制品加工中的作用[J]. 食品与发酵工业, 2003, 29(9): 64-68

[6] 邱伟芬, 江汉湖. 食品超高压杀菌技术及其研究进展[J]. 食品科学, 2001, 22(5): 81-84

[7] Hoover D G, Metrick C, Papineau A M, et al. Biological effects of high hydrostatic pressure on food microorganisms[J]. Food Technology, 1989, 43(3): 99-106

[8] 王春东, 毛明, 王为民, 等. 微生物在超高压下的致变机理和影响因素研究现状[J]. 中国食品学报, 2013, 13(7): 164-169

[9] Lerasle M, Guillou S, Simonin H, et al. Assessment of *Salmonella* and *Listeria monocytogenes* level in ready-to-cook poultry meat: effect of various high pressure treatments and potassium lactate concentrations[J]. International Journal of Food Microbiology, 2014, (186): 74-83

[10] Sun X D, Holley R A. High hydrostatic pressure effects on the texture of meat and meat products[J]. Journal of Food Science, 2010, 75: 17-23

[11] Orlien V, Hansen E, Skibsted L H. Lipid oxidation in high-pressure processed chicken breast muscle during chill storage: critical working pressure in relation to oxidation mechanism[J]. European Food Research & Technology, 2000, 211(2): 99-104

[12] Beltran E, Pla R, Yuste J, et al. Use of antioxidants to minimize rancidity in pressurized and cooked chicken slurries[J]. Meat Science, 2004, 66: 719-725

[13] Mariutti L R, Orlien V, Bragagnolo N, et al. Effect of sage and garlic on lipid oxidation in high-pressure processed chicken meat[J]. European Food Research & Technology, 2008, 227: 337-344

[14] 马汉军, 潘润淑, 周光宏. 不同温度下高压处理牛肉TBARS值的变化及抗氧化剂和螯合剂的抑制作用研究[J]. 食品科技, 2006, 9: 126-130

[15] Bolumar T, Andersen M L, Orlien V. Antioxidant active packaging for chicken meat processed by high pressure treatment[J]. Food Chemistry, 2011, 129: 1406-1412

[16] Olmo A, Calzada J, Nuñez M. Effect of high-pressure-processing and modified-atmosphere-packaging on the volatile

compounds and odour characteristics of sliced ready-to-eat "lacón", a cured-cooked pork meat product[J]. Innovative Food Science & Emerging Technologies, 2014, (26): 134-142

[17] Campus M. High pressure processing of meat, meat products and seafood[J]. Food Engineering Reviews, 2010, 2(4): 256-273

[18] Hereu A, Dalgaard P, Garriga M, et al. Modeling the high pressure inactivation kinetics of *Listeria monocytogenes* on RTE cooked meat products[J]. Innovative Food Science & Emerging Technologies, 2012, (16): 305-315

[19] Vercammen A, Vanoirbeek K G A, Lurquin I, et al. Shelf-life extension of cooked ham model product by high hydrostatic pressure and natural preservatives[J]. Innovative Food Science & Emerging Technologies, 2011, (12): 407-415

[20] 徐胜. 超高压和天然抑菌剂对低温火腿肠保鲜效果的影响[D]. 合肥: 合肥工业大学, 2009

[21] 杨慧娟, 邹玉峰, 徐幸莲, 等. 超高压对肉及肉制品组织结构和主要化学组成分影响的研究进展[J]. 肉类研究, 2013, 27(6): 33-38

[22] 施忠芬, 肖蓉. 高压技术在肉品加工中的应用[J]. 食品研究与开发, 2007, 28(4): 177-181

[23] 竺尚武. 肉的超高压处理的研究进展[J]. 广州食品工业科技, 2004, 20(3): 127-129

[24] 马汉军, 周光宏, 徐幸莲, 等. 高压处理对牛肉肌红蛋白及颜色变化的影响[J]. 食品科学, 2004, 25(12): 36-39

[25] 王志江, 郭善光, 蒋爱民, 等. 超高压处理对熟制鸡肉品质的影响[J]. 食品科学, 2008, 29(9): 78-82

[26] 雒莎莎. 超高压处理对鳙鱼品质的影响[D]. 杭州: 浙江大学, 2012

[27] Jung S, Ghoul M, de Lamballerie-Anton M. Influence of high pressure on the color and microbial quality of beef meat[J]. Lebensmittel Wissenschaft Technol, 2003, 36(6): 625-631

[28] 常海军. 不同加工条件下牛肉肌内胶原蛋白特性变化及其对品质影响研究[D]. 南京: 南京农业大学, 2010

[29] 孙新生, 韩衍青, 徐幸莲, 等. 超高压处理对烟熏火腿色泽、游离脂肪酸及脂肪氧化指标的影响[J]. 食品工业科技, 2011(7): 122-125

[30] 周光宏. 肉品加工学[M]. 北京: 中国农业出版社, 2008

[31] Chang H J, Xu X L, Zhou G H, et al. Effects of characteristics changes of collagen on meat physicochemical properties of beef semitendinosus muscle during ultrasonic processing[J]. Food & Bioprocess Technology, 2012, 5(1): 285-297

[32] 常海军, 周文斌, 余小领, 等. 超高压处理对牛肉主要理化品质的影响[J]. 食品科学, 2013, 34(7): 16-19

[33] 白艳红, 赵电波, 德力格尔桑, 等. 牛、羊肌肉的显微结构及剪切力在高压处理下的变化[J]. 食品科学, 2004, 25(9): 27-31

[34] Macfarlane J J. Pre-rigor pressurization of muscle: effects on pH, shear value and taste panel assessment[J]. Journal of Food Science, 1973, 38(2): 294-298

[35] 李增利. 肉类嫩化技术研究[J]. 食品研究与开发, 2006, 27(11): 195-198

[36] 马力量. 超高压及亲水胶体对鸡肉凝胶品质的影响[D]. 合肥: 合肥工业大学, 2007

[37] Mozhaev V V, Heremans K, Frank J, et al. High pressure effects on protein structure and function[J]. Proteins-Structure Function & Bioinformatics, 1996, 24(1): 81-91

[38] Chapleau N, Mangavel C, Compoint J P, et al. Effect of high-pressure processing on myofibrillar protein structure[J]. Journal of the Science of Food & Agriculture, 2004, 84(1): 66-74

[39] Lamballerie-Anton M D, Taylor R, Culioli J. Meat processing improving quality[J]. Meat Process, 2002, 313-331

[40] Colmenero F J. Muscle protein gelation by combined use of high pressure/temperature[J]. Trends in Food Science & Technology, 2002, 13(1): 22-30

[41] Trespalacios P, Pla R. Synergistic action of transglut aminase and high pressure on chicken meat and egg gels in absence of phosphates[J]. Food Chemistry, 2007, 104: 1718-1727

[42] Tokifuji A, Matsushima Y, Hachisuka K, et al. Texture, sensory and swallowing characteristics of high-pressure-heat-treated pork meat gel as a dysphagia diet[J]. Meat Science, 2013, 93(4): 843-848

[43] Colmenero F J. Muscle protein gelation by combined use of high pressure/temperature[J]. Trend Food SciTechnol, 2002, 13: 22-30

[44] 郝磊勇, 李汴生, 阮征, 等. 高压与热结合处理对鱼糜凝胶质构特性的影响[J]. 食品与发酵工业, 2005, 31(7): 35-38

[45] 祖海珍, 徐幸莲. 高压对肌肉蛋白凝胶性的影响[J]. 食品科技, 2004, (1): 19-20

[46] Cheftel J C, Culioli J. Effects of high pressure on meat: a review[J]. Meat Science, 1997, 46(3): 211-236

[47] Angsupanich K, Edde M, Ledward D A. Effects of high pressure on the myofibrillar proteins of cod and turkey muscle[J]. Journal of Agricultural & Food Chemistry, 1999, 47(1): 92-99

[48] 靳烨, 南庆贤, 车荣钲. 高压处理对牛肉中主要酶活性的影响[J]. 肉类研究, 2001, (3): 13-16

[49] 金文刚, 白杰. 高静压技术对肉类品质的影响[J]. 肉类研究, 2009, (1): 63-68

[50] 段旭昌, 李绍峰, 张建新, 等. 超高压处理对牛肉加工特性的影响[J]. 西北农林科技大学学报(自然科学版), 2005, 33(10): 62-66

[51] 陆红佳, 郑龙辉. 超高压技术在肉品加工中的应用[J]. 肉类研究, 2010, 11: 24-28

第18章 低温等离子体技术在肉品保藏及加工中的应用研究进展

低温等离子体（plasma）技术作为一种新兴的非热能食品加工技术，引起了全球众多研究者的关注。与食品热加工技术相比，该技术具有安全、温和、操作简便和成本较低等优点。随着低温等离子体技术的发展，其已被广泛应用于材料加工[1]、电子学[2]、聚合物加工、生物医疗器械和生物材料[3]等领域。基于低温等离子体技术的诸多特点，其在食品领域也得到了应用。目前关于该技术在肉制品中的应用研究也引起关注，主要包括两个方面，一是低温等离子体处理减少肉和肉制品中致病性微生物方面的研究；二是低温等离子体处理可以生成亚硝酸盐，替代肉制品腌制过程中亚硝酸钠（$NaNO_2$）方面的研究。本章主要介绍了低温等离子体的产生方式和影响其工作效率的因素，并从抑制微生物生长和亚硝酸盐替代两方面，综述该技术在肉品保藏及加工中的应用。

18.1 低温等离子体

等离子体通常被称为物质的第四种状态，它可以由任何中性气体在高电压下高度电离产生正负电荷的离子、自由电子、自由基、激发或未激发的分子和原子及紫外光子等，整体呈中性的状态[4]。当电子与其他气体物质处于热力学平衡态时，等离子体被归类为高温等离子体，当电子与其他气体物质处于非平衡态时，等离子体被归类为低温等离子体。低温等离子体是在大气压或低压（真空）条件下获得，它的一个重要特征是能够在接近环境温度（30~60℃）下产生大量化学活性物质，如活性氧（reactive oxygen species，ROS）和活性氮（reactive nitrogen species，RNS），其中 ROS 是指化学性质活跃的含氧原子或原子团，包括臭氧、过氧化氢、单线态氧分子、超氧阴离子自由基、羟自由基等。RNS 是指以一氧化氮（NO）为中心的衍生物，包括二氧化氮（NO_2）、三氧化二氮（N_2O_3）、四氧化二氮（N_2O_4）等氮氧化物[5]。ROS 和 RNS 的高反应活性，使其对肉品中微生物的抑制和亚硝酸盐的产生具有独特的作用。低温等离子体技术可在环境温度和大气压条件下进行，对于食品工业来说，具有安全、温和、操作简便和节约成本等优点。

18.1.1　低温等离子体的产生方式

低温等离子体常用的发生系统包括介质阻挡放电（dielectric barrier discharge, DBD）、大气压等离子体射流（atmospheric plasma jet, APPJ）、滑动电弧放电、电晕放电[6]，其中 DBD 和 APPJ 低温等离子体发生系统由于设备结构简单、操作方便，在食品研究中应用较为广泛。DBD 低温等离子体发生系统是由两个金属电极组成，其中至少有一个金属电极被覆盖一层电介质[图 18.1（a）]。当电极间施加足够高频率的交流电时，电极间的气体被击穿而放电，产生等离子体，电介质使等离子体均匀地分布在整个放电空间[7]。DBD 也被称为无声放电，具有能在常温常压下稳定均匀地产生大面积等离子体的优点。APPJ 低温等离子体发生系统由两个同心电极组成[图 18.1（b）]，气体（或气体混合物）在两电极间流动，电极间施加高电压引起气体离子化，产生的等离子体通过喷嘴引导到位于几毫米下的食物表面。APPJ 的最大优势是等离子体从喷嘴射出，使得等离子体与高压电极分离，对操作者的安全性有极大提高[8]。

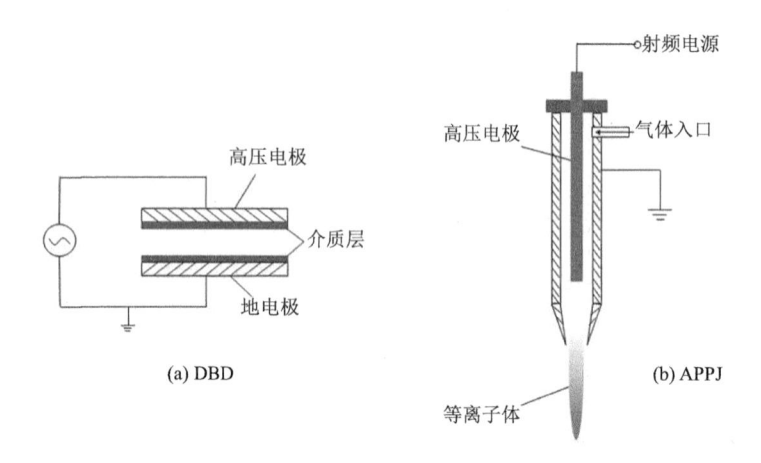

图 18.1　低温等离子体发生系统示意图

18.1.2　影响低温等离子体工作效率的因素

1. 处理变量

低温等离子体的工作效率取决于多种处理变量，包括处理时间、处理电压、处理方式和气体类型[9]。处理时间的延长会使低温等离子体中的 ROS 等活性物质的浓度增加[10]，施加更高的处理电压会使产生的低温等离子体中高能粒子的密度增加，进而使工作效率提高[11]。低温等离子体的处理方式包括直接处理和间接处理。其中直接处理是将样品作为接地电极直接暴露于低温等离子体区域中，间接处理是将金属网作为接地电极置于样品与等离子体区域之间。直接处理比间接处理显示出更好的效果，产生这一差异的主要原因是接地金属网屏蔽掉了低温等离子体中的带电粒子[12]。另外，工作气体种类决定了产生的低温等离子体中的活性物质的种类和数量。Ulbin-figlewicz 等[13]研究了不同气体组合如 He、He+O_2、N_2、N_2+O_2 所产生的低温等离子体对大肠杆菌的抑菌效果，发现 N_2+O_2 的气体组合的效率最好。推测 N_2 和 O_2 离子化后会产生更多的 ROS 和 RNS 等活性物质，可作为抗菌剂。一般来说，惰性气体如氩气和氦气最适合用于低温等离子体灭菌研究，但带电的氦离子和氩离子寿命很短，而且氦气和氩气比普通的双原子气体贵，因此通常不会单独使用[14]。

2. 环境因素

环境因素如 pH、相对湿度和样品性质对低温等离子体的有效性有显著影响。例如，固体和液体样品与等离子体产生的活性物质的作用效果不同，因为大多数高活性等离子体物质不能穿透液体[15]。相对湿度的增加会使附加的水分子分解成更多的羟基自由基，增加其灭菌的效率。另外，pH 较低的样品对热、压力和脉冲电场的反应更加敏感。研究发现，与 pH=7 相比，肠炎沙门氏菌更容易在 pH=5 的环境下被低温等离子体灭活[16]。

18.2 低温等离子体技术在肉品保藏及加工中的应用

18.2.1 低温等离子体技术对肉品中微生物的抑制作用

肉与肉制品的腐败变质主要源于微生物的污染，肉类工业采用的传统杀菌方法包括加热（巴氏灭菌和高温杀菌）、降低温度（冷冻和冷藏）、降低水分活度（加糖、加盐或干燥）和添加防腐剂等一些处理方法；其他常见方法包括使用栅栏技术、调节 pH、香辛料提取物和气调包装等[17]。然而，热处理通常导致一些不良的化学/生物化学和感官特性的变化，或形成对最终产品的营养价值、风味、颜色和质地有负面影响的副产品。随着食品和健康意识的提高，消费者更喜欢更天然和最低限度加工的食品。因此，非热处理技术的研究有很大的必要性，其不仅对食品的影响最小，而且可通过抑制或杀灭微生物来延长产品的保质期。在肉类加工方面研究和应用的非热处理技术包括脉冲电场、高压处理、脉冲光、微波和辐照等[18]。

低温等离子体处理技术是最近发现和应用的一种肉和肉制品微生物抑菌技

术,在常温下通过电离气体,产生大量具有抑制微生物生长的 ROS 和 RNS,这些活性物质通过与肉及肉制品表面相互作用,达到抑制或杀灭微生物的效果[19]。低温等离子体技术作为一种温和的非热处理技术,具有很多优点,如处理温度低,对营养破坏少,最大限度保持原有的感官特性,无毒副产品以及成本低等优点,使其成为常规杀菌技术的替代品。低温等离子体杀菌已被广泛用于各类食品,包括果蔬、沙拉以及农产品等[20],而近年来该技术在肉及肉制品方面的应用为其在食品灭菌领域中的推广开启了新方向。

1. 低温等离子体对微生物抑制作用的机制

据报道,低温等离子体可以通过多个途径抑制微生物生长,包括紫外光辐射诱导 DNA 损伤、自由基修饰、脂质过氧化导致细菌膜崩解,以及带电粒子诱导细胞凋亡。在最初的研究中发现,由离子化产生的紫外光辐射直接诱导的微生物 DNA 损伤被认为是抑制微生物生长的主要原因[21]。这是由于波长在 260 nm 左右的紫外线可以导致同一条 DNA 链上的胸腺嘧啶和胞嘧啶形成二聚体,严重破坏细菌的复制能力,从而阻止细胞增殖。低温等离子体产生的羟基自由基引起膜蛋白发生的化学修饰和降解被认为是低温等离子体灭菌作用的另一途径[22]。另外,细胞膜的氧化损伤也被认为是低温等离子体杀死细菌的可能原因[23]。ROS 可能通过与脂质相互作用改变生物膜的功能,导致多不饱和脂肪酸(PUFA)氧化,使 PUFA 失去一个氢原子,产生脂肪酸的基团(L•),随后被 O_2 氧化为脂氢过氧化物,破坏了细菌的外膜。还有研究表明,细胞上带电粒子的累积可能诱导细胞凋亡[24],产生的等离子体中的带电粒子,撞击细胞表面产生的静电斥力超过了细胞膜的抗拉强度,诱导细胞膜破裂,使包括钾、核酸和蛋白质在内的细胞组分渗漏,最终导致细胞死亡。迄今,低温等离子体的抑菌机理只在理论上提出了初步解释,对于细胞靶标以及低温等离子体作用的分子机制尚不完全清楚。

2. 对肉与肉制品中微生物的抑制作用

生肉在有氧条件下冷藏和储存时,极易被嗜冷微生物污染。对原料肉中嗜冷菌的抑制是一个技术难题。Ulbin-Figlewicz 等[25]使用氦和氩等离子体处理猪肉,结果表明氦等离子体处理具有显著的抑菌作用,猪肉中的微生物总数、酵母及霉菌、嗜冷微生物分别减少了约 1.90 lg (cfu/g)、1.14 lg (cfu/g) 和 1.60 lg (cfu/g),并且随着处理时间的增加其效力增加。相比之下,氩等离子体抑制微生物生长的作用较低。Dirks 等[26]报道了 DBD 低温等离子体有效地抑制去皮鸡胸肉及鸡大腿皮肤表面的微生物生长,可将微生物总数降低一个对数周期。这些研究表明低温等离子体处理可有效地减少原料肉中的嗜冷菌和微生物的生长,从而延长产品的货架期。

大肠杆菌 O157:H7、单核细胞增生李斯特菌和沙门氏菌通常被认为是肉及肉制品中最常见的食源性致病菌,可导致严重的疾病,甚至死亡,对它们的抑制和杀灭是确保产品微生物安全的基础。Jayasena 等[27]研究了 DBD 等离子体处理对猪肉和牛肉样品上接种的单增李斯特菌、大肠杆菌 O157:H7 和鼠伤寒沙门氏菌的影响。研究发现,低温等离子体处理 10 min 后,猪肉样品中单核细胞增生李斯特菌、大肠杆菌 O157:H7 和鼠伤寒沙门氏菌数量分别减少 2.04 lg (cfu/g)、2.54 lg (cfu/g) 和 2.68 lg (cfu/g),牛肉样品中这三种菌分别减少 1.90 lg (cfu/g)、2.57 lg (cfu/g)和 2.58 lg (cfu/g)。Kim 等[28]利用低温等离子体技术有效减少了接种在切片培根上的单核细胞增生李斯特菌、大肠杆菌和鼠伤寒沙门氏菌的生长,提高了产品的安全性和货架期。Kim 等[29]将大肠杆菌和单核细胞增生李斯特菌接种于猪里脊肉中,研究低温等离子体的抑菌作用。结果表明,将猪里脊肉暴露于 DBD 等离子体(3 kV,30 kHz)中,10 min 后大肠杆菌和单核细胞增生李斯特菌分别减少了 0.55 lg (cfu/g) 和 0.59 lg (cfu/g)。这些实例表明,低温等离子体可以通过灭活食源性病原体来提高肉及肉制品的安全性和货架期。

干制肉制品(如干鱿鱼丝和牛肉干)在生产过程中常会受到微生物污染。低温等离子体技术也可用于抑制脱水肉制品表面的微生物生长。Kim 等[30]报道低温等离子体技术可以有效降低牛肉干表面金黄色葡萄球菌的数量。利用 APPJ 处理 10 min 后,牛肉干样品上的金黄色葡萄球菌降低了 3~4 lg (cfu/g),扫描电子显微镜分析表明,金黄色葡萄球菌细胞崩解成碎片,并产生许多孔洞。这表明低温等离子体中的活性物质对金黄色葡萄球菌有灭活作用。Choi 等[31]也研究了低温等离子体技术对干鱿鱼丝中微生物的抑制作用。使用 20 kV 脉冲直流电压和 58 kHz 频率产生低温等离子体,干鱿鱼样品经过 3 min 处理后,好氧细菌、海洋细菌和金黄色葡萄球菌数量分别减少 2.0 lg (cfu/g)、1.6 lg (cfu/g)和 0.9 lg (cfu/g)。还观察到酵母菌和霉菌污染减少了 0.9 lg (cfu/g)。这些研究表明,低温等离子体技术有效抑制了干制肉制品中的金黄色葡萄球菌等微生物的生长。

3. 对包装肉类产品中微生物的抑制作用

低温等离子体处理对于经过包装的肉类食品的抑菌作用具有很大的意义。将密封包装后的食品置于 DBD 的两电极之间,在通入足够高频率的交流电压后,包装内部的气体被激发放电,产生的等离子体对包装后肉类食品进行灭菌,有效避免了先杀菌后包装造成的二次污染。对包装食品进行低温等离子体杀菌的优点是产生的活性分子充满在包装袋中,可以与细菌充分接触,起到有效的杀菌作用,同时在食品储存 24 h 内可恢复为原始包装气体,不会产生化学残留,无毒无害[32]。Rød 等[33]研究了低温等离子体对于接种无害李斯特菌的切片即食(RTE)肉制品的杀菌效果。结果显示,间接低温等离子体处理可以减少密封的线性低密度聚乙烯袋内 RTE 肉制品表面上的无害李斯特菌的生长,在一定条件下可以进行多次间隔的处理来增加杀菌效果。Lee 等[34]也研究了 DBD 低温等离子体对包装后鸡胸肉微生物的影响，发现等离子体处理 10 min 后，需氧细菌、单核细胞增生李斯特菌、大肠杆菌和鼠伤寒沙门氏菌的数量分别减少了 3.36 lg (cfu/g)、2.14 lg (cfu/g)、2.73 lg (cfu/g)和 2.71 lg (cfu/g)。最近 Wang 等[35]研究发现，低温等离子体处理气调包装后的肉类食品可最大限度地降低其微生物水平。实验表明，相比于空气包装，使用气调包装（65%O_2+30%CO_2+5%N_2）激发形成的等离子体对鸡肉表面的致病菌有更好的杀菌效果，且包装鸡肉的保质期可延长至 14 d。研究同时指出，低温等离子体处理后的鸡肉颜色变化不明显。这些研究表明低温等离子体技术对包装后肉类食品具有良好的抑菌作用。低温等离子体技术应用于包装食品的杀菌处理对于肉品行业，特别是热敏感性食品以及生鲜肉类的品质控制技术创新具有重要意义。

4. 对肉类加工机械中微生物的抑制作用

在肉类工业中，由加工设备造成的不同批次肉之间交叉污染引起人们的关注[36]。在肉类加工过程中，连续地对刀具进行杀菌处理可显著降低交叉污染的风险。Leipold 等[37]首次研究了空气中大气压下使用 DBD 低温等离子体对旋转切肉刀的实时消毒。他们将无害李斯特菌接种到刀片上，将旋转圆刀表面（图 18.2）的一部分暴露于 DBD 反应器中，其中刀本身用作 DBD 的接地电极，环境空气作为工作气体。刀的另一部分可进行对肉类的加工。刀在旋转过程中实现了对整个刀具的消毒处理。结果显示，在 5.7 min 后工业旋转切肉刀上无害李斯特菌最多可减少 5 lg (cfu/g)，有效降低了不同批次肉之间交叉污染的风险。因此，低温等离子体技术术在肉制品加工机械中的应用具有良好的发展前景。

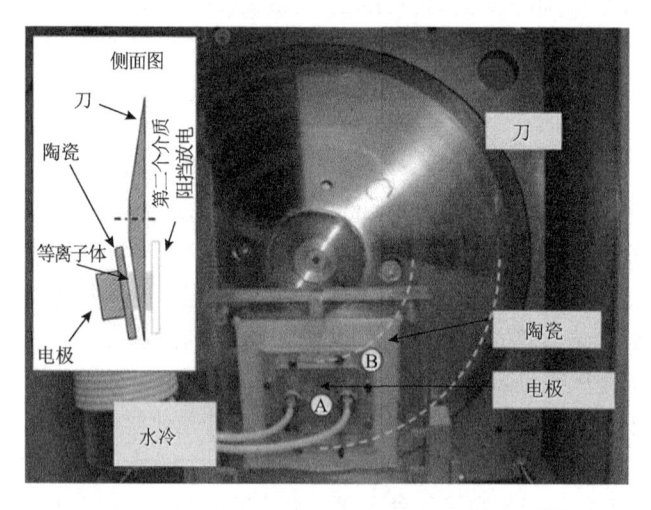

图 18.2 DBD 旋转切肉刀图和实验装置草图[37]
A、B 分别指电极和陶瓷

18.2.2　低温等离子体技术在肉制品中替代亚硝酸盐的应用

1. 亚硝酸盐替代作用的研究

亚硝酸盐作为腌制肉制品中常用的添加剂，具有抑菌、抗氧化、改进腌制品颜色和风味等作用[38]。一般肉制品中的亚硝酸盐有两个来源，即化学合成亚硝酸盐和天然产物中含有的亚硝酸盐。化学合成亚硝酸盐如亚硝酸钠（$NaNO_2$）具有使用方便和价格低廉的特点，但人们发现其与肉制品中的次级胺类物质反应会形成强致癌物质 N-亚硝胺[39]。天然亚硝酸盐可来源于含有硝酸盐的蔬菜，如芹菜和菠菜等。蔬菜提取物中含有的硝酸盐被硝酸盐还原酶转化为亚硝酸盐，添加到腌制肉制品中可以替代 $NaNO_2$ 的使用。然而，使用蔬菜提取物作为天然的亚硝酸盐来源会带来其他问题，因为蔬菜提取物中含有天然色素和特有的气味会导致不良的感官特性。此外依靠蔬菜提取物加入肉制品中替代亚硝酸盐，可能会使产品中亚硝酸盐的量低于所要求的 $NaNO_2$ 水平，导致天然腌制肉制品的微生物安全性低于 $NaNO_2$ 腌制肉制品[40]。另外，部分人群对用于天然亚硝酸盐生产的芹菜有过敏反应[41]。因此，腌制肉制品需要新的亚硝酸盐来源。研究发现，低温等离子体处理可用来产生天然亚硝酸盐[42]，替代腌制肉类加工中的 $NaNO_2$ 的添加。

2. 低温等离子体处理产生亚硝酸盐

环境中氧气和氮气分子被等离子体源放电层中的高能电子激发，产生 RNS 和 ROS。在生成的 RNS 中存在氮氧化物，如 NO、NO_2、N_2O_3 和 N_2O_4[43]。NO 微溶于水，NO_2、N_2O_3 和 N_2O_4 能溶于水发生不可逆的反应，并通过以下反应参与亚硝酸盐的生成[44, 45]：

$$2NO_2 + H_2O \longrightarrow NO_2^- + NO_3^- + 2H^+ \quad (18.1)$$

$$N_2O_3 + H_2O \longrightarrow 2NO_2^- + 2H^+ \quad (18.2)$$

$$N_2O_4 + H_2O \longrightarrow NO_2^- + NO_3^- + 2H^+ \quad (18.3)$$

结合紫外可见分光光度计，监测在 270～400 nm 波长范围内的吸收光谱来定量亚硝酸盐（NO_2^-）和硝酸盐（NO_3^-）的浓度。

3. 低温等离子体处理对肉品品质特性的影响

Jung 等[46]利用低温等离子体处理蒸馏水，如图 18.3（a）所示，平均功率为 3.14 W，频率为 15 kHz 的 DBD 低温等离子体系统处理 120 min 后，在接地电极表面的开放区域电离环境气体，放电产生 RNS 和 ROS 等活性物质。使用紫外可见分光光度计测得等离子体处理水（plasma-treated water，PTW）中产生了 782 mg/L 的亚硝酸盐和 358 mg/L 的硝酸盐。使用相同亚硝酸根离子浓度的 PTW、芹菜提取物和 $NaNO_2$ 制作乳液型香肠，并与不含亚硝酸盐制作的香肠对照组进行比较，测定各组香肠物理化学指标。结果表明，在 4℃下储藏 28 d 内，加入 PTW 制作的乳液型香肠，其总需氧菌数、颜色、过氧化值和感官品质等性质与添加 $NaNO_2$ 腌制的香肠差异不显著，而且相比于添加芹菜提取物的香肠，加入 PTW 的香肠味道和总体可接受性更高。从结果可以得出，PTW 可以作为天然亚硝酸盐来源，且在使用中不需要考虑蔬菜提取物替代亚硝酸盐的使用局限性和产生的不易接受的感官特性。Barbosa-Cánovas 等[47]将 DBD 等离子体系统安装在肉类搅拌机的顶部，如图 18.3（b）所示，产生的低温等离子体被运送到搅拌室与肉糜中的液体相互作用形成亚硝酸盐。该作者进一步研究了低温等离子体对肉糜的物理化学特性的影响，结果表明，低温等离子体处理赋予肉特有的红色，并且肉糜的过氧化值没有显著增加，但是对肉糜中的需氧菌抑制效果不够明显。这与 Jung 等[46]的实验结论相反。众所周知，低温等离子体中的活性物质可能通过破坏细胞膜以及通过对微生物 DNA 修饰而导致微生物死亡。然而，活性物质的寿命很短，小于 2.7 μs，并且活性物质的穿透深度很浅[48]。这种差异可能是由于活性物质在从等离子室到搅拌室的传递过程中活性丧失，不足以杀死微生物。除此之外，低温等离子体的杀菌效果主要受微生物对等离子体的暴露时间的影响，且仅发生在目标样品的表面。在本研究中，肉糜的低温等离子体处理与混合搅拌过程同时进行，可能导致好氧细菌在低温等离子体下的暴露时间较短，不足以杀死微生物。基于 Barbosa-Cánovas 等[47]的研究，Lee 等[49]利用低温等离子体处理灌装火腿也得到类似的结论。结果表明，肉糜混合过程中直接用低温等离子体

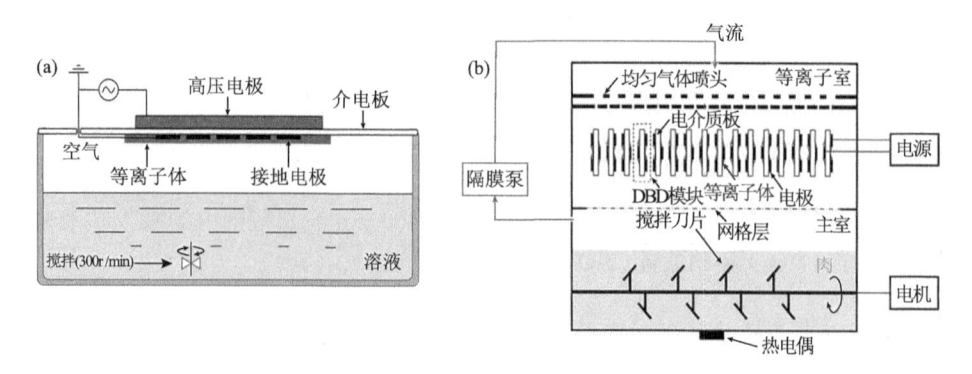

图 18.3　低温等离子体装置示意图[46,47]

处理可替代腌制肉制品加工过程中亚硝酸钠的添加。如果对产生低温等离子体的设备进一步进行改造以改善低温等离子体的杀菌效果，则该技术将在肉制品加工中具有更好的应用前景。

18.2.3 低温等离子体技术对肉品脂肪氧化的影响

低温等离子体中存在的 ROS 和 RNS 在肉品微生物灭活和亚硝酸盐生成过程中起着关键作用，然而，ROS 特别是羟基自由基、超氧阴离子自由基和过氧化氢，通过从脂质中夺取氢离子，促进脂质氧化的自由基链式反应进而可能导致肉品风味损失[50]。Jayasena 等[27]发现，随着等离子体处理时间增加，猪肉和牛肉中的脂肪氧化程度增加。并且牛肉样品的脂肪氧化值略高于猪肉样品，这可能归因于两种肉的脂肪含量和脂肪酸组成的差异。并且，经等离子体处理 10 min 后，牛肉样品的感官评分略有降低。Dharini 等[51]报道，随着等离子体激发功率的提高和时间的延长，即食肉制品中的脂肪氧化程度增加。Kim 等[28]报道，与对照样品相比，用低温等离子体处理后培养 7 d 的培根中脂肪氧化程度增加。然而，Jung 等[46]和 Barbosa-Cánovas 等[47]的实验表明，与对照样品相比，经低温等离子体处理过的肉糜的 TBARS 值没有发生显著的变化。这种差异可能是由于不同样品中脂肪含量和脂肪酸组成不同[28]或等离子体中活性氧物质的寿命短[48]。Mattison 等[52]报道，当肉的 TBARS 值超过 1.0 mg/kg 时，可以检测到肉的脂肪酸败。在一些研究中，虽然 TBARS 值随着等离子体处理时间的延长而逐渐增加，但 TBARS 值均远远小于 1.0mg/kg 的脂肪氧化酸败临界值。另外，Lee 等[53]和 Kong 等[54]报道，γ 射线或电子束辐照后肉的脂肪氧化迅速增加。用低温等离子体处理的样品中 TBARS 值的变化要小于其他非热处理样品的变化。因此，低温等离子体技术可能是用于高脂肪食品的非热能加工技术中的很好的替代。

18.3 结论与展望

低温等离子体是一种具有高应用潜力的新兴非热能加工技术，与传统热能技术相比，显示出一些独特的优势，包括安全、温和、无破坏性、操作简便和成本较低，为肉品工业存在的一些问题提供了解决方案，包括其杀菌作用和亚硝酸盐替代作用。然而，该技术目前还存在着一些问题。首先，由于等离子体、微生物和肉品种类的复杂性，细胞靶标和分子机制仍然缺乏深入的探讨，需要进行更深入的研究。其次，由于等离子体穿透深度不大，对于深入肉品组织内部的细菌，其灭菌效果还不够有效。因此，可以将其他非热处理技术作为一种辅助手段，与低温等离子体技术联用以提高其杀菌效率进而更有效地提高肉类产品的安全性和货架期。最后，低温等离子体产生的高活性ROS会对肉中脂肪氧化产生促进作用，最终可能对肉品的风味产生不良影响，因此可采用添加天然抗氧化剂等方法延迟或抑制脂肪氧化以预防低温等离子体处理对肉品品质的影响。

近几年，低温等离子体技术在肉品研究中的应用取得了较大发展，但仍处于基础研究阶段，尚未实现大规模的产业化，低温等离子体源的设计直接影响其在肉品工业未来的发展，目前各种低温等离子体源设备均无法保证其产生的活性物质与肉品充分均匀接触，因此今后的研究应着力于研发适合于肉品工业应用的低温等离子体源，并应用于实际的生产中，低温等离子体技术所带来的巨大优势必将为肉品工业的发展起到积极的推动作用。另外，低温等离子体处理对肉及肉制品的感官品质和营养效应的研究甚少，因此未来的研究也应聚焦于低温等离子体与肉品中成分的相互作用以及对肉品品质的影响方面，也可结合气相色谱-嗅觉-质谱方法鉴定等离子体处理肉的挥发性风味组成，进一步研究脂肪氧化对挥发性风味成分的影响，使低温等离子体技术在肉品科学研究中的应用前景更加广阔。

参 考 文 献

[1] Pankaj S K, Bueno-ferrer C, Misra N N, et al. Applications of cold plasma technology in food packaging[J]. Trends in Food Science & Technology, 2014, 35(1): 5-17

[2] Korner N, Beck E, Dommann A, et al. Hydrogen plasma chemical cleaning of metallic substrates and silicon wafers[J]. Surface and Coatings Technology, 1995, 76: 731-737

[3] Miyamoto K, Ikehara S, Takei H, et al. Red blood cell coagulation induced by low-temperature plasma treatment in-press[J]. Archives of Biochemistry and Biophysics, 2016, 605: 95-101

[4] Thirumdas R, Sarangapani C, Annapure U S, et al. Cold plasma: a novel non-thermal technology for food processing [J]. Food Biophysics, 2015, 10(1): 1-11

[5] Misra N N, Jo C. Applications of cold plasma technology for microbiological safety in meat industry [J]. Trends in Food Science & Technology, 2017, 64: 74-86

[6] Ehlbeck J, Schnabel U, Polak M, et al. Low temperature atmospheric pressure plasma sources for microbial decontamination[J]. Journal of Physics D:Applied Physics, 2011, 44(1): 013002

[7] 杨宽辉, 王保伟, 许根慧. 介质阻挡放电等离子体特性及其在化工中的应用[J]. 化工学报, 2007, 58(7): 1609-1618

[8] 林德锋, 罗书豪, 侯世英, 等. 大气压放电等离子体射流研究进展[J]. 中国高新技术企业, 2013, 23: 9-13

[9] Deng S, Ruan R, Kyoonmok C, et al. Chen Inactivation of *Escherichia coli* on almonds using nonthermal plasma[J]. Journal of Food Science, 2007, 72(2): 62-66

[10] 乔维维, 黄明明, 王佳媚, 等. 低温等离子体对生鲜牛肉杀菌效果及色泽的影响[J]. 食品科学, 2017, (23): 237-242

[11] Guo J, Huang K, Wang J. Bactericidal effect of various non-thermal plasma agents and the influence of experimental

conditions in microbial inactivation: a review[J]. Food Control, 2015, 50: 482-490

[12] 郭俭. 低温等离子体杀菌机理与活性水杀菌作用研究[D]. 杭州: 浙江大学, 2016

[13] Ulbin-figlewicz N, Brychcy E, Jarmoluk A, et al. Effect of low-pressure cold plasma on surface microflora of meat and quality attribute[J]. Journal of Food Science and Technology, 2015, 52(2): 1228-1232

[14] 韩格, 陈倩, 孔保华. 低温等离子体技术在肉品保藏及加工中的应用研究进展[J]. 食品科学, 2019, 40(3): 286-292

[15] Smet C, Noriega E, Rosier F, et al. Influence of food intrinsic factors on the inactivation efficacy of cold atmospheric plasma:impact of osmotic stress,suboptimal pH and food structure[J]. Innovative Food Science and Emerging Technologies, 2016, 38: 393-406

[16] Kayes M M, Critzer F J, Kelly-Wintenberg K, et al. Inactivation of food borne pathogens using a one atmosphere uniform glow discharge plasma[J]. Food borne Pathogens and Disease, 2007, 4(1): 50-59

[17] Georget E, Sevenich R, Reineke K, et al. Inactivation of microorganisms by high isostatic pressure processing in complex matrices: a review[J]. Innovative Food Science & Emerging Technologies, 2015, 27: 1-14

[18] Pan Y, Sun D, Han Z. Applications of electromagnetic fields for nonthermal inactivation of microorganisms in foods: an overview[J]. Trends in Food Science & Technology, 2017, 64: 13-22

[19] Nirmaly R V, Lavanya M N, Darsana K, et al. Application of cold plasma in food preservation Discovery[J]. Journal of Food Processing and Preservation, 2015, 51 (240): 114-123

[20] Bauer A, Ni Y, Bauer S, et al. The effects of atmospheric pressure cold plasma treatment on microbiological, physical-chemical and sensory characteristics of vacuum packaged beef loin[J]. Meat Science, 2017, 128: 77-87

[21] Boudam M K, Moisan M, Saoudi B, et al. Bacterial spore inactivation by atmospheric-pressure plasmas in the presence or absence of UV photons as obtained with the same gas mixture[J]. Journal of Physics D:Applied Physics, 2006, 39 (16): 3494-3507

[22] Dobrynin D, Fridman G, Friedman G, et al. Physical and biological mechanisms of direct plasma interaction with living tissue[J]. New Journal of Physics, 2009, 11(11): 115020

[23] Joshi S G, Cooper M, Yost A, et al. Nonthermal dielectric-barrier discharge plasma-induced inactivation involves oxidative DNA damage and membrane lipid peroxidation in *Escherichia coli*[J]. Antimicrobial Agents and Chemotherapy, 2011, 55(3): 1053-1062

[24] Lunov O, Zablotskii V, Churpita O, et al. The interplay between biological and physical scenarios of bacterial death induced by non-thermal plasma[J]. Biomaterials, 2016, 82: 71-83

[25] Ulbin-Figlewicz N, Jarmoluk A, Marycz K. Antimicrobial activity of low-pressure plasma treatment against selected foodborne bacteria and meat microbiota[J]. Ann Microbiol, 2015, 65(3): 1537-1546

[26] Dirks B P, Dobrynin D, Fridman G, et al. Treatment of raw poultry with nonthermal dielectric barrier discharge plasma to reduce campylobacter jejuni and salmonella enteric[J]. Journal of Food Protection, 2012, 75(1): 22-28

[27] Jayasena D D, Kim H J, Yong H I, et al. Flexible thin-layer dielectric barrier discharge plasma treatment of pork butt and beef loin:effects on pathogen inactivation and meat-quality attributes[J]. Food Microbiology, 2015, 46: 51-57

[28] Kim B, Yun H, Jung S, et al. Effect of atmospheric pressure plasma on inactivation of pathogens inoculated onto bacon using two different gas compositions[J]. Food Microbiology, 2011, 28(1): 9-13

[29] Kim H, Yong H I, Park S, et al. Effects of dielectric barrier discharge plasma on pathogen inactivation and the physicochemical and sensory characteristics of pork loin[J]. Current Applied Physics, 2013, 13(7): 1420-1425

[30] Kim J S, Lee E J, Choi E H, et al. Inactivation of Staphylococcus aureus on the beef jerky by radio-frequency atmospheric pressure plasma discharge treatment[J]. Innovative Food Science & Emerging Technologies, 2014, 22:

124-130

[31] Choi S, Puligundla P, Mok C. Effect of corona discharge plasma on microbial decontamination of dried squid shreds including physico-chemical and sensory evaluation[J]. LWT-Food Science and Technology, 2017, 75: 323-328

[32] Misra N N, Jo C. Applications of cold plasma technology for microbiological safety in meat industry[J]. Transactions of the ASABE, 2013, 56(3): 1011-1016

[33] Rød S K, Han S F, Leipold F, et al. Cold atmospheric pressure plasma treatment of ready-to-eat meat: inactivation of *Listeria innocua* and changes in product quality[J]. Food Microbiology, 2012, 30(1): 233-238

[34] Lee H, Yong H I, Kim H, et al. Evaluation of the microbiological safety, quality changes, and genotoxicity of chicken breast treated with flexible thin-layer dielectric barrier discharge plasma[J]. Food Science and Biotechnology, 2016, 25(4): 1189-1195

[35] Wang J, Zhuang H, Jr H A, et al. Influence of in-package cold plasma treatment on microbiological shelf life and appearance of fresh chicken breast fillets[J]. Food Microbiology, 2016, 60: 142-146

[36] Misra N N, Cheorun J. Applications of cold plasma technology for microbiological safety in meat industry[J]. Trends in Food Science & Technology, 2017, 64: 74-86

[37] Leipold F, Kusano Y, Hansen F, et al. Decontamination of a rotating cutting tool during operation by means of atmospheric pressure plasmas[J]. Food Control, 2010, 21: 1194-1198

[38] 石亚中, 伍亚华, 许晖. 添加芹菜粉替代亚硝酸盐对腌肉制品品质的影响[J]. 食品工业, 2013,34(4): 101-104

[39] Cassens R G. Composition and safety of cured meats in the USA[J]. Food Chemistry, 1997, 59(4): 561-566

[40] Alahakoon A U, Jayasena D D, Ramachandra S, et al. Alternatives to nitrite in processed meat: up to date[J]. Trends in Food Science & Technology, 2015, 45(1): 37-49

[41] Ballmer-Weber B K, Hoffmann A, Withrich B, et al. Influence of food processing on the allergenicity of celery: DBPCFC with celery spice and cooked celery in patients with celery allergy[J]. Premium Subscription, 2002, 57(3):228-263

[42] Jung S, Lee C W, Lee J, et al. Increase in nitrite content and functionality of ethanolic extracts of Perilla frutescens following treatment with atmospheric pressure plasma[J]. Food Chemistry, 2017, 237: 191-197

[43] Sakiyama Y, Graves B D, Chang H W, et al. Plasma chemistry model of sulfase microdischarge in humid air and dynamics of reactive neutral species[J]. Journal of Physics D: Applied Physics, 2012, 45(42): 425201

[44] Oehmigen K, Hahnel M, Brandenburg R, et al. The role of acidification for antimicrobial activity of atmospheric pressure plasma in liquids[J]. Plasma Processes and Polymers, 2010, 7(34): 250-257

[45] Thomas D, Vanderschuren J. Modeling of NO_x absorption into nitric acid solutions containing hydrogen peroxide[J]. Industrial & Engineering Chemistry Research, 1997, 36(8): 3315-3322

[46] Jung S, Kim H J, Park S, et al. The use of atmospheric pressure plasma-treated water as a source of nitrite for emulsion-type sausage[J]. Meat Science, 2015, 108: 132-137

[47] Barbosa-Cánovas G V, Hendrickx M, Knorr D. Innovative food science and emerging technologies[J]. Innovative Food Science & Emerging Technologies, 2017, 39: 113-118

[48] Attri P, Kim Y H, Park D H, et al. Generation mechanism of hydroxyl radical species and its lifetime prediction during the plasma-initiated ultraviolet (UV) photolysis[J]. Scientific Reports, 2015, 5: 9332

[49] Lee J, Jo K, Lim Y, et al. The use of atmospheric pressure plasma as a curing process for canned ground ham[J]. Food Chemistry, 2018, 240: 430-436

[50] Laguerre M, Lecomte J, Villeneuve P. Evaluation of the ability of antioxidants to counteract lipid oxidation: existing

methods, new trends and challenges[J]. Progress in Lipid Research, 2007, 46(5): 244

[51] Dharini, M, Jaspin S, Mahendran R. Cold plasma reactive species: Generation, properties, and interaction with food biomolecules[J]. Food Chemistry, 2023. 405: 134746

[52] Mattison M L, Kraft A A, Olson D G, et al. Effect of low dose irradiation of pork loins on the microflora, sensory characteristics and fat stability[J]. Journal of Food Science, 1986, 51(2): 284-287

[53] Lee E J, Love J, Ahn D U. Effect of antioxidants on consumer acceptance of irradiated Turkey meat[J]. Journal of Food Science, 2010, 68(5): 1659-1663

[54] Kong Q, Yan W, Yue L, et al. Volatile compounds and odor traits of dry-cured ham (*Prosciutto crudo*) irradiated by electron beam and gamma rays[J]. Radiation Physics & Chemistry, 2017, 130: 265-272

第 19 章　抗氧化包装中活性成分的抗氧化作用及其在食品中的应用

抗氧化活性包装是一种具有脱氧功能的活性包装，不仅对包装外部氧气起到惰性屏障的作用，还可以利用包装基体中的抗氧化活性剂（抗氧化剂和氧气清除剂）吸收和清除包装内部的氧气，减缓食品因氧化造成的风味及品质劣变。

活性包装是指具有脱氧、抗菌、除味保香等附加功能的食品包装。其中，具有脱氧功能的活性包装被称为抗氧化活性包装（简称抗氧化包装），可通过将抗氧化活性剂以衬垫、涂层或直接添加至基体中等方式延缓食品中蛋白质和脂质的氧化，进而改善食品品质，延长其货架期[1]。根据活性剂的作用方式可将抗氧化包装分为吸收型抗氧化包装和释放型抗氧化包装[2]。本章阐述了影响抗氧化包装阻氧性的因素、表征抗氧化包装抗氧化性的方法、活性剂的抗氧化作用机理及应用进展，简要分析了抗氧化包装可能存在的问题并预测其发展前景，以期为抗氧化包装在食品保鲜领域的研究及实际应用提供理论指导。

19.1　影响抗氧化包装阻氧性的因素

氧气透过包装材料需依次经历吸附、扩散和解吸三个阶段（图 19.1）：首先，环境中高浓度的氧气吸附到包装材料表面的孔隙中[3]；然后，氧气在包装基体中相邻孔隙之间迁移，在此过程中部分氧气被阻隔或溶解；最后，低浓度的氧气从包装材料解吸并扩散到包装内部，与食品组分相互作用。因此，抗氧化包装的阻氧性受包装基体、抗氧化活性剂和包装条件的共同影响。

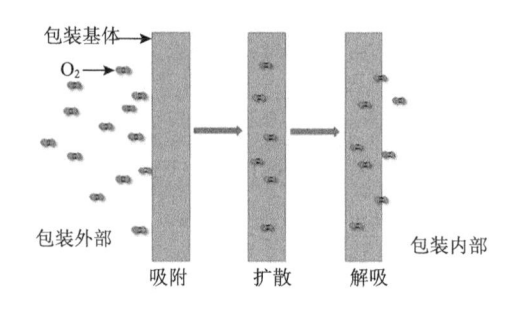

图 19.1　氧气透过包装的示意图

19.1.1 包装基体

食品包装的基体分为无机类和有机类。无机类包装基体如金属和玻璃等可作为氧气的惰性屏障，但易碎、易变形、成本高，应用范围小。有机类包装基体根据原料来源又可分为人工合成材料和生物基材料，虽然人工合成材料具有廉价、耐磨、结构可设计等优点，但是其不可降解，易污染环境[4]。生物基可降解材料基于其对环境的友好性而逐渐受到研究人员的青睐，其中以阻氧性较好的蛋白质和多糖等天然高分子聚合物为主。多糖内部含有氢键可使相邻链段紧密结合，降低了聚合物的自由体积，阻碍氧气的渗透[5]，其中淀粉的氧气渗透率高于普鲁兰多糖、壳聚糖、纤维素衍生物基体。蛋白质基抗氧化包装阻氧性则根据其来源、提取方式与条件（温度、酸碱度）的不同而不同。

包装基体的结构形态也影响其阻氧性。结晶态基体中晶体固定的链状结构导致气体的渗透路径变曲折，降低了氧气透过性[6]。在非结晶态基体中，处于橡胶态的材料其阻氧性取决于基体的气体溶解度，且氧气在基体中的扩散符合 Fick 第一扩散定律[7]；处于玻璃态的材料其阻氧性受聚合物自由体积、分子间氢键和范德瓦耳斯力等影响[8]。在半结晶态基体中，氧气可从非结晶区域穿过。

此外，还可以通过增加包装材料的厚度或者使用多层复合包装阻隔氧气，其中多层复合包装可由不同包装基体通过黏合剂或热压工艺结合。

19.1.2 抗氧化活性剂

抗氧化包装中的一些活性物质可以通过与基体发生交联反应提高材料的致密性，降低聚合物孔隙率，进而增强其阻氧性（图 19.2）。Guo 等[9]将富含酚类物质的槐米提取物添加到沙蒿籽胶基体后发现少量的酚类化合物与基体形成的分子间氢键改变了氧气的渗透路径，然而过量的酚类化合物易发生自聚合反应，使得两相界面间生成裂纹，便于氧气从中渗透。Rambabu 等[10]发现芒果叶提取物可以均匀分布到壳聚糖基体孔隙中，降低材料孔隙率和氧气透过率。

在亲水性聚合物基体（多糖、蛋白质等）中添加脂溶性抗氧化剂可降低水分子聚集能力，减缓聚合物松弛过程，改善包装材料的阻氧性。Yong 等[11]用两亲性盐（D-α-生育酚基聚乙二醇 1000 琥珀酸盐）改善黄芩素在亲水性壳聚糖基体中的分散性，改性后的黄芩素填充于基体孔隙中，提高了壳聚糖包装膜的阻隔性。使用精油类抗氧化剂需控制其用量，其含量过高易破坏包装基体结构，增大孔隙率，削弱了包装的阻氧性[12]。此外，还有研究表明精油能够增加氧分子在包装基体的溶解度并加快其迁移速度，使包装阻隔性降低[13]。

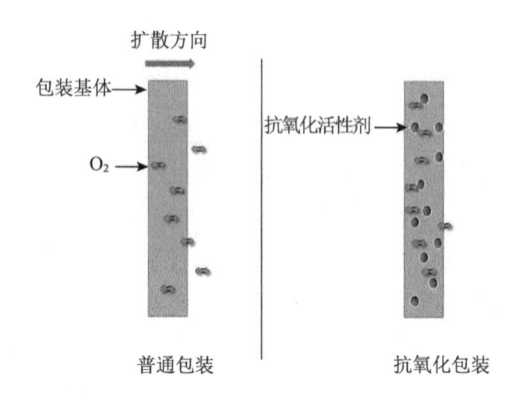

图 19.2　填料基体与普通基体的阻氧性对比

近年来，无机纳米颗粒常作为一种新兴的氧气清除剂来降低包装材料的氧气透过率。无机纳米颗粒可以填充到基体孔隙中，降低聚合物孔隙率的同时阻碍氧气的垂直渗透，使其渗透路径复杂化，减缓氧气的迁移速率，进而增加聚合物的阻隔性。

19.1.3　包装条件

包装条件如温度、湿度等都会影响抗氧化包装的阻氧性。聚合物的阻氧性随温度的升高而降低，当温度较高时，聚合物分子链段运动剧烈，自由体积增大，有利于氧气迁移。此外，在低湿度环境中聚合物的结构更加紧密，表现出更优异的阻氧性。

目前评价抗氧化包装的抗氧化性能的方法主要有两类：①测定包装材料的阻氧性及其对 1,1-二苯基-2-三硝基苯肼（DPPH）和 2,2′-连氮基-双-3-乙基苯并二氢噻唑啉-6-磺酸（ABTS）自由基的清除能力以及对 Fe^{3+} 的还原能力，该方法具有操作简单、灵敏度高等优点，但易受其他化合物的干扰，需严格控制测试条件[14]；②测定包装内食品体系储藏期的品质变化或因氧化产生的过氧化物或醛类等物质的含量，此类方法易受到实验条件与微生物影响而产生误判。因此，在实际应用过程中常将这两种方法结合应用，表 19.1 概括了评价部分抗氧化包装抗氧化性能的方法[15]。

表 19.1　评价抗氧化包装抗氧化性能的方法

评价对象	方法	原理
包装材料	DPPH 自由基清除法	DPPH 自由基与样品反应，减弱其在波长 527 nm 处吸光强度
	ABTS 自由基清除法	ABTS 自由基被氧化后呈蓝绿色，减弱其波长 734 nm 处吸光强度
	氧气透过率法	利用压差法测量包装材料两侧的氧气含量
	铁离子还原法	酸性条件下 Fe^{3+} 被还原，影响波长为 593 nm 处的吸光强度

续表

评价对象	方法	原理
包装内部食品体系	过氧化值（POV）法	碘化钾被氧化成游离碘，并用硫代硫酸钠进行滴定
	硫代巴比妥酸法	油脂被氧化产生的丙二醛与 TBARS 反应生成有色物质并在波长 530 nm 处有吸收峰
	其他	对色泽、气味或货架期综合判定

19.2 抗氧化活性剂的种类及应用

19.2.1 释放型抗氧化包装

释放型抗氧化包装是将抗氧化剂包埋在包装基体中或固定在其表面，抗氧化剂在基体中迁移并释放到食品或包装顶隙中，通过猝灭自由基和单线态氧、螯合金属离子或中断过氧化物的形成来防止食品氧化。根据抗氧化剂的亲和性可将其分为水溶性和脂溶性抗氧化剂。

1. 酚类化合物

酚类化合物中的苯环属于供电基团，可以为羟基提供电子，加快羟基质子的转移并与环境中的自由基结合，终止自由基反应[16]。此外，酚类化合物还可以作为金属螯合剂，阻碍金属离子的催化作用，提高抗氧化效果[17]，酚类化合物螯合金属离子机制如图 19.3 所示[18]。通常酚类化合物的抗氧化活性随羟基数量的增加而增加，同时还受羟基的位置、还原电位以及相邻基团供电性的影响。酚类化合物在抗氧化包装中的应用常以植物提取物形式添加到包装基体中，多种酚类物质协同作用使抗氧化效果更加明显[19]。Kanatt[20]将苋属植物叶提取物加入到以聚乙烯醇和明胶为基体的薄膜中，提取物中酚类化合物的羟基可以与聚乙烯醇和明胶相互作用提高复合膜的阻氧性，同时该复合膜对 DPPH 自由基的清除能力提高了 40.38%。此外，将该复合膜用于鱼肉和鸡肉的保鲜，结果表明储藏 12 d 后实验体

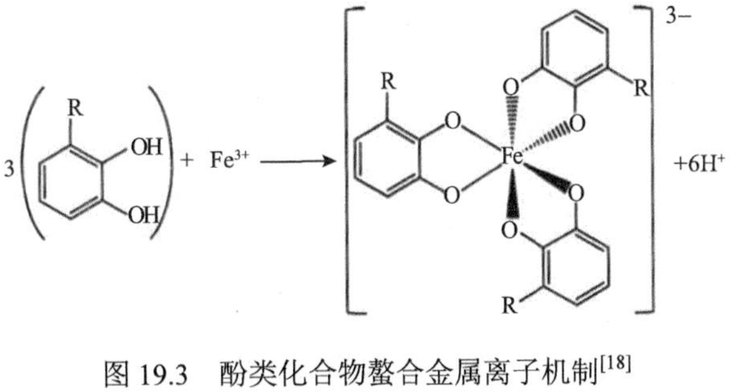

图 19.3 酚类化合物螯合金属离子机制[18]

系的 TBARS 值远低于对照组储藏 3 d 的结果。含有多种酚类物质的提取物制成的抗氧化包装还被用于腊肠[21]、油脂[22]等食品的储存。

2. 抗氧化肽

抗氧化肽因具有清除自由基、提供氢离子、螯合金属离子等[23]作用,被广泛应用于食品抗氧化领域。其抗氧化活性与分子量、氨基酸组成及侧链基团相关,通常短肽或当肽链中存在酪氨酸、色氨酸、甲硫氨酸、赖氨酸和组氨酸时其抗氧化活性较高[24],芳香残基或巯基可为自由基提供电子从而将其清除[25],脂肪烃侧链可与多不饱和脂肪酸作用抑制脂质过氧化反应[26]。常用于抗氧化包装的抗氧化肽属于外源性天然抗氧化肽,需从目标蛋白质中水解得到,但过程中可能存在促氧化剂,因此使用前需进一步纯化[27]。Hosseini 等[28]利用静电纺丝技术将鱼蛋白源抗氧化肽包埋于壳聚糖/聚乙烯醇中,复合膜的抗氧化性可持续 10 h 左右,且力学性能和阻氧性得到了改善。Ambigaipalan 和 Shahidi[29]也将虾壳中提取出的一种具有自由基清除能力和抗氧化能力的生物活性肽成功用于食品抗氧化包装。然而高纯度抗氧化肽的溶解性略差,不利于包装,可通过喷雾干燥法将其转化为高溶解性、高含水量的肽颗粒,提高应用范围和价值[30]。

3. 槲皮素

槲皮素(图 19.4)作为黄酮类化合物中最有效的分类化合物,常以糖基化形式存在于植物中。槲皮素中的双键和羟基能够有效清除 DPPH 和 ABTS 自由基,并将 Fe^{3+} 还原成 Fe^{2+} [31]。Giteru 等[32]将槲皮素掺杂到高粱醇溶蛋白可食性膜中,并用于鲜鸡肉的保鲜,槲皮素的引入抑制了鲜鸡肉在储藏过程中微生物的增殖与脂质的氧化,减缓了鲜鸡肉色泽的变化。Bai 等[33]将槲皮素加入到羧甲基壳聚糖薄膜中,通过考察薄膜向食品模拟液中释放的黄酮含量评价其抗氧化活性与缓释能力,与纯羧甲基壳聚糖膜相比,添加质量分数为 5%槲皮素的复合膜体系向蒸馏

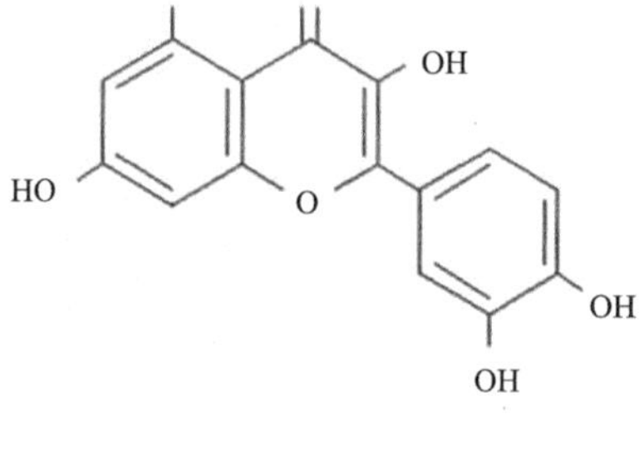

图 19.4 槲皮素结构

水和 95%乙醇模拟液中释放的黄酮量分别增加了 14.51 mg/g 和 8.17 mg/g。但当槲皮素添加量达到 7.5%时，其在体系内易形成晶体，降低复合膜的均匀性、拉伸性与透氧性，因此适量添加槲皮素可提高抗氧化活性包装的抗氧化性能。

4. 植物精油

植物精油是一类含有单萜、脂、醛、酮等一百多种成分且具有特殊气味的抗氧化剂[34]，其抗氧化活性来源于内部的酚类物质和黄酮类物质，在抗氧化包装领域可单独使用或与其他活性物质联用，在抗氧化的同时还可降低包装基体的水蒸气/氧气透过率[35]。Chen 等[36]将丁香精油掺进聚乙烯醇并制成贴片，固定在塑料包装盒顶部，在其缓释作用下，质量分数为 9%的贴片可使带鱼的货架期延长 2d，在第 7 d 丙二醛含量比对照降低了 28.07%。然而为了提高精油溶解性与生物利用率，常需要一些载体（微胶囊[37]、纳米乳液[38]等）的作用。Amiri 等[38]将一种伊朗野菜精油（ZEO）及其纳米乳液（NZEO）分别加入玉米淀粉可食性膜中，并用其包裹碎牛肉，与纯玉米淀粉薄膜包裹的牛肉相比，含 ZEO 和 NZEO 的薄膜包裹的牛肉在 4℃储藏 20 d 后的过氧化值分别降低了约 2.15 meq/kg 和 4.09 meq/kg，TBARS 值分别降低了 0.35 mg/kg 和 0.75 mg/kg。纳米乳液的尺寸较小，稳定性更强，减缓了初始氧化步骤与过氧化物形成的进程，使精油发挥更好的抗氧化作用。但添加植物精油会存在改变包装内部食品体系气味并影响其感官接受度等缺点。

19.2.2 吸收型抗氧化包装

与释放型抗氧化包装不同，吸收型抗氧化包装主要是通过在包装内部以小袋或衬垫的形式[39]封装氧气清除剂（又称除氧剂）。氧气清除剂可以通过生物（酶）或化学的方式与游离氧分子反应清除氧气，进而抑制自由基反应的链引发过程。食品抗氧化活性包装中常用的氧气清除剂包括无机类氧气清除剂和有机类氧气清除剂。

1. 金属基氧气清除剂

铁质清除剂是最常用的金属基氧气清除剂，其抗氧化机理如下：

$$4Fe \longrightarrow 4Fe^{2+} + 8e^- \tag{19.1}$$

$$2O_2 + 4H_2O + 8e^- \longrightarrow 8OH^- \tag{19.2}$$

$$4Fe^{2+} + 8OH^- \longrightarrow 4Fe(OH)_2 \tag{19.3}$$

$$4Fe(OH)_2 + O_2 + 2H_2O \longrightarrow 4Fe(OH)_3 \tag{19.4}$$

由上可知铁质清除剂清除氧气的过程依赖于水的存在，通常在水分子存在的条件下 1 g 铁可以与 300 mL 氧气发生反应。

除铁之外，一些铂族金属如铂和钯也适用于食品抗氧化包装领域，这类金属基氧气清除剂不但毒性低，而且可以作为催化剂将氢和氧转化为水分子[40]。Hutter 等[41]的研究结果表明含钯催化体系的除氧包装可以在 35 min 内清除腌制火腿顶隙中 2%的氧气，减缓色素的氧化，包装后的腌制火腿在连续 21 d 光照的暴露下仍能保持原有色泽。

2. 纳米基氧气清除剂

将金属除氧剂处理到纳米级别可增大其在包装基体中的表面积，增加除氧效率。纳米铁颗粒是通过还原铁离子溶液中的 Fe^{2+} 或 Fe^{3+} 而制得的[42]，同时其表面的氧化铁薄层会提高抗氧化能力。Foltynowicz 等[43]将用液相还原法制备的纳米铁颗粒包埋在食品级硅胶中，在相对湿度 100%时的除氧速率比传统铁粉高 2～3 倍。Kombaya-Touckia-Linin 等[44]用蒙脱土负载纳米铁颗粒，发现每克材料吸氧量高达 0.20 g±0.01g。此外，纳米氧化锌颗粒在活性包装中也可以发挥良好的除氧作用[45]。除金属或金属氧化物的纳米颗粒外，纳米黏土（如蒙脱土）和生物基聚合物纳米颗粒（如壳聚糖、聚乳酸）等也被用作吸收型抗氧化包装的除氧剂，但是在使用过程中需要对纳米粒子表面进行改性，防止其因团聚导致包装基体出现裂痕，进而削弱其氧气清除能力。

3. α-生育酚

α-生育酚是维生素 E 中生物活性最强的生育酚异构体，可以通过捕捉自由基来猝灭自由基链式反应达到抗氧化作用。氧分子在一些过渡金属如铜、锰和钴等的催化下活化生成的单线态氧能够与 α-生育酚发生不可逆反应，抑制自由基链引发反应的进行，生成生育酚氢过氧二烯酮、生育酚醌和奎宁环氧化物[46]。此外，α-生育酚可以提供氢原子来清除脂质自由基，同时生成产物可以进一步防止脂质氧化，如图 19.5 所示[47]。然而，α-生育酚不稳定、易降解，常将其封装在包装基体或纳米颗粒中。Zhang 等[48]将 α-生育酚添加到壳聚糖/玉米醇溶蛋白复合膜中，该复合膜具有较强的抗氧化和抗紫外线能力，可有效地防止食物中脂质的氧化。在其另一项研究中用该复合膜在 4℃下包装鲜蘑菇，用该复合膜包装的鲜蘑菇储藏 12 d 后其褐变率和过氧化物酶活性分别比对照组降低了 1.62 倍和 3.26 倍，丙二醛含量也明显减少[49]。Carvalho 等[50]将含有不同浓度(30%、50%和 70%)α-生育酚的固体脂质纳米颗粒加入到聚乙烯醇薄膜中，该复合膜的 DPPH 自由基清除率比纯聚乙烯醇膜增加了 30% 以上。ABTS 自由基的清除量也分别达到了 278.4μmol/g±6.0μmol/g、337.4μmol/g±6.7μmol/g 和 401.1μmol/g±19.0μmol/g。

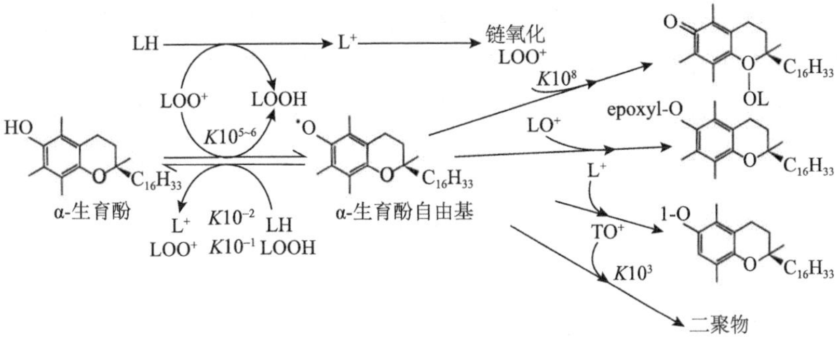

图 19.5　α-生育酚除氧机理[47]

4. 抗坏血酸

抗坏血酸是食品抗氧化领域应用较为广泛的氧气清除剂。抗坏血酸可以与铜、铁等金属形成络合物，该络合物通过与氧气反应生成脱氢抗坏血酸达到除氧目的，抗坏血酸的除氧速率随络合物形成速率的增加而增加，同时氧气浓度、pH 和水分活度也影响抗坏血酸的除氧能力[51]。在酸性条件下，抗坏血酸被质子化，对氧气的敏感度大幅降低。然而在碱性条件下，抗坏血酸以除氧能力较强的阴离子形式存在，且除氧率随食品中水分活度的增加而显著提高[52]。Gisella 等[53]将抗坏血酸掺杂到木瓜可食性膜中，得到的复合膜具有很强的 DPPH 自由基清除能力，并可以用来包裹梨，使其在储藏期间保持很好的感官特性。

5. 酶

用于抗氧化活性包装中的酶类氧气清除剂通常是在食品中的一些特定物质存在下与氧气发生酶促反应达到除氧的效果。此类除氧剂以葡萄糖氧化酶（GOx）和过氧化氢酶（Cat）联用为主，并广泛用于冷藏食品的保鲜。GOx 在氧与水存在的条件下催化葡萄糖形成 D-葡萄糖酸并与葡萄糖酸生成过氧化氢，而 Cat 会除去过氧化氢使葡萄糖氧化反应持续进行，以清除氧气[54]。Kothaplli 等[55]采用紫外光固化树脂将 GOx 和 Cat 固定在被电晕处理的低密度聚乙烯薄膜上，并用该活性薄膜密封苹果汁，使苹果汁中的氧含量降低到 0%。Chaudhari 和 Nitin[56]研究了 GOx 和 Cat 对水溶性氧的清除作用并考察了其在乳液油相中的除氧效果，结果表明当乳液在空气中孵育 1 h 后，含有 GOx 和 Cat 的样品内的氧气含量远低于对照组，并且这两种酶还可以去除处理样品时引入的外源性氧气。此外，草酸氧化酶[57]、溶菌酶[58]等也可用作抗氧化包装的氧气清除剂来抑制高水分含量食品的氧化。

6. 微生物氧气清除系统

某些微生物由于其体内含有超氧化物歧化酶（SOD）、Cat 和过氧化物酶（POD）

等抗氧化酶，以及活细胞中的低分子量抗氧化剂如谷胱甘肽等，具有很强的自由基清除能力，可抵抗外界氧气胁迫。此外，此类微生物还可通过氧化应激反应或呼吸作用清除氧气，目前放线菌、细菌、蓝藻、真菌、地衣和蘑菇等都可作为生物氧气清除剂，但在食品中的应用较少，还需进一步研究[59]。

19.3 结论与展望

抗氧化包装技术的使用在防止食品氧化的同时避免了向食品中直接添加抗氧化活性剂带来的安全隐患。此外，某些抗氧化活性剂不仅能够起到脱氧作用，还会增强包装基体结构的致密性，从而提高阻氧效果。然而如何控制抗氧化包装中活性剂迁移速率及避免其爆释成为抗氧化包装领域亟需解决的问题之一。金属基纳米氧气清除剂的溶出及其对健康的影响尚不明确，因此探究金属基纳米抗氧化包装中纳米颗粒的安全性尤为重要。添加过量的植物精油会使包装香味更浓郁，掩盖食物本身的风味，因而在实验中应控制精油的添加量并致力于探究精油风味物质对被包装食品风味的影响。此外，由于除氧微生物不易存活，未来可利用纳米载体负载除氧微生物或利用静电纺丝技术将其包埋以保持其活性和稳定性。也可通过与温感材料、光感材料等结合提高抗氧化包装的安全性、稳定性与敏感性，拓展抗氧化包装的应用范围。

参 考 文 献

[1] Zhang B Y, Tong Y F, Singh S, et al. Assessment of carbon footprint of nano-packaging considering potential food waste reduction due to shelf life extension[J].Resources, Conservation and Recycling, 2019, 149: 322-331

[2] Chen C W, Xie J, Yang F X, et al. Development of moisture-absorbing and antioxidant active packaging film based on poly(vinyl alcohol) incorporated with green tea extract and its effect on the quality of dried eel[J]. Journal of Food Processing and Preservation, 2018, 42(1): e13374

[3] Duncan T V. Applications of nanotechnology in food packaging and food safety: barrier materials, antimicrobials and sensors[J]. Journal of Colloid and Interface Science, 2011, 363(1): 1-24

[4] 许娜, 黄英杰, 常南. 不同种类食品塑料包装膜阻隔性能分析[J]. 新农业, 2019, 9: 5-6

[5] Ray S S, Bousmina M. Biodegradable polymers and their layered silicate nanocomposites: in greening the 21st century materials world[J]. Progress in Materials Science, 2005, 50(8): 962-1079

[6] Mogri Z, Paul D R. Gas sorption and transport in side-chain crystalline and molten poly(octadecyl acrylate)[J]. Polymer, 2001, 42(6): 2531-2542

[7] Peresin M S, Kammiovirta K, Heikkinen H, et al. Understanding the mechanisms of oxygen diffusion through surface functionalized nanocellulose films[J]. Carbohydrate Polymers, 2017, 174: 309-317

[8] Stern S A. Polymers for gas separations: the next decade[J]. Journal of Membrane Science, 1994, 94(1): 1-65

[9] Guo Z H, Wu X C, Zhao X, et al. An edible antioxidant film of artemisia sphaerocephala Krasch. gum with sophora japonica extract for oil packaging[J]. Food Packaging and Shelf Life, 2020, 24: 100460

[10] Rambabu K, Bharath G, Fawzi B, et al. Mango leaf extract incorporated chitosan antioxidant film for active food packaging[J]. International Journal of Biological Macromolecules, 2019, 126: 1234-1243

[11] Yong H M, Bi F Y, Liu J, et al. Preparation and characterization of antioxidant packaging by chitosan, D-α-tocopheryl polyethylene plycol 1000 succinate and baicalein[J]. International Journal of Biological Macromolecules, 2020, 153:836-845

[12] Kuai L, Liu F, Chiou B S, et al. Controlled release of antioxidants from active food packaging: a review[J]. Food Hydrocolloids, 2021, 120(11): 106992

[13] Jouki M, Mortazavi S A, Yazdi F T, et al. Characterization of antioxidant-antibacterial quince seed mucilage films containing thyme essential oil[J]. Carbohydrate Polymers, 2014, 99: 537-546

[14] Sharma O P, Bhat T K. DPPH antioxidant assay revisited[J]. Food Chemistry, 2009, 113(4): 1202-1205

[15] 刘微微, 任虹, 曹学丽, 等. 天然产物抗氧化活性体外评价方法研究进展[J]. 食品科学, 2010, 31(17): 415-419

[16] Sharma H, Mendiratta S K, Agarwal R K, et al. Evaluation of anti-oxidant and anti-microbial activity of various essential oils in fresh chicken sausages[J]. Journal of Food Science and Technology, 2017, 54(2): 279-292

[17] Nasreddine B, Debeaufort F, Thomas K. Bioactive edible films for food applications: mechanisms of antimicrobial and antioxidant activities[J]. Critical Reviews in Food Science and Nutrition, 2018, 59(21): 1-79

[18] 温朋飞, 彭艳. 植物精油抗氧化作用机制研究进展[J]. 饲料工业, 2017, 38(2): 40-45

[19] Roy S, Rhim J W. Preparation of carbohydrate-based functional composite films incorporated with curcumin[J]. Food Hydrocolloids, 2020, 98: 105302

[20] Kanatt S R. Development of active/intelligent food packaging film containing amaranthus leaf extract for shelf life extension of chicken/fish during chilled storage[J]. Food Packaging and Shelf Life, 2020, 24: 100506

[21] Chollakup R, Pongburoos S, Boonsong W, et al. Antioxidant and antibacterial activities of cassava starch and whey protein blend films containing rambutan peel extract and cinnamon oil for active packaging[J]. LWT, 2020, 130: 109573

[22] Riaz A, LagnikA C, Luo H, et al. Chitosan-based biodegradable active food packaging film containing chinese chive (*Allium tuberosum*) root extract for food application[J]. International Journal of Biological Macromolecules, 2020, 150: 595-604

[23] Sun C, Tang X, Ren Y, et al. Novel antioxidant peptides purified from mulberry (*Morus atropurpurea Roxb.*) leaf protein hydrolysates with hemolysis inhibition ability and cellular antioxidant activity[J]. Journal of Agricultural and Food Chemistry, 2019, 67: 7650-7659

[24] Qian Z J, Jung W K, Kim S K. Free radical scavenging activity of a novel antioxidative peptide purified from hydrolysate of bullfrog skin, rana catesbeiana shaw[J]. Bioresource Technology, 2008, 99(6): 1690-1698

[25] Suetsuna K, Chen J R. Isolation and characterization of peptides with antioxidant activity derived from wheat gluten[J]. Food Science and Technology Research, 2002, 8(3): 227-230

[26] Suetsuna K, Uked A H, Ochi H. Isolation and characterization of free radical scavenging activities peptides derived from casein[J]. The Journal of Nutritional Biochemistry, 2000, 11(3): 128-131

[27] Lorenzo J M, Munekata P E S, Gómez B, et al. Bioactive peptides as natural antioxidants in food products–a review[J]. Trends in Food Science & Technology, 2018, 79: 136-147

[28] Hosseini S F, Nahvi Z, Zandi M. Antioxidant peptide-loaded electrospun chitosan/poly(vinyl alcohol) nanofibrous mat intended for food biopackaging purposes[J]. Food Hydrocolloids, 2019, 89: 637-648

[29] Ambigaipalan P, Shahidi F. Bioactive peptides from shrimp shell processing discards: antioxidant and biological activities[J]. Journal of Functional Foods, 2017, 34: 7-17

[30] Wang Y, Selomulya C. Spray drying strategy for encapsulation of bioactive peptide powders for food applications[J]. Advanced Powder Technology, 2019, 31(1): 409-415

[31] Masek A, Latos M, Piotrowska M, et al. The potential of quercetin as an effective natural antioxidant and indicator for packaging materials[J]. Food Packaging and Shelf Life, 2018, 16: 51-58

[32] Giteru S G, Oey I, Ali M A, et al. Effect of kafirin-based films incorporating citral and quercetin on storage of fresh chicken fillets[J]. Food Control, 2017, 80: 37-44

[33] Bai R Y, Zhang X, Yong H M, et al. Development and characterization of antioxidant active packaging and intelligent Al^{3+}-sensing films based on carboxymethyl chitosan and quercetin[J]. International Journal of Biological Macromolecules, 2019, 126: 1074-1084

[34] 韩旭旭, 王玉涵, 王鑫. 植物精油在果蔬保鲜领域的应用研究及展望[J]. 食品研究与开发, 2018, 39(23): 204-208

[35] Klangmuang P, Sothornvit R. Barrier properties, mechanical properties and antimicrobial activity of hydroxypropyl methylcellulose-based nanocomposite films incorporated with thai essential oils[J]. Food Hydrocolloids, 2016, 61: 609-616

[36] Chen C, Xu Z W, Ma Y R, et al. Properties, vapour-phase antimicrobial and antioxidant activities of active poly(vinyl alcohol) packaging films incorporated with clove oil[J]. Food Control, 2018, 88: 105-112

[37] Jiang Y, Lan W T, Sameen D E, et al. Preparation and characterization of grass carp collagen-chitosan-lemon essential oil composite films for application as food packaging[J]. International Journal of Biological Macromolecules, 2020, 160, 340-351

[38] Amiri E, Aminzare M, Azar H H, et al. Combined antioxidant and sensory effects of corn starch films with nanoemulsion of zataria multiflora essential oil fortified with cinnamaldehyde on fresh ground beef patties[J]. Meat Science, 2019, 153: 66-74

[39] 王海丽, 杨春香, 杨福馨, 等. 抑菌及抗氧化活性食品包装膜的研究进展[J]. 包装工程, 2016, 37(23): 83-88

[40] Nyberg C, TengstaL C G. Adsorption and reaction of water, oxygen, and hydrogen on pd(100): identification of adsorbed hydroxyl and implications for the catalytic H_2—O_2 reaction[J]. The Journal of Chemical Physics, 1984, 80(7): 3463-1468

[41] Hutter S, Ruegg N, Yildirim S. Use of palladium based oxygen scavenger to prevent discoloration of ham[J]. Food Packaging and Shelf Life, 2016, 8: 56-62

[42] Zhao X, Liu W, Cai Z, et al. An overview of preparation and applications of stabilized zero-valent iron nanoparticles for soil and groundwater remediation[J]. Water Research, 2016, 100: 245-266

[43] Foltynowicz Z, Bardenshtein A, Sangerlaub S, et al. Nanoscale, zero valent iron particles for application as oxygen scavenger in food packaging[J]. Food Packaging and Shelf Life, 2017, 11: 74-83

[44] Kombaya-Touckia-Linin E M, Gaucel S, Sougrati M T, et al. Hybrid iron montmorillonite nano-particles as an oxygen scavenger[J]. Chemical Engineering Journal, 2019, 357: 750-760

[45] Heydari-majd M, Ghanbarzadeh B, Shahidi-noghabi M, et al. A new active nanocomposite film based on PLA/ZNO nanoparticle/essential oils for the preservation of refrigerated otolithes ruber fillets[J]. Food Packaging and Shelf Life, 2019, 19: 94-103

[46] Choe E, Min D B. Chemistry and reactions of reactive oxygen species in foods[J]. Critical Reviews in Food Science and Nutrition, 2006, 46: 1-22

[47] 周洋, 杨文婧, 操丽丽, 等. 生育酚抑制油脂氧化机制研究进展[J]. 中国油脂, 2018, 43(8): 32-38

[48] Zhang L M, Liu Z L, Sun Y, et al. Effect of α-tocopherol antioxidant on rheological and physicochemical properties

of chitosan/zein edible films[J]. LWT, 2020, 118: 108799

[49] Zhang L M, Liu Z L, Sun Y, et al. Combined antioxidant and sensory effects of active chitosan/zein film containing α-tocopherol on agaricus bisporus[J]. Food Packaging and Shelf Life, 2020, 24: 100470

[50] Carvalho S M D, Noronha C M, Rosa C G D, et al. PVA Antioxidant nanocomposite films functionalized with alpha-tocopherol loaded solid lipid nanoparticles[J]. Colloids and Surfaces A: Physicochemical and Engineering Aspects, 2019, 581: 123793

[51] Anjarasskul T, Min S C, Krochta J M. Triggering mechanisms for oxygen-scavenging function of ascorbic acid-incorporated whey protein isolate films[J]. Journal of the Science of Food and Agriculture, 2013, 93(12): 2939-2944

[52] Mahieu A, Terrié C, Youssef B. Thermoplastic starch films and thermoplastic starch/polycaprolactone blends with oxygen-scavenging properties: influence of water content[J]. Industrial Crops and Products, 2015, 72: 192-199

[53] Gisella M, Rodríguez, Sibaja J C, et al. Antioxidant active packaging based on papaya edible films incorporated with moringa oleifera and ascorbic acid for food preservation[J]. Food Hydrocolloids, 2020, 103: 105630

[54] Meyer A S, Isaksen A. Application of enzymes as food antioxidants[J]. Trends in Food Science and Technology, 1995, 6(9): 300-304

[55] Kothaplli A, Morgan M, Sadler G. UV Polymerization-based surface modification technique for the production of bioactive packaging[J]. Journal of Applied Polymer Science, 2008, 107(3): 1647-1654

[56] Chaudhari A, Nitin N. Role of oxygen scavengers in limiting oxygen permeation into emulsions and improving stability of encapsulated retinol[J]. Journal of Food Engineering, 2015, 157: 7-13

[57] Winestrand S, Johansson K, Jarnstorm L, et al. Co-immobilization of oxalate oxidase and catalase in films for scavenging of oxygen or oxalic acid[J]. Biochemical Engineering Journal, 2013, 72: 96-101

[58] Silva N H C S, Vilela C, Almeida A, et al. Pullulan-based nanocomposite films for functional food packaging: exploiting lysozyme nanofibers as antibacterial and antioxidant reinforcing additives[J]. Food Hydrocolloids, 2018, 77: 921-930

[59] Chandra P, Sharma R K, Arora D S. Antioxidant compounds from microbial sources: a review[J]. Food Research International, 2020, 129: 108849

第 20 章 细菌群体感应猝灭及其在食品防腐保鲜中的应用

细菌可通过一种称为群体感应（quorum sensing，QS）的密度依赖机制进行交流，这种机制能够释放信号分子，以此调节细菌群落的代谢和行为活动[1]。群体感应首次发现于海洋细菌费氏弧菌（*Vibrio fischeri*）中[2]，它是一种革兰氏阴性菌，能够利用自身合成的化学物质调节荧光相关基因的表达。通常而言，微生物产生并释放信号分子，信号分子浓度与微生物密度成正比，当信号分子累积达到阈值水平时，开始通过激活并结合其受体蛋白来启动相关基因的表达，如调控细菌代谢次级产物、形成孢子和生物膜等[3,4]。信号分子作为细菌间交流的语言，在不同种类的细菌中有所不同。常见的信号分子类型主要包括以下几种：①革兰氏阳性菌分泌的寡肽类信号分子（autoinducing peptides，AIP）[5]；②革兰氏阴性菌群体感应系统的自诱导因子 *N*-乙酰-L-高丝氨酸内酯（*N*-acyl homoserine lactones，AHL）[6]；③革兰氏阳性菌及革兰氏阴性菌共同利用的呋喃硼酸二酯类信号分子（autoinducer-2，AI-2）[7]；④其他信号分子：铜绿假单胞菌产生的喹诺酮类信号分子（喹诺酮类和二酮哌嗪类）[8]、扩散信号因子（diffusible signaling factor，DSF）[9]等。细菌间无时无刻不在进行"交流"，使得群体感应与很多领域有着密切的联系。QS 在医学上的研究有助于控制患者的细菌感染，规避传统抗生素的耐药性问题；农业上有望调节作物表型，提高抗病能力，增加作物产量；在食品行业可以解决长久以来困扰人们的食品保鲜问题等，因此细菌 QS 现象已逐渐成为各相关领域的研究热点。本章对不同类型的群体感应系统及猝灭机制进行了详细介绍，揭示了猝灭技术应用于食品防腐保鲜上的巨大潜力。

20.1 群体感应的机制

群体感应系统一般由信号分子、特异性受体蛋白和下游调控蛋白三部分组成，根据信号分子种类的不同，可将其分为四大类：革兰氏阳性菌的双组分 QS 群体感应系统、革兰氏阴性菌的 LuxI/LuxR QS 系统、LuxS/AI-2 QS 系统和 AI-3/肾上腺素/去甲肾上腺素 QS 系统。前三种 QS 系统调控机制如图 20.1 所示。大部分细菌具有两种以上的群体感应系统，分别用于种间交流和种内交流。

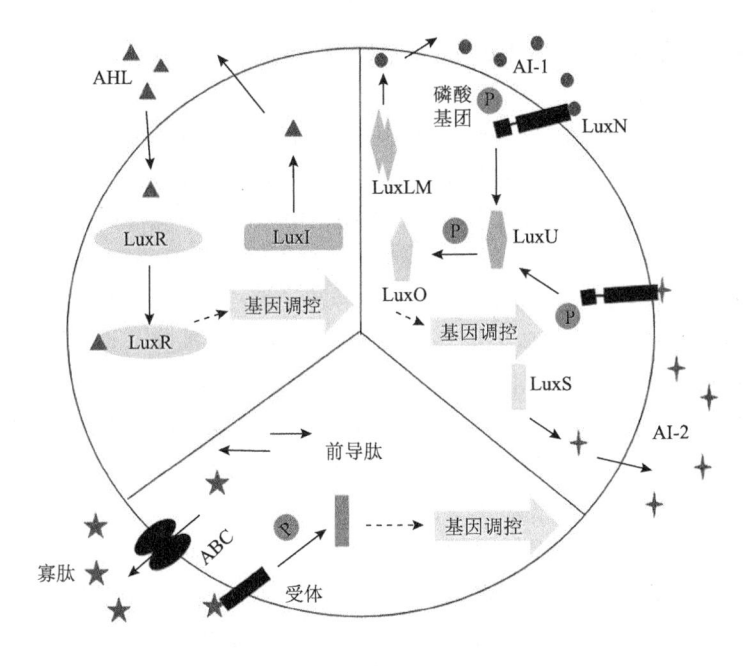

图 20.1　三种 QS 系统调控机制示意图[10]

20.1.1　革兰氏阳性菌的双组分 QS 群体感应系统

大多数革兰氏阳性菌都依赖于双组分感应系统进行交流，由寡肽类信号分子 AIP 介导。AIP 在细胞核糖体中进行合成，然后通过进一步修饰达到成熟状态。AIP 分子不能自由穿入细胞膜，需要经过 ABC 转运蛋白的运输或者其他的膜通道蛋白作用到达胞外行使功能。信号分子的浓度随菌体密度的不断增加而不断升高，当达到特定阈值时，信号分子转移至细胞膜上与受体结合，使受体发生自磷酸化，磷酸基团转移到受体蛋白上，激活调控蛋白与启动子结合，开启基因的表达[11]。金黄色葡萄球菌（*Staphylococcus aureus*）是利用双组分 QS 系统的典型例子，它是导致皮肤感染和食物中毒的一种常见致病菌。这种细菌的毒力因子的表达和通信交流受到由 RNA Ⅱ 和 RNA Ⅲ 两种转录体组成的 Arg 位点的调控[12]。金黄色葡萄球菌的自诱导物 AIP 由 AgrD 编码，可以被膜蛋白 AgrB 加工，进行硫代内酯环化修饰并被运输到细胞外，随着 AIP 浓度达到阈值会被 AgrC 部分感知。激活 AgrC 磷酸化，随后将反应调控子 AgrA 磷酸化。磷酸化后的 AgrA-P 激活自身 agrBDCA 操纵子的转录，形成正反馈，完成金黄色葡萄球菌由低密度状态向高密度状态的生理行为转变[13]。对于 AIP，尤其是与食品相关的细菌素，检测方法主要是利用琼脂平板做抑制实验，基于高效液相色谱法（HPLC）测定指示菌株的抑制圈以及测量指示菌株的透明区域[14]。

20.1.2 革兰氏阴性菌的 LuxI/LuxR QS 系统

在革兰氏阴性菌中，通常利用 AHL 完成细胞间的交流与信息传递[15]。其信号分子 AHLs 是一类酰基高丝氨酸内酯分子，具有高丝氨酸内酯环结构。革兰氏阴性菌群体感应系统基于 LuxI 和 LuxR 介导，LuxI 是一种自诱导合成酶，可催化 S-腺苷甲硫氨酸（SAM）与酰基载体蛋白（ACP）间的相互作用，从而合成 AHL。当 AHL 浓度达到阈值时可与受体结合，激活转录调控因子 LuxR，形成 LuxI-LuxR 蛋白复合体，并与 DNA 基因启动子结合，从而触发基因表达。黏质沙雷氏菌（*Serratia marcescens*）中的 *SmaIR*[16,17]基因、紫色杆菌（*Chromobacterium violaceum*）中的 *CviIR*[18,19]、盐单胞菌属（*Halomonas* spp.）中的 *hanIR*[20]都是基于 LuxI/LuxR 原理，但其 AHL 在碳链长度和第三位羰基碳取代基上略有不同。革兰氏阴性菌中除了典型的 LuxI/LuxR 型的群体感应系统外，根据 AHLs 酰基侧链的不同，还有 LasI/LasR 和 AbaI/AbaR 型等，分别调控细菌的毒力因子表达和生物膜的形成等[12]。

目前细菌生物感应器是检测 AHLs 的一种有效手段，该方法简便快捷，不受设备限制。常用的两种细菌生物感应器是基于紫色杆菌（*Chromobacterium violaceum*）和根癌农杆菌（*Agrobacterium tumefaciens*）的细菌生物感应器。二者联合使用时，可以明显扩大检测范围。此外，薄层层析与生物感应器相结合（TLC-biosensor）、β-半乳糖苷酶活法检测也可以达到检测 AHL 的效果[21]。

20.1.3 革兰氏阳性菌及阴性菌共同采用的 LuxS/AI-2 QS 系统

革兰氏阳性菌和革兰氏阴性菌共有的群体感应系统中涉及信号分子 AI-2 的产生，因此 AI-2 可以被称为细菌种间交流的媒介。AI-2 是呋喃酮衍生的信号分子，具有上下对称的双五元环结构。在革兰氏阳性菌和阴性菌中，AI-2 的生成首先基于 SAM 向 S-腺苷同型半胱氨酸（SAH）的转化，随后在 Pfs 编码的 S-腺苷同型半胱氨酸核苷酶的作用下，SAH 被水解为腺嘌呤和 S-核糖同型半胱氨酸（SRH），SRH 在 *LuxS* 基因编码的 S-核糖同型半胱氨酸核苷酶的作用下，可转化为 4,5-二羟基-2,3-戊二酮（DPD）和同型半胱氨酸。其中，DPD 可自发排列形成 AI-2，而同型半胱氨酸可接受甲基，生成 SAM，继续参与甲硫氨酸循环。

由于信号分子 AI-2 不稳定、浓度低，因此很难利用高效液相色谱法（HPLC）和气相色谱法（GC）等常规方法进行检测。当前最常见的检测方法是生物学检测法：利用哈维氏弧菌 BB120（*Vibrio harveyi* BB120）的定向突变菌株哈维氏弧菌 BB170（*Vibrio harveyi* BB170）作为报告菌株，因其缺乏信号分子 AI-1 感受器，所以仅对 AI-2 信号分子发生反应并发光。AI-2 的活性可用相对活性来表示。此外，还可通过气质联用（GC-MS）检测法、高效液相色谱-串联质谱（HPLC-MS/MS）

检测法对 AI-2 前体物质 DPD 进行直接分析，从而准确定量[22]。另外，环境因素对此类信号分子活性有较大影响。例如，酸胁迫会导致基于 LuxS 系统的乳杆菌（包括 *Lactobacillus rhamnosus* GG、*Lactobacillus acidophilus* NCFM、*Lactobacillus johnsonii* NCC533）的信号分子 AI-2 活性提高[23]；低温胁迫会抑制屎肠球菌 8-3（*Enterococcus faecium* 8-3）和发酵乳杆菌 2-1（*Lactobacillus fermentium* 2-1）信号分子 AI-2 的分泌，且低温和高温下均对相关基因（*LuxS* 和 *Pfs*）转录水平起促进作用[24]。

20.2　群体感应猝灭的机制

群体感应猝灭（quorum quenching，QQ）是通过抑制或干扰生物细胞间的 QS 系统，阻断细胞间的信息交流，抑制毒力基因表达，从而防御致病菌感染[25]。QQ 技术与传统抗生素直接杀死细菌不同，其通过阻断细胞间的通信，抑制特定表型的表达。QQ 通常不会抑制细菌的生长，不易造成选择压力和耐药性，因此有望成为代替抗生素的新型生物防治手段。QQ 的机制主要有以下几种：①阻碍信号分子蛋白产生；②阻止信号分子与受体蛋白结合；③降解信号分子。前两种方法通常利用一些小分子抑制剂阻止信号分子的产生和感知利用。对于第三种方法，目前酶促降解的应用研究最为广泛。猝灭酶可改变信号分子的构象，最终阻断细菌间的通信。此外，一些降解菌也具有降解信号分子的作用，如一些根癌农杆菌（*Agrobacterium tumefaciens*）和芽孢杆菌属（*Bacillus* sp.）等自身会产生内酯酶降解 AHL 信号分子[9]。

20.2.1　QS 抑制剂

随着研究的不断深入，已被验证有效的群体感应抑制剂（quorum sensing inhibitor，QSI）种类不断增加。按照其来源可分为天然 QSI 和人工合成 QSI，而天然 QSI 又可进一步分为原核生物类、动物类、植物类、海洋生物类以及真菌类等[26]。QSI 对 QS 现象的抑制有两种方法：①通过抑制信号分子相关合成酶，阻碍信号分子的积累，使其浓度低于基因表达的阈值；②通过与信号分子竞争特异性受体而阻碍信号分子传递，使致病基因不能正常表达[27]。最早发现的天然 QSI 是由海洋红藻产生的卤代呋喃酮，它可以通过干扰信号分子 AHL 与受体蛋白 LuxR 结合，从而影响革兰氏阴性菌的 QS 系统[28,29]。此外，从肉桂中分离的肉桂醛作为一种精油组分也有一定的抗菌能力。在最小抑菌浓度(0.125 μL/mL)下，肉桂醛可以显著抑制分离自大菱鲆的荧光假单胞菌（*Pseudomonas fluorescens*）的

QS 控制的相关表型，包括胞外蛋白酶合成、生物膜形成、群集运动等[30]，证明肉桂醛作为一种天然植物源 QSI，在水产品保鲜中具有很大的发展潜力。此外，在果蔬中也存在多种能够防御病原体 QS 的次级代谢物，如酚类和黄酮类[31]。例如，野草莓中的酚类提取物在亚抑菌浓度下具有一定抗 QS 活性[32]，柚皮中富含的柚皮黄酮类化合物能够抑制鳗弧菌（*Vibrio anguillarum*）产 AI-2 的活性及一些 QS 控制的相关表型[33]。除黄酮类化合物外，葡萄柚中天然存在的呋喃香豆素对 AI-1 和 AI-2 活性的抑制可达到 95%以上，能够抑制大肠杆菌 O157:H7(*Escherichia coli* O157:H7)、鼠伤寒沙门氏菌（*Salmonella typhimurium*）和铜绿假单胞菌（*Pseudomonas aeruginosa*）形成生物膜[34]。水果提取物安全无毒、价格低廉、方便易得，如果此类 QSI 日后应用于食品防腐保鲜中，会在很大程度上推动食品行业发展。此外，一些香料如黑胡椒、大蒜、孜然等，自古以来就被用作抗菌和抗真菌药物。近年来，这些物质作为抗生物膜物质，也具有较好的效果。八角提取物能够抑制食源性致病菌生物膜形成，且实验结果证明其效果呈现剂量依赖性[35]。因此，QSI 理论上可以作为新型环保、高效的保存和消毒技术，减少食源性致病因素，延长食品的保质期。

20.2.2 猝灭酶

猝灭酶能在体外直接降解信号分子，因此具有较好的发展前景。在水产养殖方面，细菌感染严重制约了世界水产养殖业的发展，使用消毒剂和抗生素预防或治疗水生疾病的效果有限，且在水产养殖系统中大量使用抗生素会导致抗生素耐药菌株迅速进化和传播，对人类健康造成威胁。研究证明，AHL 降解酶可通过降解信号分子 AHL，进而破坏鱼类病原体的 QS 系统。例如，对斑马鱼及鲤鱼饲喂 AHL 内酯酶[25]和 AiiAB 546[36]，可降低其嗜水气单胞菌（*Aeromonas hydrophila*）感染程度。在农作物种植方面，由于植物病原细菌依赖于复杂的方式调控侵染过程，并在与宿主植物接触时诱导特定的毒力因子，因此 QS 是感知植物信号和养分有效性的重要指标，也在植物致病中起着至关重要的作用。目前，群体感应猝灭有望成为农药的替代品。从土壤细菌艾德昂菌 0-0013（*Ideonella* sp.0-0013）中纯化出的水解酶可以降低信号分子 3-羟基棕榈酸甲酯的活性，进而降低青枯雷尔氏菌的毒性。另外，许多生物体产生的乳脂酶或环化酶也可降解 AHLs 信号浓度[37,38]。尽管人们已经证明了猝灭酶可有效降低动植物病原体的毒性，但仍需要更详细地讨论底物特异性、催化效率、稳定性、酶传递以及潜在的副作用等问题，以开发具有保护或治疗作用的猝灭酶。因此，大多数方法仍在研究阶段，在农业、工业以及临床环境中的实际应用仍然稀少[39]。

20.3 群体感应猝灭在食品防腐保鲜方面的应用

食品腐败问题是制约我国食品产业发展的一个重要因素。探究 QS 与食品腐败的关系，从 QS 的角度延缓、抑制食品腐败对我国食品工业未来的蓬勃发展有着重要意义。腐败会使食品发生物理损伤（如脱水、质地变化）、化学变化（如氧化、颜色变化）、气体或液体积聚等。微生物活动是引起食品变质的重要原因之一，腐败菌可利用 QS 协调生存、增殖、产毒和基因转移。研究表明，许多与食品腐败相关的革兰氏阴性菌可产生 AHL，如铜绿假单胞菌（*Pseudomonas aeruginosa*）、变形斑沙雷氏菌（*Serratia proteamaculans*）、蜂房哈夫尼菌（*Hafnia alvei*）等[3]。通过对 QS 信号分子的抑制、降解，干扰 QS 进程，阻碍特定基因的表达，可以延缓食品的腐败进程。因此，群体感应猝灭技术为食品防腐保鲜提供了可行的新思路。

20.3.1 乳及乳制品

乳及乳制品营养价值极高，富含蛋白质、脂肪、乳糖、矿物质和维生素等物质，因此成为人们日常生活中必不可少的食品。从原料乳到产品的每一个加工步骤的操作不当，都会引起微生物污染，导致产品质量下降。引起乳及乳制品腐败的微生物主要是嗜冷性革兰氏阴性菌，包括假单胞菌属（*Pseudomonas* sp.）、沙雷氏菌属（*Serratia* sp.）等，其腐败特性均受群体感应控制[40]。这些细菌在自然环境中广泛存在，且抵抗不良环境能力较强，因此乳及乳制品易受此类菌污染。在变形沙雷氏菌 B5 菌株中，胞外脂肪酶和蛋白水解酶活性均受 QS 系统调节，且信号分子为 AHL，因此可以认为乳的腐败变质与 QS 机制密切相关。假单胞菌是一种能在冷藏条件下大量生长的腐败菌，Shobharani 和 Agrawal[41]采用薄层色谱法（thin-layer chromatography，TLC）、GC 以及 GC-MS 鉴定出了发酵乳中假单胞菌属的信号分子 AHL，且其系统中包含两种不同的 AHL，分别为丁酰高丝氨酸内酯（BHSL）和己基高丝氨酸内酯（HHSL）。在添加 2(5H)-呋喃酮的培养基中生长的假单胞菌菌株，其 BHSL 和 HHSL 的产量均低于对照菌株，并且能有效延长发酵乳的货架期至 9 d，证明了 2(5H)-呋喃酮对假单胞菌属信号分子 AHL 的抑制作用。除了添加外源群体感应抑制剂可达到群体感应猝灭的效果外，有研究表明群体感应猝灭抑制活性也与食品自身化学成分有关。例如，牛奶抑制紫色杆菌 CV026（*Chromobacterium violaceum* CV026）的信号分子 AHL 的效果优于骆驼奶[42]，这可能是乳的化学成分不同，特别是脂肪含量不同造成的。牛奶对 QS 信号的自然抑制可能为控制食源性病原体和减少微生物腐败提供一种独特的手段。

20.3.2 畜禽肉

畜禽肉产品的安全性备受全世界生产者、消费者关注，食用微生物过度污染的产品对人体健康有极大危害。假单胞菌属、芽孢杆菌属可以分解肉中的蛋白质，荧光假单胞菌、致病杆菌属（*Xenorhabdus* spp.）可以分解肉中的脂肪，这些菌属是造成肉及肉制品发生腐败变质的主要微生物。Mohan 等[43]研究发现，肉桂醛和丁香酚从香料熔融食用膜扩散到鸡肉中能有效控制鸡肉中的腐败微生物，小粒径的肉桂醛和丁香酚可有效猝灭鸡肉中的 AHL 信号分子。在 4℃ 的储藏温度下，改良的气调辅助香料浸渍包装能将鸡肉的货架期延长 25 d。此外，蜂房哈夫尼菌是主要存在于真空包装的冷藏肉制品中的腐败菌，在特定条件下可引起肠道感染疾病，危害人体健康。Bruhn 等[44]对商业真空包装肉制品中蜂房哈夫尼菌的信号分子进行上清液 TLC 分析，发现其 AHLs 类信号分子的比移值（R_f）和图像类似于 *N*-3-氧代己酰基高丝氨酸内酯（OHHL）。尽管检测到了信号分子，但蜂房哈夫尼菌的确切 QS 机理仍需进一步研究。

20.3.3 水产品

水产品中水分含量相对较高，肌肉结构疏松，有较多的不饱和脂肪酸和可溶性蛋白，并且自溶酶活性也较高，极易在捕捞、运输、保藏过程中受污染发生腐败，造成大量经济损失。此外，微生物代谢也是水产品腐败的主要原因。在水产品的储藏过程中对其特定腐败菌的生长进行控制可有效延长其储藏时间。研究表明，低温冷藏鱼类的主要腐败菌有希瓦氏菌属（*Shewanella* sp.）、假单胞菌属、气单胞菌属（*Aeromonas* spp.）等[45]。这些微生物还通过产生溶解酶对虾和鱼类的细胞组织造成损害。刘尊英[46]通过对凡纳滨对虾的优势腐败菌进行 16SrRNA 序列鉴定，证明其优势腐败菌菌株 1(Aci-1)和菌株 2 (Aci-2)均为不动杆菌属（*Acinetobacter* spp.），其 QS 信号分子为 AHL。添加外源信号分子 AHL 能促进 Aci-1 菌株生物膜形成，且呈现浓度依赖性。朱耀磊等[47]采用基因敲除的方法构建了 QS 基因 *LuxRI* 缺失型菌株ΔLuxRI，*LuxRI* 基因缺失后，并不影响分离自腐败即食海参的蜂房哈夫尼菌 H4（*Hafnia alvei* H4）的生长，但使其失去分泌 AHL 的能力，且该菌生物膜的形成和泳动能力也显著降低，证明了群体感应对水产品腐败的重要作用。

20.3.4 果蔬腐败

蔬菜的腐败主要由革兰氏阴性菌引起，革兰氏阴性菌由于释放细菌酶而导致植物组织软烂,破坏细胞壁结构[48]。研究表明,导致胡萝卜、马铃薯、洋葱等果蔬腐败的主要细菌是欧文氏菌和假单胞菌。胡萝卜欧文氏菌黑腐亚种(*Erwinia carotovora* subsp. *atroseptica*)是一种能够引起马铃薯茎和块茎黑斑病和软腐病的植物病原体,其毒力基因(*pelC*、*pehA*、*celV* 和 *nip*)受 QS 调控。当粉蝶霉素 A 或葡糖基杀粉蝶菌素存在时,四种毒力基因的转录水平显著降低,表明它们具有作为马铃薯块茎软腐病的抑制剂的潜力[49]。此外,土壤中分离的芽孢杆菌可作为 QS 猝灭菌,其可产生 AHL 内酯酶,灭活 AHL 信号,对胡萝卜欧文氏菌胡萝卜亚种(*Pectobacterium carotovorum* subsp. *carotovorum*)有一定的生物防治功能[50]。在腐败豆芽中可分离出产生 AHL 的细菌(主要是肠杆菌科和假单胞菌),且与野生型菌株相比,AHL 阴性突变体蛋白酶和果胶酶活性明显降低,延缓了豆芽软腐过程。在添加外源 3-oxo-C6-HSL 时蛋白酶活性又增加,说明 QS 在一定程度上抑制了果蔬腐败进程[51]。另外,一些有机酸(如乳酸、乙酸和柠檬酸)可用作潜在的 QSI,抑制新鲜黄瓜中大肠杆菌(*Escherichia coli*)和沙门氏菌属(*Salmonella* sp.)的生物膜形成,减少胞外多糖的产生,延缓 QS 进程[52]。

20.4 结论与展望

综上所述,QS 与食品腐败之间存在着紧密的联系。随着研究的不断深入,QQ 可作为一种对抗细菌的有力武器,为生物防治 QS 依赖的细菌侵染提供可能的途径,有望广泛应用于食品、医药、农业、环境等各个领域中。目前通过人工合成和自然界获取,已发现多种绿色、安全的 QS 抑制剂和猝灭酶,可有效干扰食品中腐败微生物间的 QS 过程,延缓腐败进程,为食品保鲜、延长其货架期提供新的思路。但目前 QQ 技术仍未广泛应用于实际生产中。对此仍需在以下方面进行深入研究,以便能够更好地开发群体感应猝灭技术潜力:①明确不同种类信号分子的化学组成及其 QS 调控机制;②结合多种检测技术,寻求普遍、快速、准确的信号分子定性和定量方法;③食品腐败过程有多种微生物共同参与,应着重加强对微生物间 QS 过程的研究;④利用基因组学和蛋白质组学探究 QS 对微生物生长及其代谢的影响。

参 考 文 献

[1] Vadakkan K, Choudhury A A, Gunasekaran R, et al. Quorum sensing intervened bacterial signaling: pursuit of its cognizance and repression[J]. Journal of Genetic Engineering and Biotechnology, 2018, 16(2): 239-252

[2] Nealson K H, Platt T, Hastings J W. Cellular Control of the synthesis and activity of the bacterial luminescent system[J]. Journal of Bacteriology, 1970, 104(1): 313-322

[3] Whitehead N A, Barnard A M L, Slater H, et al. Quorum-sensing in Gram-negative bacteria[J]. FEMS Microbiology

Reviews, 2001, 25(4): 365-404

[4] Papenfort K, Bassler B L. Quorum sensing signal-response systems in Gram-negative bacteria[J]. Nature Reviews Microbiology, 2016, 14(9): 576-588

[5] 励建荣, 李婷婷, 王当. 微生物群体感应系统及其在现代食品工业中应用的研究进展[J]. 食品科学技术学报, 2020, 38(1): 1-11

[6] Prescott R D, Decho A W. Flexibility and adaptability of quorum sensing in nature[J]. Trends in Microbiology, 2020, 28(6): 436-444

[7] Zhao J, Quan C, Jin L, et al. Production, detection and application perspectives of quorum sensing autoinducer-2 in bacteria[J]. Journal of Biotechnology, 2018, 268: 53-60

[8] Mcglacken G P, Mcsweeney C M, O'brien T, et al. Synthesis of 3-halo-analogues of HHQ, subsequent cross-coupling and first crystal structure of *Pseudomonas* quinolone signal (PQS)[J]. Tetrahedron Letters, 2010, 51(45): 5919-5921

[9] 王岩, 于雅萌, 张静静, 等. 海洋微生物群体感应与群体感应淬灭的开发利用[J]. 生物资源, 2017, 039(6): 413-422

[10] 吴荣, 顾悦, 张悦, 等. 群体感应抑制剂及其在食品保藏中的应用研究进展[J]. 生物加工过程, 2019, 17(3): 43-49

[11] 郭倩茹. 共生乳酸菌酵母菌的筛选及产信号分子 AI-2 的研究[D]. 呼和浩特: 内蒙古农业大学, 2015

[12] 廉雪花. 酸马奶酒中乳酸菌产 AI-2 信号分子的研究[D]. 呼和浩特: 内蒙古农业大学, 2014

[13] 孙海鹏. 金黄色葡萄球菌二元信号系统和 LuxS/AI-2 群体感应功能研究[D]. 北京: 中国科学技术大学, 2014

[14] Ge J, Fang B, Wang Y, et al. *Bacillus subtili*s enhances production of Paracin1.7, a bacteriocin produced by *Lactobacillus paracasei* HD1-7, isolated from Chinese fermented cabbage[J]. Annals of Microbiology, 2014, 64(4): 1735-1743

[15] 蔡针华. 群体感应信号分子 AI-2 高产乳酸菌株筛选及特性研究[D]. 太原: 山西农业大学, 2018

[16] Thomson N R, Crow M A, Mcgowan S J, et al. Biosynthesis of carbapenem antibiotic and prodigiosin pigment in *Serratia* is under quorum sensing control[J]. Molecular Microbiology, 2000, 36(3): 539-556

[17] Salini R, Pandian S K. Interference of quorum sensing in urinary pathogen *Serratia marcescens* by *Anethum graveolens*[J]. Pathogens and Disease, 2015, 73(6): ftv038-ftv038

[18] Mcclean K H, Winson M K, Fish L, et al. Quorum sensing and *Chromobacterium violaceum*: exploitation of violacein production and inhibition for the detection of N-acylhomoserine lactones[J]. Microbiology, 1997, 143(12): 3703-3711

[19] Deryabin D G, Inchagova K S. Inhibitory effect of aminoglycosides and tetracyclines on quorum sensing in Chromobacterium violaceum[J]. Microbiology, 2018, 87(1): 1-8

[20] Tahrioui A, Quesada E, Llamas I. The hanR/hanI quorum-sensing system of *Halomonas anticariensis*, a moderately halophilic bacterium[J]. Microbiology, 2011, 157(12): 3378-3387

[21] Mclean R J C, Pierson L S, Fuqua C. A simple screening protocol for the identification of quorum signal antagonists[J]. Journal of Microbiological Methods, 2004, 58(3): 351-360

[22] 燕彩玲. 信号分子 AI-2 的检测方法研究进展[J]. 微生物学通报, 2016, 43(6): 1333-1338

[23] Moslehi-Jenabian S, Gori K, Jespersen L. AI-2 signalling is induced by acidic shock in probiotic strains of *Lactobacillus* spp.[J]. International Journal of Food Microbiology, 2009, 135(3): 295-302

[24] 顾悦. 环境胁迫及酵母菌对乳酸菌 LuxS/AI-2 群体感应系统的影响[D]. 呼和浩特: 内蒙古农业大学, 2017

[25] Cao Y, He S, Zhou Z, et al. Orally administered thermostable N-acyl homoserine lactonase from *Bacillus* sp. strain AI96 attenuates *Aeromonas hydrophila* infection in zebrafish[J]. Applied & Environmental Microbiology, 2012,

78(6): 1899-1908

[26] 郭冰怡, 董燕红. 细菌群体感应抑制剂研究进展[J]. 农药学学报, 2018, (4): 408-424

[27] Kalia V C. Quorum sensing inhibitors: an overview[J]. Biotechnology Advances, 2013, 31(2): 224-245

[28] 王志航, 冯雪, 李树仁, 等. 细菌群体感应通讯系统淬灭及应用[J]. 药物生物技术, 2018, 25(5): 70-74

[29] Givskov M R, Nys R D, Manefield M, et al. Eukaryotic interference with homoserine lactone-mediated prokaryotic signaling[J]. Journal of Bacteriology, 1996, 178(22): 6618-6622

[30] Li T, Wang D, Liu N, et al. Inhibition of quorum sensing-controlled virulence factors and biofilm formation in *Pseudomonas fluorescens* by cinnamaldehyde[J]. International Journal of Food Microbiology, 2018, 269: 98-106

[31] 唐甜甜, 许杰, 吴涛. 植物源细菌群体感应抑制剂的研究进展[J]. 食品工业科技, 2019, 40(21): 331-336

[32] Oliveira B D, Brigida D A, Rodrigues A C, et al. Antioxidant, antimicrobial and anti-quorum sensing activities of Rubus rosaefolius phenolic extract[J]. Industrial Crops and Products, 2016, 84: 59-66

[33] Liu Z, Pan Y, Li X, et al. Chemical composition, antimicrobial and anti-quorum sensing activities of pummelo peel flavonoid extract[J]. Industrial Crops and Products, 2017, 109: 862-868

[34] Girennavar B, Cepeda M L, Soni K A, et al. Grapefruit juice and its furocoumarins inhibits autoinducer signaling and biofilm formation in bacteria[J]. International Journal of Food Microbiology, 2008, 125(2): 204-208

[35] Rahman M R T, Lou Z, Zhang J, et al. Star Anise (*Illicium verum* Hook. f.) as quorum sensing and biofilm formation inhibitor on foodborne bacteria: study in milk[J]. Journal of food protection, 2017, 80(4): 645-653

[36] Chen R, Zhou Z, Cao Y, et al. High yield expression of an AHL-lactonase from *Bacillus* sp. B546 in *Pichia pastoris* and its application to reduce *Aeromonas hydrophila* mortality in aquaculture[J]. Microbial Cell Factories, 2010, 9: 39

[37] Shinohara M, Nakajima N, Uehara Y. Purification and characterization of a novel esterase (β-hydroxypalmitate methyl ester hydrolase) and prevention of the expression of virulence by *Ralstonia solanacearum*[J]. Journal of Applied Microbiology, 2007, 103(1): 152-162

[38] Newman K L, Chatterjee S, Ho K A, et al. Virulence of plant pathogenic bacteria attenuated by degradation of fatty acid cell-to-cell signaling factors[J]. Molecular Plant-Microbe Interactions, 2008, 21(3): 326-334

[39] Fetzner S. Quorum quenching enzymes[J]. Journal of Biotechnology, 2015, 201: 2-14

[40] 朱素芹, 张彩丽, 孙秀娇, 等. 食品腐败的关键调控机制之群体感应的研究进展[J]. 食品安全质量检测学报, 2016, 7(10): 3859-3864

[41] Shobharani P, Agrawal R. Interception of quorum sensing signal molecule by furanone to enhance shelf life of fermented milk[J]. Food Control, 2010, 21(1): 61-69

[42] Abolghait S K, Garbaj A M, Moawad A. Raw cow's milk relatively inhibits quorum sensing activity of *Cromobacterium violaceum* in comparison to raw she-camel's milk[J]. Open Veterinary Journal, 2011, 1(1): 35-38

[43] Mohan C C, Harini K, Sudharsan K, et al. Quorum quenching effect and kinetics of active compound from *S. aromaticum* and *C. cassia* fused packaging films in shelf life of chicken meat[J]. Food Science and Technology, 2019, 105: 87-102

[44] Bruhn J B, Christensen A B, Flodgaard L R, et al. Presence of acylated homoserine lactones (AHLs) and AHL-producing bacteria in meat and potential role of AHL in spoilage of meat[J]. Applied and Environmental Microbiology, 2004, 70(7): 4293-4403

[45] 许振伟, 杨宪时. 鱼类腐败菌腐败能力的研究进展[J]. 湖南农业科学, 2010, 2010(19): 130-133

[46] 刘尊英. 凡纳滨对虾优势腐败菌鉴定及其群体感应现象[J]. 微生物学通报, 2011, 38(12): 1807-1812

[47] 朱耀磊, 侯红漫, 张公亮, 等. 蜂房哈夫尼菌群体感应对其生物膜及泳动性的调控作用[J]. 食品科学, 2019,

41(14): 169-174

[48] Lee D H, Kim J B, Kim M, et al. Microbiota on spoiled vegetables and their characterization[J]. Journal of Food Protection, 2013, 76(8): 1350-1358

[49] Kang J E, Han J W, Jeon B J, et al. Efficacies of quorum sensing inhibitors, piericidin A and glucopiericidin A, produced by *Streptomyces xanthocidicus* KPP01532 for the control of potato soft rot caused by *Erwinia carotovora* subsp. *atroseptica*[J]. Microbiological Research, 2016, 184: 32-41

[50] Garge S S, Nerurkar A S. Evaluation of quorum quenching *Bacillus* spp. for their biocontrol traits against *Pectobacterium carotovorum* subsp. *carotovorum* causing soft rot[J]. Biocatalysis and Agricultural Biotechnology, 2017, 9: 48-57

[51] Rasch M, Andersen J B, Nielsen K F, et al. Involvement of bacterial quorum-sensing signals in spoilage of bean sprouts[J]. Applied and Environmental Microbiology, 2005, 71(6): 3321-3330

[52] Amrutha B, Sundar K, Shetty P H. Effect of organic acids on biofilm formation and quorum signaling of pathogens from fresh fruits and vegetables[J]. Microbial Pathogenesis, 2017, 111: 156-162

第21章 生物保护菌及其在肉制品中的应用

肉制品因具有营养丰富、口感良好等特点而深受消费者喜爱,但其在加工和储藏过程中极易污染上腐败菌或致病菌而影响肉制品的品质和货架期,严重时甚至会危害人类健康。而化学防腐剂或人工合成抗氧化剂等的使用虽可以有效地延长肉及肉制品的货架期,但其成本较高且对人类的健康具有一定的安全隐患。生物保护菌作为一种天然、安全、无害、高效的防腐剂可以有效抑制有害微生物的生长,因此,将其应用到肉制品中充当防腐剂的研究也越来越多。本章主要综述了近年来生物保护菌在肉制品保鲜、延长货架期方面的研究成果,期望可以为安全、高效的肉制品天然保鲜剂的研究提供思路。

随着人们生活水平的提高,对肉制品安全问题的关注越来越多[1]。肉制品水分活度较高、营养物质丰富,十分适合微生物的生长繁殖,而使用化学防腐剂成本较高,且对人类的健康具有一定的安全隐患,使得人们顾虑重重[2]。近年来,主要致病菌包括单增李斯特菌、大肠杆菌、弯曲杆菌、耶尔森菌属及副溶血性弧菌等作为食源性微生物在肉及肉制品中出现的程度已经远超于其他食品[3]。此外能够导致肉制品腐败变质的细菌主要有杆菌属和链球菌属,其中乳杆菌属和假单胞菌属较为常见,它们大多属于耐热性病原菌,普通的加热方法并不能将它们完全杀死,因此一旦肉制品受到这些微生物的污染,就极易发生腐败变质,影响货架期[4],此外,随着肉制品的产量逐年上升,由其腐败变质等现象而导致的对人类健康的危害和经济损失也不容小觑[5]。肉及肉制品的腐败变质也会对消费者的健康产生极大的影响,一些致病菌,如沙门氏菌、大肠杆菌和单增李斯特菌等可以沿食物链传播,成为人类疾病的来源[6]。美国的"单增李斯特菌食物中毒",欧洲的"口蹄疫"、"疯牛病"等均是由病原微生物引起的食源性疾病,从而导致食物中毒,威胁人们的生命安全[7]。除此之外,存在使用化学添加剂和农用化学品以及兽药残留等问题的肉类产品也被认为对消费者具有健康风险[8]。

基于上述问题,关于食品安全卫生的法规越来越严格,消费者希望获得加工工艺简单、食品添加剂和防腐剂少且可以保留住肉制品原有风味的肉类加工制品。目前食品的防腐保鲜技术主要分为传统保鲜技术和现代保鲜技术。传统保鲜技术是利用腌制、干燥、发酵、烟熏、冷藏、加热处理等方法达到延长货架期的目的,现代保鲜技术是通过防腐剂(化学防腐剂、天然防腐剂)和高新保鲜技术(包装技术,如气调包装、可食性膜和抗菌包装等;以及低温杀菌技术,如辐照、微波等）来达到防腐保鲜的目的。目前我国针对肉制品腐败变质的解决办法主要是添加抗氧化剂以及防腐剂，但大多数添加的是化学防腐剂，且这些化学合成物质可以转化成亚硝酸钠和硝酸钠、亚硫酸钠、苯甲酸钠等物质[9]，长期食用会对人体产生毒害作用。因此寻找安全的天然防腐剂成为近年来研究的热点。天然防腐剂可以分为植物源物质（包括植物多酚类物质、香辛料及其提取物、抗氧化肽、脂肪酸及其他农副产品提取物等）、动物源物质（包括壳聚糖及其衍生物、溶菌酶等）以及微生物及其代谢产物三大类[10]。本章主要对微生物以及代谢产物（生物保护菌）在肉制品中的应用进行综述。

21.1 生物保护菌简介

21.1.1 生物保护菌概念

Stiles[11]在1996年将生物保鲜定义为：使用天然的微生物和/或它们产生的抗菌物质来延长货架期以及提高食品的安全性，并以此区分于人工添加化学物质的保存方法；Jay[12]在1996年将生物保护的概念定义为一种微生物对另外一种微生物所产生的拮抗作用；我国的胡萍[13]定义生物保护菌为：对产品感官品质的影响尽可能小的具有拮抗作用，可以延长货架期的菌种。经过多年的研究与归纳总结，人们将其更加准确地定义为：可以添加到食品中的具有延长食品货架期和/或抑制致病菌生长的活的微生物[14]。

21.1.2 生物保护菌的作用途径

生物保护菌的作用途径可以分为以下两种[15,16]：一种是在食品体系中直接接种生物保护菌，它们可以产生抑菌物质从而抑制食品致病菌及腐败菌的生长或者和有害微生物进行竞争生长；另外一种是直接添加生物保护菌的代谢产物，即细菌素。两种方法均可以有效地延长食品的货架期，起到防腐保鲜的作用。但是，直接使用生物保护菌的代谢产物有很多缺陷，其中最主要的就是细菌素可能会与目标食品中的一些成分或添加剂发生反应，从而使得其生物活性有所降低[17]。相反，直接接种生物保护菌则具有很多优势。生物保护菌之所以可以起到食品保鲜的作用，主要是因为其可以延缓腐败细菌的生长，以及抑制和减少病原体的生长，其机理主要是生物保护菌可以在该食品的储藏条件下更好地生长；产生抗菌肽以及有抑菌活性的物质如有机酸、二氧化碳、乙醇及过氧化氢；消除氧气；利用易发酵的营养物质等[13]。此外，生物保护菌还可能具有某些功能特性，如赋予产品特有的风味、质地和营养价值等[18]。

任何生物保护菌被应用到食品中时，都应该考虑以下条件[19]：①必须是无毒的；②必须被权威部门所采纳；③对于要应用生物保护菌的食品工业来说应该是经济的，不可成本过高；④不应给目标食品带来不利影响，包括食品感官品质以及理化性质；⑤使用较少的量便可以起作用；⑥在储存时，可以稳定地保持其原有的形状；⑦不应该有任何药用。

21.2　生物保护菌代谢产物细菌素的定义及分类

随着研究的不断深入，人们将生物保护菌所产生的具有生物保护作用的物质定义为细菌素。Cebrián 等[20]将细菌素定义为一类可以对同源或者亲缘关系较近的微生物具有潜在抑制作用的蛋白质或者多肽。根据细菌素自身特点，可将其分成四类：第一类为羊毛硫抗生素，其又可再细分为由阳离子及疏水性多肽组成的 a 类和其多肽含有比较刚性的结构的 b 类；第二类为热稳定、无修饰的小分子肽；第三类为热不稳定的大分子肽；第四类为蛋白质复合物[9]。研究表明，已经有许多属于前两类的细菌素可以有效地抑制食品中有害微生物的生长，但是只有乳酸链球菌素（nisin）已经被工业化生产并在部分地区获得了可以作为食品防腐剂的证书[21]。同时乳酸菌从古至今一直被安全使用于发酵食品中，因此也是应用最多的生物保护菌[22]。

21.3　生物保护菌在肉制品中的应用

自从乳酸菌在肉制品中被发现后，乳酸菌所产生的细菌素也逐渐被发现并分离出来。尽管大部分的细菌素都是从与食物相关的乳酸菌中分离出来的，但它们并不一定对所有的食品都产生作用。目前被确定的确实可以对食品产生防腐保鲜作用的一些生物保护菌所产生的细菌素中，应用最多且效果最好的就是乳酸链球菌素。生物保护菌作为一种天然的新型防腐剂，在国际上已经得到认可，一些研究人员成功地将生物保护菌应用于各类肉制品中，并取得良好效果。

21.3.1　在肉灌制品中的应用

人们通常选用硝酸盐来抑制肉灌制品中肉毒梭状芽孢杆菌的生长，但考虑到食品安全性的问题，人们希望找到其他的办法来抑制其生长[23]。孔保华和迟玉杰[24]的研究表明，添加不同浓度的乳酸链球菌素，在培养数天后，红肠中的菌落总数明显低于对照组，当乳酸链球菌素的添加量为 400 IU/g 时，抑菌效果最好，在储藏 17 d 后红肠样品中的菌落总数为 1.2×10^6 cfu/g，而对照组为 5.8×10^3 cfu/g，表明乳酸链球菌素可以在一定程度上起到延长货架期的作用。但单独使用时的效果没有与其他方法联用时的效果好；李琛等[25]用山梨酸钾、双乙酸钠、EDTA-2Na 三个因素与乳酸链球菌素进行复配分组保鲜实验，结果表明，不同组分的复合防腐剂均起到了抑菌作用，其中最佳的防腐剂添加量为乳酸链球菌素 0.025%、山梨酸钾 0.025%、双乙酸钠 0.15%、EDTA-2Na 0.01%，该复合防腐剂可使红肠样品的菌落总数降低 10 倍以上。徐胜等[26]通过对压力、保压时间和乳酸链球菌素浓度三个因素的正交实验，发现通过乳酸链球菌素和超高压的复合作用处理低温火腿肠的抑菌效果比两者中单一处理的抑菌效果更优；且较佳的处理条件为：0.02%添加量的乳酸链球菌素、400 MPa 处理压力、保压 10 min。Ellahe 等[27]研究发现乳酸链球菌素可以减少低温储藏时气调包装中乳化肠的需氧菌落总数以及乳酸杆菌含量，延长货架期。

21.3.2　在冷鲜肉中的应用

冷鲜肉（chilled meat）是指牲畜宰后胴体温度在 24 h 内迅速降低至 0～4℃，并且在后续的加工、流通和销售过程中始终保持该温度的生鲜肉，也称冷却肉、排酸肉[28]。在 4℃条件下储藏时，一些嗜冷菌如单核细胞增生李斯特菌（*Listeria monocytogenes*）和假单胞菌属（*Pseudomonas*）等会引起冷鲜肉腐败，从而降低货架期。因此如何延长冷鲜肉货架期是近年来亟待解决的问题。Kouakou 等[29]将弯曲乳杆菌产生的细菌素米酒乳杆菌素 P（sakacin P）和乳酸片球菌产生的细菌素片球菌素 AcH（pediocin AcH）作为发酵剂添加到接种了李斯特菌的生猪肉中，在 4℃下保存 6 周。当只添加一种细菌素时，储藏一周或者两周，单增李斯特菌的数量从开始的 10^2 cfu/g 降低到几乎没有，然后在之后的一周回升，当两种细菌素一起加入到生猪肉中时，单增李斯特菌数量回升的日期延后。王吆等[30]研究发现，将乳酸链球菌素用于冷却猪肉的冷藏保鲜时，可以有效地延长肉样冷藏保鲜的货架期，且当猪肉浸泡在添加量为 0.05 g/L 的乳酸链球菌素保鲜液中 120 s 时，保鲜效果最佳，货架期可延长 6 d。

21.3.3　在火腿中的应用

防腐保鲜是限制火腿发展的一个重要因素，而使用一些化学防腐剂或者添加高糖高盐物质又会带来食品安全问题，因此研究人员希望找到一种新的方法来延长火腿的货架期。曾友明等[31]研究发现，不添加任何保鲜剂的盐水方腿在 4℃下储藏 10 d 内，产品中的细菌总数便超过了国家零售标准（30000 cfu/g），而添加了 150 mg/kg 乳酸链球菌素的盐水方腿在储藏第 20 d 时，菌落总数才超出国家标准，这表明不添加保鲜剂的产品很容易腐败变质，保质期短，而乳酸链球菌素可以有效地抑制低温肉制品中微生物的生长；他们还发现单独用乳酸链球菌素作为保鲜剂的保鲜效果不如复合型保鲜剂的效果好。胡萍[13]研究发现，在真空包装的烟熏火腿切片中添加 5.91cfu/g±0.04cfu/g 的清酒乳杆菌 B-2，在 4℃储藏时，可以使货架期延长到 35 d，而对照货样的保存期为 15 d。刘国荣等[32]的研究表明，在不添加任何化学防腐剂的情况下，乳酸菌细菌素（enterocin LM-2，320 AU/g）和超高压技术（600 MPa）联合处理 5 min，可以有效地延长低温切片火腿的货架期，将原本 2～3 个月的货架期延长到 100 d。Vermeiren 等[33]在肉制品中筛选出 91 株菌株，鉴定它们作为生物保护菌对蒸煮腌肉制品的保鲜作用，结果表明 38%的菌株可以同时抑制多种腐败菌及致病菌的生长，作者还选取了 12 株活性最强的菌株应用到模拟的煮制火腿中，发现接种了清酒乳杆菌的样品在 7℃的温度下储藏 34 d 时仍然具有较高的感官特性，表明清酒乳杆菌可以作为煮制肉制品的生物保护菌而不影响产品的原有品质。

21.3.4　在牛、羊肉制品中的应用

Castellano 等[34]将弯曲乳杆菌（*Lactobacillus curvatus*）CRL705 接种到真空包装的牛肉表面，在 2℃下储藏 60 d 后发现，该菌株成为优势菌株并抑制了热杀索丝菌和腐败乳酸菌的生长，且不影响产品本身的感官结构，延长产品的货架期。张德权等[35]使用含有乳酸链球菌素、溶菌酶和乳酸钠的复合保鲜剂对冷却羊肉进行交互作用，当单独处理时，乳酸链球菌素的抑菌效果最好，溶菌酶次之，乳酸钠抑菌效果最低；最佳的复合配比为：乳酸链球菌素 0.34%、溶菌酶 0.24%、乳酸钠 2.27%。

21.3.5　在禽肉制品中的应用

禽肉制品因其肉质细嫩、口味鲜美等特点而一直深受消费者的喜爱，而货架期短这一因素影响了禽肉制品的发展。由于消费者对食品安全的意识逐渐增强，天然防腐剂的应用越来越受到青睐。Maragkoudakis 等[36]评估了从食品体系的乳酸菌中筛选出来的 635 株对于食品具有潜在保护作用的菌株，并最终筛选出两株菌株[屎肠球菌 PCD71（*E. faecium* PCD71）和发酵乳杆菌 ACA-DCA179（*L. fermentum* ACA-DC179）]，将其作为生物保护菌用于生鲜鸡肉中，结果表明其抑制了单增李斯特菌和沙门氏菌的生长，并且没有使产品的感官品质下降或者营养价值降低。李清秀等[37]研究发现不同浓度的乳酸链球菌素和纳他霉素对鸡肉有良好的保鲜作用，且当质量浓度为 0.0 4g/kg 的乳酸链球菌素和 500 mg/L 的纳他霉素时，保

鲜效果最好。徐幸莲等[38]发现将盐水鸭腿经 400 mg/kg 的乳酸链球菌素和 3.5%的乳酸钠浸泡处理并将其真空包装后，用 915 MHz、400 W 的微波间歇照射 2 次，在 22～28℃的室温下，其货架期可以达到 20 d 以上。

21.4 结论与展望

生物保护菌作为一种新型的天然食品防腐剂具有无毒、无害、高效、天然等特点；并且可以有效地抑制肉及肉制品中腐败菌及致病菌的生长繁殖，从而延长货架期，这使得生物保护菌的应用前景十分广阔。到目前为止，已经有研究表明将生物保护菌与其他物质配合使用或与其他包装、储藏方式联用时的抑菌效果会比单独使用生物保护菌时的抑菌效果更好，但是目前发现的可用于肉及肉制品中充当保鲜剂的生物保护菌种类很少，还需人们进一步研究发现，扩大其种类。但是否可以将生物保护菌作为发酵肉制品的防腐剂的同时，又作为其发酵菌株的研究十分有限，具有发酵和防腐功能的生物保护菌的发现与应用可以推动肉及肉制品的发展，对人类的健康产生有益的影响。

参 考 文 献

[1] 王俊武, 孟俊祥, 张丹, 等. 国内外肉制品加工业的现状及发展趋势[J]. 肉类工业, 2013, 9(9): 52-54

[2] Wheeler T L, Kalchayanand N, Bosilevac J M. Pre- and post-harvest interventions to reduce *pathogen* contamination in the U.S. beef industry [J]. Meat Science, 2014, 98(3): 372-382

[3] Coffey L L, Forrester N, Tsetsarkin K, et al. Factors shaping the adaptive landscape for arboviruses: implications for the emergence of disease[J]. Future Microbiology, 2013, 8(2): 155-176

[4] 白卫东, 沈棚, 钱敏, 等. 乳酸链球菌素在肉制品中应用的研究进展[J]. 农产品加工·学刊, 2013, 2(2): 18-21

[5] 唐仁勇, 刘达玉, 郭秀兰, 等. 乳酸链球菌素及其在肉制品中的应用[J]. 成都大学学报:自然科学版, 2010, 29(1): 14-17

[6] Kovacevic J, Arguedas-Villa C, Wozniak A, et al. Examination of food chain-derived *Listeria monocytogenes* of different serotypes reveals considerable diversity in inlA genotypes, mutability, and adaptation to cold temperature[J]. Applied & Environmental Microbiology, 2013, 79(6): 1915-1922

[7] 邱淑冰. 生物保护菌对真空包装牛肉品质及微生物影响的研究[D]. 泰安: 山东农业大学, 2012: 1-2

[8] Olmedilla-Alonso B, Jiménez-Colmenero F, Sánchez-Muniz F J. Development and assessment of healthy properties of meat and meat products designed as functional foods[J]. Meat Science, 2013, 95(4): 919-930

[9] 诸永志, 姚丽娅, 徐为民, 等. 乳酸菌细菌素应用于肉制品防腐剂的研究进展[J]. 食品科技, 2008, 33(2): 136-139

[10] 张余, 徐幸莲, 蔡华珍, 等. 天然产物在肉制品护色保鲜中的应用[J]. 食品工业科技, 2013, 34(10): 370-374

[11] Stiles M E. Biopreservation by lactic acid bacteria[J]. Antonie Van Leeuwenhoek, 1996, 70(24): 15-31

[12] Jay J M. Microorganisms in fresh ground meats: the relative safety of products with low versus high numbers[J]. Meat Science,1996, 43(12): 59-66

[13] 胡萍. 真空包装烟熏火腿切片特定腐败菌及靶向抑制研究[D]. 南京: 南京农业大学, 2008: 18-19

[14] Oliveira P M, Zannini E, Arendt E K. Cereal fungal infection, mycotoxins, and lactic acid bacteria mediated

bioprotection: from crop farming to cereal products[J]. Food Microbiology, 2014, 37(2): 78-95

[15] Soria M C, Audisio M C. Inhibition of *Bacillus cereus* Strains by antimicrobial metabolites from *Lactobacillus johnsonii* CRL1647 and *Enterococcus faecium* SM21[J]. Probiotics & Antimicrobial Proteins, 2014, 6: 208-216

[16] Anacarso I, Messi P, Condò C, et al. A bacteriocin-like substance produced from *Lactobacillus pentosus* 39 is a natural antagonist for the control of *Aeromonas hydrophila* and *Listeriamonocytogenes* in fresh salmon fillets[J]. LWT-Food Science and Technology, 2014, 55(2): 604-611

[17] Gupta R, Srivastava S. Antifungal effect of antimicrobial peptides (AMPs LR14) derived from *Lactobacillus plantarum* strain LR/14 and their applications in prevention of grain spoilage[J]. Food Microbiology, 2014, 42(12): 1-7

[18] 李沛军, 孔保华, 郑冬梅. 微生物发酵法替代肉制品中亚硝酸盐呈色作用的研究进展[J]. 食品科学, 2010, 31(17): 388-391

[19] 刘文丽, 张兰威, Johnshi, 等. Ⅱa 类乳酸菌细菌素构效关系的研究进展[J]. 食品工业科技, 2013, 34(21): 369-373

[20] Cebrián R, Baños A, Valdivia E, et al. Characterization of functional, safety, and probiotic properties of *Enterococcus faecalis* UGRA10, a new AS-48-producer strain[J]. Food Microbiology, 2012, 30(1): 59-67

[21] Parente E, Ricciardi A. Production, recovery and purification of bacteriocins from lactic acid bacteria[J]. Applied Microbiology and Biotechnology, 1999, 52(5): 628-638

[22] 吕懿超, 李香澳, 王凯博, 等. 乳酸菌作为生物保护菌的抑菌机理及其食品中应用的研究进展[J]. 食品科学, 2021(19): 281-290

[23] Olaimat A N, Holley R A. Factors influencing the microbial safety of fresh produce: a review[J]. Food Microbiology, 2012, 32(1): 1-19

[24] 孔保华, 迟玉杰. Nisin 在红肠保鲜中的应用[J]. 肉类研究, 1997, (1): 42-45

[25] 李琛, 孔保华, 陈洪生. 复合防腐剂在红肠保鲜中的应用[J]. 东北农业大学学报, 2008, 39(6): 102-108

[26] 徐胜, 陈从贵, 詹昌玲, 等. 超高压处理与 nisin 对低温火腿肠微生物及色泽的影响[J]. 食品科学, 2010, 30(17): 41-44

[27] Ellahe K, Seyed S, Abdollah H K, et al. Effects of nisin and modified atmosphere packaging(MAP) on the quality of emulsion-type sausage[J]. Journal of Food Quality, 2012, 35(2):119-126

[28] Bowker B C, Hong Z, Buhr R J. Impact of carcass scalding and chilling on muscle proteins and meat quality of broiler breast fillets [J]. LWT-Food Science and Technology, 2014, 59(1): 156-162

[29] Kouakou P, Ghalfi H, Dortu C, et al. Combined use of bacteriocin-producing strains to control *Listeria monocytogenes* regrowth in raw pork meat[J]. International Journal of Food Science & Technology, 2010, 45(5): 937-943

[30] 王呔, 吴子健, 刘纲, 等. Nisin 对冷却猪肉冷藏保鲜效果的影响[J]. 食品研究与开发, 2009, 30(10): 122-126

[31] 曾友明, 马小明, 丁泉水, 等. 天然保鲜剂延长低温肉制品货架期的研究[J]. 肉类工业, 2002, 6(11): 39-43

[32] 刘国荣, 孙勇, 王成涛, 等. 乳酸菌细菌素和超高压联合处理对低温切片火腿的防腐保鲜效果[J]. 食品科学, 2012, 6(6): 256-263

[33] Vermeiren L, Devlieghere F, Debevere J. Evaluation of meat born lactic acid bacteria as protective cultures for the biopreservation of cooked meat products[J]. International Journal of Food Microbiology, 2004, 96(2): 149-164

[34] Castellano P, González C, Carduza F, et al. Protective action of *Lactobacillus curvatus* CRL705 on vacuum-packaged raw beef. Effect on sensory and structural characteristics[J]. Meat Science, 2010, 85(3): 394-401

[35] 张德权, 王宁, 王清章, 等. Nisin、溶菌酶和乳酸钠复合保鲜冷却羊肉的配比优化研究[J]. 农业工程学报, 2006, 22(8): 184-187

[36] Maragkoudakis P A, Mountzouris K C, Dimitris P, et al. Functional properties of novel protective lactic acid bacteria

and application in raw chicken meat against *Listeria monocytogenes* and *Salmonella enteritidis*[J]. International Journal of Food Microbiology, 2009, 130(3): 219-226

[37] 李清秀, 房兴堂, 贺锋, 等. 乳酸链球菌素和纳他霉素对鸡肉保鲜效果的研究[J]. 农产品加工·学刊, 2008, 2(2): 22-25

[38] 徐幸莲, 吕凤霞, 冯东岳. Nisin、乳酸钠和微波对盐水鸭货架期的影响[J]. 食品工业科技, 2004, 21(6): 39-41